高等学校统编精品规划教材

水 轮 机

主　编　郑　源　陈德新

副主编　于　波　梁武科　鞠小明　赵林明

参　编　周大庆　肖惠民

中国水利水电出版社

www.waterpub.com.cn

内 容 提 要

本书对水轮机的基本理论体系,包括水轮机的工作原理、水轮机的空化与空蚀、水轮机的相似理论、水轮机的特性与特性曲线和水轮机的选型设计等进行了介绍;对水轮机各部件,包括水轮机引水室、水轮机导水机构、水轮机转轮和水轮机尾水管进行了阐述;对水轮机的运行、检修和水轮机新技术进行了探讨。

本书在水轮机结构、水轮机的发展、水轮机引水室、水轮机导水机构、水轮机转轮设计、水轮机尾水管等方面比其他同类教材做了更为详尽的讲解。另外,还增加了水轮机安装、运行、检修、设计等方面的新技术,与学科前沿的发展紧密结合,为本教材注入了新的活力。

本书是针对能源动力类学生进行编写,具有体系强、内容新、格式新、理念新的特点。教材内容重视基本概念、基本理论,其内容具有成熟性、先进性和实用性。

本书内容能够满足水电站高级技术人才所具备的水轮机运行、管理、检修、维护、水轮机选型设计和从事水轮机研究等方面的知识。本书可作为能源动力类等(水动方向)专业和水利水电工程专业的教材,也可作为相关专业师生和工程技术人员参考书。

图书在版编目(CIP)数据

水轮机 / 郑源, 陈德新主编. -- 北京 : 中国水利
水电出版社, 2011.1(2023.12重印)
高等学校统编精品规划教材
ISBN 978-7-5084-8368-9

Ⅰ. ①水… Ⅱ. ①郑… ②陈… Ⅲ. ①水轮机-高等
学校-教材 Ⅳ. ①TK73

中国版本图书馆CIP数据核字(2011)第012663号

书　　名	高等学校统编精品规划教材 **水轮机**
作　　者	主编 郑源 陈德新　副主编 于波 梁武科 鞠小明 赵林明
出版发行	中国水利水电出版社 (北京市海淀区玉渊潭南路 1 号 D 座　100038) 网址：www.waterpub.com.cn E-mail：sales@mwr.gov.cn 电话：(010) 68545888 (营销中心)
经　　售	北京科水图书销售有限公司 电话：(010) 68545874、63202643 全国各地新华书店和相关出版物销售网点
排　　版	中国水利水电出版社微机排版中心
印　　刷	北京市密东印刷有限公司
规　　格	184mm×260mm　16 开本　22.5 印张　534 千字
版　　次	2011 年 1 月第 1 版　2023 年 12 月第 6 次印刷
印　　数	13501—15000 册
定　　价	**59.00** 元

凡购买我社图书,如有缺页、倒页、脱页的,本社营销中心负责调换

序

　　能源是人类赖以生存的基本条件，人类历史的发展与能源的获取与使用密切相关。人类对能源利用的每一次重大突破，都伴随着科技进步、生产力迅速发展和社会生产方式的革命。随着现代社会与经济的高速发展，人类对能源的需求急剧增长。大量使用化石燃料不仅使有限的能源资源逐渐枯竭，同时给环境造成的污染日趋严重。如何使经济、社会、环境和谐与可持续发展，是全世界面临的共同挑战。

　　水资源是基础性的自然资源，又是经济性的战略资源，同时也是维持生态环境的决定性因素。水力发电是一种可再生的清洁能源，在电力生产中具有不可替代的重要作用，日益受到世界各国的重视。水电作为第一大清洁能源，提供了全世界 1/5 的电力，目前有 24 个国家依靠水力发电提供国内 90% 的电力，55 个国家水力发电占全国电力的 50% 以上。

　　我国河流众多，是世界上水力资源最丰富的国家。全国水能资源的理论蕴藏量为 6.94 亿 kW（不含台湾地区），年理论发电量 6.08 万亿 kW·h，技术可开发装机容量 5.42 亿 kW，技术可开发年发电量 2.47 万亿 kW·h，经济可开发装机容量 4.02 亿 kW，经济可开发年发电量 1.75 万亿 kW·h。经过长期的开发建设，到 2008 年全国水电装机总容量达到 17152 万 kW，约占全国总容量的 21.64%；年发电量 5633 亿 kW·h，约占全部发电量的 16.41%。水电已成为我国仅次于煤炭的第二大常规能源。目前，中国水能资源的开发程度为 31.5%，还有巨大的发展潜力。

　　热能与动力工程专业（水利水电动力工程方向）培养我国水电建设与水能开发的高级工程技术人才，现用教材基本上是 20 世纪 80 年代末、90 年代中期由水利部科教司组织编写的统编教材，已使用多年。近年来随着科学技术和国家水电建设的迅速发展，新技术、新方法在水力发电领域广泛应用，该专业的理论与技术已经发生了巨大的变化，急需组织力量编写和出版新的教材。

　　2008 年 10 月由西安理工大学、武汉大学、河海大学、华北水利水电学院在北京联合召开了《热能与动力工程专业（水利水电动力工程方向）教材编写会议》，会议决定编写一套适用于专业教学的"高等学校统编精品规划教材"。新教材的编写，注重继承历届统编教材的经典理论，保证内容的系统性与条理性。新教材将大量吸收新知识、新理论、新技术、新材料在专业领域的应用，努力反映专业与学科前沿的发展趋势，充分体现先进性；新教材强调紧密结合教学实践与需要，合理安排章节次序与内容，改革教材编写方法与版式，具有较强的实用性。希望新教材的出版，对提高热能与动力工程专业（水利水电动力工程方向）人才培养质量、促进专业建设与发展、培养符合时代要求的创新型人才发挥积极的作用。

教育是一个非常复杂的系统工程，教材建设是教育工作关键性的一环，教材编写是一项既清苦又繁重的创造性劳动，好的教材需要编写者广泛的知识和长期的实践积累。我们相信通过广大教师的共同努力和不断实践，会不断涌现出新的精品教材，培养出更多更强的高级人才，开拓能源动力学科教育事业新的天地。

教育部能源动力学科教学指导委员会主任委员
中国工程院院士

2009 年 11 月 30 日

前　言

水轮机是一种将河流中蕴藏的水能转换成旋转机械能的原动机。水流流过水轮机时，通过主轴带动发电机将旋转机械能转换成电能。水轮机与发电机连接成的整体称为水轮发电机组，它是水电站的主要设备之一。

本书共分十二章。第一章是绪论，介绍了水电厂与水轮机、水轮机的工作参数、水轮机的类型与工作范围、水轮机的装置形式与牌号、水轮机结构概述及水轮机发展趋势与研究方向。第二章是水轮机工作原理，介绍了水流在反击式水轮机中的运动、水轮机的基本方程、水轮机的效率与最优工况和冲击式水轮机工作原理。第三章是水轮机空化与空蚀，介绍空化与空蚀的机理、水轮机的空蚀、水轮机的空化系数与吸出高度和水轮机空化与空蚀的防止。第四章是水轮机相似理论，介绍了水轮机的相似条件与力学相似数、水轮机的相似律与单位参数、水轮机的比转速、水轮机效率换算与单位参数修正、水轮机的模型试验和水轮机型谱。第五章是水轮机特性与特性曲线，介绍了反击式水轮机特性的理论分析、水轮机模型综合特性曲线、水轮机运转综合特性曲线、水轮机飞逸特性与飞逸特性曲线和水轮机的力特性与轴向水推力计算。第六章是水轮机选型设计，介绍了选型设计的基本任务与方法、水轮机装机容量的选择、水轮机基本参数的计算、水轮机选型算例和计算机辅助水轮机选型设计。第七章是反击式水轮机引水室，介绍了水轮机引水室型式的选择、金属蜗壳的水力设计和混凝土蜗壳的水力设计。第八章是反击式水轮机导水机构，介绍了水轮机导水机构类型、水轮机导水机构特性分析和水轮机导水机构参数确定。第九章是水轮机转轮设计，介绍了不同比转速水轮机转轮型式、水轮机转轮设计理论、水轮机转轮基本参数确定和水轮机转轮中的流动特性。第十章是水轮机尾水管，介绍了水轮机尾水管的类型、水轮机尾水管特性分析和水轮机尾水管设计。第十一章是水轮机运行与检修，介绍了水轮机的泥沙磨损与防止、水轮机的振动与防止和水轮机主要部件的检修。第十二章是水轮机新技术，介绍了水轮机安装新技术、水轮机运行新技术、水轮机检修新技术和水轮机设计新技术。

本书第一章、第四章由郑源编写、须伦根，第五章、第六章由陈德新编写，第七章、第八章由于波编写，第三章、第十一章由梁武科、须伦根编写，

第二章和附录由鞠小明编写，第十章由赵林明编写，第九章和第十二章第四节由周大庆编写，第十二章第一节～第三节由肖惠民编写，资料整理由魏佳芳完成。全书由郑源、陈德新负责统编。

　　新编教材具有系统性、先进性、实用性。新教材继承历届统编教材的经典理论，保证内容的系统性与条理性；大量吸收新知识、新理论、新技术在专业领域的应用，充分反映专业与学科前沿的发展趋势，体现新教材的先进性；紧密结合教学实践与需要，合理安排章节次序与内容，改革教材编写方法与版式，使新教材具有较强的实用性。

编　者

2010.11.8

目　录

第一章

绪　论

第一节　水电厂与水轮机

自然界有多种能源，目前已被开发利用的能源中主要有热能、水能、风能和核能。水能是一种可再生能源。地球上江河纵横，湖泊星罗棋布，海洋辽阔，蕴藏着丰富的水力资源。我国水力资源蕴藏量很大，水电装机容量从 1949 年的 163MW 发展到 2009 年的 1.7 亿 kW，水电已为我国经济发展发挥了重要作用。据了解，我国已经规划 2010 年水电总装机容量为 1.9 亿 kW（其中小水电 5000 万 kW），到 2020 年将达到 3 亿 kW。

借助太阳的能量，地球上的水蒸发成水蒸汽，在天空中水蒸汽又凝聚成雨雪降至大地，通过江河又流入海洋，如此循环不已，永无止境。所以，利用水能发电的电能转换方式与火力发电和核能发电相比有许多的优点，例如成本低，运行管理简单，启动快，消耗少，适于调峰和调频，污染少等。

自然界的河流都具有一定的坡降，水流在重力作用下，沿着河床流动，在高处的水蕴藏着丰富的位能，如果没有把这种水能加以利用，当水流向低处流动时，则所有的能量都消耗在克服水流的黏性、摩阻、冲刷河床和夹带泥沙等方面。

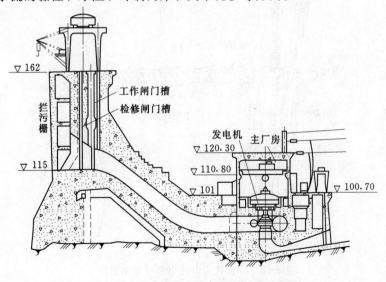

图 1-1　坝后式水电站厂坝横剖面示意图

　　水电站是借助水工建筑物和机电设备将水能转换为电能的企业。为了利用水流发电，就要将天然落差集中起来，并对天然的流量加以控制和调节（如建造水库），形成发电所需要的水头和流量。水电站的型式主要取决于集中水头的方式，根据集中水头的方式的不同，水电站分为坝后式水电站、引水式水电站和混合式水电站，见图1-1、图1-2、图1-3。

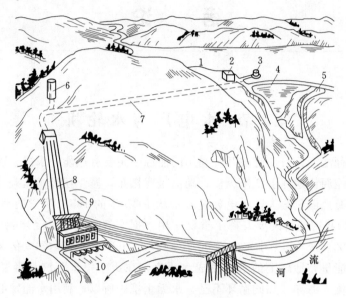

图1-2　有压引水式水电站示意图

1—水库；2—闸门室；3—进水口；4—坝；5—泄水道；6—调压室；

7—有压隧道；8—压力管道；9—厂房；10—尾水渠

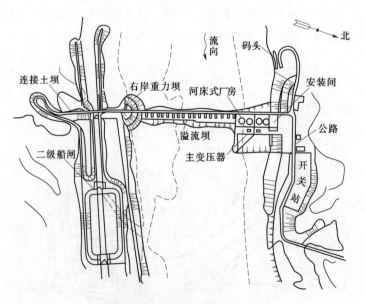

图1-3　混合式水电站枢纽布置示意图

坝式电站的水头由坝抬高上游水位形成，引水式电站的水头由引水道形成，混合式电站的水头一部分由坝集中；另一部分由引水道形成。水电站的建筑物包括水工建筑物、电站厂房、引水管道和高压开关站等。

水轮机是一种将河流中蕴藏的水能转换成旋转机械能的原动机。水流流过水轮机时，通过主轴带动发电机将旋转机械能转换成电能。水轮机与发电机连接成的整体称为水轮发电机组，它是水电站的主要设备之一。

第二节　水轮机的工作参数

水流经引水道进入水轮机，由于水流和水轮机的相互作用，水流便把自己的能量传给了水轮机，水轮机获得了能量后开始旋转而做功。因为水轮机和发电机相连，水轮机便把它获得的能量传给了发电机，带动发电机转子旋转，在定子内感应出电势，带上外负荷后便输出了电流。水流流经水轮机时，水流能量发生改变的过程，就是水轮机的工作过程。水轮机的工作参数是表征水流通过水轮机时水流能量转换为转轮机械能过程中的一些特性的数据。水轮机的基本工作参数主要有水头 H、流量 Q、出力 P、效率 η、转速 n。

一、水头 H

水总是由高处向低处流，这就是水流流动的客观规律，它不依人们的意志而转移，人们只能根据这一规律来利用。水流为什么能从高处流向低处呢？从能量的观点来说，就是高处的水流能量大，低处水流能量小，这样高处与低处就自然形成一个水流能量差。根据能量不灭定律，这种能量差不能消灭，它只能通过由高处向低处流动而做功，将水流能量差转变成其他形式能量。当某河段修建水电站装置水轮机后，水流便由水轮机进口经水轮机流向出口，这就是在水轮机进口和出口存在着能量差，其大小可以根据水流能量转换规律来确定。

水轮机的水头（亦称工作水头）是指水轮机进口和出口截面处单位重量的水流能量差，单位为 m。

对反击式水轮机，进口断面取在蜗壳进口处 I—I 断面，出口取在尾水管出口 II—II 断面。列出水轮机进、出口断面的能量方程，如图 1-4 所示，根据水轮机工作水头的定义可写出其基本表达式：

$$H = E_I - E_{II} = \left(Z_I + \frac{P_I}{\gamma} + \frac{\alpha_I V_I^2}{2g} \right) - \left(Z_{II} + \frac{P_{II}}{\gamma} + \frac{\alpha_{II} V_{II}^2}{2g} \right) \tag{1-1}$$

式中　E——单位重量水体的能量，m；

Z——相对某一基准的位置高度，m；

P——相对压力，N/m² 或 Pa；

V——断面平均流速，m/s；

α——断面动能不均匀系数；

γ——水的重度，其值为 9810N/m³；

g——重力加速度，9.81m/s²。

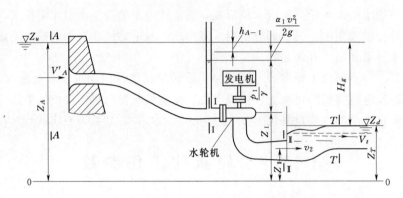

图 1-4 水电站和水轮机的水头示意图

式 (1-1) 中，计算常取 $\alpha_{\text{I}} = \alpha_{\text{II}} = 1$，$\alpha V^2 / 2g$ 称为某截面的水流单位动能，即比动能，m；P/γ 称为某截面的水流单位压力势能，即比压能，m；Z 称为某截面的水流单位位置势能，即比位能，m。$\alpha V^2 / 2g$、P/γ 与 Z 的三项之和为某水流截面水的总比能。

水轮机水头 H 又称净水头，是水轮机做功的有效水头。上游水库的水流经过进水口拦污栅、闸门和压力水管进入水轮机，水流通过水轮机做功后，由尾水管排至下游，在这一过程中，产生水头损失 Δh。上、下游水位差值称为水电站的毛水头 H_g，其单位为 m。

因而，水轮机的工作水头又可表示为

$$H = H_g - \Delta h \tag{1-2}$$

式中　　H_g——水电站毛水头，m；

Δh——水电站引水建筑物中的水力损失，m。

从式 (1-2) 可知，水轮机的水头随着水电站的上下水位的变化而改变，常用几个特征水头表示水轮机水头的范围。特征水头包括最大水头 $H_{\max}$、最小水头 $H_{\min}$、加权平均水头 H_a、设计水头 H_r 等，这些特征水头由水能计算给出。

(1) 最大水头 $H_{\max}$，是允许水轮机运行的最大净水头。它对水轮机结构的强度设计有决定性的影响。

(2) 最小水头 $H_{\min}$，是保证水轮机安全、稳定运行的最小净水头。

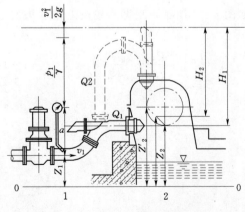

图 1-5 卧轴水斗式水轮机的工作水头

(3) 加权平均水头 H_a，是在一定期间内（视水库调节性能而定），所有可能出现的水轮机水头的加权平均值，是水轮机在其附近运行时间最长的净水头。

(4) 设计水头 H_r，是水轮机发出额定出力时所需要的最小净水头。

对冲击式水轮机，以单喷嘴切击式为例（见图 1-5），切击式水轮机工作水头定义为喷嘴进口断面与射流中心线跟转轮节圆相切处单位重量水流能量之差为

$$H = \left(Z_1 + a + \frac{P_1}{\gamma} + \frac{\alpha_1 V_1^2}{2g} \right) - Z_2 \tag{1-3}$$

水轮机的水头，表明水轮机利用水流单位机械能的多少，是水轮机最重要的基本工作参数，其大小直接影响着水电站的开发方式、机组类型以及电站的经济效益等技术经济指标。

二、流量 Q

水轮机的流量是单位时间内通过水轮机某一既定过流断面的水流体积，常用符号 Q 表示，常用的单位为 m^3/s。在设计水头下，水轮机以额定转速、额定出力运行时所对应的水流量称为设计流量。

三、转速 n

水轮机的转速是水轮机转轮在单位时间内的旋转次数，常用符号 n 表示，常用单位为 r/min。

四、出力 P 与效率 η

水轮机出力是水轮机轴端输出的功率，常用符号 P 表示，常用单位 kW。

水轮机的输入功率为单位时间内通过水轮机的水流的总能量，即水流的出力，常用符号 P_n 表示，则

$$P_n = \gamma QH = 9.81QH(kW) \tag{1-4}$$

由于水流通过水轮机时存在一定的能量损耗，所以水轮机出力 P 总是小于水流出力 P_n。水轮机出力 P 与水流出力 P_n 之比称为水轮机的效率，用符号 η_t 表示。即

$$\eta_t = \frac{P}{P_n} \tag{1-5}$$

由于水轮机在工作过程中存在能量损耗，故水轮机的效率 $\eta_t < 1$。

由此，水轮机的出力可写成

$$P = P_n \eta_t = 9.81QH\eta_t(kW) \tag{1-6}$$

水轮机将水能转化为水轮机轴端的出力，产生旋转力矩 M 用来克服发电机的阻抗力矩，并以角速度 ω 旋转。水轮机出力 P、旋转力矩 M 和角速度 ω 之间有以下关系式

$$P = M\omega = \frac{M2\pi n}{60}(W) \tag{1-7}$$

式中　ω——水轮机旋转角速度，rad/s；

　　　M——水轮机主轴输出的旋转力矩，$N \cdot m$；

　　　n——水轮机转速，r/min。

【例 1-1】 某河床式电站在设计工况下：上游水位 $Z_上 = 63m$，下游水位 $Z_下 = 44.4m$，通过某台水轮机的流量是 $825m^3/s$，发电机效率 $\eta_g = 0.968$，水轮机效率 $\eta_t = 0.86$。如忽略引水建筑物中的水力损失，试求水流出力、水轮机出力和机组出力。

解　由题意可知

$$H = Z_上 - Z_下 = 63 - 44.4 = 18.6(m)$$

由式（1-4），得

$$P = 9.81QH = 9.81 \times 825 \times 18.6 = 150500(kW)$$

由式 (1-6)，得

$$P = P_n \eta_t = 150500 \times 0.86 = 1294000 (\text{kW})$$

而机组出力

$$P_g = 1294000 \times 0.968 = 125000 (\text{kW})$$

【例 1-2】 在做水轮机效率试验时，在某一开度下测得下列数据：蜗壳进口压力表读数 2.26kg/cm² （22.16×10³Pa），压力表中心高程 88.7m，压力表所在处钢管直径 $D = 3.35$m，电站下游水位为 84.9m，流量 $Q = 33$m³/s，发电机功率 $P_g = 7410$kW。取发电机效率 $\eta_g = 0.966$，试求机组效率和水轮机效率。

解 将水轮机出口断面取在下游断面，则

$$\frac{P_{II}}{\gamma} = \frac{P_a}{\gamma}, \frac{\alpha_{II} V_{II}^2}{2g} \approx 0$$

则水轮机水头 H 为

$$H = \left(Z_1 + \frac{P_1}{\gamma} + \frac{\alpha_I V_I^2}{2g} \right) - \left(Z_{II} + \frac{P_{II}}{\gamma} \right)$$

$$= (Z_1 - Z_{II}) + \frac{P_1}{\gamma} - \frac{P_{II}}{\gamma} + \frac{\alpha_I V_I^2}{2g}$$

而

$$Z_1 - Z_{II} = 88.7 - 84.9 = 3.8 (\text{m})$$

$$\frac{P_1 - P_{II}}{\gamma} = 2.26 \times 10 = 22.6 (\text{m})$$

取

$$\alpha_I = 1$$

则

$$\frac{\alpha_I V_I^2}{2g} = \frac{Q^2}{2g \left(\frac{\pi D^2}{4} \right)^2} = \frac{33^2}{2 \times 9.81 \left(\frac{\pi \times 3.35^2}{4} \right)} = 0.71$$

$$H = 3.8 + 22.6 + 0.71 = 27.11 (\text{m})$$

$$\eta_u = \frac{P_g}{9.81 QH} = \frac{7410}{9.81 \times 33 \times 27.11} = 0.845$$

$$\eta_t = \frac{\eta_u}{\eta_g} = \frac{0.845}{0.966} = 0.875$$

第三节 水轮机的类型与工作范围

水轮机是将水能转换成旋转机械能的一种水力原动机，能量的转换是借助转轮叶片与水流相互作用来实现的。根据转轮内水流运动的特征和转轮转换水流能量形式的不同，水轮机分成两大类：反击式水轮机和冲击式水轮机。反击式水轮机包括混流式、轴流式、斜流式和贯流式水轮机；冲击式水轮机分为水斗式、斜击式和双击式水轮机。

下面将各类型水轮机及其代表符号列出，见图 1-6。

反击式
　混流式 (HL)
　轴流式
　　轴流定桨式 (ZD)
　　轴流转桨式 (ZZ)
　斜流式 (XL)
　贯流式
　　贯流定桨式 (GD)
　　贯流转桨式 (GZ)

冲击式
　水斗式（切击式）(CJ)
　斜击式 (XJ)
　双击式 (SJ)

图 1-6 各型水轮机及其代表符号图

一、反击式水轮机

反击式水轮机利用了水流的势能和动能。反击式水轮机转轮区内的水流在通过转轮叶片流道时，始终是连续充满整个转轮的有压流动，并在转轮空间曲面型叶片的约束下，连续不断地改变流速的大小和方向，从而对转轮叶片产生一个反作用力，驱动转轮旋转。当水流通过水轮机后，其动能和势能大部分被转换成转轮的旋转机械能。

1. 混流式水轮机

混流式水轮机又称法兰西斯式水轮机，如图 1－7 所示，水流从四周沿径向进入转轮，然后近似以轴向流出转轮。混流式转轮由上冠、下环和叶片组成（见图 1－8）。

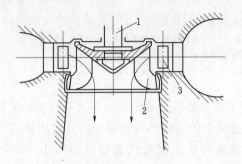

图 1－7　混流式水轮机
1—主轴；2—叶片；3—导叶

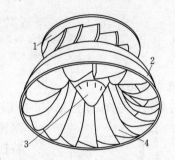

图 1－8　混流式水轮机的转轮
1—上冠；2—下环；3—泄水锥；4—转轮

混流式水轮机应用水头范围较广，约为 $20\sim700\mathrm{m}$，结构简单，运行稳定且效率高，单机容量由几十千瓦到几十万千瓦，是应用最广泛的一种水轮机。

2. 轴流式水轮机

轴流式水轮机又称卡普兰式，如图 1－9 所示，水流在导叶与转轮之间由径向流动转变为轴向流动，而在转轮区内水流保持轴向流动，轴流式水轮机的应用水头约为 $3\sim80\mathrm{m}$。轴流式水轮机在中低水头、大流量水电站中得到了广泛应用。

轴流式水轮机转轮由转轮体和叶片组成（见图 1－10），叶片数少于混流式，叶片轴线与水轮机轴线垂直。

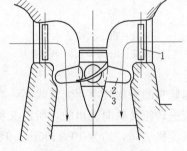

图 1－9　轴流式水轮机
1—导叶；2—叶片；3—轮毂

在同样直径与水头时，它的过流能力比混流式大，气蚀性能较混流式差。根据其转轮叶片在运行中能否转动，又可分为轴流定桨式和轴流转桨式水轮机两种。轴流定桨式水轮机的转轮叶片是固定不动的，因而结构简单、造价较低，但它在偏离设计工况运行时效率会急剧下降，因此，这种水轮机一般用于水头较低、出力较小以及水头变化幅度较小的水电站。轴流转桨式水轮机的转轮体内有一套叶片转动机构，它的叶片相对于转轮体可以转动。在运行中根据不同的负荷和水头，叶片与导叶相互配合，形成一定的协联关系，实现导叶与叶片的双重调节，获得较高的水力效率和稳定的运行特性，扩大了高效率的运行范围。但是，这种水轮机需要有一个操作叶片转动的机构，因而结构较复杂，造价较高，一般用于水头、出力均有较大变化幅度的大中型水电站。

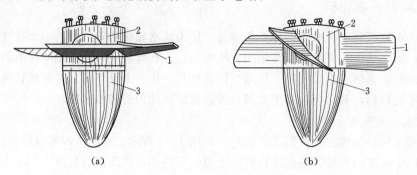

图 1 - 10 轴流式水轮机转轮

（a）转轮轮叶处于非工作状态；（b）转轮轮叶处于工作状态

1—转轮轮叶；2—转轮轮毂；3—泄水锥

3. 斜流式水轮机

斜流式水轮机是在 20 世纪 50 年代初为了提高轴流式水轮机适用水头而在轴流转桨式

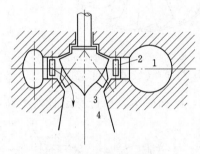

图 1 - 11 斜流式水轮机

1—蜗壳；2—导叶；3—转轮叶片；

4—尾水管

水轮机基础上改进提出的新机型，其结构形式及性能特征与轴流转桨式水轮机类似（如图 1 - 11 所示）。斜流式转轮叶片布置在与主轴同心的圆锥面上，叶片轴线与水轮机主轴中心线形成交角 θ，θ 角随水头不同而异（见图 1 - 12），一般水头在 $40 \sim 80$m 时 $\theta =$ $60°$，水头在 $60 \sim 130$m 时 $\theta = 45°$，水头在 $120 \sim 200$m 时 $\theta = 30°$。因此，在斜流式转轮上能比轴流式转轮布置更多的叶片，降低了叶片单位面积上所承受的压力，提高了使用水头。在斜流式的转轮体内布置有叶片转动机构，也能随着外负荷的变化进行双重调节，因此它的平均效率比混流式高，高效区比混流式宽。由于在它的轴面投影图中水流是斜向流进转轮又斜向流出的，所以又称对角流转桨式水轮机。它的适用水头在轴流式与混流式水轮机之间，约为 $40 \sim 200$m。但由于其倾斜桨叶操作机构的结构特别复杂，加工工艺要求和造价均较高，所以一般只在大中型水电站中，目前这种水轮机应用还不普遍。

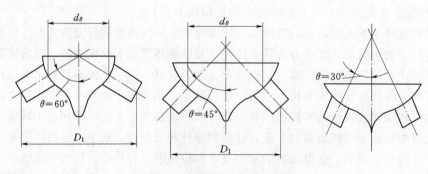

图 1 - 12 斜流式水轮机转轮

4.贯流式水轮机

贯流式水轮机是开发低水头水力资源的一种新机型,这是一种流道近似为直筒状的卧轴式水轮机,它不设引水蜗壳,叶片可做成固定的和可转动的两种。由于水流在流道内基本上沿轴向运动不拐弯,提高了过流能力和水力效率。

根据其发电机装置形式的不同,分为全贯流式和半贯流式两类。

全贯流式水轮机(见图 1-13)的发电机转子直接安装在转轮叶片的外缘。它的优点是流道平直、过流量大、效率高。但由于转轮叶片外缘的线速度大、周线长,因而旋转密封困难。目前,这种机型已很少使用。

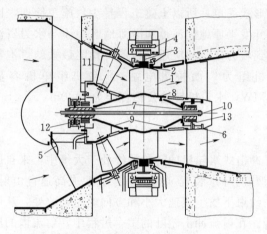

图 1-13　全贯流式水轮机

1—转轮叶片;2—转轮轮缘;3—发电机转子轮辋;4—发电机定子;
5、6—支柱;7—轴颈;8—轮毂;9—锥形插入物;10—拉紧杆;
11—导叶;12—推力轴承;13—导轴承

图 1-14　轴伸贯流式水轮机

1—转轮;2—水轮机主轴;3—尾水管;
4—齿轮转动机构;5—发电机

半贯流式水轮机有轴伸式、竖井式和灯泡式等装置形式。把发电机置于厂房内,水轮机轴由尾水管内伸出与发电机相连的称轴伸式(见图 1-14);把发电机置于混凝土竖井内的称竖井式(见图 1-15);把发电机装在灯泡状机室内称为灯泡贯流式(见图 1-16)。

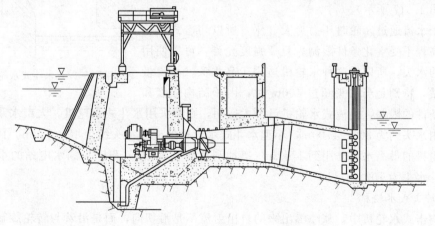

图 1-15　竖井贯流式水轮机

9

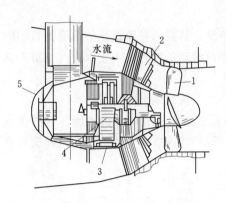

图 1-16　灯泡贯流式水轮机

1—转轮叶片；2—导叶；3—发电机定子；
4—发电机转子；5—灯泡体

其中轴伸式和竖井式结构简单、维护方便，但效率较低，一般只用于小型水电站。目前，广泛使用的是灯泡贯流式水轮机，其结构紧凑、稳定性好、效率较高，其发电机布置在被水绕流的钢制灯泡体内，水轮机与发电机可直接连接，也可通过增速装置连接。

贯流式水轮机的适用水头为 1～25m，适用于低水头、大流量的水电站。由于其卧轴式布置及流道形式简单，所以土建工程量少，施工简便，因而在开发平原地区河道和沿海地区潮汐等水力资源中得到较为广泛的应用。目前，我国最大的灯泡贯流式机组为广西桥巩电站，8 台机组单机容量为 57MW，水轮机转轮公称直径为 7.40m。

二、冲击式水轮机

冲击式水轮机仅利用了水流的动能。冲击式水轮机的转轮始终处于大气中，来自压力钢管的高压水流在进入水轮机之前借助特殊的导水装置（如喷嘴）转变成高速自由射流，该射流冲击转轮的部分轮叶，并在轮叶的约束下发生流速大小和方向的急剧改变，从而将其动能大部分传递给轮叶，驱动转轮旋转。在射流冲击轮叶的整个过程中，射流内的压力基本不变，近似为大气压。

冲击式水轮机按射流冲击转轮的方式不同可分为水斗式、斜击式和双击式三种。

1. 水斗式水轮机

1889 年美国人培尔顿发明了采用双曲面水斗的水斗式水轮机，亦称切击式或培尔顿式水轮机。其特点是从喷嘴出来的射流是沿着转轮圆周的切线方向冲击在斗叶上做功的（如图 1-17 所示）。

由于水流通过转轮时压力为大气压，所以切击式水轮机安装高程不受空化条件限制，只要强度允许，可以使用在很高的水头。所以，这种水轮机适用于高水头、小流量的水电站，特别是当水头超过 400m 时，由于结构强度和

图 1-17　水斗式水轮机

气蚀等条件的限制，混流式水轮机已不太适用，则常采用水斗式水轮机。大型水斗式水轮机的应用水头约为 300～1700m，小型水斗式水轮机的应用水头约为 40～250m。目前，水斗式水轮机的最高水头已用到 1767m（奥地利莱塞克电站），我国天湖水电站的水斗式水轮机设计水头为 1022.4m。

2. 斜击式水轮机

在斜击式水轮机中，从喷嘴出来的自由射流不是沿切向，而是沿着与转轮旋转平面成某一角度（约 22.5°）的方向，从转轮的一侧进入轮叶再从另一侧流出轮叶（如图 1-18

所示）。与水斗式相比，其过流量较大，但其转轮采用单曲面斗叶，从斗叶流出的水会产生飞溅现象，因此效率较低。因此，这种水轮机一般多用于中小型水电站，适用水头一般为 20～300m。

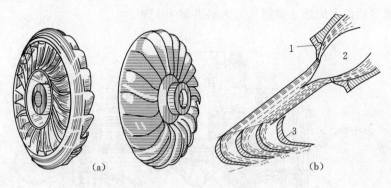

图 1-18　斜击式转轮

（a）转轮；（b）斜击式转轮进水示意图

1—管帽；2—针阀；3—轮叶

3. 双击式水轮机

双击式水轮机又称班克式，它的转轮是由两块圆盘夹了许多弧形叶片而组成的圆柱（见图 1-19），水流进入转轮，首先冲击上部叶片，然后落到转轮的内部空间，再一次冲击转轮的下部叶片。在工作过程中转轮充满水，但水在转轮内是无压流动（见图 1-20）。转轮叶片做成圆弧形或渐开线形，喷嘴的孔口做成矩形并且宽度略小于轮叶的宽度。这种水轮机结构简单、制作方便，但效率低、转轮叶片强度差，仅适用于单机出力不超过 1000kW 的小型水电站，其适用水头一般为 5～100m。

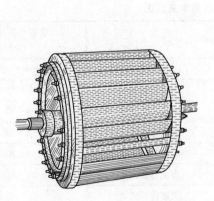

图 1-19　双击式水轮机的转轮

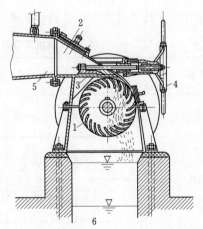

图 1-20　带有闸板阀门的双击式水轮机

1—工作轮；2—喷嘴；3—调节闸板；

4—舵轮；5—引水管；6—尾水槽

三、可逆式水轮机

可逆式水泵水轮机既可作为水轮机运行又能作为水泵运行，适用于抽水蓄能电站和潮汐电站（见图 1-21）。当它在水泵工况和水轮机工况运行时旋转方向相反，效率低于常规水轮机。根据使用水头不同，又分成混流式、斜流式、轴流式和贯流式，混流式用于 50～600m，斜流式用于 20～200m，轴流式用于 15～40m，水头小于 20m 时采用贯流式。目前国内单机容量最大的抽水蓄能机组为响洪甸 40MW。

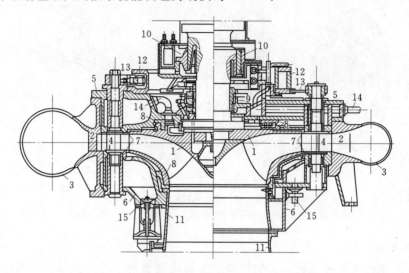

图 1-21　中水头混流可逆式水泵水轮机
（中心线以左——瑞士 E，W 公司设计，中心线以右——瑞士 Sulzer 公司设计）
1—转轮；2—座环；3—蜗壳；4—导叶；5—顶盖；6—底环；7—抗磨板；
8—迷宫环；9—轴密封；10—导轴承；11—锥管；12—控制板；
13—连杆；14—排气管；15—排水管

目前各种水轮机应用范围如表 1-1 和图 1-22 所示，水轮机应用范围不是固定不变的，它是随着科学技术的发展以及设计水平、加工精度、材料性能的提高而逐步扩大的。

表 1-1　　　　　　　　　水轮机类型及应用水头范围

类　型	型　式		适应水头范围（m）
反击式	混流式	混流式	20～700
		混流可逆式	80～600
	轴流式	轴流转桨式	3～80
		轴流定桨式	3～50
	斜流式	斜流式	40～200
		斜流可逆式	40～120
	贯流式	贯流转桨式	1～25
		贯流定桨式	
冲击式	水斗式		40～1700
	斜击式		20～300
	双击式		5～100

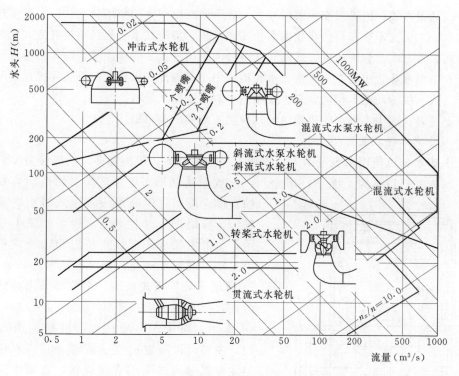

图 1-22　各种水轮机水头和流量应用范围

第四节　水轮机的装置形式与牌号

一、水轮机的装置形式

　　水轮机装置方式，系指水轮机轴的装置方向和机组的连接方式，它取决于使用水头、单机容量和上下游水位等的变化情况。在电站中，水轮机轴的装置分为立式和卧式两种，主轴竖装者称为立式装置，主轴横装者称为卧式装置。机组连接方式分为直接和间接两种形式：水轮机与发电机轴在同一轴线上，通过法兰盘用螺栓刚性或弹性连接者，称为直接连接；水轮机轴与发电机轴不在同一轴线上，通过传动装置连接者，称为间接连接。

　　立式装置方式：此种装置方式为水轮机与发电机在同一垂直平面内。其优点是：安装、拆卸方便，轴与轴承受力情况良好，发电机安装位置较高，不易受潮，管理维护方面；其缺点是：负载比较集中，水下部分深度增加，因而使土建投资大。立式装置方式多应用在大中型水轮机中。按其连接方式又可分为直接连接和间接连接：直接连接不需装设复杂的传动装置，机械损失小，传动效率高，运行维护方便，因此机组尽可能采用直接连接方式，特别是大中型水轮机应用最为普遍；间接连接主要应用在农村小型水电站，因水轮机转速较低，而发电机的转速一般较高，无法直接连接，在这种情况下，就必须采用间接连接。

卧式装置方式：因机组支承面积较大，故不致产生很大的集中荷重，厂房高度较低但轴和轴承受力情况不好。目前在我国水斗式水轮机、贯流式水轮机和小型混流式水轮机多采用卧式装置方式。它按连接方式不同亦可分为直接连接和间接连接：卧式直接连接主要应用于大中型水斗式水轮机、贯流式水轮机和中小型混流式水轮机；卧式间接连接的传动方式与立式间接传动基本相同，它主要应用于农村小型水轮机。

以下是对我国中小型水轮机常用的几种装置型式的简单叙述。

1. 反击式水轮机装置型式

反击式水轮机使用水头范围大，单机容量的差别大，机型繁多，所以装置型式各不相同。对大型机组，为了缩小厂房面积，一般采用立轴布置形式，水轮机轴与发电机轴直接连接。对中高水头混流式机组，采用立轴，金属蜗壳，弯肘形尾水管，如图1-23所示，一般中低水头混流式机组和轴流式机组采用立轴，混凝土蜗壳，弯肘形尾水管，如图1-24所示。对贯流式机组，主轴都采用卧轴布置型式，引水室采用贯流式。如图1-13～图1-16所示。对中、小型机组，根据利用方式不同，主轴可以布置成立式或者卧式。水轮机轴与发电机轴可以采用直接连接，也可以通过齿轮、皮带间接连接。在高水头时，一般采用蜗壳，在低水头时大多采用开敞式引水室。另外，也有采用罐式、虹吸式的，而尾水管一般采用直锥形和肘形尾水管。图1-25是立轴、金属蜗壳，直锥形尾水管，一般用于中高水头、容量相对较大的混流式机组。图1-26是卧轴、金属蜗壳、肘形尾水管，一般用于中高水头、小容量的机组。图1-27是立轴、明槽、肘形尾水管，一般低水头、小容量的轴流式水轮机可以采用这种装置型式。图1-28是立轴、明槽、直锥形尾水管，对于水头很低的小容量轴流式水轮机可以采用这种装置型式。图1-29是卧轴、罐式、肘形尾水管，一般用于中等水头、容量相当小的混流式水轮机。

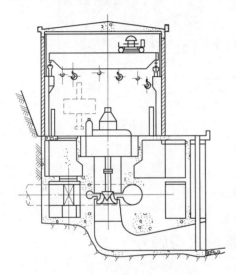

图1-23 金属蜗壳—立轴装置

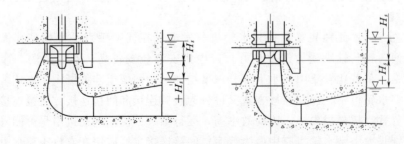

图1-24 混凝土蜗壳—立轴装置

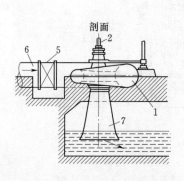

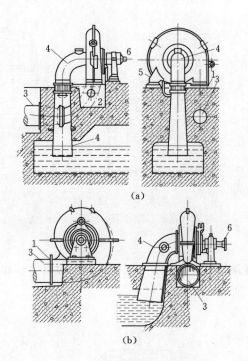

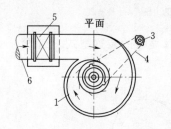

图 1-25 金属蜗壳—立轴装置

1—金属蜗壳；2—主轴；3—调节轴；

4—推拉杆；5—主阀；6—压力水管；

7—直锥形尾水管

图 1-26 金属蜗壳—卧轴布置

（a）蜗壳进水断面垂直向下的方式；

（b）蜗壳进水断面朝向水平的方式

1—蜗壳进水断面；2—弯管；3—压力水管；

4—尾水管；5—支撑腿；6—主轴

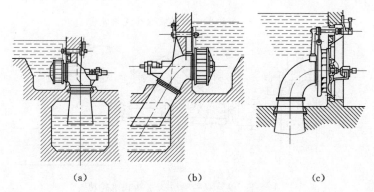

图 1-27 明槽——卧轴布置

（a）垂直肘管位于明槽外；（b）斜肘管位于明槽外；（c）垂直肘管位于明槽内

2. 冲击式水轮机的装置型式

冲击式水轮机的装置型式是根据它们的类型和机组容量的大小，结合当地自然条件与生产制造水平决定的。

斜击式和双击式水轮机由于机组容量小，一般都采用卧轴装置型式。切击式水轮机由于机组容量范围较大，因此装置型式有立式也有卧式。大容量机组一般是立式，小容量机组是卧式。卧式切击式水轮机一般为了得到较高的水力效率大多对每个转轮采用单喷嘴，

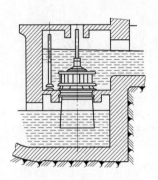 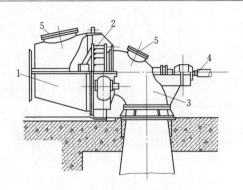

图 1-28 明槽——立轴
装置（直锥形尾水管）

图 1-29 罐式——卧轴装置
1—水轮机罐；2—水轮机转轮；3—肘形尾水管；
4—水轮机主轴；5—检查孔

对较大容量的卧式机组多采用双转轮，对每个转轮使用双喷嘴的装置型式。如图 1-30～
图 1-34 所示。

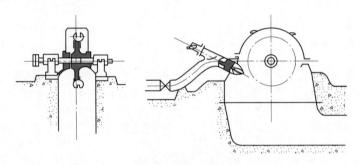

图 1-30 单轮单喷嘴卧式水斗式水轮机

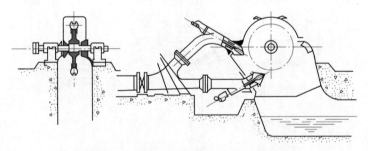

图 1-31 单轮双喷嘴卧式水斗式水轮机

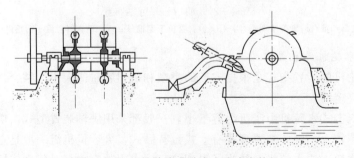

图 1-32 双轮单喷嘴卧式水斗式水轮机

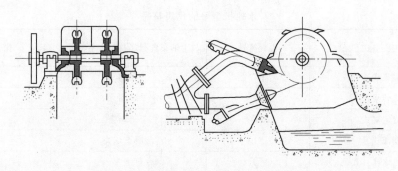

图1-33　双轮双喷嘴卧式水斗式水轮机

对大容量机组，为了缩小厂房平面尺寸，降低开挖费用，一般都采用立式装置。立式装置还可以降低进水管中的水力损失及转轮的风损，提高水轮机效率。另外，立式机组可以多装喷嘴，一般是1～6个喷嘴。如图1-35所示。增加喷嘴数可以提高切击式水轮机的比转速，在运行中能够根据负荷的变化自动调整投入运行的

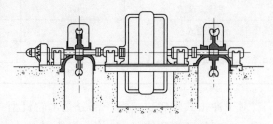

图1-34　双轮双喷嘴卧式水斗式水轮机

喷嘴数，保持运行的高效率。国外5～6个喷嘴的切击式水轮机所占比例相当大。

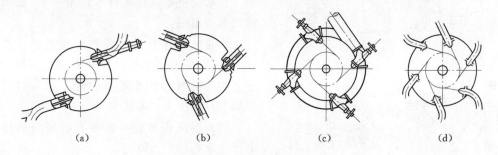

图1-35　立式机组喷嘴布置

(a) 双喷嘴；(b) 三喷嘴；(c) 四喷嘴；(d) 六喷嘴

二、水轮机的牌号

根据我国JBB 84—74"水轮机型号编制规则"规定，水轮机的牌号由三部分组成：每一部分用短横线"—"隔开。第一部分由汉语拼音字母与阿拉伯数字组成，其中拼音字母表示水轮机型式，阿拉伯数字表示转轮型号，入型谱的转轮的型号为比转速数值，未入型谱的转轮的型号为各单位自己的编号，旧型号为模型转轮的编号，可逆式水轮机在水轮机型式后加"N"表示；第二部分由两个汉语拼音字母组成，前者表示水轮机主轴布置形式后者表示引水室的特征；第三部分用阿拉伯数字表示水轮机转轮的标称直径以及其他必要的数据。常见水轮机型号和代表符号及布置型式如表1-2所示。

表 1-2 水轮机型号的代表符号

水轮机型式	代表符号	主轴布置型式及引水室特征	代表符号
混流式	HL	立轴	L
轴流转桨式	ZZ	卧轴	W
轴流定桨式	ZD	金属蜗壳	J
斜流式	XL	混凝土蜗壳	H
冲击（水斗）式	CJ	灯泡式	P
贯流转桨式	GZ	明槽式	M
贯流定桨式	GD	罐式	G
可逆式	N	竖井式	S
双击式	SJ	虹吸式	X
斜击式	XJ	轴伸式	Z

对于冲击式水轮机，第一部分是水轮机型式，第二部分表示主轴的布置型式，第三部分表示为：转轮标称直径（cm）/每个转轮上的喷嘴数×射流直径（cm）。

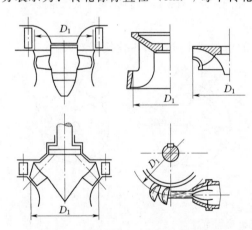

图 1-36 各种类型的水轮机转轮直径规定示意图

如果在同一根轴上装有一个以上的转轮，则在水轮机牌号第一部前加上转轮数。

在水轮机型式代表符号后加"N"表示可逆式水力机械。

水轮机标称直径（简称转轮直径，常用 D_1 表示）是表征水轮机尺寸大小的参数。对于各类型各种型式水轮机的转轮标称直径规定如下（如图 1-36 所示）：

（1）混流式水轮机转轮直径是指其转轮叶片进水边的最大直径。

（2）轴流式、斜流式和贯流式水轮机转轮直径是指与转轮叶片轴线相交处的转轮室内径。

（3）冲击式水轮机转轮直径是指转轮与射流中心线相切处的节圆直径。

反击式水轮机转轮标称直径 D_1 的尺寸系列规定见表 1-3。

表 1-3 反击式水轮机转轮标称直径系列 单位：cm

25	30	35	(40)	42	50	60	71	(80)	84
100	120	140	160	180	200	225	250	275	300
330	380	410	450	500	550	600	650	700	750
800	850	900	950	1000					

注 表中括号内的数字仅适用于轴流式水轮机。

水轮机型号示例：

（1）HL220-LJ-250，表示转轮型号为220的混流式水轮机，立轴、金属蜗壳，转轮直径为250cm。

（2）ZZ560-LH-500，表示转轮型号为560的轴流转桨式水轮机，立轴、混凝土蜗壳，转轮直径为500cm。

（3）GD600-WP-300，表示转轮型号为600的贯流定桨式水轮机，卧轴、灯泡式引水，转轮直径为300cm。

（4）2CJ20-W-120/2×10，表示转轮型号为20的水斗式水轮机，一根轴上装有2个转轮、卧轴、转轮直径为120cm，每个转轮具有2个喷嘴，射流直径为10cm。

（5）XLN200-LJ-300，表示斜流可逆式水泵水轮机，转轮型号200，立轴，金属蜗壳，转轮标称直径是300cm。

第五节　水轮机结构概述

水轮机是将水能转换为机械能的机械，它的基本部件即对能量转换有直接影响的过流部件，是绝大多数水轮机普遍具有的部件。近代水轮机一般都具有四个基本过流部分，它们分别为：引导并集中水流流入转轮的引水部分—称为引水部件；使流入转轮的水具有所需要的速度和大小的导向部分—称为导水部件；把引入水流的水能转换为转动机械能的能量转换部分—称为工作部件（转轮）；将转轮流出的水引向下游并利用其余能的泄水部分—称为泄水部件。对不同类型的水轮机，上述四个重要部件在型式上都具有各自的特点。

本节主要介绍反击式（混流式、轴流转桨式、斜流式、贯流式）水轮机和水斗式水轮机的部件及构成。

一、反击式水轮机

反击式水轮机有以下几个主要部件，它们的功用如下：

（1）引水室：将水引入转轮前的导水机构。

（2）座环：用来承受水力发电机组的轴向载荷，并把载荷传递给混凝土基础。

（3）导水机构：引导水流按一定方向进入转轮，并通过改变导叶开度来改变流量，调整出力。此外，还用它来截断水流，以便检修与调相运行。

（4）转轮：将水流的机械能转换成固体机械能。

（5）尾水管：主要用来回收转轮出口水流中的剩余能量。

（6）主轴：将水轮机转轮的机械能传递给发电机。

（7）轴承：承受水轮机轴上的载荷（径向力和轴向力）并传给基础。

1．混流式水轮机结构概述

图1-37是大型混流式水轮机结构示例。

从压力水管来的水流经蜗壳、座环和导叶，进入转轮，然后由尾水管排走。

（1）引水部件。混流式水轮机引水部件主要有明槽式、鼓壳式（即罐式）、蜗壳式。大中型反击式水轮机的引水室都采用蜗壳，水流在其中一方面环绕导水机构作圆周运动；

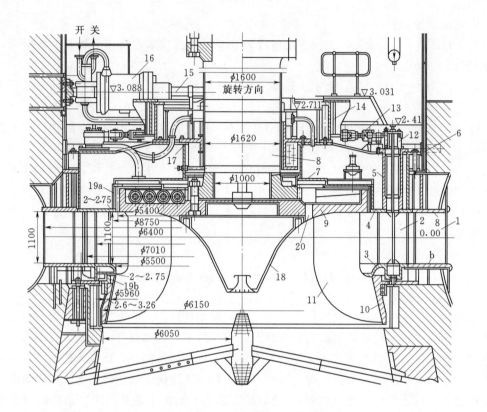

图 1-37　混流式水轮机剖面图

1—固定导叶；2—导叶；3—底环；4—顶盖；5—套筒；6—螺钉；7—主轴法兰；8—主轴；9—上冠；10—下环；
11—叶片；12—转臂；13—连杆；14—控制环；15—推拉杆；16—接力器；17—导轴承；18—泄水锥；
19—上、下迷宫环；20—连接螺栓

另一方面又做径向运动，以使得水流均匀、对称地进入导水机构。根据使用水头和单机容量不同，蜗壳的制作材料有金属和混凝土，金属蜗壳的截面形状为圆形（如图 1-38 所示），混凝土蜗壳为梯形。它的形状如蜗牛的壳体，从蜗壳进口到鼻端又像一个断面逐渐收缩的管子，蜗壳内侧是敞开的，由座环支撑。

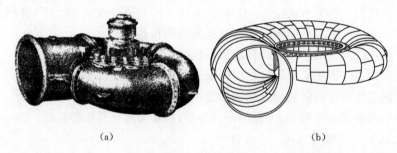

（a）　　　　　　　　　　　　　　　（b）

图 1-38　水轮机蜗壳

　　（2）座环。混流式水轮机的座环一般由上、下环和固定导叶组成（图 1-39），固定导叶横截面形状为翼型，从而保证水流绕固定导叶流动时水力损失最小。蜗壳与座环的上、下环圆周相连接（图1-40），在座环的上、下环之间有若干个沿圆周均匀布置的固定导叶，用以承受轴向载荷，并把载荷传递给混凝土基础。

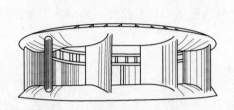
图1-39　水轮机座环

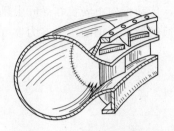
图1-40　蜗壳与座环的连接

（3）导水机构。导水机构是导叶及导叶的传动零件一起组合起来的零部件的总称，用于调节水轮机流量，大多数导水机构是可以转动的多导叶式，即芬克式导水机构（见图1-41），是1877年德国工程师芬克发明的，由轴线与水轮机主轴平行，并均布在圆柱面上的若干个导叶组成。

图1-41　芬克式导水机构

经过不断改进，形成了现代的结构（见图1-42），导叶支承在位于顶盖4和下环10内的轴套上（见图1-37），因而导叶能绕本身的轴线旋转。导叶沿圆周均匀布置于座环和转轮之间的环形空间内，通过改变导叶位置来引导水流按一定方向进入转轮，调节水轮机的流量和出力（见图1-42）。相邻导叶之间构成水流通道，此通道的最小宽度叫做导叶开度 a_0（见图1-43）。当导叶转动时，导叶的安放位置发生改变，导叶的开度也随之改变，进入转轮的水流方向也发生改变，使水轮机的流

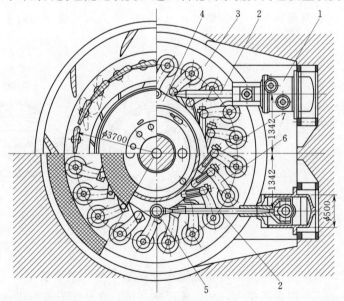
图1-42　现代的导水机构
1—接力器；2—推杆；3—顶盖；4—控制环；5—柱销；6—拐臂；7—连杆

量增加或减少，从而达到调节出力的目的。在导叶完全关闭时，相邻两导叶首尾相接，进入水轮机的水流通路被截断，通过水轮机的流量为零。导叶的转动由传动机构（图1-44）控制，传动机构由安置在导叶上轴颈的转臂2，连杆3、和控制环4组成。导叶开度的改变是通过导水机构的两个接力器6产生的驱动力使拖拉杆5移动并带动控制环转动来实现的。

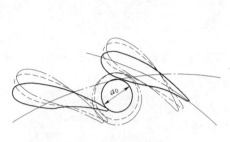

图1-43 导叶开度

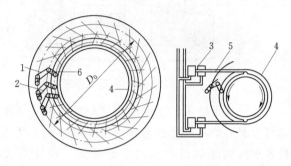

图1-44 导水机构传动图

1—导叶；2—转臂；3—连杆；4—控制环；5—推拉杆；6—接力器

（4）转轮。水流通过导水机构获得必要的水流方向和速度后进入转轮，它是水轮机的核心部件。转轮由上冠、下环和叶片组成（见图1-45），实物图见图1-46。转轮叶片之间的通道称为流道，水流经过流道时，叶片迫使水流按它的形状改变流速的方向和大小，使水流动量改变，水流反过来给叶片一个反作用力，此力的合力对转轮轴心产生一个力矩，推动转轮旋转，从而将水流能量转换为旋转的机械能。混流式转轮的叶片数随着应用水头的提高而增加，一般为14~19片。转轮通过上冠与主轴连接，上冠下部装有泄水锥，用来引导水流均匀流出转轮，减少叶片出流的漩涡。为了减少漏损，在上冠与顶盖之间，下环与基础环之间装有迷宫环（止漏装置）见图1-37。为了减小轴向水推力，在上冠上设有减压孔。

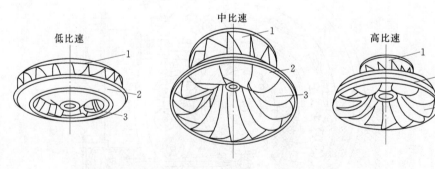

图1-45 混流式水轮机转轮

1—上冠；2—下环；3—叶片

（5）尾水管。水流从转轮出来，经过尾水管排至下游，尾水管是一个扩散形的管子，其断面面积沿着水流方向逐渐扩大，从而使流速减小，在转轮下方形成真空，使转轮出口动能的大部分得以回收，并使转轮到下游水位之间的位能能加以利用。它收回动能的程度与其形状紧密地联系着也直接影响到水轮机的经济性和安全性以及整个水电站的建筑费用。常用尾水管有两种形式，一种是直锥型尾水管，主要用于小型电站；另一种是弯肘型尾水管，主要用于大中型电站（见图1-47）。

图1-46 混流式水轮机
转轮实物图

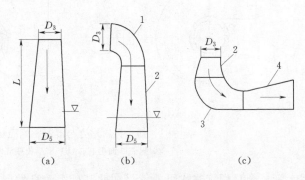

图1-47 尾水管的主要形式
(a) 直锥型尾水管；(b) 肘型尾水管；(c) 弯肘型尾水管
1—弯管；2—直锥管；3—肘管；4—扩散管

2. 轴流转桨式水轮机结构概述

轴流式水轮机和混流式一样有转轮、引水部件、导水部件、尾水管四大通流部件，除了蜗壳和转轮以外，其他部件与混流式相似。图1-48是大型轴流转桨式水轮机结构示意图。

（1）引水室。水轮机引水室是一个混凝土蜗壳，这种蜗壳应用在40m水头以下。与金属蜗壳不同，这种蜗壳的蜗形部分仅包围导水机构圆周的180°以上，其余部分水流直接由引水管经固定导叶进入导水机构；与金属蜗壳的另一个不同之处，混凝土蜗壳在轴向断面上的形状是做成梯形的（图1-49）。

（2）转轮。为了在较低的水头下能获得一定转速，不得不缩小转轮的直径。同时为了能通过较大的流量，又不得不加大转轮的过水面积。这样一来原先的混流式水轮机的转轮由圆盘状变为喇叭状。水流从这种转轮中通过时，它的方向在某种程度上可以视作斜流的了。为了进一步减少水流的摩阻力，除去转轮下环，再减少一些叶片就成了如图1-58所示斜流式转轮了。然而，这

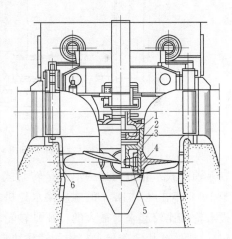

图1-48 转桨式水轮机剖面图
1—转轮接力器活塞；2—转轮体；3—转臂；
4—叶片；5—叶片枢轴；6—转轮室

种水轮机并没有得到发展，它只是作为混流式过渡到轴流式水轮机的中间产物。为了更进一步在低水头下获得较高的转速和较大的功率，水流为轴向的螺旋桨式水轮机就于1912年为适应这种情况而产生了（见图1-50）。

这是卡普兰首先提出的，如果追溯上去，那么1837年德国的根施里和法国的姜瓦耳（1837~1841年）提出的那种水轮机（图1-51）应该是轴流式水轮机的始祖。它们首先

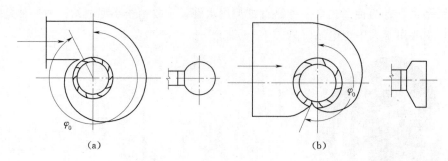

图 1-49　金属蜗壳与混凝土蜗壳相比较

(a) 金属蜗壳断面形状；(b) 混凝土蜗壳断面形状

用了尾水管。今日螺旋桨式可能就是在此基础上改良发展而来。必须指出，螺旋桨式也可以根据需要使叶片转动一个角度，但必须在水轮机停车后才能进行。它不像转桨式，叶片能和导水机构一起根据出力需要协同动作，而是只靠导叶单独调节，即叶片与导水机构之间没有双重调节机构。所以它仍然是轴流定桨式。

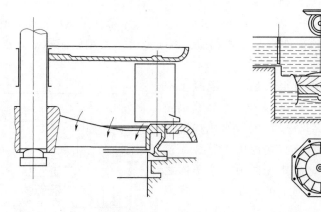

图 1-50　具有外轮缘的轴流式水轮机　　图 1-51　最早的轴流式水轮机

　　轴流式水轮机的另一形式是转桨式（或称转叶式），实物图见图 1-52。它是卡普兰于 1916 年在继 1912 年的螺旋桨水轮机之后提出的，故习惯上称为卡普兰式。它与螺旋桨式水轮机比较起来，最大的特征是转轮轮毂（或称转轮体）内有一套转叶机构（如图 1-53），能使叶片随着导水机构的动作协调地旋转一个角度，以迎合经过导叶流进来的水流。

图 1-52　轴流式水轮机转轮实物图

转桨式水轮机转轮叶片装设在轮毂的周围，轮毂的上端面与主轴的法兰相连接，下端面装有泄水锥，用以减少叶片出流的漩涡损失和振动。在轮毂内有转叶接力器活塞，活塞受调速器的控制，在油压的作用下，可上下移动。此活塞的移动又通过铰接于活塞 1 上的连杆 2 和套于叶片枢轴上的转臂 3 等组成的转叶机构带动叶片 4 转动。转轮叶片的安放角是以计算位置 $\varphi=0°$ 为基准，当 $\varphi>0°$ 时，叶片斜度增加（向打开方向），$\varphi<0°$ 时，倾斜度减小（向关闭方向）。叶片安放角与导

叶开度 a_0 在各种水头下保持一定的协联关系，以使得水轮机能较好的适应出力和水头的变化，获得尽可能高的效率。

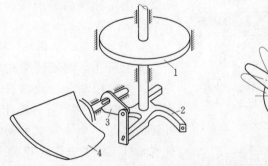

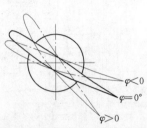

图 1-53　转叶机构示意图
1—转叶接力器；2—连杆；3—转臂；4—叶片

随着应用水头的提高，叶片数目随之增加，一般根据水头不同为 4~8 片，轮毂也相应增大。为了使叶片转动时保持叶片根部与轮毂间隙最小，以减少漏水，一般将轮毂做成球形。转轮的周围是转轮室，它用锚栓、拉钩等固定于混凝土或钢衬上，以使转轮室承受转轮工作时所造成的水压力脉动。转轮室与叶片外缘间的间隙应尽可能的小，通常它与转轮的直径 D_1 有关，一般要求间隙 $\delta = 0.001 D_1$，以尽可能地减少水流的漏损，提高水轮机的效率。为便于从上部吊装转轮，转轮室内（见图 1-54）表面在叶片转动的轴线以上做成圆柱形，为保证叶片转动时间隙保持不变，在叶片轴线以下的转轮室内表面做成球形。

另外，导水机构除了和一般混流式水轮机所常用的圆柱式外，还有圆锥式 [如图 1-55（a）] 及圆盘式 [如图 1-55（b）]。关于导水机构的分类，详见第八章。

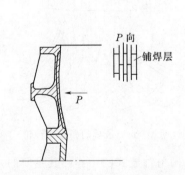

图 1-54　轴流式水轮机转轮室图

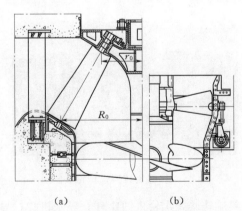

图 1-55　圆锥式及圆盘式导水机构
（a）圆锥式；（b）圆盘式

特别值得注意的是转桨式水轮机由于叶片的角度可以随时和导叶角度配合，水流进入转轮时很少撞碰，离开转轮时也较符合于原始设计意图。因此，效率不因出力改变而急剧地降低这是定桨式所不及的。也正因为有这一特点，同时，转轮直径在同样水头同样出力下比混流式要小，所以最近十几年来，把转桨式水轮机应用到高水头，成为有意义的研究

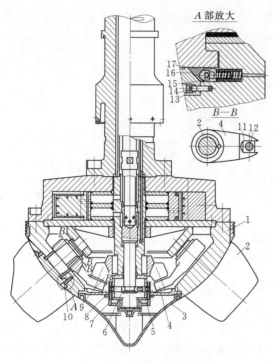

图 1－56　斜流式水轮机

1—轮毂；2—叶片；3—泄水锥；4—叶片转臂；5—凸轮；
6—从动盘；7—导向套；8—滚动轴承；9—操作盘；
10—叶片密封；11—滑块；12—滑块销；13—压盖；
14—螺钉；15—垫环；16—λ 型密封；
17—弹簧

课题。轴流转桨式水轮机不可能用在更高的水头下主要是强度受到限制，同时还受到电站建筑的经济性和水轮机水力安全性的限制。

　　3. 斜流转桨式水轮机结构概述

　　如上所述，轴流转桨式水轮机的工作水头受到限制，一般轴流式的水头范围为 3～80m。然而，转轮叶片能配合导叶转动总是一个非常有利的特点，它促使水轮机工作者去研究和发扬这个特点。由斜流式演变到轴流式时，它的适用水头逐步降低，因此，完全可以认为由轴流转桨回到斜流转桨，水头一定可以大大提高。于是德累阿兹（Deriaz）式水轮机就适应这种情况而产生了。有人说是法兰西斯—焦耳曼式，有人认为是前苏联的 B. C. 克维雅特可夫斯基更早提出来的。总之，斜流转桨式或者称为对角流转桨式水轮机有着广阔的前途。

　　图 1-56 是斜流转桨式水轮机结构图，图 1-57 是斜流转桨式水轮机转轮的实体图，图 1-59 是最早的斜流式转轮。

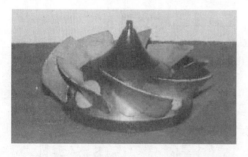

图 1-57　斜流转桨式转轮实体图

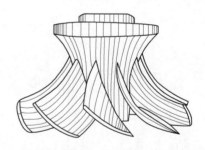

图 1-58　最早的斜流式转轮

　　斜流转桨式水轮机的座环，导水机构，导叶传动机构与轴流式的一样，其主要的差别是转轮和转轮室的形状和结构。具有轴颈的转轮叶片 2 安装在圆锥形的轮毂 1 上，并与主轴成 90°角。每个轴颈上有转臂 4，转臂利用球铰与连杆 5 连接。连杆由回转式接力器 6 驱动，以达到同时把全部叶片转过同一角度的目的。斜流式转轮的轮毂比 d_B/D_1（见图 1-12）可以比轴流转桨式的大。通常其 $d_B/D_1＝0.5～0.6$，而轴流式的 $d_B/D_1＝0.35～0.5$。转轮室 7 为球形，以保证不同转角下均有相同的间隙。这个间隙要求很小，一般不超过 $0.001D_1$。

4. 贯流式水轮机结构概述

当轴流式水轮机的主轴水平（或倾斜），转轮前后过流道为直线形或近于直线形，导水机构是圆盘式或圆锥式，而又采用了直尾水管时，则为贯流式水轮机。图 1-59 为贯流式水轮机结构简图，轴承 1 和轴承 2，推力轴承 3 及受油器 4 布置在管状壳体内，直接装在转轮 6 的外缘的发电机的转子与定子一起布置在环形坑内，导水机构 7 是圆盘式的。显然，在整个水轮机中水流沿轴向流动，图 1-60 为贯流式水轮机实物图。

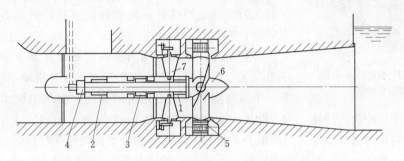

图 1-59 全贯流式水轮机结构简图

1、2—轴承；3—推力轴承；4—受油器；5—发电机转子；6—转轮；7—导水机构

图 1-60 贯流式水轮机实物图

图 1-61 灯泡式水轮发电机组

把发电机安装在灯泡状的机室内就叫做灯泡式（或半贯流式）机组（如图 1-61）。在这种机组中导水机构为圆锥式，尾水管中的水流不转弯，因此水力损失也较小。这种水轮机比同水头同直径的立式机组功率增大 20%～35%，厂房造价也可低 10%～15%。所以对于低水头的水电站采用灯泡式机组的趋势越来越大。

二、水斗式水轮机

水斗式水轮机有以下过流部件，它们的功用如下：

（1）喷嘴：由压力水管来的水流经喷嘴后形成一股射流冲击到转轮上，在喷嘴内水流的压力能转换成射流的动能。

（2）喷针：借助于喷针的移动，改变由喷嘴喷出的射流直径，因而也改变了水轮机的流量。

图 1-62 水斗式水轮机
转轮实物图

（3）转轮：它由圆盘和固定在它上面的若干个水斗组成，射流冲向水斗，将自己的动能传给水斗，从而推动转轮旋转做功（实物图见图 1-62）。

（4）折向器：它位于喷嘴和转轮之间，当水轮机突减负荷时，折向器迅速地使喷向水斗的射流偏转，同时缓慢地关闭喷针到新负荷相应位置，以避免压力水管中引起过大的压力上升，当喷针稳定在新位置后，折向器又回到射流旁边，准备下一次动作。

（5）机壳：使作完功的水流流畅地排至下游，机壳内压力与大气压相当。机壳也用来支承水轮机轴承。图 1-63 是一个双喷嘴水斗式水轮机剖面图，由压力输水管来的水流经由喷嘴 4 后冲击在转轮 2 的斗叶上。水斗形状见图 1-64（A—A，B—B）截面，射流进入叶片时被刀刃分成相等的两部分，被分开的这两部分水流绕流斗叶后，速度的大小和方向发生了改变，从而产生作用在叶片上的力，使叶片对转轮轴心形成一个旋转力矩。流量的调节是通过移动喷针以改变喷嘴出口的环形过水断面来实现的，而喷针的移动是由调速器控制的接力器来操纵的。

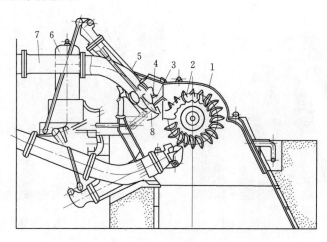

图 1-63 水斗式水轮机剖面图
1—机壳；2—转轮；3—喷针；4—喷嘴；5—喷嘴管；
6—调速器；7—压力输水管；8—偏流器

水流沿很长的压力水管到达喷嘴，当喷嘴快速关闭时，在压力水管中会发生水锤。为避免由于喷嘴快速动作而造成的水锤，在喷嘴前面装有折向器（图 1-65），当要求快速减小水轮机输出功率时，信号作用在折向器接力器上，操纵折向器快速动作（2～3s），以偏转射流，从而达到减小功率的要求。信号也同时作用于喷针，但是以缓慢的动作移动，从而使喷嘴的出流缓慢地减小（15～40s），避免了较大的水锤压力升高，随着喷针的关闭，折向器不接触射流，各系统处于正常位置。喷嘴和转轮均置于机壳内，以防水流溅入厂房。有时在机壳内装置有制动喷嘴，在关闭喷嘴停机时打开，让制动水流冲击在斗叶背面上，使机组较快停车。

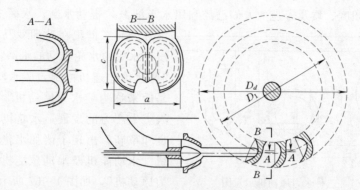

图 1-64　水斗式水轮机工作原理

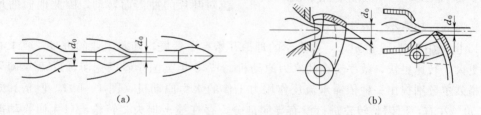

图 1-65　射流的控制

(a) 喷针对流量的调节；(b) 折向器工作原理

另外，冲击型水轮机的泄水部件是一个建筑在转轮下方的尾水槽，它几乎与水轮机无直接联系，因而也不具有尾水管的那些作用，只是用它将由转轮流出的水引向下游。因而冲击型水轮机的泄水部件，不像反击型水轮机那样重要，它也可以不作为冲击型水轮机的组成部分，见图 1-66。

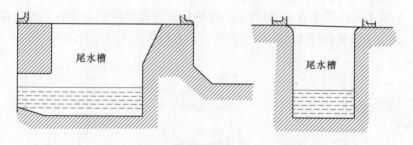

图 1-66　冲击式水轮机尾水槽

第六节　水轮机发展趋势与研究方向

一、世界水力机械的发展概述

1. 古代及近代水力机械的发展

人类利用自然力量的初步尝试是家畜，然后是水力机械。远在几千年前，人们就注意到利用高山、瀑布、河川、湖泊水流中蕴藏的能量来代替人力做功。追溯到公元前几世纪，在中国、印度、埃及等地的人们已经利用水车灌溉，带动水磨、水碾进行粮食加工。

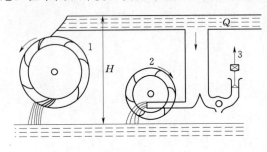

图 1-67 三种水力原动机示意图
1—利用水的位能使转轮旋转；2—利用水的动能
使转轮转动；3—利用水的压能使活塞移动

继之公元二世纪在欧洲罗马运河上已建有浸在水中由水轮带动的水磨。物原上记载："晋杜预作连机之滩，驱水转之。"这些都是后来称为"水力原动机"的雏形。随着人类生产力的发展，水轮机械被不断的改良和革新，出现了诸如水位能机、水压能机、水动能机及水动压能机等形式的"水力原动机"，如图 1-67 所示。当时，这些水轮都是利用水流的重力作用或者借助水流对叶片的冲击而转动，因此他们的尺寸大、转速低、功率小、效率低。

15 世纪中叶到 18 世纪末，水力学的理论开始有了发展，随着工业的进步，要求有功功率更大，转速更快，效率更高的水力原动机。1745 年英国学者巴克斯，1750 年匈牙利人辛格聂尔分别提出一种依靠水流反作用力工作的水力原动机（图 1-68），但是其效率只有 50% 左右，原因是转轮进口没有导向部分，存在撞击损失。转轮出口无回收动能的装置，动能未得到充分利用。

1751~1755 年，俄国彼得堡科学院院士欧拉首先分析了辛格聂尔水轮的工作过程，发表了著名的叶片式机械的能量平衡方程式（欧拉方程）。这个方程式直到今天仍被称为水轮机的基本方程。欧拉所建议的原动机（图 1-69），已经有导向部分，但出口流速仍很大，效率仍然不高。

1824 年法国学者勃尔金建议一种水力原动机，并第一次成为水轮机（即水力透平，透平 turbo 是拉丁文陀螺之意），如图 1-70 所示。它有导向部分，转轮改进成由弯板制成的叶道，但由于转轮高度太大，叶道太长，水力损失大，效率低于 65%。

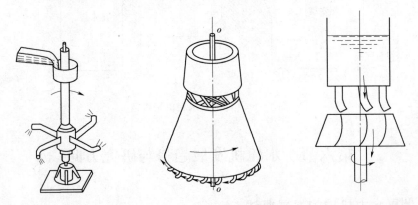

图 1-68 巴克和辛格聂尔   图 1-69 欧拉水力原动机   图 1-70 勃尔金水轮机
　　提出的水力原动机

1827~1834 年勃尔金的学生富聂隆和俄国人萨富可夫分别提出导叶不动的离心式水

轮机（图1-71），其优点是效率可达70%，直到20世纪它一直得到广泛利用。但其缺点是导向机构在转轮内，故转轮直径大，转速低，出口动能损失大。

1837年德国的韩施里，1841年法国的荣华里提出采用吸出管（尾水管）的轴向式水轮机，吸出管是圆柱形，可以使转轮安装在下游水位以上，但还是不能利用转轮出口动能。

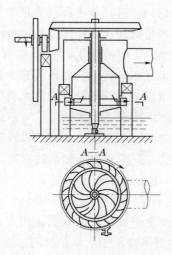

图1-71　萨富可夫水轮机　　　　图1-72　法兰西斯水轮机

直到1847～1849年美国的法兰西斯提出了向心式水轮机（图1-72），它的转轮装置在导向机构以内，因而尺寸小，转速高。它的吸出管是圆锥形，能利用转轮出口动能。同时转轮叶道是逐渐收缩的，故转轮内水力损失较小。缺点是转轮叶片位于径向，故尺寸仍很大，转速还不够高，导向部分通过插板来调节流量，损失大，效率低。

1877年法国人菲康，采用转动导向叶片的方法调节流量。以后在实践中对向心式水轮机不断改进和完善，才发展成现代最广泛使用的混流式水轮机。

随着工业技术的发展，人们利用坝和压力钢管能集中越来越高的水头，但是强度和气蚀问题限制了混流式水轮机应用水头的提高。1850年施万克格鲁提出了轴向单喷嘴冲击式水轮机，1851年希拉尔提出的辐向多喷嘴冲击式水轮机，是最早出现的冲击式水轮机，但它们的斗叶形状不够好，尺寸较大，效率较低。

1880年美国人培尔顿提出了采用双曲面水斗的冲击式水轮机（图1-73）。在最初的结构中，不是采用针阀调节流量而是用装在喷嘴前的闸门开关，因而水力损失大。经过不断改进和完善才形成今天的冲击式水轮机。这种水轮机结构强度优于混流式，在大气中工作，应用水头不受气蚀条件限制，所以适用于高水头电站；缺点是流量小，功率小。

1917年匈牙利的班克提出双击式水轮机，1921年英国人仇戈提出斜击式水轮机，它们的结构简单，但效率低于冲击式，适用于小型水电站。

图1-73　培尔顿所建议的
冲击式水轮机

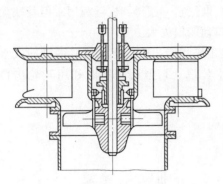

图 1-74 卡普兰提出的转桨式水轮机

1912 年捷克人卡普兰提出一种转轮带有外轮环，叶片固定的螺旋桨式水轮机（图 1-74），这种水轮机把转轮移到轴向位置，大大减少了叶片数，因而过流量加大，转速也提高了。

1916 年卡普兰又提出取消外轮环，并采用使叶片转动的机构，进一步提高过流量和平均效率。经过不断完善形成现代的轴流转桨式水轮机。

20 世纪 40 年代为了开发低水头的水力资源，出现了贯流式水轮机。它在轴流式的基础上，取消蜗壳，引水室变为一条管子，导水机构放到轴向位置，机组改为卧式，使得过流量进一步提高，损失减少，尺寸缩小。

1950 年前苏联 B.C 克维亚特科夫斯基教授，1952 年瑞士人德列阿兹在英国分别提出斜流式水轮机。由于它具有双重调节，使得适用水头高于轴流式，效率高于混流式等优点，逐步得到推广和应用。第一台斜流式水轮机由德列阿兹研制成功，1957 年在加拿大亚当别克蓄能电站投入运行。近年日本在斜流式水轮机生产上发展很快。

从 1750～1880 年一百多年间，水轮机从低级发展成比较完善的现代水轮机，这是社会生产发展和人类共同努力的结果，这个时期主要解决了加大水轮机的过流量和提高水轮机效率两方面的问题。其实"水轮机"这一术语（相当于俄文中的迴转器或漩涡发生器）是法国人比尤尔登约在 1826 年首先荐用的。

2. 现代水轮机的发展及趋势

随着计算机的广泛使用，现代水轮机水力设计有了很大的发展，水力性能得到改善，效率最高可达到 95％左右，同时提高了运行稳定性。20 世纪 80 年代以来计算机技术和流力学理论的不断完善，水轮机过流部件内部水流动力分析取得重大进展，结合传统的经验设计与模型试验相结合的方法遴选设计方案的设计经验，逐步形成了一套完整的现代水轮机水力设计方法。这种方法对设计方案进行数据性能预估、优化设计方案、减少模型试验的时间和费用，为获取最佳水力模型提供了有力工具。在水轮机叶型设计方面取得了优秀成果，即"X"型叶片。早在 20 世纪 30 年代，KB 公司就有人提出设计一种叶片上冠进水边前倾和出水边向后扭曲的叶片。这种叶片最大的优点是能控制叶片背面压力分布不均的情况以解决叶片背面的空蚀问题。同时可减少尾水管中心涡带以改善尾水管内的压力脉动。从 20 世纪 60 年代初期开始，KB 公司在许多电站应用的高水头混流式水轮机上都采用了"X"型叶片，见图 1-75。另外，除 X 叶片设计之外，先进的高水头混流式转轮还会装有短叶片。所谓短叶片，简单地说就是在两个长叶片中间加一短叶片，短叶片的长度约为长叶片的 2/3 并且短叶片出水边在流道中是对称布置，而且略靠近长叶片背面，如图 1-76 所示。它的优点是：水力条件好，转轮叶栅密度增加，避免了流道中产生回流的影响，提高了水力效率、降低振动；叶片受压面积增加，单位面积负荷减轻，叶片正背面压差减小，改善了转轮的空蚀性能；部分负荷效率提高，即具有较宽的高效率区，从而也提高了水轮机的加权平均效率；叶片较薄，简化了厚度变化，便于采用钢板模压。

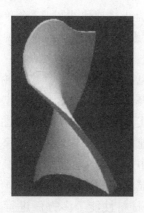

图1-75 "X"型叶片

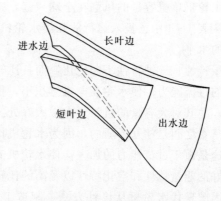

图1-76 长短叶片

在制造材料和制造工艺上，现代水轮机也有了长足的发展。从铸铁、铸钢到不锈钢，材料的优选一方面改进了强度，同时又改善了抗空蚀的能力。并为了减轻泥沙磨损，采用陶瓷涂层新技术。为了提高水轮机转轮叶片的材质和型线的一致性，减轻铲磨劳动强度采用模压控加工等工艺。除此之外，在转轮焊接和热处理技术及叶片几何型线测量技术以及微焊成型等一系列技术上都有所突破。所有这些都有力地保障了水轮机性能的提高。

现代水轮机发展的趋势是提高单机容量，增大比转速和应用水头。表1-4列出了目前世界上已投运的各种水轮机的最大情况。

表1-4　　　　　　　　　　世界现代已投运各类水轮机的最大情况

最大 类型	单机出力 $N_单$ （万 kW）	转轮标称直径 D （m）	应用水头 H （m）
混流式	70 美国大古力第三	9.8 中国三峡	1771 奥地利莱塞克
冲击式	31.5 挪威圣西玛	5.5 奥地利基利茨	744 奥地利霍斯林
轴流式	20.0 中国水口	11.3 中国葛洲坝二江	113 日本新日向川
斜流式	21.5 前苏联泽雅	6.0 前苏联泽雅	88.0 意大利那门比亚
贯流式	6.58 日本只见	8.2 美国悉尼墨雷	24.3 日本只见
水泵水轮机	45.7 美国巴斯康蒂	8.2 美国史密斯山	701.0 保加利亚茶伊拉

（1）水轮机应用水头向着较宽的范围发展，以适应不同形式存在的水能的开发。目前，水轮机种类繁多，而每种类型的水轮机又有很多品种，总起来有百种之多，分别适用于不同水头和流量，水头从1m到1000～2000m，都有相应的品种，如表1-1所述。

（2）单机容量不断提高。提高单机容量可以降低水轮机单位容量的造价。自20世纪60年代，世界上第一台500MW混流式水轮机在前苏联克拉斯诺亚尔斯克电站投入运行

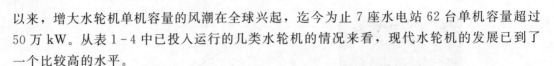

以来，增大水轮机单机容量的风潮在全球兴起，迄今为止 7 座水电站 62 台单机容量超过 50 万 kW。从表 1－4 中已投入运行的几类水轮机的情况来看，现代水轮机的发展已到了一个比较高的水平。

（3）能量特性、气蚀特性不断优化，而且比转速也有较大提高。提高水轮机比转速可以增大机组的过流能力，使水轮发电机体积小，重量轻，节省金属材料和制造工时，从而降低了成本，尤其对大容量的机组更有很大好处。其实，水轮机好的能量特性、空化特性和比转速这三者之间是相互矛盾的，因为水轮机比转速的提高通常会带来效率下降和空化性能变坏，这是由于过流能力的加大会使水轮机流道中水流相对速度大大提高。水轮机要同时具有良好的能量特性和空化特性以及高的比转速显然是不可能的，这两个指标是矛盾的统一体，因此现代水轮机从设计方法、制造工艺、材料性能等多方面进行了深入的研究，得出了合理解决的方法。

二、中国水力机械的发展概述

中国最早利用水车、水磨、水碓等简单的水力机械代替人力做功有文字记载的是出现在汉朝，距今已有 1900 多年。据记载，公元 37 年（汉光武帝建代十三年）在我国南阳地区就利用水排带动鼓风设备进行炼铁、铸造农具；公元 265～270 年（西晋初期武帝司马炎）在河南地区就以水轮驱动水碓舂米。当时利用这些水力机械主要是用来加工农产品及灌溉农田的。

真正意义上的中国水轮机工业始于 1927 年，当时为福建南平制造了 1 台 5kW 的水轮机。21 世纪前 50 年所生产的最大水轮机单机容量仅有 200kW。近 50 年以来，水轮机行业共生产了 3000kW 以上的水轮机 33 个系列 61 个品种，并重新整顿淘汰了 8 个系列 17 个品种，在已建成的 100 多座大中型水电站大多数安装着自行设计生产的水轮发电机组的整套设备。中国水轮机工业经过了从小到大独立研究开发的迅速发展过程。1952 年哈尔滨电机厂开始生产第一台 800kW 的混流式机组，1958 年生产了 7.25 万 kW 的新安江机组，1968 年和 1972 年分别研制生产了刘家峡 22.5 万 kW 和 30 万 kW 的机组。自行设计生产世界上最大的分瓣转轮。混流式单机 30.25 万 kW 的岩滩和 24 万 kW 的五强溪机组，其转轮的标称直径分别达到 8.0m 及 8.3m；还生产出了高水头转桨式单机容量为 20 万 kW 同类型中的最大机组以及转轮直径 11.3m，单机为 70 万 kW 的混流式葛洲坝、三峡水电站机组。中国已投运各类水轮机之最情况见表 1－5。

表 1－5　　　　　　中国已投运各类水轮机之最大情况

最 大 类 型	运行功率 $N_{单}$（万 kW）	转轮标称直径 D（m）	应用水头 H（m）
混流式	70 三峡	9.8 三峡	1026.4 天湖
冲击式	12 冶勒	3.346 冶勒	580 冶勒
轴流式	20.0 水口	11.3 葛洲坝二江	77.0 毛家村

续表

类型 / 最大	运行功率 $N_{单}$（万 kW）	转轮标称直径 D（m）	应用水头 H（m）
斜流式	0.8 毛家村	1.6 毛家村	78.0 石门
贯流式	5.7 桥巩	7.4 桥巩	17.6 南津渡
水泵水轮机	40 响洪甸	5.536 潘家口	550.0 广蓄

早在 20 世纪 80 年代初哈尔滨电机厂，东方电机厂就参与了国际重大项目的分包工作。例如加拿大尼伯温转桨式水轮机（9.2 万 kW×3，转轮直径 6.3m），南斯拉夫维斯拉德转桨式水轮机（10.5 万 kW×3，转轮直径 6.02m）的制造工作。在 80 年代末，一些较大容量的中型水电机组开始通过投标方式进入国际市场，土耳其的阿迪古泽混流式机组（3.1 万 kW×2，转轮直径 2.25m）卡拉乔轮机组（2.3 万 kW×2，转轮直径 1.78m）。90 年代以来更有一些大型水电机组在中标，叙利亚迪斯林轴流转桨式水轮机（10.7 万 kW×6，转轮直径 7.5m）也已通过模型验收试验及厂内预装试验；伊朗卡轮工扩建项目（25 万 kW×4）也已通过类似的模型验收试验。

中国水轮机行业在转轮几何型线水力设计方面，一元、二元及准三元 CAD 系统已在混流式转轮设计中应用，在轴流式转轮设计中则开发了奇点分布法 CAD 系统。在流动分析和性能预估方面，开发了三维粘性流场的分析方法，并将转轮压力脉动特性的预测等问题也纳入了研究的范围之内。

在水轮机制造方面，改变了过去一直采用铸造后用立体样板对叶片型面进行测量并据此进行铲磨的制造工艺。目前采用热压成型及数控加工叶片的工艺，再辅以数字显示三坐标测量装置进行测量，在转轮焊接方面采用气体保护焊，同时对焊材的选择进行大量的试验研究。

目前中国在水轮机行业 50 多年当中，在大型混流式和轴流式机组的许多方面诸如单机容量已达到或接近世界水平。见图 1-77 和图 1-78。中国目前已建和正在建设的一批巨型水电站，见表 1-6。

表 1-6　　　　　　　　我国已建及正在建的巨型水电站特征数据表

电站	台数	单机容量（MW）	水头（m）			厂房型式
			H_{max}	H_{min}	H_r	
二滩	6	550	189.2	135	165	地下
三峡	26	700	113	71	80.6	地面
龙滩	9	700	179	107	125	地下
小湾	6	700	251	164	204	地下
瀑布沟	6	550	181.7	114.3	148	地下
向家坝	8	750	111.1	81.4	96	地面
溪洛渡	18	700	241	165	184	地下

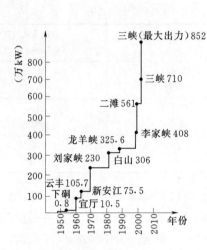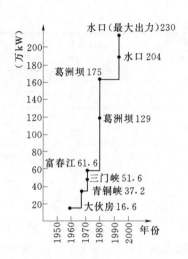

图 1-77 混流式水轮机单机容量的发展　　图 1-78 轴流式水轮机单机容量的发展

二滩水电站位于雅砻江下游河段二滩峡谷区内，是 20 世纪建成的中国最大的水电站。二滩水电站以发电为主，水库正常高水位为 1200m，发电最低运行水位 1155m，总库容 58 亿 m^3，有效库容 33.7 亿 m^3，属季调节水库。电站内安装 6 台 5.5 万 kW 水轮发电机组，总装机容量 330 万 kW，多年平均发电量 170 亿 kW·h，保证出力 100 万 kW。在 21 世纪初三峡电站建成之前，列全国第一。

三峡水电站装机总容量 1820 万 kW，年平均发电量 846.8 亿 kW·h，主要供电华东、华中地区，小部分送川东。将为经济发达、能源不足的华东、华中地区供应可靠、廉价、清洁的可再生能源。三峡电站分为左岸和右岸电站，左、右岸电站又各分为两个电厂。其中，左一电厂装机 8 台；左二电厂装机 6 台；右一电厂、右二电厂装机均为 6 台。

龙滩水电工程位于红水河上游的广西天峨县境内，距天峨县城 15km。龙滩水电站安装 9 台 70 万 kW 的水轮发电机组，年均发电量 187 亿 kW·h，相应水库正常蓄水位 400m，总库容 273 亿 m^3，防洪库容 70 亿 m^3，分两期建设。工程建成后，大部分电力送往广东。龙滩水电站建设将创造三项世界之最：最高的碾压混凝土大坝（最大坝高 216.5m，坝顶长 836.5m，坝体混凝土方量 736 万 m^3）；规模最大的地下厂房（长 388.5m，宽 28.5m，高 74.4m）；提升高度最高的升船机（全长 1650 多 m，最大提升高度 179m；分两级提升，其高度分别为 88.5m 和 90.5m）。

小湾水电站位于云南省西部南涧县与凤庆县交界的澜沧江中游河段与支流黑惠江交汇后下游 1.5km 处，系澜沧江中下游河段规划 8 个梯级中的第二级。电站装设 6 台单机容量 700MW 的混流式机组，总装机容量为 4200MW，保证出力 1854MW，多年平均发电量 190.6 亿 kW·h。电站以发电为主兼有防洪、灌溉和库区水运等综合效益。引水发电系统由竖井式进水口、埋藏式压力管道、地下厂房（长 326m×宽 29.5m×高 65.6m）、主变开关室（长 257m×宽 22m×高 32m）、尾水调压室（长 251m×宽 19m×高 69.17m）和两条尾水隧洞等建筑物组成。

向家坝水电站位于云南省水富县（右岸）和四川省宜宾县（左岸）境内，是金沙江最后一级水电站。向家坝电站共装 8 台机组，每台容量 75 万 kW，总装机容量为 600 万

kW，正常蓄水位 380m 时，保证出电 200.9 万 kW，多年平均发电量 307.47 亿 kW·h，装机年利用小时数 5125h。

溪洛渡水电站位于四川省雷波县和云南省永善县交界的金沙江下游河段溪洛渡峡谷，是一座以发电为主、兼有防洪、拦沙和改善下游航运条件等综合效益的巨型水电工程，溪洛渡电站总装机容量 1260 万 kW，年发电量 571.2 亿 kW·h，电站水库长 208km，正常蓄水位 600m，相应库容 115.7 亿 m³，调节库容 64.6 亿 m³，防洪库容 46.5 亿 m³，具有较大的防洪能力。拦河大坝为混凝土双曲拱坝，坝顶高程 610m，最大坝高 278m，坝顶弧长 698.07m。

白鹤滩水电站位于四川省宁南县和云南省巧家县交界的金沙江下游界河上。白鹤滩水电站初选正常蓄水位时总库容为 191 亿 m³，调节库容 100 亿 m³，是我国水库库容第二大的水电站，水电站的开发任务是以发电为主，兼顾防洪，装机容量 12000MW，多年平均年发电量约 560 亿 kW·h。

我国水力资源丰富，与经济发达国家开发状况相比，我国水电开发利用程度还很低。我国水电资源技术可开发量约为 5.4 亿 kW，目前已经开发了 1.7 亿 kW，还有很大一部分没有开发。目前，美国水电开发利用率为 67%，法国为 96%，加拿大为 38%，日本为 60%，而中国只有 21.6%，即便将所有可开发的水电资源全部利用起来也只有 50%～60%。所以，我国水电不存在过度开发问题，只有少数河段存在无序开发的情况。

我国水力资源除理论蕴藏量、技术可开发量、经济可开发量及已建和在建开发量均居世界首位外，还具有三个鲜明的特点：一是在地域分布上极不平衡，西部多、东部少，因此，西部水力资源开发除了满足西部电力市场自身需求外，更重要的是要考虑东部市场，实行水电的"西电东送"战略。二是，大多数河流年内、年际径流分布不均，需要建设调节性能好的水库，对径流进行调节，缓解水电供应的丰枯矛盾，提高水电的总体供电质量。三是，水力资源集中于大江大河，其总装机容量约占全国技术可开发量的 51%，占经济可开发量的 60%，有利于集中开发和规模外送。

目前，在我国已经建设投产和正在建设的水电站中，有不少工程在规模、难度或技术方面是世界之最。如：世界上装机容量最大的三峡水电站已经投产发电，世界上最高的面板坝——水布垭电站大坝、世界上最高的拱坝——小湾水电站拱坝、世界最高的碾压混凝土重力坝——龙滩水电站大坝、具有世界水平的深厚覆盖层处理技术的瀑布沟水电站等正在建设中。所有这一切都表明我国的水电建设已经跨入世界先进水平行列。

三、现代水轮机的研究方向

目前，国内外对水轮机的运行效率、空化空蚀性能、稳定性作了大量的实验和研究，也取得了一定的成效，但是还有许多问题，有待今后深入研究解决。

（1）水轮机材料对空化、空蚀性能的影响。在国内外水电厂水轮机的运行中，空化、空蚀一直是个普遍存在而棘手的问题，由于空蚀，许多大中型水轮机的大修期被迫由 4 年改为 3 年甚至 2 年，而且检修费用大，检修工期长，严重影响电力生产，造成了巨大的经济损失。不少专家采用近几年发展起来的动态离子束混合技术，对常用水轮机材料

Cr13Ni9Ti 不锈钢的空蚀改性效果进行了研究，取得了满意的成果。研究表明，对于 Cr13Ni9Ti 而言，采用动态离子束混合技术比用常规离子注入方法具有更好的空蚀改性效果。

（2）利用计算流体动力学软件提高水轮机效率。近几年来，计算流体动力学（CFD）软件在电力行业中的应用日趋广泛。对于混流式水轮机，由于影响效率的因素很多，如蜗壳、固定导叶、活动导叶、转轮以及尾水管等水力通道中的部件，都对水轮机的效率有影响；而转轮是水轮机组的核心部件，对水轮机的效率有着决定性的影响，所以水轮机转轮的优化设计是整个水轮机设计中最重要的部分。近 10 年，流体力学研究工具—CFD（计算流体动力学）已经在流体机械的设计，尤其是在优化设计中得到广泛的应用，成为水轮机转轮设计的主流。使用先进的 CFD 技术与模型试验技术相结合，可以开发出具有优良性能的水轮机转轮，大大缩短了水轮机的设计开发周期，降低了开发成本，并可准确地进行性能预测，提高了水轮机水力设计的质量。

（3）采用流固耦合分析技术提高水轮机的稳定性。随着水轮机组朝着大尺寸、大容量的方向发展，其自身的固有频率也随之降低，与干扰激振力的频率非常接近。一方面水轮机在运行过程当中，由于卡门涡列、周期性脱流、尾水涡带振动、转轮进口的压力波动等因素产生的周期性干扰激振力，使转轮叶片产生振动，尤其当激振力的频率与转轮的固有频率相同或相近而发生共振。另一方面，转轮的剧烈振动不仅能导致机组结构破坏，减少寿命，而且大大降低机组运行效率和出力，同时还会引起水工建筑物的振动。因此，必须进行机组固有频率的计算和实验。近年来，一些科研人员采用流固耦合分析技术，利用有限元方法对混流式转轮叶片在空气中和工作流道中的固有频率和振型进行对比分析，找出叶片在流固耦合作用下的动态特性，为水轮机的设计提供理论依据。

（4）机组故障的测试与诊断。长期以来，国内水电厂采用预防性检修与事后维修相结合的检修体制。随着水轮发电机组单机容量的增大，及"无人值班，少人职守"的推广实施，这种检修体制不再能满足现代电厂科学管理和经济运行的要求。水电机组具有其特殊性，如起停频繁，振动部位广泛，同时受水力、机械、电磁等多种因素的影响，使得水轮发电机组的诊断技术相对于核电、火电机组发展较慢。具有分析功能的水轮发电机组在线监测与故障诊断系统是对电厂开展状态检修的基础和技术依据。为保证水轮发电机组经济、可靠的运行，必须及时准确地评价机组的技术状况，在故障发生的初始阶段就能检测出来并监视其发展。

（5）对环保有利的新型水轮机的研究。在近百年的水力发电技术开发和利用中发现，为水力发电所修建的拦河大坝对河流生态、水生生命有一定影响。在不同程度上打破了原河流食物链的平衡，造成部分河流富营养而使某些河段水生生物减少；同时现有水轮机结构如转动部件及操作机构所作用的油脂泄漏造成对下游河流的污染，部分鱼类不能顺利过往高速旋转的水轮机转轮，造成对大江、大河生态的影响和生物种群的威胁。目前估计有至少 10％鱼类在经过水轮机时会受到机械伤害，压力梯度过大伤害和负压伤害等。因此，发明新型水轮机，使其向友善于生态和环保的方向发展是人类社会努力的必然要求。美国能源部在 20 世纪 90 年代已经启动了一项计划 AHGS 即新型环境—友善型水轮机，研究目的是发展新型水轮机以满足改善河道中水质的要求和鱼类的生存要求，期望水轮机对鱼类的损害最小或没有。

如图 1-79 所示是一种无油润滑设计的环保型水轮机,这种水轮机的叶片操作机构中安装一种材料为 bronzefluoroplastic 的轴承。

(6) 水轮机修复专用机器人的研究。水力发电遍布全世界,水电站中水轮机都有或多或少的气蚀磨损,时间或长或短一定要停机进行检修。检修的工作量很大,工期紧,劳动环境差,劳动强度大,采用手工补焊人工打磨等手段要花费很多人力物力,而且效率低,质量差。所以,提出采用自动化设备进行水轮机的修复工作来代替手工操作。研究在机坑内对水轮机叶片气蚀磨蚀表面进行全位置补焊与打磨的专用机器人—水轮机修复专用机器人,将具有极其广泛的应用前景。水轮机修复是先对水轮机叶片产生汽蚀的区域进行切削去除表皮空蚀部分,然后利用专用机器人进行补焊来填充,最后再进行磨削还原成叶片的原始形状。这种专用机器人涉及机器人机构学机器人运动学、动力学操作机轨迹规划及控制,传感技术,涉及计算机在焊

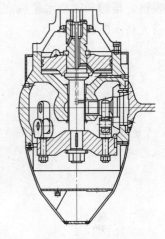

图 1-79　环保型水轮机的设计

接控制方面的应用及焊接工艺参数的优化,水轮机转轮叶片线形测绘等诸多科学技术问题。

国外在该领域研究工作起步较早,特别是加拿大、法国和德国已初步实现了半自动化或自动化。在法国,其电力公司在所属 466 个水电站中建立了 20 多处水电检修中心,在水电站比较集中的 4 个地区还配备了更为精干的专业人员和包括机器人在内的较为先进的

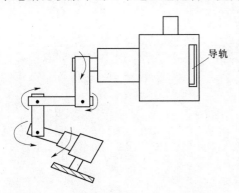

图 1-80　电—液驱动六自由度水轮机修复专用机器人

自动化装备。从 1985 年开始,在水电检修中心配备了包括机器人在内的如下自动化设备:①一台桑桑那迪 1776T3 型关节式六自由度机器人;②一台沙费玛迪克 600TH 可控硅整流脉 MIG 焊机;③一台等离子切割机;④一台电弧喷涂机;⑤两台(垂直、水平)自动位移机。他们利用变位机与机器人配合基本实现了水轮机维修车间工作的自动。

我国是在 20 世纪 70 年代末 80 年代初开始水轮机修复机器人研制工作的。图 1-80 所示是甘肃工业大学于 1999 年针对刘家峡水电厂水轮机修复专用机器人,提出的设计方案之一电—液驱动六自由度水轮机修复专用机器人。该机器人有 6 个自由度,整个机器人可通过齿轮条传动沿蜈蚣型导轨移动,通过 4 组滚轮保持与蜈蚣型轨道的相对位置,机器人沿轨道移动到某一适当点后再开始工作。国外水电站的水轮机空蚀磨损是在清水条件下产生的,其破坏程度远不及我国黄河水域严重,目前国外的机器人还不能直接用于我国水轮机的修复工作,它满足不了我国水轮机修复工作的一些要求,特别是打磨时机器人臂的刚度和覆盖面问题。所以,水轮机修复专用机器人已是

我国水电行业中亟待开发的重大装备，在我国大有用武之地。在借鉴外国经验的基础上，研制适合我国水轮机修复的专用机器人，将具有广泛的应用前景。

另外，随着其他学科的发展和航天工程、生物医学工程、海洋工程、新能源工程的研究发展，新型和微型水轮机会进一步的提出和诞生，同时对非牛顿流体、高黏性流体水轮机研究会不断深入。

第二章

水 轮 机 工 作 原 理

第一节 水流在反击式水轮机中的运动

水流在反击式水轮机中的运动是十分复杂的流动，本章着重讨论水流在稳定工况下的运动，此时水轮机的工作水头、流量和转速都保持不变。为了研究上的方便，认为水流在蜗壳、导水机构、尾水管中的流动以及在转轮中相对于转动叶片的运动也都属于恒定流动，即水流运动参数不随时间的变化而变化，$\frac{\partial f}{\partial t}=0$，$f$ 为反映水流运动特征的多元函数。

分析水轮机中水流运动时，采用圆柱坐标系（θ,r,z）比较方便。取纸平面为辐角 $\theta=0°$ 的起始面，任意 θ 角的 r 轴和 z 轴构成的平面称为经面或径面，常以 m 表示。$\theta=0°$ 和 $\theta=180°$ 的径面称为轴面，如图 2-1 所示。转轮叶片是空间扭曲面，常将其投影到轴面上，如图 2-2 所示是混流式水轮机叶片的轴面投影图，叶片进水边 $1'2'$ 在 $\theta=180°$ 的径面上，出水边 $3'4'$ 在 $\theta=150°$ 的径面上，$1'3'$ 是上冠流线，$2'4'$ 是下环流线。把进水边和出水边沿逆时针方向各旋转 $180°$ 和 $150°$，同时把上冠流线和下环流线上的各点也旋转投影到 $\theta=0°$ 的轴面上，即得混流式水轮机叶片的轴面投影图 1234。必须指出，左边的 LL 线叫做空间相对流线，而右边的 ll 是其轴面投影，可称为轴面相对流线或轴面流线。左边的 $F'F'$ 是叶片的径面截线，而右边的 FF 是叶片径面截线的轴面投影，常称为叶片的轴面截线。显然，如图 2-2 所示的情形，其进水边和出水边都是叶片的径面截线，它们分别处于两个不同的径面上，这两个径面的 θ 角分别为 $180°$ 和 $150°$，但也有进水边和出水边都不在同一个径面上的情形，同样可以旋转投影。

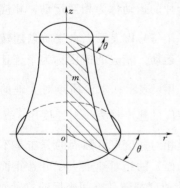

图 2-1 圆柱坐标系

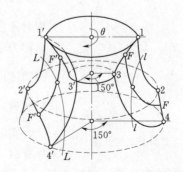

图 2-2 混流式转轮叶片及其轴面投影

水流在流经水轮机转轮时，一方面沿叶片之间的流道运行；另一方面又随着转轮的转动而旋转，因而水流质点的运动是一种复合运动，其流动是一种复杂的三维流动。对不同类型的水轮机由于转轮的形状不同，水流在转轮中的运动形态也有所不同，因而就必须分别研究不同几何形状转轮中的水流运动规律。

对于混流式水轮机，转轮的上冠、下环和叶片构成了转轮中的流道，可以认为水流质点流经转轮时，是沿着一个喇叭形的空间曲面流动，如图 2-3 所示，该曲面俗称流动花篮面，整个转轮区有无数相同的流动曲面，若忽略水的黏性，还可以认为这些曲面间是互不干扰的。为将这种空间曲面展开成平面，可以近似地用一定条件下的圆锥面来代替实际的流面，如图 2-4 所示，从进口边与轴面流线的交点做一条与 oz 轴交角为 γ 的直线，并使 $\Delta f_1 = \Delta f_2$。然后将此直线绕 oz 轴旋转一周，即形成代替实际流面的圆锥面（平行于 oz 轴的直线旋转成的是圆柱面，轴流式同样方式）。把圆锥面展开即成扇形平面，展开扇形面上的叶片翼型在一定程度上可以代表实际流面上叶片的翼型，如图 2-5 所示。翼型断面的中线称为骨线，通常叶片进水边参数用下标"1"表示，出水边参数用下标"2"表示。骨线在进水边处的切线与圆周方向的夹角用 β_{e1} 表示，称为叶片的进口角，骨线在出水边处的切线与圆周方向的夹角用 β_{e2} 表示，称为叶片的出口角。

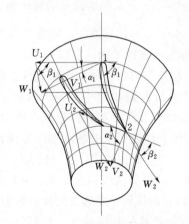

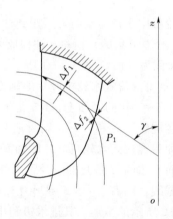

图 2-3　混流式水轮机流面　　　图 2-4　代替实际流面的圆锥面母线

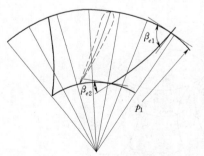

图 2-5　流面近似展开图

水流质点进入转轮后的流动是一种复合运动。水流质点沿叶片的运动称为相对运动，相应的速度称为相对速度，用符号 $\vec{W}$ 表示；水流质点随转轮的旋转运动称为牵连运动，相应的速度称为牵连速度（也称为圆周速度）用 $\vec{U}$ 表示；水流质点对大地的运动称为绝对运动。相应的速度称为绝对速度用 $\vec{V}$ 表示。

实际上相对速度 $\vec{W}$ 沿圆周的分布是不均匀的，叶片背面（凸面）的相对速度大于叶片正面（凹面，即工作面）的相对速度，并且转轮中任一点的水流速度都随其空间坐标的位置而变化。考虑到混流式水轮机转轮叶片的数目较多，而叶片的厚度与流道的宽度相比又很小，所以近似假定转轮是由无限多、无限薄的叶片组成，即理想转轮叶片。这样就可以认为转轮中的水流运动是均匀的，而且是轴对称的，其相对运动的轨迹与叶片骨线重合，流经叶片的相对速度$\vec{W}$的方向就是叶片骨线的切线方向。牵连运动是一种圆周运动，圆周速度$\vec{U}$的方向与圆周相切。相对速度$\vec{W}$与圆周速度$\vec{U}$合成了绝对速度$\vec{V}$，绝对速度$\vec{V}$的方向可通过作平行四边形或三角形的方法求得，如图2-6所示。上述三种速度所构成的封闭三角形称为水

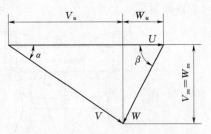

图 2-6　水轮机速度三角形

轮机的速度三角形，相对速度$\vec{W}$与圆周速度$\vec{U}$之间的夹角用β表示，称为相对速度$\vec{W}$的方向角；绝对速度$\vec{V}$与圆周速度$\vec{U}$之间的夹角用α表示，称为绝对速度$\vec{V}$的方向角。由此可以得出转轮中任一点的流动特性可用一空间速度三角形表示，该速度三角形应满足下列矢量关系式为

$$\vec{V}=\vec{U}+\vec{W} \tag{2-1}$$

在图2-3上分别绘出了转轮进口和出口的速度三角形，带脚标"1"的是进口速度三角形，带脚标"2"的是出口速度三角形。在圆柱坐标系中，空间速度三角形绝对速度$\vec{V}$的正交分量为$\vec{V_u}$，$\vec{V_z}$和$\vec{V_r}$，如图2-7所示。径向分量$\vec{V_r}$和轴向分量$\vec{V_z}$的矢量和为$\vec{V_m}$，称为轴面分速度，于是有

$$\vec{V}=\vec{V_u}+\vec{V_z}+\vec{V_r}=\vec{V_u}+\vec{V_m} \tag{2-2}$$

由于相对速度$\vec{W}$与绝对速度$\vec{V}$处于同一个平面上，故相对速度也可作同样的分解

$$\vec{W}=\vec{W_u}+\vec{W_z}+\vec{W_r}=\vec{W_u}+\vec{W_m} \tag{2-3}$$

由图2-6及图2-7上的速度矢量关系可得出

$$\vec{V_m}=\vec{W_m},\ \vec{V_r}=\vec{W_r},\ \vec{V_z}=\vec{W_z} \tag{2-4}$$

$OA=V_u,OB=U,BA=W_u$

图 2-7　速度三角形正交分解

而且

$$\vec{V_u}=\vec{W_u}+\vec{U}$$

由此可知，速度三角形表达了水流质点在转轮中的运动状态，它是分析水轮机中水流运动规律的重要方法之一。

对于轴流式水轮机，水流沿轴向流进转轮，又沿轴向流出转轮，如图2-8（a）所示。假定水流是沿以主轴中心线为轴线的圆柱面流动，在忽略水流黏性时，亦可认为这种圆柱面流动的各层间是互不干扰的，即水流没有径向分速度，$\vec{V_r}=0$，在轴截面内只有轴向速度$\vec{V_z}$，因此在每个圆柱面任一点的速度三角形矢量关系式$\vec{V}=\vec{U}+\vec{W}$中

43

$$\vec{V} = \vec{V_u} + \vec{V_z}, \quad \vec{W} = \vec{W_u} + \vec{W_z} \tag{2-5}$$

轴面速度
$$\vec{V_m} = \vec{V_z} = \vec{W_m} = \vec{W_z}$$

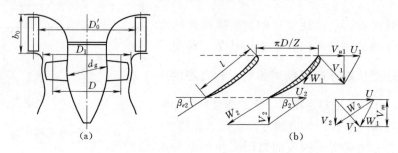

图 2-8　轴流式水轮机的进出口速度三角形

(a) 水轮机的水流方向；(b) 进出口速度矢量关系

　　综上所述，轴流式水轮机转轮中任一点的速度即可由沿轴向和沿圆周方向的两个速度分量确定。将水流运动的圆柱面与叶片相割的流面展开，便可得到一个平面叶栅的绕流图，如图 2-8 (b) 所示，在叶栅上亦可绘制出转轮进、出口速度三角形以进行水流运动分析，其中 $\vec{U_1} = \vec{U_2} = \vec{U}$。

第二节　水轮机的基本方程

　　对反击式水轮机，压力水流以一定的速度流进转轮时，由于空间扭曲叶片所形成的流道对水流产生约束，使水流不断地改变其运动的速度大小和方向，因而水流给叶片以反作用力，迫使转轮旋转作功。为了进一步从理论上说明水流能量如何在水轮机转轮中转变为旋转机械能，可应用动量矩定律来分析。

　　动量矩定律为：单位时间内水流质量对水轮机主轴的动量矩变化应等于作用在该质量上全部外力对同一轴的力矩总和。

　　由于进入转轮中的水流是轴对称的，因此可以取整个转轮来进行分析。水流质量的动量矩与水流的速度成正比，转轮中水流的绝对速度 $\vec{V}$ 可分解为三个正交分量，即 $\vec{V_u}$、$\vec{V_z}$ 和 $\vec{V_r}$，其中 $\vec{V_r}$ 通过轴心，而 $\vec{V_z}$ 又与主轴平行，所以两者都不对主轴产生速度矩，由此，根据动量矩定律得出

$$\frac{\mathrm{d}(mV_u r)}{\mathrm{d}t} = \sum M_w \tag{2-6}$$

　　m 为 $\mathrm{d}t$ 时间内通过水轮机转轮的水体质量，当进入转轮的有效流量为 Q_e 时，则

$$m = \rho Q_e \mathrm{d}t = \frac{\gamma Q_e}{g} \mathrm{d}t$$

式中　r——半径；

　　$\sum M_w$——作用在水体质量 m 上所有外力对主轴力矩的总和。

　　当水轮机在稳定工况工作时，转轮中的水流运动可认为是恒定流动，根据水流连续定

理，流进转轮和流出转轮的流量不变，均为有效流量 Q_e。因此，单位时间内流进转轮外缘的动量矩为 $\dfrac{\gamma Q_e}{g} V_{u1} r_1$，流出转轮内缘的动量矩为 $\dfrac{\gamma Q_e}{g} V_{u2} r_2$，所以在单位时间内水流质量 m 动量矩的增量，即 $\dfrac{\mathrm{d}(m V_u r)}{\mathrm{d}t}$ 应等于此质量在转轮出口处与进口处的动量矩之差，即

$$\frac{\mathrm{d}(m V_u r)}{\mathrm{d}t} = \frac{\gamma Q_e}{g}(V_{u2} r_2 - V_{u1} r_1) \tag{2-7}$$

对于式（2-6）右端的外力矩 $\sum M_w$，首先分析作用在水流质量上的外力，再论述外力形成力矩的情况：

（1）转轮叶片对水流的作用力：它迫使水流改变其运动的方向与速度的大小，该作用力对水流质量产生相对主轴的旋转力矩，其反作用力矩就是水轮机转轮能够转动的动力源。

（2）转轮外的水流在转轮进、出口处的水压力：转轮内水流是轴对称的，压力通过轴心，对主轴不产生作用力矩。

（3）上冠、下环内表面对水流的压力：由于这些内表面均为旋转面，故此压力也是轴对称的，不产生作用力矩。

（4）重力：水流质量重力的合力方向与轴线重合或平行，故对主轴也不产生力矩。

另外还有控制面的磨擦力，其作用反映在水轮机的效率中，此处暂不考虑。这样，作用在水流质量上的外力矩就仅有转轮叶片对水流的作用力所产生的力矩 M_0，即 $\sum M_\omega = M_0$。

水流对转轮的作用力矩记为 M，根据作用力与反作用力定律，它与转轮对水流的作用力矩 M_0 在数值上相等而方向相反，即 $M = -M_0$，则有

$$M = \frac{\gamma Q_e}{g}(V_{u1} r_1 - V_{u2} r_2) \tag{2-8}$$

式（2-8）初步说明了水轮机中水流能量转换为旋转机械能的基本平衡关系。为了应用方便，常将这种机械力矩 M 乘以转轮的旋转角速度 ω，用功率的形式来表达，这样可得出水流作用于转轮上的功率为

$$N = M\omega = \frac{\gamma Q_e}{g}(V_{u1} r_1 - V_{u2} r_2)\omega \tag{2-9}$$

即

$$N = \frac{\gamma Q_e}{g}(V_{u1} U_1 - V_{u2} U_2)$$

又通过水轮机水流的有效功率为

$$N = \gamma Q_e H \eta_s \tag{2-10}$$

式中　η_s——水力效率。

将式（2-10）代入式（2-9）得

$$H \eta_s = \frac{\omega}{g}(V_{u1} r_1 - V_{u2} r_2) \tag{2-11}$$

或

$$H \eta_s = \frac{1}{g}(U_1 V_{u1} - U_2 V_{u2}) \tag{2-12}$$

由速度三角形图2-6的关系可知 $V_u = V\cos\alpha$，所以式（2-12）亦可写成

$$H\eta_s = \frac{1}{g}(U_1 V_1 \cos\alpha_1 - U_2 V_2 \cos\alpha_2) \tag{2-13}$$

式（2-11）～式（2-13）均可称为水轮机的基本方程式，它们只是表达的形式有所不同。当水轮机的角速度 ω 保持一定时，则上列方程式说明了单位重量水流的有效出力是和转轮进、出口速度矩的改变相平衡的，所以速度矩的变化是转轮作功的主要依据。

水轮机的基本方程式还可以用环量来表示。转轮的速度环量 $\Gamma = 2\pi V_u r$，可以看作是速度 V_u 沿圆周所做的功。将式（2-11）右端先除以 2π，再乘以 2π 可得

$$H\eta_s = \frac{\omega}{2\pi g}(2\pi V_{u1} r_1 - 2\pi V_{u2} r_2) = \frac{\omega}{2\pi g}(\Gamma_1 - \Gamma_2) \tag{2-14}$$

进口速度环量 Γ_1 主要由蜗壳和导水机构所形成，Γ_2 为出口损失的速度环量，所以转轮的输出功率主要决定于转轮进口与出口的速度环量变化。

由进出口的速度三角形得

$$W_1^2 = V_1^2 + U_1^2 - 2U_1 V_1 \cos\alpha_1 = V_1^2 + U_1^2 - 2U_1 V_{u1}$$

$$W_2^2 = V_2^2 + U_2^2 - 2U_2 V_2 \cos\alpha_2 = V_2^2 + U_2^2 - 2U_2 V_{u2}$$

将上列关系式代入式（2-12）或式（2-13）得

$$H\eta_s = \frac{V_1^2 - V_2^2}{2g} + \frac{U_1^2 - U_2^2}{2g} - \frac{W_1^2 - W_2^2}{2g} \tag{2-15}$$

式（2-15）为又一种形式的水轮机基本方程式，它明确地给出了水轮机有效水头与速度三角形中各速度之间的关系。式中，第一项为水流作用在转轮上的动能水头，第二、第三项为势能水头，分别用于克服水流因旋转产生的离心力和加速转轮中水流的相对运动。

对轴流式水轮机，式（2-15）中 $U_1 = U_2$，此时水轮机的有效水头 $H\eta_s$ 便取决于绝对速度和相对速度，但它们不能过分增大，否则会增加水力损失，这也就限制了轴流式水轮机的水头应用范围。

水轮机基本方程式都给出了水轮机有效水头与转轮进出口水流运动参数之间的关系，它们实质上也都表明了水轮机中水能转换为转轮旋转机械能的基本平衡关系，是自然界能量守恒定律的另一种表现形式。反击式水轮机转轮就是依靠流道的约束，不断改变水流的速度大小和方向，将水流能量以作用力的形式不断地传递给转轮，使得转轮不断旋转做功。

对于反击式水轮机，转轮之所以能够转动，也就是转轮叶片上的作用力是如何形成的，我们可以从水轮机的流道形状和叶片形状来分析理解。混流式水轮机两叶片之间的流道由上冠、下环和叶片共同构成，叶片的形状在空间是一个扭曲面，其剖面是头部厚尾部薄，呈流线型，类似于飞机机翼的形状，如图 2-9 所示，这种剖面形状称为翼型，在水轮机中也常称之为叶型。翼型的凹面构成叶片的正面，凸面构成叶片的背面，水流流经这样的翼型，流线会发生变化，在翼型头部分离点，正面和背面属于同一

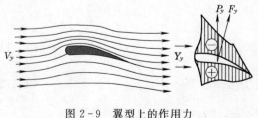

图 2-9 翼型上的作用力

个点，压力相同，之后，从叶片进口到叶片出口，翼型凸面流速大于凹面流速，在叶片尾部出口汇合处又归于同一个点，压力也相同。这样的流速变化过程，使得叶片凹面压强大于凸面压强，因而在翼型上受到一个从凹面指向凸面的作用力，这个作用力就是翼型的升力 P_y，由于存在流体阻力，升力与阻力的合力 F_y 指向翼型后上方。升力的大小由著名的 H. E. 茹可夫斯基定理确定。

$$P_y = \rho V_y \Gamma \qquad (2-16)$$

式中　ρ——液体的密度；

　　　V_y——翼型来流流速；

　　　Γ——包围翼型的封闭围线上的环量值。

由此可见，水流对翼型的作用力大小由翼型周围的速度环量决定。这个力的圆周分量构成了转轮的旋转动力，轴向分量构成水轮机的轴向水推力。反击式水轮机转轮叶片上的作用力就是依靠叶片正面（也称工作面）与背面的压力差而形成的，转轮正是在这个力的作用下被"推"着旋转。如图 2-10 所示为混流式转轮中叶片上环量、速度及工作面与背面的压力分布情况。

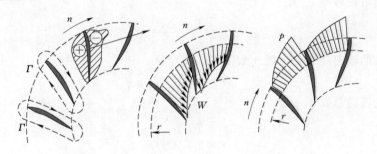

图 2-10　混流式转轮叶片上环量、速度及压力分布

第三节　水轮机的效率与最优工况

一、水轮机的效率

水轮机将水流的输入功率转变为旋转轴的输出机械功率，在这个能量转换过程中存在各种损失，其中包括水力损失、漏水容积损失和摩擦机械损失等。因而使得水轮机的输出功率总是小于水流的输入功率，水轮机输出功率与水流输入功率之比称为水轮机效率，常用 η 表示。因而水轮机总效率是由水力效率、容积效率和机械效率组成的，现分述如下。

1. 水轮机的水力损失及水力效率

水流经过水轮机的蜗壳、导水机构、转轮及尾水管等过流部件时会产生摩擦、撞击、涡流、脱流等水头损失，统称为水力损失。这种损失与流速的大小、过流部件的形状及其表面的粗糙度有关。

设水轮机的工作水头为 H，通过水轮机的水头损失为 $\sum h$，则水轮机的有效水头为 $H-\sum h$。水轮机的水力效率 η_s 为有效水头与工作水头的比值，即

$$\eta_s = \frac{H - \sum h}{H} \tag{2-17}$$

2. 水轮机的容积损失及容积效率

在水轮机的运行过程中有一小部分流量 $\sum q$ 从水轮机的固定部件与旋转部件之间的间隙（如混流式水轮机的上、下止漏环之间，轴流式水轮机叶片与转轮室之间）中漏出，这部分流量没有对转轮做功，所以称为容积损失。设进入水轮机的流量为 Q，则水轮机的容积效率 η_v 为

$$\eta_v = \frac{Q - \sum q}{Q} \tag{2-18}$$

3. 水轮机的机械损失及机械效率

在扣除水力损失与容积损失后，便可得出水流作用在转轮上的有效功率 P_e 为

$$P_e = 9.81(Q - \sum q)(H - \sum h) = 9.81 QH \eta_s \eta_v \tag{2-19}$$

转轮将此有效功率 P_e 转变为水轮机轴的输出功率时，其中还有一小部分功率 ΔP_j 消耗在各种机械损失上，如轴承及密封处的摩擦损失、转轮外表面与周围水之间的摩擦损失等，由此得出机械效率 η_j 为

$$\eta_j = \frac{P_e - \Delta P_j}{P_e} \tag{2-20}$$

则水轮机的输出功率 $P = P_e - \Delta P_j = P_e \eta_j$，即

$$P = 9.81 QH \eta_v \eta_s \eta_j$$

所以水轮机的总效率 η 为

$$\eta = \eta_s \eta_v \eta_j \tag{2-21}$$

故

$$P = 9.81 QH \eta \tag{2-22}$$

从以上的分析可知，水轮机的效率是与水轮机的型式、尺寸及运行工况等有关，其影响因素较多，要从理论上准确确定各种效率的具体数值是很困难的。目前，所采用的方法是首先进行模型试验，测出水轮机的总效率，然后将模型试验所得出的效率值经过理论换算，最后得出原型水轮机的效率。现代大中型水轮机的最高效率可达 $0.90 \sim 0.95$。

图 2-11 给出了反击式水轮机在一定转轮直径 D_1，转速 n 和工作水头 H 下，当改变其流量时效率和出力的关系曲线。该图也标出了各种损失随出力变化的情况。

二、水轮机的最优工况

由图 2-11 中可以看出，在反击式水轮机的各种损失中水力损失是主要的，容积损失和机械损失都比较小而且基本上是一定值。因而提高水轮机的效率主要应提高其水力效率。而在水力损失中，局部撞击损失和涡流损失所占的比值较大，在水

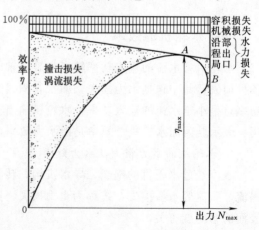

图 2-11　水轮机效率与出力的关系及各项损失

轮机满负荷或以较小负荷工作时，情况更是如此。因此，有必要研究这种局部损失的产生情况和改善措施。

在机组负荷变化时，导叶的开度发生相应的改变，水流在转轮进、出口的绝对速度 V_1、V_2 的大小及其方向角 α_1、α_2 也随着发生改变，因而水轮机的进、出口速度三角形亦有所不同。

当在某一工况下，在转轮进口速度三角形里，水流相对速度 W_1 的方向角 β_1 与转轮叶片的进口角 β_{e1} 相同，即 $\beta_1 = \beta_{e1}$，则水流平顺地进入转轮而不发生撞击和脱流现象，如图 2-12（b）所示，叶片进口水力损失最小，从而也就提高了水轮机的水力效率，此工况称为无撞击进口工况。在其他工况下 $\beta_1 \neq \beta_{e1}$，则水流在叶片进口产生撞击，造成撞击损失，使水流不能平顺畅流，如图 2-12（a）、（c）所示，从而降低了水轮机的水力效率。

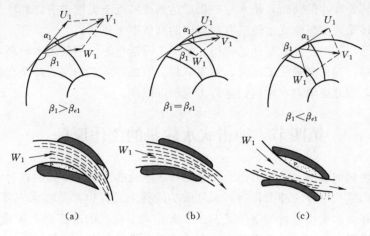

图 2-12　转轮进口处的水流运动

同样，当在某一工况下，在转轮出口速度三角形里，水流绝对速度 V_2 的方向角 $\alpha_2 = 90°$，如图 2-13（a）所示，即 V_2 垂直于 U_2 时，$V_{u2} = 0$，$\Gamma_2 = 0$，水流离开转轮后没有旋转并沿尾水管流出，不产生涡流现象，从而提高了水轮机的水力效率，此工况称为法向出口工况。

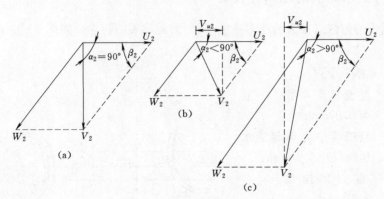

图 2-13　转轮出口处的速度三角形

当 $\alpha_2 \neq 90°$ 时，则 $V_{u2} \neq 0$，如图 2-13（b）、（c）所示，此时转轮出口水流的旋转分速度 V_{u2} 在尾水管中将引起涡流损失，使得效率下降。当 V_{u2} 增大到某一数值时，尾水管中会出现偏心真空涡带，引起水流压力脉动，形成水轮机的空腔汽蚀与振动。

如上所述，当水轮机在 $\beta_1 = \beta_{e1}$，$\alpha_2 = 90°$ 的工况下工作时，则水流在转轮进口无撞击损失，出口无涡流损失，此时水轮机的效率最高，称为水轮机的最优工况。在选择水轮机时，应尽可能地使水轮机经常在最优工况下工作，以获取较多的电能。

实践证明，当 α_2 稍小于 90°，水流在出口略带正向（即与转轮旋转方向相同）圆周分量 V_{u2} 时，可使水流紧贴尾水管管壁而避免产生脱流现象，反而会使水轮机效率略有提高。

对轴流转桨式和斜流式水轮机，在不同工况下工作时，自动调速器在调节导叶开度的同时亦能调节转轮叶片的转角，使水轮机仍能达到或接近于无撞击进口和法向出口的最优工况，故轴流转桨式和斜流式水轮机有较宽广的高效率工作区。

水轮机的运行工况是经常变动的，当在最优工况运行时，不仅效率较高，而且运行稳定，空蚀性能好。当偏离最优工况时，效率下降，空蚀亦随之加剧，甚至会使水轮机工作部件遭受破坏，因此必须对水轮机的运行工况加以限制。

第四节　冲击式水轮机的工作原理

水斗式水轮机的喷嘴，将压力钢管引来的高压水流的压能转变为高速射流的动能，射流仅对转轮上的某几个叶片冲击作功，而且做功的整个过程也都是在大气压力下进行的。它更能适合于在高水头小流量的条件下工作。水斗式水轮机的效率略低于混流式水轮机，但在高水头情况下和混流式水轮机相比，水斗式水轮机却有很大的优越性，它可以避免因控制气蚀要求而带来的过大基础开挖。所以，一般当水头超过 400～500m 时就不再应用混流式水轮机而代之以水斗式水轮机；当水头在 100～400m 之间，既可选用水斗式水轮机也可选用高水头混流式水轮机，需要对两者进行技术经济比较后方能确定。

一、水斗式水轮机的基本方程式

自喷嘴射出的射流以很大的绝对速度 V_0 射向运动着的转轮，如图 2-14 所示，V_0 可由下式求得

$$V_0 = K_V \sqrt{2gH} \quad (2-23)$$

式中　K_V——射流速度系数，一般为 0.97～0.98；

$\quad\quad\quad H$——自喷嘴中心算起的水轮机设计水头，m；

$\quad\quad\quad g$——重力加速度，g = 9.81m/s²。

在选定喷嘴数目 Z_0 以后，则通过 Z_0 个喷嘴的流量为

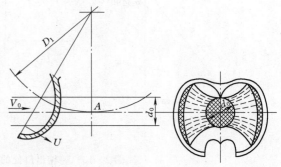

图 2-14　射流在水斗上的扩散

$$Q = \frac{\pi}{4} d_0^2 K_V \sqrt{2gH} \, Z_0 \, (\mathrm{m^3/s}) \tag{2-24}$$

式中　d_0——射流直径，m。

由于流速系数 K_V 的变化很小，可以认为在一定的针阀开度下，射流速度 V_0 的大小和方向均保持不变。当选取 $K_V = 0.97$，则由已知的水轮机引用流量，便可得出射流直径 d_0 为以速度 V_0、直径为 d_0 的射流冲击斗叶时，如图 2-14 所示，在 A 点与斗叶的分水刃相垂直，水流在叶片处的进口速度 V_1 实际上就等于射流速度 V_0。此时可将斗叶的运动看成是平行于射流的直线运动，运动的速度即为圆周速度 U_1，则水流在斗叶进口处的相对速度 $W_1 = V_0 - U_1 = W_0$，W_1 的方向与射流的方向一致。因此叶片进口处的速度三角形为一条直线，如图 2-15 所示。射流进入斗叶后，把射流对斗叶的绕流运动近似看成是平面运动，它沿着斗叶的工作面向相反的方向分流，在出口以相对速度 W_2 流出，W_2 与 U_2 反方向之间的夹角即为斗叶的出水角，由此便可绘出水流在斗叶出口处的速度三角形（见图 2-15），由于斗叶进口和出口距转轮中心的半径基本相同，可以认为 $U_1 = U_2 = U$。

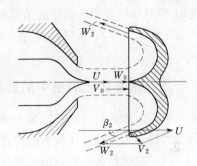

图 2-15　水斗式水轮机的
速度三角形

$$d_0 = 0.545 \sqrt{\frac{Q}{Z_0 \sqrt{H}}} \tag{2-25}$$

水斗式水轮机的转轮同样也改变着水流对主轴的动量矩，因此分析反击式水轮机工作原理时所导出的水轮机基本方程式（2-13）同样可适用于水斗式水轮机，将式中的 V_1 换成射流速度 V_0，可得

$$H\eta_s = \frac{1}{g}(U_1 V_0 \cos\alpha_1 - U_2 V_2 \cos\alpha_2)$$

式中 $U_1 = U_2 = U$，进口角 $\alpha_1 = 0$，在忽略了水流在水斗表面的摩擦损失之后，可认为水斗表面各点处的相对速度大小不变，则

$$W_2 = W_1 = V_0 - U$$

又

$$V_0 \cos\alpha_1 = V_0 \cos 0° = V_0$$

$$V_2 \cos\alpha_2 = U - W_2 \cos\beta_2 = U - (V_0 - U)\cos\beta_2$$

代入上式得

$$H\eta_s = \frac{1}{g}\{UV_0 - U[U - (V_0 - U)\cos\beta_2]\}$$

即

$$H\eta_s = \frac{1}{g}[U(V_0 - U)(1 + \cos\beta_2)] \tag{2-26}$$

式（2-26）即为水斗式水轮机的基本方程式，它给出了水斗式水轮机将水流能量转换为旋转机械能的基本平衡关系。当水头为常数时，水轮机出力最大，也就是水力效率 η_0 最大的条件为：

（1）$1 + \cos\beta_2$ 为最大，则 $\beta_2 = 0$，即水斗叶面的转角为 180°。

（2）若 β_2 为某一固定角，$UV_0 - U^2$ 为最大，则

$$\frac{d}{dU}(UV_0 - U^2) = 0 \quad 即 \quad V_0 - 2U = 0$$

故得
$$U = 0.5V_0$$

这就是说，水斗叶片的出水角 $\beta_2 = 0$，射流在斗叶上进出口的转向为 $180°$，并且转轮的圆周速度 U 等于射流速度 V_0 的 $1/2$ 时，则水斗式水轮机的水力效率或出力最大。

但实际上，为了使水斗排出的水流不冲击下一个水斗的背面，叶片的出水角 β_2 并不等于零，一般采用 $\beta_2 = 7°\sim13°$；同时射流在斗叶曲面上的运动是扩散的，各点的圆周速度 U 并不是均匀的，而且由于摩擦损失的影响，W_2 也并不等于 W_1。因此，最大出力并不发生在 $U = 0.5V_0$ 时，根据实验，水斗式水轮机最有利的 U/V_0 的比值约为 $0.42 \sim 0.49$。

二、水斗式水轮机中的能量损失

水斗式水轮机的能量损失主要包括喷嘴将水流的压能转变为动能，以及在转轮中射流的动能转变为主轴旋转机械能的过程中的损失，另外还有水流在转轮出口的能量损失。

（1）喷嘴损失。它包括水流在喷管中的沿程损失和局部转弯、断面变化（与喷针的行程变化有关）和分流等损失，还包括射流的收缩和在空气中的阻力损失。合理的喷嘴效率 $\frac{V_0^2}{2gH}$ 可达 $0.95\sim0.98$。

（2）斗叶损失。

1）进口撞击损失：因为分水刃不可能做得很薄，否则容易损坏。所以，水流的方向在进口处发生了急剧的变化，因而产生了撞击损失。

2）摩擦损失：由于水流在水斗中转弯非常急剧而且扩散在很大的表面上，因而形成了较大的摩擦损失。

（3）出口损失。由于水斗式水轮机没有尾水管，而且转轮装在下游水面以上，这样转轮出口的动能 $\frac{V_0^2}{2g}$ 和从射流中心到下游水面之间的水头都不能被有效利用，因而出现了较大的水头损失。

（4）容积损失。由于水斗在转轮上的不连续性，所以有一小部分水流未能进入水斗做功而形成了容积损失。

（5）机械损失。除了主轴在轴承中的机械摩擦损失外尚应包括转轮在转动时的风阻损失。

总之，水斗式水轮机的总效率亦可表达为 $\eta = \eta_s\eta_o\eta_j$，在正常条件下总效率 η 一般为 $85\%\sim90\%$，略低于混流式水轮机。但水斗式水轮机在其工作范围内效率变化比较平缓，在低负荷和满负荷运行时其效率反而比混流式水轮机为高。

第三章

水轮机空化与空蚀

第一节　空化与空蚀的机理

一、水流的空化现象

水轮机的空化现象是水流在能量转换过程中产生的一种特殊现象。大约在 21 世纪初，发现轮船的高速金属螺旋桨在很短时间内就被破坏，后来在水轮机中也发生了转轮叶片遭受破坏的情况，空化现象就开始被人们发现和重视。

水轮机的工作介质是液体。液体的质点并不像固体那样围绕固定位置振动，而是质点的位置迁移较容易发生。在常温下，液体就显示了这种特性。液体质点从液体中离析的情况取决于该种液体的汽化特性。例如，水在一个标准大气压力作用下，温度达到 100℃时，发生沸腾汽化，而当周围环境压力降低到 0.24mH$_2$O 时，水温为 20℃时空化现象即可发生。图 3-1 表示了水的汽化压力与温度关系曲线。

由于液体具有汽化特性，则当液体在恒压下加热，或在恒温下降低其周围环境压力，都能使液体达到汽化状态。但在研究空化和空蚀时，对于由这两个不同条件形成的液体汽化现象在概念上是不同的。任何一种液体在恒定压力下加热，当液体温度高于某一温度时，液体开始汽化，形成气泡，这称为沸腾。当液体温度一定时，降低

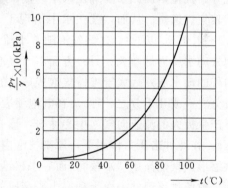

图 3-1　水温与饱和气泡压力关系曲线

压力到某一临界压力时，液体也会汽化或溶解于液体中的空气发育形成空穴，这种现象称为空化。

以前通常所讲的气蚀现象，实际上包括了空化和空蚀两个过程。空化乃是在液体中形成空穴使液相流体的连续性遭到破坏，它发生在压力下降到某一临界值的流动区域中。在空穴中主要充满着液体的蒸汽以及从溶液中析出的气体。当这些空穴进入压力较低的区域时，就开始发育成长为较大的气泡，然后，气泡被流体带到压力高于临界值的区域，气泡就将溃灭，这个过程称为空化。空化过程可以发生在液体内部，也可以发生固定边界上。

空蚀是指由于空泡的溃灭，引起过流表面的材料损坏。在空泡溃灭过程中伴随着机械、电化、热力、化学等过程的作用。空蚀是空化的直接后果，空蚀只发生在固体边界上。

二、空蚀机理

空蚀的形成与水的汽化现象有密切的联系。在给定温度下，水开始汽化的临界压力叫做水的汽化压力。水在各种温度下的汽化压力值见表3-1。为应用方便，汽化压力用其导出单位 mH_2O（$1mH_2O=9806.65Pa$）表示。

表3-1 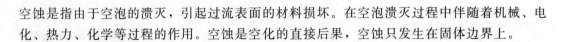 水 的 汽 化 压 力 值

水的温度（℃）	0	5	10	20	30	40	50	60	70	80	90	100
汽化压力（mH_2O）	0.06	0.09	0.12	0.24	0.43	0.72	1.26	2.03	3.18	4.83	7.15	10.33

由上述可见，对于某一温度的水，当压力下降到某一汽化压力时，水就开始产生汽化现象。通过水轮机的水流，如果在某些地方流速增高了，根据水力学的能量方程知道，必然引起该处的局部压力降低，如果该处水流速度增加很大，以致使压力降低到在该水温下的汽化压力时，则此低压区的水开始汽化，便会产生空蚀。

目前认为，空蚀对金属材料表面的侵蚀破坏有机械作用、化学作用和电化作用三种，以机械作用为主。

1. 机械作用

水流在水轮机流道中运动可能发生局部的压力降低，当局部压力低到汽化压力时，水就开始汽化，而原来溶解在水中的极微小的（直径约为 $10^{-5}\sim10^{-4}mm$）空气泡也同时开始聚集、逸出。从而，就在水中出现了大量的由空气及水蒸气混合形成的气泡（直径在 $0.1\sim2.0mm$ 以下）。这些气泡随着水流进入压力高于汽化压力的区域时，一方面由于气泡外动水压力的增大；另一方面由于气泡内水蒸汽迅速凝结使压力变得很低，从而使气泡内外的动水压差远大于维持气泡成球状的表面张力，导致气泡瞬时溃裂（溃裂时间约为几百分之一或几千分之一秒）。在气泡溃裂的瞬间，其周围的水流质点便在极高的压差作用下产生极大的流速向气泡中心冲击，形成巨大的冲击压力（其值可达几十甚至几百个大气压）。在此冲击压力作用下，原来气泡内的气体全部溶于水中，并与一小股水体一起急剧收缩形成聚能高压"水核"。而后水核迅速膨胀冲击周围水体，并一直传递到过流部件表面，致使过流部件表面受到一小股高速射流的撞击。这种撞击现象是伴随着运动水流中气泡的不断生成与溃裂而产生的，它具有高频脉冲的特点，从而对过流部件表面造成材料的破坏，这种破坏作用称为空蚀的"机械作用"。

2. 化学作用

发生空化和空蚀时，气泡使金属材料表面局部出现高温是发生化学作用的主要原因。这种局部出现的高温可能是气泡在高压区被压缩时放出的热量，或者是由于高速射流撞击过流部件表面而释放出的热量。据试验测定，在气泡凝结时，局部瞬时高温可达300℃，在这种高温和高压作用下，促进气泡对金属材料表面的氧化腐蚀作用。

3. 电化作用

在发生空化和空蚀时，局部受热的材料与四周低温的材料之间，会产生局部温差，形

成热电偶，材料中有电流流过，引起热电效应，产生电化腐蚀，破坏金属材料的表面层，使它发暗变毛糙，加快了机械侵蚀作用。

根据对汽蚀现象的多年观测，认为空化和空蚀破坏主要是机械破坏，化学和电化作用是次要的。在机械作用的同时，化学和电化腐蚀加速了机械破坏过程。空化和空蚀在破坏开始时，一般是金属表面失去光泽而变暗，接着是变毛糙而发展成麻点，一般呈针孔状，深度在 $1\sim 2mm$ 以内；再进一步使金属表面十分疏松成海绵状，也称为蜂窝状深度为 $3mm$ 到几十毫米。汽蚀严重时，可能造成水轮机叶片的穿孔破坏。空化和空蚀的存在对水轮机运行极为不利，其影响主要表现在以下几方面：

(1) 破坏水轮机的过流部件，如导叶、转轮、转轮室、上下止漏环及尾水管等。

(2) 降低水轮机的出力和效率，因为空化和空蚀会破坏水流的正常运行规律和能量转换规律，并会增加水流的漏损和水力损失。

(3) 空化和空蚀严重时，可能使机组产生强烈的振动、噪音及负荷波动，导致机组不能安全稳定运行。

(4) 缩短了机组的检修周期，增加了机组检修的复杂性。空化和空蚀检修不仅耗用大量钢材，而且延长工期，影响电力生产。

第二节　水轮机的空蚀

由于水力机械中的水流是比较复杂的，空化现象可以出现在不同部位及在不同条件下形成空化初生。对于各种类型的水力机械空化区的观察和室内试验成果可知，空化经常在绕流体表面的低压区或流向急变部位出现，而最大空蚀区位于平均空穴长度的下游端，但整个空蚀区是由最大空蚀点在上下游延伸相对宽的一个范围内。所以，导流面的空蚀部分并非是引起空化观察现象的低压点，而低压点在空蚀区的上游，即在空穴的上游端。

根据空化和空蚀发生的条件和部位的不同，一般可分为以下四种：

(1) 翼型空化和空蚀。翼型空化和空蚀是由于水流绕流叶片引起压力降低而产生的。叶片背面的压力往往为负压，其压力分布如图 3-2 所示。当背面低压区的压力降低到环境汽化压力以下时，便发生空化和空蚀。这种空化和空蚀与叶片翼型断面的几何形状密切相关，所以称为翼型空化和空蚀。翼型空化和空蚀是反击式水轮机主要的空化和空蚀形态。翼型空化和空蚀与运行工况有关，当水轮机处在非最优工况时，则会诱发或加剧翼型空化和空蚀。

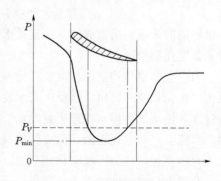

图 3-2　沿叶片背面压力分布

根据国内许多水电站水轮机的调查，混流式水轮机的翼型空化和空蚀主要可能发生在图 3-3 (b) 所示的 $A\sim D$ 四个区域。A 区为叶片背面下半部出水边；B 区为叶片背面与下环靠近处；C 区为下环立面内侧；D 区为转轮

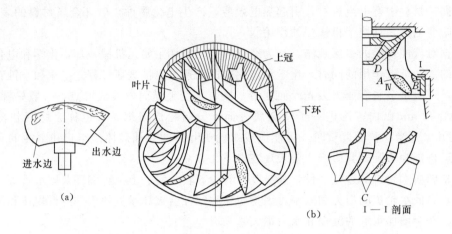

图 3 - 3 水轮机翼型空蚀的主要部位
(a) 轴流式转轮翼型空蚀主要部位；(b) 混流式转轮翼型空蚀主要部位

叶片背面与上冠交界处。轴流式轮机的翼型空化和空蚀主要发生在叶背面的出水边和叶片与轮毂的连接处附近，如图 3 - 3 (a) 所示。

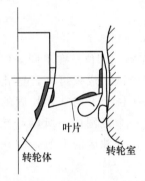

图 3 - 4 间隙空化和空蚀

（2）间隙空化和空蚀。间隙空化和空蚀是当水流通过狭小通道或间隙时引起局部流速升高，压力降低到一定程度时所发生的一种空化和空蚀形态，如图 3 - 4 所示。间隙空化和空蚀主要发生混流式水轮机转轮上、下迷宫环间隙处，轴流转桨式水轮机叶片外缘与转轮室的间隙处，叶片根部与轮毂间隙处，以及导水叶端面间隙处。

（3）局部空化和空蚀。局部空化和空蚀主要是由于铸造和加工缺陷形成表面不平整、砂眼、气孔等所引起的局部流态突然变化而造成的。例如，转桨式水轮机的局部空化和空蚀一般发生在转轮室连接的不光滑台阶处或局部凹坑处的后方；其局部空化和空蚀还可能发生在叶片固定螺钉及密封螺钉处，这是因螺钉的凹入或突出造成的。混流式水轮机转轮上冠泄水孔后的空化和空蚀破坏，也是一种局部空化和空蚀。

（4）空腔空化和空蚀。空腔空化和空蚀是反击式水轮机所特有一种漩涡空化，尤其以反击式水轮机最为突出。当反击式水轮机在一般工况运行时，转轮出口总具有一定的圆周分速度，使水流在尾水管产生旋转，形成真空涡带。当涡带中心出现的负压小于汽化压力时，水流会产生空化现象，而旋转的涡带一般周期性地与尾水管壁相碰，引起尾水管壁产生空化和空蚀，称为空腔空化和空蚀。

空腔空化和空蚀的发生一般与运行工况有关。在较大负荷时，尾水管中涡带形状呈柱状形，见图 3 - 5 (b)，几乎与尾水管中心线同轴，直径较小也较为稳定，尤其在最优工况时，涡带甚至可消失。但在低负荷时，空腔涡带较粗，呈螺旋形，而且自身也在旋转，这种偏心的螺旋形涡带，在空间极不稳定，将发生强烈的空腔空化和空蚀，见图 3 - 5

(a)、(c)。

　　综上所述，混流式水轮机的空化和空蚀主要是翼型空化和空蚀，而间隙空化和空蚀和局部空化和空蚀仅仅是次要的；而转桨式水轮机是以间隙空化和空蚀为主；对于冲击式水轮机的空化和空蚀主要发生在喷嘴和喷针处，而在水头的分水刃处由于承受高速水流而常常有空蚀发生。在上述四种空化和空蚀中，间隙空化和空蚀、局部空化和空蚀一般只产生在局部较小的范围内，翼型空化和空蚀则是最为普遍和严重的空化和空蚀现象，而空腔空化和空蚀对某些水电站可能比较严重，以致影响水轮机的稳定运行。

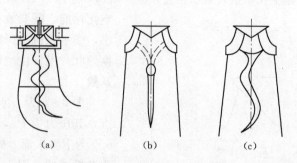

图 3－5　空腔空蚀涡带的形状

　　关于评定水轮机空化和空蚀的标准，除了常用测量空蚀部位的空蚀面积和空蚀深度的最大值和平均值外，我国目前采用空蚀指数来反映空蚀破坏程度，它是指单位时间内叶片背面单位面积上的平均空蚀深度，用符号 K_h 表示

$$K_h = \frac{V}{FT} \tag{3-1}$$

式中　V——空蚀体积，$m^2 \cdot mm$；

　　　T——有效运行时间，不包括调相时间，h；

　　　F——叶片背面总面积，m^2；

　　　K_h——水轮机的空蚀指数，$10^{-4}\,mm/h$。

　　为了区别各种水轮机的空化和空蚀破坏程度，表 3－2 中按 K_h 值大小分为五级。

表 3－2　　　　　　　　　空　蚀　等　级　表

空蚀等级	空蚀指数 K_h		空蚀程度
	$10^{-4}\,mm/h$	mm/年	
Ⅰ	<0.0577	<0.05	轻微
Ⅱ	$0.0577\sim0.115$	$0.05\sim0.1$	中等
Ⅲ	$0.115\sim0.577$	$0.1\sim0.5$	较严重
Ⅳ	$0.577\sim1.15$	$0.5\sim1.0$	严重
Ⅴ	$\geqslant1.15$	$\geqslant1.0$	极严重

第三节　水轮机的空化系数与吸出高度

一、水轮机的空化系数

　　衡量水轮机性能好坏有两个重要参数：一个参数是效率，表示能量性能；另一个参数是空化系数，表示空化性能。所以，一个好的水轮机转轮必须同时具备良好的能量性能和空化性能，既要效率高，能充分利用水能，又要空化系数小，使水轮机在运行中不易发生空蚀破坏。本节将分析和推导叶片不发生空化的条件和表征水轮机空化性能的空化系数。

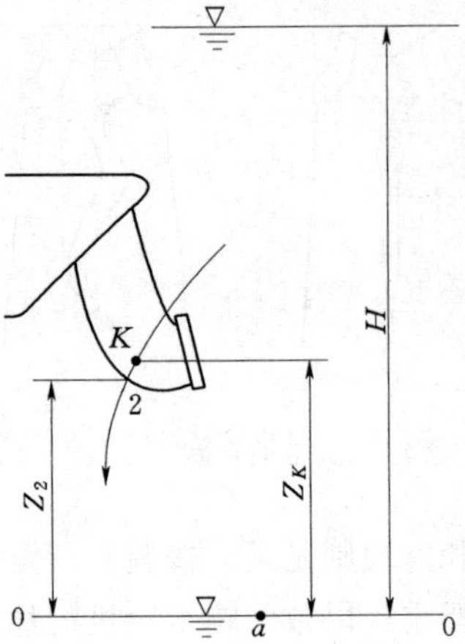

图 3-6 为一水轮机流道示意图，设最低压力点为 K 点，其压力为 P_K，2 点为叶片出口边上的点，压力为 P_2，a 点为下游水面上的点，P_a 为下游水面上的压力，若下游为开敞式的，则 P_a 为大气压力。列出 K 点和 2 点水流相对运动的伯努力方程式，即

$$Z_K + \frac{P_K}{\rho g} + \frac{W_K^2}{2g} - \frac{U_K^2}{2g} = Z_2 + \frac{P_2}{\rho g} + \frac{W_2^2}{2g} - \frac{U_2^2}{2g} + h_{K-2}$$

$$(3-2)$$

图 3-6　翼型空化条件分析

式中：h_{K-2} 为由 K 到 2 点的水头损失。由于 K 点和 2 点非常接近，故可近似地认为 $U_K = U_2$，则式（3-2）为

$$\frac{P_K}{\rho g} = \frac{P_2}{\rho g} + \frac{W_2^2 - W_K^2}{2g} + (Z_2 - Z_K) + h_{K-2} \qquad (3-3)$$

为了求出 2 点的压力，可取叶片出口处 2 点与下游断面 a 点间水流绝对运动的伯努力方程式

$$Z_2 + \frac{P_2}{\rho g} + \frac{V_2^2}{2g} = \frac{P_a}{\rho g} + \frac{V_a^2}{2g} + h_{2-a} + Z_a \qquad (3-4)$$

式中：h_{2-a} 为由 2 点到 a 点的水头损失，由于出口流速很小可以认为 $V_a \approx 0$，则式（3-4）可写成

$$\frac{P_2}{\rho g} + Z_2 = \frac{P_a}{\rho g} + Z_a + h_{2-a} - \frac{V_2^2}{2g} \qquad (3-5)$$

将式（3-5）代入式（3-3）可得

$$\frac{P_K}{\rho g} = \frac{P_a}{\rho g} - (Z_K - Z_a) - \left(\frac{V_2^2}{2g} + \frac{W_K^2 - W_2^2}{2g} - h_{K-a} \right) \qquad (3-6)$$

式中：$h_{K-a} = h_{K-2} + h_{K-a}$，则 K 点的真空值为

$$\frac{P_v}{\rho g} = \frac{P_a}{\rho g} - \frac{P_K}{\rho g} = Z_K - Z_a + \left(\frac{V_2^2}{2g} + \frac{W_K^2 - W_2^2}{2g} - h_{K-a} \right) \qquad (3-7)$$

由式（3-7）可知，K 点的真空由两部分组成：

1. 动力真空

动力真空方程式为

$$h_v = \frac{V_2^2}{2g} + \frac{W_K^2 - W_2^2}{2g} - h_{K-a}$$

动力真空值由于水轮机的转轮和尾水管所形成，它与水轮机各流速水头、转轮叶片和尾水管几何形状有关，即与水轮机结构及运行工况有关。

2. 静力真空

静力真空 $H_s = Z_K - Z_a$ 又称为吸出高度，它与水轮机安装高程有关。取决于转轮相对于下游水面的装置高度，而与水轮机型式无关。

将式（3-6）方程式两端同时减去 $\dfrac{P_v}{\rho g}$ 并各除以水头 H 后可得

$$\frac{P_K - P_v}{\rho g H} = \frac{\dfrac{P_a}{\rho g} - \dfrac{P_v}{\rho g} - H_s}{H} - \left(\frac{W_K^2 - W_2^2}{2gH} + \eta_w \frac{V_2^2}{2gH} \right) \tag{3-8}$$

$$\eta_w \frac{V_2^2}{2g} = h_{K-a}$$

式中　η_w——尾水管的恢复系数。

令

$$\sigma = \frac{W_K^2 - W_2^2}{2gH} + \eta_w \frac{V_2^2}{2gH} \tag{3-9}$$

$$\sigma_p = \frac{\dfrac{P_a}{\rho g} - \dfrac{P_v}{\rho g} - H_s}{H} \tag{3-10}$$

称 σ 为水轮机空化系数；σ_p 为水电站空化系数。则式（3-8）可写成

$$\frac{P_K - P_v}{\rho g H} = \sigma_p - \sigma \tag{3-11}$$

由式（3-9）可知，σ 是动力真空的相对值，是一个无因次量，该值与水轮机工作轮翼型的几何形态、水轮机工况和尾水管性能有关。对某一几何形状既定的水轮机（包括尾水管相似），在既定的某一工况下，其 σ 值是定值。对于几何形状相似的水轮机（包括尾水管相似），根据相似理论在相似工况点 $\left(n_{11} = \dfrac{nD}{\sqrt{H}} \text{相等} \right)$ 速度三角相似，则各速度的相对值相等。在相似工况点，尾水管恢复系数亦相等，所以 σ 相等。由此可知，σ 是反映水轮机空化的一个相似准则。

由式（3-10）可知，当下游水面为大气压力时，电站空化系数 σ_p 仅取决于转轮相对于下游水面的相对高度，σ_p 仅表示离开空化起始点的表征值。

由式（3-11）可知，当 K 点压力 P_K 降至相应温度的汽化压力 P_v 时，则水轮机的空化处于临界状态，此时 $\sigma_p = \sigma$；当 $\sigma_p > \sigma$ 时，则工作轮中最低压力点的压力 $P_K > P_v$，工作轮中不会发生空化；当 $\sigma_p < \sigma$ 时，则工作轮中最低压力点 $P_K < P_v$，工作轮中将发生空化。通过以上分析可知，通过选择适当的 H_s 值来保证水轮机在无空化的条件下运行。

二、水轮机的吸出高度

1. 吸出高度的计算公式

水轮机在某一工况下，其最低压力点 K 处的动力真空值是一定的，但其静力真空 H_s

却与水轮机的装置高程有关，因此，可通过选择合适的吸出高度 H_s 来控制 K 点的真空值，以达到避免空化和空蚀的目的。为了避免在转轮叶片上的空化，必须使 K 点压力大于水流的饱和汽化压力，即

$$\frac{P_K}{\rho g} = \frac{P_{min}}{\rho g} \geqslant \frac{P_v}{\rho g}$$

将上式代入式（3-11）得

$$\sigma_p = \frac{\dfrac{P_a}{\rho g} - \dfrac{P_v}{\rho g} - H_s}{H} \geqslant \sigma$$

将上式整理后得

$$H_s \leqslant \frac{P_a}{\rho g} - \frac{P_v}{\rho g} - \sigma H \tag{3-12}$$

式中 $\dfrac{P_a}{\rho g}$——水轮机安装位置的大气压。考虑到标准海平面的平均大气压为

10.33mH$_2$O，在海拔高程 3000m 以内，每升高 900m 大气压降低 1mH$_2$O，因此当水轮机安装位置的海拔高程为米时，有

$$\frac{P_a}{\rho g} = 10.33 - \frac{\nabla}{900} (\text{mH}_2\text{O})$$

$\dfrac{P_v}{\rho g}$——相应于平均水温下的汽化压力。考虑到水电站压力管道中的水温一般为 5

～20℃，对于含量较小的清水质，可取 $\dfrac{P_v}{\rho g} = 0.09 \sim 0.24$（mH$_2$O）；

σ——水轮机实际运行的空化系数，σ 值通常由模型试验获取，但考虑到水轮机模型空化试验的误差及模型与原型之间尺寸不同的影响，对模型空化系数 σ_m 作修正，取 $\sigma = \sigma_m + \Delta\sigma$ 或 $\sigma = K_\sigma \sigma_m$。

在实际应用时，常将式（3-12）简写成

$$H_s \leqslant 10.0 - \frac{\nabla}{900} - (\sigma_m + \Delta\sigma) H \tag{3-13}$$

或

$$H_s \leqslant 10.0 - \frac{\nabla}{900} - K_\sigma \sigma_m H \tag{3-14}$$

式中 ∇——水轮机安装位置的海拔高程，在初始计算中可取为下游平均水位的海拔高程；

σ_m——模型空化系数，各种工况的 σ_m 值可从该型号水轮机的模型综合特性曲线中查取；

$\Delta\sigma$——空化系数的修正值，可根据设计水头 H_r 由图 3-7 中查取；

H——水轮机水头，一般取为设计水头 H_r。轴流式水轮机还应用最小水头 H_{min}，混流式水轮机还应用最大水头 H_{max} 及对应工况的 σ_m 进行校核计算；

K_σ——水轮机的空化安全系数，根据技术规范，对于转桨式水轮机，取 $K_\sigma = 1.1$；对混流式水轮机，可采用表 3-3 中的数据。

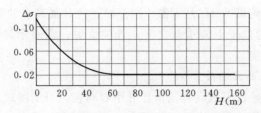

图 3-7　空化系数修正值 $\Delta\sigma$ 与水头 H 的关系曲线

表 3-3　　　　　　　　　　水轮机水头与空化安全系数 K_σ 关系

水头 H（m）	30~100	100~250	250 以上
安全系数 K_σ	1.15	1.20	1

当然，吸出高度 H_s 值的最后确定，还必须考虑基建条件，投资大小和运行条件等进行方案的技术经济比较。如水中含沙量大，为了避免空蚀和泥沙磨损的相互影响和联合作用，吸出高度 H_s 值应取得安全一些。

2. 吸出高度的规定

水轮机的吸出高度 H_s 的准确定义是从叶片背面压力最低点 K 到下游水面的垂直高度。但是 K 点的位置在实际计算时很难确定，而且在不同工况时 K 点的位置亦有所变动。因此在工程上为了便于统一，对不同类型和不同装置形式的水轮机吸出高度 H_s 作如下规定（见图 3-8）。

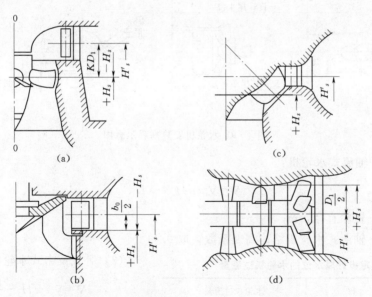

图 3-8　各种不同型式水轮机的吸出高度
(a) 轴流式；(b) 混流式；(c) 斜流式；(d) 卧式反击式

（1）轴流式水轮机的 H_s 是下游水面至转轮叶片旋转中心线的距离。

（2）混流式水轮机的 H_s 是下游水面至导水机构的下环平面的距离。

（3）斜流式水轮机的 H_s 是下游水面至转轮叶片旋转轴线与转轮室内表面交点的距离。

（4）卧式反击式水轮机的 H_s 是下游水面至转轮叶片最高点的距离。

H_s 为正值表示转轮位于下游水面之上；若为负值，则表示转轮位于下游水面之下，其绝对值常称为淹没深度。

3. 吸出高度与安装高程的关系

对于立轴反击式水轮机安装高程是指导叶中心高程；对于卧式水轮机是指主轴中心高程，不同装置方式的水轮机安装高程（见图3-9）的计算方法如下：

（1）立轴混流式水轮机：

$$\nabla = \nabla_w + H_s + \frac{b_o}{2} \tag{3-15}$$

式中　∇_w——尾水位，m；

　　　b_o——导叶高度，m。

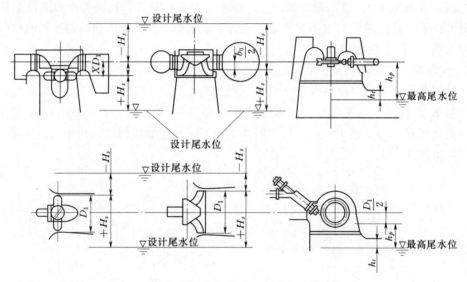

图3-9　水轮机安装高程示意图

（2）立轴轴流式水轮机：

$$\nabla = \nabla_w + H_s + XD_1 \tag{3-16}$$

式中　D_1——转轮直径，m；

　　　X——轴流式水轮机结构高度系数，取0.41。

表3-4　确定设计尾水位的水轮机过流量

电站装置台数	水轮机过流量
1台或2台	1台水轮机50%的额定流量
3台或4台	1台水轮机的额定流量
5台以上	1.5～2台水轮机额定流量

可按电站装机台数参见表3-4。

（3）卧式反击式水轮机：

$$\nabla = \nabla_w + H_s - \frac{D_1}{2} \tag{3-17}$$

确定水轮机安装高程的尾水位通常称为设计尾水位。设计尾水位可根据水轮机的过流量从下游水位与流量关系曲线中查得。一般情况下水轮机的过流量

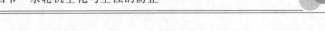

第四节　水轮机空化与空蚀的防止

在水轮机中当空化发展到一定阶段时，叶片的绕流情况将变坏，从而减少了水力矩，促使水轮机功率下降，效率降低。随着空化的产生，不可避免地在水轮机过流部件上形成空蚀。空蚀轻微时只有少量蚀点，严重时空蚀区的金属材料被大量剥蚀，致使表面成蜂窝状，甚至有使叶片穿孔或掉边的现象。伴随着空化和空蚀的发生，还会产生噪音和压力脉动，尤其是尾水管中的脉动涡带，当其频率一旦与相关部件的自振频率相吻合，则必须引起共振，造成机组的振动、出力的摆动等，严重威胁着机组的安全的运行。因此，改善水轮机的空蚀性能已成为水力机械设计及运行人员的重要任务。如何防止和避免空化和空蚀的发生，我国经过40多年的水轮机运行实践，对此进行了大量的观测和试验，探讨了水轮机遭受空化和空蚀的一些规律，并且目前已取得了较成熟的预防和减轻空化和空蚀的经验及措施。但是，还没有从根本上解决问题。因此，从水轮机的水力、结构、材料等各方面进行全面研究，仍是目前水轮机的重要课题之一。

一、改善水轮机的水力设计

翼型的空化和空蚀是水轮机空化和空蚀的主要类型之一，而翼型的空化和空蚀与很多因素有关，诸如翼型本身的参数、组成转轮翼栅的参数以及水轮机的运行工况等。

就翼型设计而言，要设计和试验空化性能良好的转轮。一般考虑两个途径：一种是使叶片背面压力的最低值分布在叶片出口边，从而使气泡的溃灭发生在叶片以外的区域，可避免叶片发生空化和空蚀破坏。当转轮叶片背面产生空化和空蚀时，最低负压区将形成大量的气泡，见图 3 - 10 （a），气泡区的长度为 l_c 小于叶片长度 l，气泡的瞬时溃灭和水流连续性的恢复发生在气泡区尾部 A 点附近，故叶型空化和空蚀大多产生在叶片背面的中后部。若改变转轮的叶型设计，如图 3 - 10 （b）所示，就可使气泡溃灭和水流连续性的恢复发生在叶片尾部之后（即 $l_c>1$），这样就可避免对叶片的严重破坏。实践证明，叶型设计得比较合理时，可避免或减轻空化和空蚀。

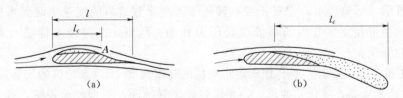

图 3 - 10　翼型空蚀的绕流
(a) $l_c<l$；(b) $l_c>l$

众所周知，沿绕流翼型表面的压力分布对空化特性有决定性的影响。理论计算表明，空化系数明显地受翼型厚度及最大厚度位置的影响，翼型越厚，空化系数越大，所以，在满足强度和刚度要求的条件下，叶片要尽量薄。另外，翼型挠度的增大在其他条件相同的情况下，会引起翼型上速度的上升，所以翼型最大挠度点移向进口边并减小出口边附近的挠度，可降低由于转轮翼栅收缩性引起的最大真空度，因而导致空化系数的下降。其次，叶片进水边的绕流条件对翼型空化性能也有很大影响。进水边修圆，使得在宽阔的工作范围内负压尖峰的数值和变化幅度减小，能延迟空化的发生，所以，进水边应具有半径为 $(0.2\sim0.3)\delta_{max}$（最大厚度）的圆弧，与叶片正背面型线的连接要光滑，以获得良好的绕流条件。

翼型稠密的增加，可改善其空化和空蚀性能，降低空化系数。除此之外，有人研究了一种能较大幅度降低水轮机空化系数的襟翼结构，如图 3-11 所示，这种翼型结构表面的压力及速度分布和普通翼型有很大区别，其临界冲角增加且具有相当高的升力系数（$c_g=2.0$）。襟翼在航空及水翼船上已被采用，但在水力机械上尚未被推广。

为了减小间隙空化的有害影响，尽可能采用小而均匀的间隙。我国采用的间隙标准为千分之一转轮直径。而多瑙河一铁门水电站水轮机叶片与转轮室的间隙减小到 $5\sim6mm$，即相当于 $0.0005D_1$，取得了良好效果。为了改善轴流式水轮机叶片端部间隙的流动条件，可采用在叶片端部背面装设防蚀片。如图 3-12 所示，它使缝隙长度增加，减小缝隙区域的压力梯度，这样可减小叶片外围的漏水量，并将缝隙出口漩涡送到远离叶片的下游，从而有利于减轻叶片背面的空蚀。但防蚀片也局部改变了原来的翼型，将使水轮机效率有所下降。

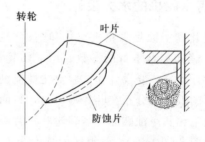

图 3-11　带襟翼的转轮　　图 3-12　防蚀片防间隙空蚀措施

近年来的试验研究表明，改进尾水管及转轮上冠的设计能有效减轻空腔空化，提高运行稳定性。主要改进方面为加长尾水管的直锥管部分和加大扩散角，因为这样有利于提高转轮下部锥管上方的压力，以削弱涡带的形成，此外，加长转轮的泄水锥，如图 3-13 所示，试验表明，它对于控制转轮下部尾水管进口的流速也起到重要作用，并显著地影响涡带在尾水管内的形成以及压力脉动。所以，改进泄水锥能有效地控制尾水管的空腔空化。

在水轮机选型设计时，要合理确定水轮机的吸出高度 H_s，水轮机的比转速 N_s，空化系数 σ。比转速越高，空化系数越大，要求转轮埋置越深，选型经验表明，这三个参数应最优配合选择。对于在多泥沙水流中工作的水轮机，选择较低比转速的转轮、较大的水轮机直径和降低 H_s 值将有利于减轻空蚀和磨损的联合作用。

二、提高加工工艺水平，采用抗蚀材料

加工工艺水平直接影响着水轮机的空化和空蚀性能，性能优良的转轮必须依靠加工质量来保证，我国水轮机空化和空蚀破坏严重的重要原因之一，就是加工制造质量较差，普遍存在头部型线不良（常为方头）、叶片开口相差较大、出口边厚度不匀、局部鼓包、波

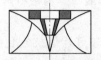　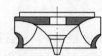　　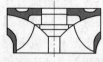

$H=118\text{m}$　$N=157\text{MW}$　　$H=176\text{m}$　$N=75\text{MW}$　　$H=75\text{m}$　$N=56\text{MW}$　　$H=180\text{m}$　$N=15\text{MW}$

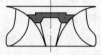　　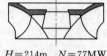　　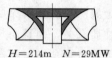

$H=50\text{m}$　$N=78\text{MW}$　　$H=214\text{m}$　$N=77\text{MW}$　　$H=214\text{m}$　$N=29\text{MW}$

图 3-13　加长泄水锥改善空腔空化

浪度大等制造质量问题，因此局部空化和空蚀破坏较严重。另外，转轮叶片铸造与加工后的型线，应尽量能与设计模型图一致，保证原型与模型水轮机相似。

提高转轮抗蚀性能的另一有效措施是采用优良抗蚀材料或增加材料的抗蚀性和过流表面采用保护层。一般不锈钢比碳钢抗空化性能优越。对于重要的中小型机组，可采用抗空化性能较好的材料，如铬钼不锈钢（Cr_8CuMo）、低镍不锈钢（$OGr_{13}Ni$）、13铬（$Cr13$）等，但造价较高。因为目前尚未完全了解材料空蚀过程的复杂性，许多材料性质对空蚀会有影响。例如，一方面十分坚硬的材料具有良好的抗蚀性能，如钨铬钴合钨碳化物、工具钢等。而另一方面一些非常软和有弹性的材料、如橡胶和其他高弹性体，也具有良好的抗蚀性能，此外，还观测到给定硬度的延性材料与硬度相同的脆性材料相比，一般延性材料的抗蚀性能较高。综合已有的研究成果有以下总的趋势：

（1）材料硬度的影响：材料硬度是抗空蚀的重要因素，一般硬度高的材料抗蚀能力强。然而，只有相当薄的表层硬度才事关重要。因而表面处理工艺使材料表面硬化对抗空蚀是有效的。对于易受应变硬化影响的材料在空泡溃灭压力冲击下都能增强表面硬度，如18-8Cr-Ni奥氏体不锈钢，虽然硬度只有145，比含17％ Cr 钢的硬度210低得多，但其空蚀失重量却少得多，这是由于它在空蚀过程中材料在反复冲击力的作用下增加了表面硬度，从而提高了抗蚀性能，所以奥氏体不锈钢对于抗空蚀特别成功。

（2）极限拉伸强度：材料的拉伸强度、屈服强度及延性越大，其抗蚀能力越强。

（3）材料的弹性：包括橡胶和其他高弹性体的一类材料，具有很高的延性，但弹性模量很低，在相当低强度的空化作用下，这些材料根本没有空蚀，而在较高强度的空化场中会产生较突然的彻底破坏。

（4）材料的晶粒性质：材料的晶粒越细密，抗蚀能力越强，一般说来，合金能改善金属的晶格结构，因而能提高抗蚀性能。

（5）材料内部的非溶解物：金属材料中含有不纯物质则大大降低其抗空蚀能力。如铸铁中含有游离的石墨，所以，铸铁的抗蚀性能很差。

综上所述，抗蚀材料应具有韧性强、硬度高、抗拉力强、疲劳极限高、应变硬化好、晶格细、好的可焊性等综合性能。目前从冶金和金属材料情况看，只有不锈钢和铝铁青铜近似地兼有这些特性。所以，目前倾向于采用以镍铬为基础的各类高强度合金不锈钢，并采用不锈钢整铸或铸焊结构，或以普通碳钢或低合金钢为母材，堆焊或喷焊镍铬不锈钢作表面保护层，后者方案比较经济。

中小型水轮机普遍使用 ZG25～35 碳钢，其价格低，工艺性能较好，但抗空化性能差，因此在过流表面采用保护层，是近年来国内广泛使用的空化空蚀防护方法。一种是采用不锈钢焊条铺焊一层或数层不锈钢防护层，增强空化空蚀部位的抗蚀性；另一种是采用弹性好的非金属涂层。金属涂层材料包括塑料、橡胶和树脂制品。涂层的抗空蚀性能不但与涂层材料性质有关，而且还与涂层厚度有关，一般厚度越大，抗空蚀性能越好。非金属材料涂层可节省贵重金属材料，是一种很有前途的防护措施。这种方法在一定程度上是有效的，但由于叶片背面经常是负压，对覆盖层吸力较大，故容易脱落而失效。

三、改善运行条件并采用适当的运行措施

水轮机的空化和空蚀与水轮机的运行条件有着密切的关系，而人们在翼型设计时，只能保证在设计工况附近不发生严重空化，在这种情况下，一般而言，不会发生严重的空蚀现象。但在偏离设计工况较多时，翼型的绕流条件、转轮的出流条件等将发生较大的改变，并在不同程度上加剧翼型空化和空腔空化。因此，合理拟定水电厂的运行方式，要尽量保持机组在最优工况区运行，以避免发生空化和空蚀。对于空化严重的运行工况区域应尽量避开，以保证水轮机的稳定运行。

在非设计工况下运行时，可采用在转轮下部补气的方法，对破坏空腔空化空蚀，减轻空化空蚀振动有一定作用。目前，中小型机组常采用自然补气和强制补气两种方法。

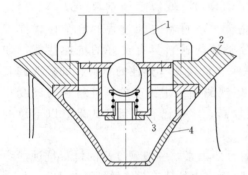

图 3-14　主轴中心孔补气
1—主轴；2—转轮；3—补气阀；
4—泄水锥补气孔

自然补气装置的形式和位置有以下几种：

（1）主轴中心孔补气。如图 3-14 所示。主轴中心孔补气结构简单，当尾水管内真空度达到一定值时，补气阀自动开启，空气从主轴中心孔通过补气阀进入转轮下部，改善该处的真空度，从而减小空腔空化，但由于这种补气方式难于将空气补到翼型和下环的空化部位，故对改善翼型空蚀效果不好，补气量又较小，往往不足以消除尾水管涡带引起的压力脉动，且补气噪音很大。

（2）尾水管补气。众所周知，反击式水轮机在某些工况下，在尾水管直锥段中心压区水流汽化形成涡带，这种不稳定涡带将引起尾水管的压力脉动，这种压力脉动可通过尾水管补气等措施来加以控制。而补气的效果决定于补气量、补气位置及补气装置的结构形状三个要素。详述如下。补气量的大小是直接影响着补气效果，一些试验表明，如图 3-15所示，当有足够的补气量时，才能有效地减轻尾水管内的压力脉动，但是过多的补气量也是无益于进一步减轻尾水管的压力脉动，反而使尾水管内压力上升，造成机组效率下降。通常把最有消除尾水管压力脉动的补气量称为最优补气量，该补气量随水轮机工况的变化而变化，根据许多试验资料表明，最优补气量（自由空气量）约为水轮机设计流量

的 2%。

尾水管补气常见的两种装置形式有十
字架补气和短管补气。图 3-16（a）是尾
水管十字架补气装置。当转轮叶片背面产
生负压时，空气从进气管 5 进入均气槽 4，
通过横管 1 进入中心体 2，破坏转轮下部的
真空。对中小型机组，在制造时就在尾水
管上部装置了补气管。一般十字架离转轮
下环的距离 $f_b = (1/3 \sim 1/4)D_1$，横管与水
平面夹角 $\alpha = 8° \sim 11°$，横管直径 $d_1 = 100 \sim$

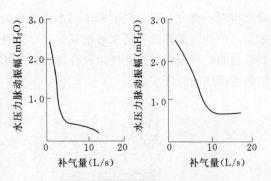

图 3-15　补气量对尾水管压力脉动的影响

150mm，采用 3~4 根。横管上的小补气孔应开在背水侧，以防止水进入横管内。图 3-
16（b）是短管补气装置。短管切口与开孔应在背水侧，其最优半径 $r_0 = 0.85r$，r 为尾水
管半径。短管应可能靠近转轮下部，可取 $f_b = (1/3 \sim 1/4)D_1$。强制补气装置是在吸出高
度 H_s 值较小，自然补气困难时采用，有尾水管射流泵补气和顶盖压缩空气补气。

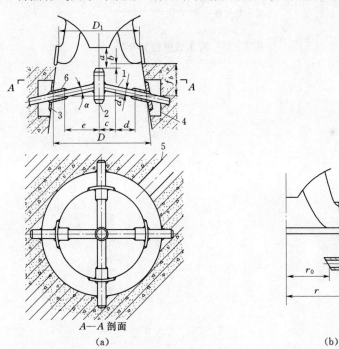

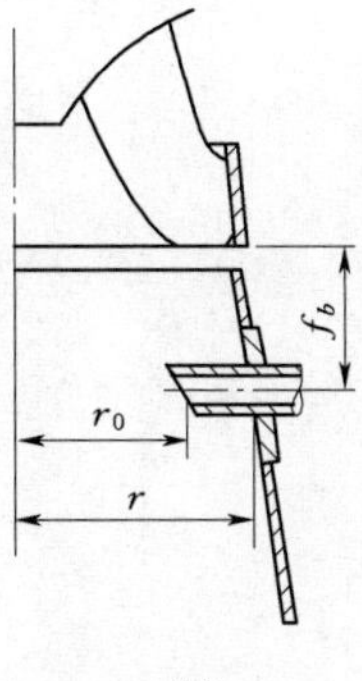

图 3-16　尾水管补气装置
（a）尾水管十字架补气装置；（b）短管补气装置
1—横管；2—中心体；3—衬板；4—均气槽
5—进气管；6—不锈钢衬套

图 3-17 是尾水管射流泵补气。其工作原理是上游的压力水流，从通气管进口处装设
的射流喷嘴中高速射入通气管，在进气口造成负压，可把空气吸入尾水管。射流泵补气节
省压缩空气设备，一般适用 $H_s = -1 \sim -4m$ 的水电站。补气时机组效率的影响问题目前

研究得尚不充分。因补气削弱了尾水管涡带的压力脉动及稳定了机组运行，故能提高机组效率，但补气又降低了尾水管的真空度以及补气结构增加了水流的阻力会降低机组效率。其综合的结果是在最优补气量及合理的补气结构下，机组效率有提高的趋势，这为许多电站的运行经验所证实。

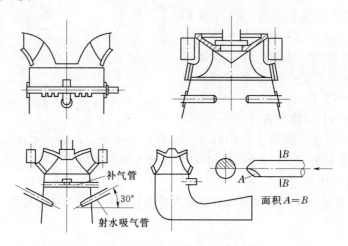

图 3-17　尾水管射流泵补气

第四章

水轮机相似理论

第一节 水轮机的相似条件与力学相似数

人们对水流在水轮机内的运动规律做了很多研究，获得了不少的成就，但水流在水轮机内的运动情况十分复杂，到目前为止，尚没有完全掌握这种规律。因此，在进行理论设计时，不得不引入一些假设条件，这样，理论计算不能十分正确地反映水流在水轮机的运动规律。比如，在第二章已经讨论了水流在水轮机各部件里流动的情况和水轮机的工作原理，同时还得出了工作水头和出力的关系。水轮机基本方程式适用于任何型式在稳定工况下工作的水轮机。在基本方程式中包含有水流的流速及水力效率等参数。由于效率和水的黏性有关，计算黏性流动是非常复杂的，因此用理论计算的方法来求得这些参数在目前几乎是不可能的。另外，基本方程式中的水流速度为转轮前后处的速度值，实际上在转轮前后水流速度是不均匀的，理论上要在距转轮无穷远处才有均匀流动，在水轮机结构上这个条件又是不存在的。因此，即使有任何好的计算方法也很难准确地反映出水轮机内的实际流动情况。在水力机械领域中广泛地采用试验的方法，结合理论计算求得完善的水力机械过流部件的参数。这种试验的方法实际上不仅应用在水力机械中，在其他许多科技领域中同样被采用着。这也就是建立在相似理论基础上的模型试验技术。

对直径大于1m的水轮机来说，如进行水轮机原型的实验来修正理论计算，是既不经济而又非常困难的，甚至有时不可能实现。这样，就需将水轮机原型按比例缩小为模型，然后在实验室的条件下，进行水轮机的模型试验，通过模型试验再修正理论计算。这样便可保证制造速度快，费用低、试验测量方便而又正确，并且同时可以进行几个方案的试验，取其最好的方案。但模型试验结果如何换算到原型去？模型与原型如何保持相似？这就需研究它们之间的相互关系。

水轮机原型可以按比例缩小为模型，如果取不同的比例，则可得若干个尺寸不同的水轮机模型。所有这些模型尺寸大小不同，但过流部件几何形状相似，即水轮机的相应尺寸大小不等，但成同一比例。这样所得到的一系列水轮机，一般称为水轮机系列。由此可知，同系列水轮机的特性参数在一定的条件下，也存在着一定的相似关系。研究同系列水轮机的几何尺寸及特性参数间相似关系的理论，或者说，研究模型与原型相似关系的理论，称为水轮机的相似理论。

一、相似理论在水轮机中的运用

在讨论水轮机的模型试验和相似条件前，首先介绍一些相似理论及其在水轮机运用的知识。

两个物理现象之间的相似，就是所有用来说明这两个现象性质的一切量之间的相似，即表征水轮机的所有参数规律在对应的各空间点和在相对应的瞬间，第一个现象的任何一种量是和第二个现象同类量成比例。

1. 几何相似

相似这个概念首先在几何学中被采用，现在这一概念已被衍用到任何一种物理现象中去。所谓几何相似，即两台水轮机从蜗壳进口到尾水管出口的过流表面对应线性尺寸成比例，且对应角相等。保持几何相似的模型与原型水轮机的过流轮廓均为相似图形，即按某一比例尺放大或缩小后就可相互重合（如图 4-1 所示）。

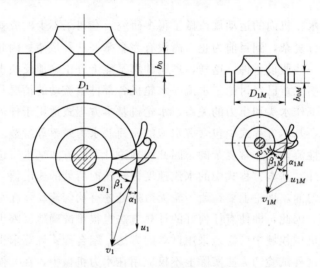

图 4-1　水轮机几何相似

由于相应的线性尺寸成比例，即

$$\frac{D_{1T}}{D_{1M}} = \frac{b_{0T}}{b_{0M}} = \frac{a_{0T}}{a_{0M}} = \cdots 常数 \tag{4-1}$$

由于形状相同，则叶片相应的角度相等，即

$$\left.\begin{array}{c} \beta_{1T} = \beta_{1M} \\ \beta_{2T} = \beta_{2M} \\ \vdots \\ \varphi_T = \varphi_M \end{array}\right\} \tag{4-2}$$

式中　D_1——转轮直径；

　　　b_0——导叶高度；

　　　a_0——导叶开度；

β_1——叶片进口安放角；

β_2——叶片出口安放角；

φ——叶片转角。

记有下标"T"代表原型水轮机，"M"代表模型水轮机，以下同。

严格地说，几何相似还应考虑过流表面的粗糙度。过流表面粗糙度可用绝对粗糙度 Δ 或相对粗糙度 Δ/D_1 表示。对水流有影响的主要是相对粗糙度。由于要尽可能使两水轮机的相对粗糙度相等，因此常常总要把模型水轮机的过流部分打磨得非常光滑。制造工艺相同的水轮机，则有相同的表面光洁度。因此，$\Delta T=\Delta M$ 较易满足，但要达到 $\Delta T/D_{1T}=\Delta M/D_{1M}$ 则较困难，以后可以适当进行效率修正。

几何相似的水轮机称为水轮机系列。

2. 运动相似

所谓运动相似，是指两个水轮机所形成的液流，相应点处的速度同名者方向相同，大小成比例，相应的夹角相等。或者，相应点处的速度三角形相似（见图 4-2），一般也称其为等角工况，即

$$\frac{v_{1T}}{v_{1M}}=\frac{u_{1T}}{u_{1M}}=\frac{w_{1T}}{w_{1M}}=\cdots \qquad (4-3)$$

$$\alpha_{1T}=\alpha_{1M} \qquad \beta_{1T}=\beta_{1M} \qquad (4-4)$$

式中　v_1——进口绝对速度；

u_1——进口圆周速度；

w_1——进口相对速度；

α_1——进口绝对速度与圆周速度的夹角；

β_1——进口相对速度与圆周速度的夹角。

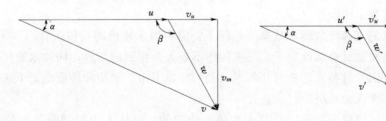

图 4-2　水轮机运动相似

从几何相似和运动相似的关系来说，运动相似时必须是几何相似，但几何相似的水轮机不一定是运动相似，因为有各种不同工况。

3. 动力相似

水轮机工作属于力学范畴，动力相似是指两个水轮机所形成的液流中各相应点

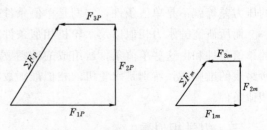

图 4-3　水轮机动力相似

所受的力（如作用在液流上的压力、惯性力、黏性力和重力等）数量相同、名称相同，且同名力方向一致，大小成比例（如图 4-3 所示），则

$$\frac{F_{1T}}{F_{1M}}=\frac{F_{2T}}{F_{2M}}=\frac{F_{3T}}{F_{3M}}=\frac{\sum F_T}{\sum F_M} \tag{4-5}$$

此外还包括相同的边界条件，例如，一个水流有自由表面；另一个水流也必须有自由表面。

为了保持运动相似，必须满足动力相似，因此，满足几何相似及运动相似也必然存在动力相似。

二、相似条件

水轮机的相似条件是指模型与原型水轮机满足这些条件后，模型与原型中的水流流态相似，即模型水轮机中的水流运动就是原型水轮机水流运动的缩影，此时模型与原型水轮机水力性能相似，因而也有相似的工况。满足水轮机相似条件的水轮机工况称相似工况，或称等角工况。

根据相似理论这门科学所总结出来的相似的定义：两个物理现象相似的充分且必要的条件是所有用来说明现象的单值性条件相似，而且由单值性条件所构成的准则数在数值上相等。

所谓单值条件就是在表征物理现象的许多共性特性中，能把个别现象从其中区别出来，使之成为研究某一个具体对象时所必须具备的条件。现就工作着的水轮机来说明哪些是单值条件。几何尺寸和形状变了就是另外一台水轮机了，几何尺寸显然是属于单值条件；水头，也就是水轮机需要将水流的能量转变成机械能量的那部分自然能源，水头变了，水轮机工况也就变了，因此水头是单值条件；水轮机转数是单值条件，这是因为水轮机在一定的水头下工作时能够以任意转数运转（从零到飞逸转数之间），但人们将水轮机转数调整到出力最大，效率最高的那一挡转数作为运行转数，因为它说明了对象水轮机的特有之点，故应为单值条件。

但是水轮机的飞逸转数就不是单值条件了，因为当水轮机的几何条件（型号）定了、水头定了，飞逸转数就自然确定了，飞逸转数不是人为控制的参数；同样水轮机的流量也不是单位条件，因为只要水轮机的几何形状和尺寸定下来，水头和转数也定下来后，流量就是一定的，不由人为所决定。

这样，我们可以得出结论，凡是人为预先给定的，可从人为控制的条件就是单值条件。而依赖于单值性条件所形成的其他条件和参数就不是单位条件，例如流速、过流部分的压力差等就不是单值条件，它们是单值条件的函数。

而所研究的水力相似以及水轮机相似条件就是要研究组成水力现象和水轮机工况所有的单值条件和由这些单值条件所组成的准则数。单值条件已有叙述，至于什么是单值条件所组成的准则数，特别是水轮机的相似准则数将在下一节作详细介绍。继续论述水轮机的相似条件。

三、力学相似数

对于动力相似，所有可能影响到流动场的力有压力 F_p、惯性力 F_i、重力 F_g、黏性力 F_v、弹性力 F_e、表面张力 F_t，这些力可能作用到液流任一质点。由于对水电站中运转的水轮机，其转速是同步转速，因此其圆周速度 u 是稳定的，相应于圆周速度 u 的惯性力称稳定速度惯性力 F_{is}，但对地球坐标来说，水轮机内的水流速度 V 是不稳定的，所以相应于水流绝对速度 V 的惯性力称不稳定速度惯性力 F_i。根据流体力学的量纲分析，各种作用力的量纲如下

$$F_p = pA = pl^2$$

$$F_i = Ma = \rho L^3 (V^2/l) = \rho V^2 l^2$$

$$F_{is} = Ma = \rho L^3 (L/T^2) = V\rho L^3/T$$

$$F_g = Mg = \rho L^3 g$$

$$F_v = \mu(dV/dy)A = \mu(V/l)l^2 = \mu Vl$$

$$F_e = EA = El^2$$

$$F_t = \sigma l$$

当在所有这些力作用下，为了获得两个流动场之间的动力相似，所有相应力的比值在模型与原型中必须相等，从而，在所有可能的力的作用下，两流动场之间的动力相似可用下列六个表达式表达：

欧拉数　　　　$Eu = (F_i/F_p)_T = (F_i/F_p)_M = (\rho V^2/p)_T = (\rho V^2/p)_M$

斯特洛哈数　　$Sh = (F_i/F_{is})_T = (F_i/F_{is})_M = (VT/L)_T = (VT/L)_M$

雷诺数　　　　$Re = (F_i/F_v)_T = (F_i/F_v)_M = (VL/\nu)_T = (VL/\nu)_M$

弗汝德数　　　$Fr = (F_i/F_g)_T = (F_i/F_g)_M = (\rho V^2/E)_T = (\rho V^2/E)_M$

韦伯数　　　　$We = (F_i/F_t)_T = (F_i/F_t)_M = (\rho l V^2/\sigma)_T = (\rho l V^2/\sigma)_M$

柯西数　　　　$Ca = (F_i/F_e)_T = (F_i/F_e)_M = (\rho V^2/E)_T = (\rho V^2/E)_M$

对水轮机的流动场来说，主要是考虑四个作用力的相似，即

满足压力相似　　　　　　　$Eu = \rho V^2/p = 常数$　　　　　　　　　　　　(4 - 6)

满足惯性力相似　　　　　　$Sh = VT/L = 常数$　　　　　　　　　　　　　(4 - 7)

满足黏性力相似　　　　　　$Re = VL/\nu = 常数$　　　　　　　　　　　　　(4 - 8)

满足重力相似　　　　　　　$Fr = V^2/gL = 常数$　　　　　　　　　　　　　(4 - 9)

第二节　水轮机的相似律与单位参数

一、相似定律

同一系列水轮机保持运动相似的工况状况简称为水轮机的相似工况。水轮机在相似工况下运行时，其各工作参数（如水头 H、流量 Q、转速 n 等）之间的固定关系称为水轮机的相似定律，或称相似律、相似公式。

如果两台水轮机工况相似，那么表征水轮机的一切参数和规律在对应的各空间点和在相对应的瞬间，第一台水轮机的任何一种量均和第二台水轮机的同类量成比例，其比值为一常数，即

$$\frac{D_T}{D_M} = \alpha_D; \frac{V_T}{V_M} = \alpha_V; \frac{H_T}{H_M} = \alpha_H; \frac{Q_T}{Q_M} = \alpha_Q; \frac{T_T}{T_M} = \alpha_T; \frac{n_T}{n_M} = \alpha_n \qquad (4 - 10)$$

其中：D、H、V、Q、T、n 分别为水轮机的直径、水头、流速、流量、时间和转数。比例系数 α 也称做相似倍数或比例尺，其大小与坐标和时间都无关，只要求在空间和时间上是一一对应的点。

因为水轮机的水力效率和工况有着极大的关系，工况相似，水流对叶片绕流情况也就相似，所有叶片上的撞击和脱流及尾水管内旋涡所形成的相对水力损失值是相等的。这些损失是水轮机水力损失的主要部分。因此，在推导水轮机相似定律时暂不考虑水力效率的因素，而且假定原型和模型水轮机的水力效率是相等的。

1. 转速相似定律

描写水轮机的工作情况可用水轮机基本方程和能量方程式（相对运动和绝对运动伯努利方程式）。即

$$H\eta_s = \frac{1}{g}(u_1 v_1 \cos\alpha_1 - u_2 v_2 \cos\alpha_2)$$

$$z_1 + \frac{p_1}{\gamma} + \frac{\omega_1^2 - u_1^2}{2g} = z_2 + \frac{p_2}{\gamma} + \frac{\omega_2^2 - u_2^2}{2g}$$

$$H = z_1 - z_2 + \frac{p_1}{\gamma} - \frac{p_2}{\gamma} + \frac{v_1^2 - v_2^2}{2g}$$

将以上这三个方程式分别应用到原型真机和模型水轮机中，由于工作相似，在初步讨论中可以认为两台水轮机的水力效率 η_s 相等。这样就可以得到：

水轮机基本方程式

$$H_r\eta_s = \frac{1}{g}(u_{1r} v_{1r} \cos\alpha_{1r} - u_{2r} v_{2r} \cos\alpha_{2r}) \tag{4-11a}$$

$$H_M\eta_s = \frac{1}{g}(u_{1M} v_{1M} \cos\alpha_{1M} - u_{2M} v_{2M} \cos\alpha_{2M}) \tag{4-11b}$$

其中 $\qquad\qquad v_1\cos\alpha_1 = v_{1u}$；$v_2\cos\alpha_2 = v_{2u}$

相对运动伯努利方程式

$$z_{1r} + \frac{p_{1r}}{\gamma} + \frac{\omega_{1r}^2 - u_{1r}^2}{2g} = z_{2r} + \frac{p_{2r}}{\gamma} + \frac{\omega_{2r}^2 - u_{2r}^2}{2g} \tag{4-12a}$$

$$z_{1M} + \frac{p_{1M}}{\gamma} + \frac{\omega_{1M}^2 - u_{1M}^2}{2g} = z_{2M} + \frac{p_{2M}}{\gamma} + \frac{\omega_{2M}^2 - u_{2M}^2}{2g} \tag{4-12b}$$

绝对运动伯努利方程式

$$z_{1T} + \frac{p_{1T}}{\gamma} + \frac{v_{1T}^2}{2g} = z_{2T} + \frac{p_{2T}}{\gamma} + \frac{v_{2T}^2}{2g} + H_T \tag{4-13a}$$

$$z_{1M} + \frac{p_{1M}}{\gamma} + \frac{v_{1M}^2}{2g} = z_{2M} + \frac{p_{2M}}{\gamma} + \frac{v_{2M}^2}{2g} + H_M \tag{4-13b}$$

将式（4-13）和式（4-12）及式（4-13b）和式（4-12b）合并得

$$\frac{v_{1T}^2}{2g} - \frac{\omega_{1T}^2 - u_{1T}^2}{2g} = \frac{v_{2T}^2}{2g} - \frac{\omega_{2T}^2 - u_{2T}^2}{2g} + H_T \tag{4-14a}$$

$$\frac{v_{1M}^2}{2g} - \frac{\omega_{1M}^2 - u_{1M}^2}{2g} = \frac{v_{2M}^2}{2g} - \frac{\omega_{2M}^2 - u_{2M}^2}{2g} + H_M \tag{4-14b}$$

如果原型水轮机和模型水轮机工作相似，则原型水轮机中所有的参数均可以通过式

（4-10）用模型水轮机的参数表示。将式（4-10）表示的各比例尺系数代入式（4-11）、式（4-14）各式中得

$$\alpha_H H_M \eta_s = \frac{1}{g}(\alpha_u \alpha_V u_{1M} v_{1M} \cos\alpha_{1M} - \alpha_u \alpha_V u_{2M} v_{2M} \cos\alpha_{2M}) \tag{4-15}$$

$$\frac{\alpha_v^2 v_{1M}^2}{2g} - \frac{\alpha_\omega^2 \omega_{1M}^2 - \alpha_u^2 u_{1M}^2}{2g} = \frac{\alpha_v^2 v_{2M}^2}{2g} - \frac{\alpha_\omega^2 \omega_{2M}^2 - \alpha_u^2 u_{2M}^2}{2g} + \alpha_H H_M \tag{4-16}$$

比较式（4-15）和式（4-11b）；式（4-16）和式（4-14b），如果这四个方程都同时成立，则必须有

$$\alpha_H = \alpha_u \alpha_v \alpha_{\cos\alpha} \tag{4-17}$$

$$\alpha_H = \alpha_v^2 = \alpha_\omega^2 = \alpha_u^2 \tag{4-18}$$

从式（4-17）和（4-18）中看出显然应该有

$$\alpha_{\cos\alpha} = 1$$

也就是原型水轮机和模型水轮机中，流场对应点的速度三角形里的 α 角是彼此相等的。另外，从式（4-18）的后三项也可以得出

$$\frac{u_T}{u_M} = \frac{\omega_T}{\omega_M} = \frac{v_T}{v_M} \tag{4-19}$$

这表明对于相似工况的水轮机，在流道中对应点的水流速度三角形是彼此相似的（如图4-2所示）。

再从（4-18）中可以得到等式为

$$\frac{H_T}{H_M} = \frac{u_T^2}{u_M^2}$$

因为 u 表征转轮的圆周速度，故可以认为是正比例于转数和直径的乘积。即 $u \propto nD$ 而直径 D 可以定义为水轮机的名义直径 D_1。即

$$\frac{H_T}{H_M} = \left(\frac{n_T D_T}{n_M D_M}\right)^2$$

或写成

$$\sqrt{\frac{H_T}{H_M}} = \frac{n_T D_T}{n_M D_M}$$

将原型参数和模型参数各自写到等号的两边得

$$\frac{n_T D_T}{\sqrt{H_T}} = \frac{n_M D_M}{\sqrt{H_M}} = 常数 \tag{4-20}$$

式（4-20）称为水轮机的转速相似定律，它表示相似水轮机在相似工况下其转速与转轮直径成反比，而与有效水头的平方根成正比。如果直径为 D_M 的模型水轮机，工作在 H_M 的水头下以转数 n_M 运转。而原型水轮机的直径为 D_T，工作水头为 H_T。如要使原型水轮机的工作状况和模型相似，那么原型水轮机的转数就应该按式（4-20）相等的条件求出来。

2. 流量相似定律

按水力学原理，可以认为水轮机的流量正比例于流道中的流速和过流面积的乘积即 $Q \propto vA$。D 也可定义为水轮机的名义直径。因此

$$\frac{Q_T}{Q_M}=\frac{v_T D_T^2}{v_M D_M^2} \tag{4-21}$$

考虑到式（4-18），即流速正比于水头的平方根，于是有

$$\frac{Q_T}{Q_M}\times\frac{D_M^2}{D_T^2}=\sqrt{\frac{H_T}{H_M}}$$

将原型水轮机和模型水轮机的参数分别写到等号的两边得

$$\frac{Q_T}{D_T^2\ \sqrt{H_T}}=\frac{Q_M}{D_M^2\ \sqrt{H_M}}=常数 \tag{4-22}$$

式（4-22）称为水轮机的流量相似定律，它表示相似水轮机在相似工况下其有效流量与转轮直径平方成正比，与其有效水头的平方根成正比。

3. 出力相似定律

水轮机出力为

$$P=9.81QH \tag{4-23}$$

设式（4-22）右端的常数为 C，则可得 $Q_T=CD_T^2\ \sqrt{H_T}$，代入式（4-23），得

$$\frac{P_T}{D_T^2 H_T^{3/2}}=9.81C \tag{4-24}$$

同理，对模型水轮机有

$$\frac{P_M}{D_M^2 H_M^{3/2}}=9.81C \tag{4-25}$$

因此，可得

$$\frac{P_T}{D_T^2 H_T^{3/2}}=\frac{P_M}{D_M^2 H_M^{3/2}}=常数 \tag{4-26}$$

式（4-26）称为水轮机的出力相似定律，它表示相似水轮机在相似工况下其有效出力与转轮直径平方成正比，与有效水头的 3/2 次方成正比。

二、相似定律的特例

水轮机的相似定律可用于考察同一水轮机相似工况下参数间的关系，或者用于同一水头 H 下几何相似水轮机保持相似工况的参数间的关系。

1. 同一水轮机的相似定律

同一水轮机在工况 1 和工况 2 时，利用式（4-20）及 $D_1=D_2$，得转速关系为

$$\frac{n_1}{n_2}=\frac{\sqrt{H_1}}{\sqrt{H_2}} \tag{4-27}$$

即同一水轮机在相似工况下其转速与水头的平方根成正比。

利用式（4-22）及 $D_1=D_2$，得流量关系为

$$\frac{Q_1}{Q_2}=\frac{\sqrt{H_1}}{\sqrt{H_2}} \tag{4-28}$$

即同一水轮机在相似工况下，其流量与水头的平方根成正比。

利用式（4-26）及 $D_1=D_2$，得出力关系为

$$\frac{N_1}{N_2}=\left(\frac{H_1}{H_2}\right)^{3/2} \qquad (4-29)$$

即同一水轮机在相似工况下，其出力与水头的 $3/2$ 次方成正比。

2. 同一水头下几何相似水轮机的相似定律

两个几何相似水轮机 1 和 2，在同一水头下，利用式（4-20）及 $H_1=H_2$，得转速关系为

$$\frac{n_1}{n_2}=\frac{D_2}{D_1} \qquad (4-30)$$

利用式（4-22）及 $H_1=H_2$，得流量关系为

$$\frac{Q_1}{Q_2}=\frac{D_1^2}{D_2^2} \qquad (4-31)$$

利用式（4-26）及 $H_1=H_2$，得出力关系为

$$\frac{N_1}{N_2}=\frac{D_1^2}{D_2^2} \qquad (4-32)$$

比较式（4-29）～式（4-31），还可得

$$\frac{n_1}{n_2}=\frac{\sqrt{Q_2}}{\sqrt{Q_1}} \qquad (4-33)$$

$$\frac{n_1}{n_2}=\frac{\sqrt{N_2}}{\sqrt{N_1}} \qquad (4-34)$$

式（4-30）～式（4-34）表明，在同一水头下运转的几何相似水轮机保持相似工况时，其转速与直径成反比，或与流量的平方根成反比，或与出力的平方根成反比。而流量与出力则分别与直径的平方成正比。

三、单位参数

在进行水轮机模型试验时，由于试验装置情况和要求不同，水轮机的模型直径和试验水头也不相同，因此模型试验得到的参数 n，Q，P 也就不可能相同，这样就不便于进行水轮机的性能比较。为了比较时有一个统一的标准，通常规定把模型试验成果都统一换算到转轮直径为 $D_1=1\text{m}$，有效水头 $H\eta_s=1\text{m}$ 时的水轮机参数，这种参数就称为它为单位参数。单位参数有单位转速 n_{11}、单位流量 Q_{11} 和单位出力 P_{11}。

与相似定律的推导一样，暂不考虑水力效率，故将 η_s 省略。将上述规定的条件代入式（4-20）、式（4-22）、式（4-26），取得单位参数 n_{11}、Q_{11}、P_{11} 的计算公式。

1. 单位转速

$$n_{11}=\frac{nD_1}{\sqrt{H}} \qquad (4-35)$$

单位转速 n_{11} 表示当 $D_1=1\text{m}$，$H\eta_s=1\text{m}$ 时该水轮机的实际转速，其因次是 $\text{m}^{1/2}/\text{s}$。在相同的转轮直径 D_1 和水头 H 条件下，单位转速 n_{11} 越大，则该系列水轮机的实际转速就越高，故它可反映不同系列水轮机的转速特性。因此，在选择水轮机时，要尽可能选择 n_{11} 较高的水轮机，以缩小发电机的直径，降低机组造价。

2. 单位流量

$$Q_{11} = \frac{Q}{D_1^2 \sqrt{H}} \qquad (4-36)$$

单位流量 Q_{11} 表示当 $D_1 = 1\mathrm{m}$，$H\eta_s = 1\mathrm{m}$ 时，该系列水轮机的实际有效流量，其因次同样也是 $\mathrm{m}^{1/2}/\mathrm{s}$。在相同的直径和水头条件下，单位流量 Q_{11} 大，则水轮机的过水能力越大，故它反映了不同系列水轮机的过水能力。因此，在一定出力条件下，故选择 Q_{11} 大的机型可缩小水轮机直径，或在一定直径 D_1 下，选择 Q_{11} 大的机型就能获得较大的水轮机出力。

3. 单位出力

$$N_{11} = \frac{N}{D_1^2 H^{3/2}} \qquad (4-37)$$

单位出力 N_{11} 表示同系列水轮机 $D_1 = 1\mathrm{m}$，有效水头 $H\eta_s = 1\mathrm{m}$ 时的水轮机出力，其因次也是 $\mathrm{m}^{1/2}/\mathrm{s}$。

按相似理论，准则数本应是无因次的量，但在处理式（4-11）和式（4-12）时，将重力加速度 g 的比例略去，因为它们在原型和模型水轮机中的值都是一样的数值，故而最终在式（4-35）中 n_{11} 的表达式中故少了 $g^{-\frac{1}{2}}$ 项，以致 n_{11} 的因次为 $\mathrm{m}^{1/2}/\mathrm{s}$。若将 $g^{-\frac{1}{2}}$ 因次乘入 n_{11} 的因次中，则 n_{11} 就成为无因次量。Q_{11} 和 N_{11} 的因次也是同样的原因导致的。

以上相似定律和单位参数推导时所采用的诸数学方程式均未考虑水力效率的因素，而且认为原型和模型水轮机的水力效率是相等的。但是水轮机的水力损失中还包含水力磨阻损失，而磨阻损失是和流道的相对粗糙度有关。原型水轮机的尺寸有时比模型大许多倍，因此原型水轮机过流部件表面相对粗糙度比模型水轮机的要小得多，以致原型水轮机的相对水力磨阻损失也比模型的小。原型水轮机的水力效率要高于模型的。这样，在前面推演的公式过程中，水头项应考虑水力效率 η_s 的影响，由此而得出的单位转速应是（上标用 * 表示）

$$n_{11}^* = \frac{nD_1}{\sqrt{H\eta_s}} \qquad (4-38)$$

单位流量应是

$$Q_{11}^* = \frac{Q}{D_1^2 \sqrt{H\eta_s}} \qquad (4-39)$$

单位出力应是

$$N_{11}^* = \frac{N}{D_1^2 (H\eta_s)^{3/2}} \qquad (4-40)$$

由于水力效率 η_s 不易求得，且工况不同水力效率值均不相同，故工程实用中仍采用式（4-35）～式（4-37）近似计算。

在水轮机型谱中，常用水轮机模型试验时效率最高的最优工况点的单位参数值，代表该系列（或型号）水轮机的工作性能，并称为最优单位参数，分别以 n_{110}，Q_{110}，P_{110} 表示。另外，为了保证水轮机在运行时具有较好的水力性能，确保安全运行，型谱中还规定了在限制工况下的单位流量，以 Q_{11}^* 表示，作为选型设计时推荐使用的最大单位流量。

目前为止所分析的内容是在水轮机工况已相似的前提下，从而得出了速度三角形相似和两个准则数 n_{11}、Q_{11} 和 N_{11} 数值相等的结论。现在要转入反问题，也就是接着上一节相似条件的讨论，即要水轮机工况相似应该遵循些什么条件呢？上节已叙述相似原理：单值条件相似，且由单值条件所组成的准则数相等就可以构成相似的水轮机工况。在水轮机中几何相似是一个单值条件，要做到水轮机工况相似就必须保持两台水轮机的几何形状包括蜗壳、导叶、转轮、尾水管的几何形状以及导叶的相对开度，转桨式水轮机的叶片角度等均要相似或相同。另外，速度三角形相似的条件式（4-19）中只有牵连速度 u（正比于 nD）是单值条件，转数 n 可以人为改变和调整，直径 D 由人为选择而定。而水流速度 v 则不是可由人为去决定的，水流速度 v 决定于工作水头和水轮机部件的结构。相对速度 ω 是绝对速度和牵连速度的组合，因而也和绝对速度 V 一样，不是单值条件。这样，由含有非单值条件所组成的准则方程式（4-19）就不是单值条件。这说明当我们在寻求如何构成水轮机工况相似时，不必去"创造"或"建立"速度三角形相似，而且这也是无法去创造的。事实上只要水轮机相似工况建立起来后，速度三角形就自然相似了。在 Q_{11} 的表达式（4-28）中，Q_{11} 是流量的函数，而流量 Q 正比于流速 V，由于流速 V 不是单值条件，故而 Q_{11} 也不是单值条件。实际上流量 Q 也是决定于水头和水轮机的结构和尺寸的。最后在准则数式（4-35）即 n_{11} 中，各组成量：水头 H、直径 D 和转速 n 都是人为控制的，因此，单位转速 n_{11} 是单值条件组成的规则。到此可以得出结论：两台水轮机工况相似的充要条件是：两台轮机的过流部分形状相似，几何尺寸成比例，同时在工作时单位转速 n_{11} 保持相等，这时的两台水轮机工况彼此就是相似工况。这一结论给实际应用极为有用的指导，例如需要知道某大电站水轮机在某一工况下工作的情况和参数流量、效率等。如果在现场实测则不仅技术难度很大，影响生产，而且耗资颇多。可以通过模型试验，取一台尺寸小的水轮机，在实验室的试验台上运转。只要保持原模型水轮机几何相似（包括开度也相似）和单位转速 n_{11} 相等。则这就是彼此相似的点。此时流道中对重点的速度三角形就自然相似；单位流量 Q_{11} 也自然相等。

水轮机的单位参数是水轮机的重要参数，它不仅是几何相似水轮机保持相似工况的一种判断准则，还可以在水轮机选型计算中，利用单位参数来确定原型水轮机的主要参数（水轮机的直径 D_1、转速 n 和流量 Q 等）。另外，单位转速 n_{11} 和单位流量 Q_{11} 还可以作为衡量水轮机的技术性能指标，对几何形状不同的各种系列水轮机，利用单位参数可以比较方便地进行过流能力、转速高低、出力大小的性能比较，选择性能较好的转轮。

需要指出，本节中所讨论的仅是水轮机能量转换过程，因此相似的范围只限于能量特性参数。至于水轮机工作中其他一些现象例如空化，空蚀，振动等则需要建立另外的相似条件和准则。

四、水轮机的相似关系与一般力学相似准则的关系

水轮机中的水流运动也属于水力学范畴，在水力学中，水力相似所应遵循的相似准则，水轮机中的水流流动当然同样应该遵守。水力学中以纳维尔—斯托克（N—S）方程为基础所导出的准则数适合于一切连续，牛顿流体的相似流动。它们对水轮机也不例外。这些准则数在本章第一节已经作了说明，这里介绍它们与水轮机相似的关系。

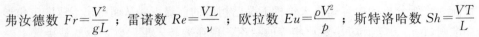

弗汝德数 $Fr = \dfrac{V^2}{gL}$ ；雷诺数 $Re = \dfrac{VL}{\nu}$ ；欧拉数 $Eu = \dfrac{\rho V^2}{p}$ ；斯特洛哈数 $Sh = \dfrac{VT}{L}$

在水轮机中将以水轮机直径 D 代表线性尺寸 L，以水流绝对速度 V 代表水流速度，用转速 n 的倒数 $1/n$ 代表时间 T。因为转速 n 有频率的含义，故其倒数有时间的因次。从水力学伯努利定理可知水流速度 V 正比例于水头 H 的平方根值 $V \propto \sqrt{H}$，又考虑到重力加速度 g，水的运动黏性系数 ν，水的密度 ρ 是常数。这样，上述水力学中的四个准则数反映到水轮机中就有

$$\frac{H}{D} = \mathrm{idem}，\quad \sqrt{HD} = \mathrm{idem}，\quad \frac{P}{H} = \mathrm{idem}，\quad \frac{nD}{\sqrt{H}} = \mathrm{idem}$$

上列各式中的 idem 表示等值的意思，即在原型和模型水轮机中，如工况相似则对应的由参数组成的量为等值。$\dfrac{nD}{\sqrt{H}} = \mathrm{idem}$ 表示单位转速 n_{11} 为常数，从力学观点看它对应着斯特洛哈数 Sh；$\dfrac{P}{H} = \mathrm{idem}$ 表示水流中的压强相似关系，它对应着欧拉数 Eu，压强和空化现象有关系，因此这个数在气蚀试验中应用；$\dfrac{H}{D} = \mathrm{idem}$ 对应着弗汝德数；$\sqrt{HD} = \mathrm{idem}$ 对应着雷诺数。

在水轮机中，由于受到试验条件的限制，或者有时由于上述准则之间的一些矛盾的结果，在进行模拟试验时，不可能遵守全部力学相似准则而满足完全的力学相似。例如，要保持两个流动中的黏性力及重力同时相似，则以下两式要同时成立

$$\left(\frac{VL}{\nu}\right)_T = Re_T = Re_M = \left(\frac{VL}{\nu}\right)_M$$

$$\left(\frac{V^2}{gL}\right)_T = Fr_T = Fr_M = \left(\frac{V_2}{gL}\right)_M$$

由此得出
$$\frac{V_T}{V_M} = \left(\frac{L_T}{L_M}\right)^{3/2} \tag{4-41}$$

式（4-41）意味着当模型比例尺选定后，原、模型工作液体的黏性之间的关系即可确定。亦即只有两种选择：①模型试验时选用黏性远比水小的某种液体；②若原、模型使用相同的液体则模型应与原型尺寸一样大。这两者实际上都难以做到。也就是不能同时满足黏性力相似和重力相似。考虑到反击式水轮机流体的黏性作用比重力的作用重要得多，因此在试验模拟时，一般不考虑满足 $Fr_T = Fr_M$，这对试验成果影响不大。但在水工建筑物以及船泊模型试验中，则广泛采用重力相似。

此外，原型与模型中水流的雷诺数也难于保持相等，因为雷诺数相等的条件在忽略原、模型黏性系数 ν 的差别时则是

$$V_M D_M = V_T D_T$$

若满足欧拉相似准则，则可写出 $V_M = k\sqrt{2gH_M}$；$V_T = k\sqrt{2gH_T}$

则
$$\frac{D_M}{D_T} = \sqrt{\frac{H_T}{H_M}} \tag{4-42}$$

式（4-42）表明在欧拉数相等时满足雷诺数相等则直径必须与水头的平方根成反比。

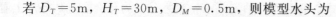

若 $D_T=5\text{m}$，$H_T=30\text{m}$，$D_M=0.5\text{m}$，则模型水头为

$$H_M=H_T(D_T/D_M)^2=30(5/0.5)^2=3000\text{m}$$

或者假定模型水头 $H_M=5\text{m}$，则模型水轮机直径应为

$$D_M=\sqrt{H_T/H_M}=5\sqrt{30/5}=12.2\text{m}$$

对于上述两种要求，实际上都是不能满足的。因此，在水轮机模拟时，不能满足雷诺数相等的要求，即黏性力不模拟，这样就导致了原、模型水轮机黏性摩擦损失系数不同。尽管在水轮机中的水流的雷诺数相当大，但并不总是能达到阻力平方区。因此，其水力损失与雷诺数及过流表面的相对糙度仍有一定的关系。由于原、模型中黏性摩擦损失特性不同，使两水轮机的能量及空蚀特性产生一些差异。黏性力相似的破坏，是决定水轮机能量及空蚀参数的比例效应的基本原因之一。

根据上面的转换，以水轮机直径 D 代表线性尺寸 L，以水流绝对速度 V 代表水流速度，用转速 n 的倒数 $1/n$ 代表时间 T，则斯特洛哈数为

$$Sh=\frac{VT}{L}=\frac{V}{Dn} \tag{4-43}$$

用 $\gamma H \eta_s$ 代替 Eu 中的 P，得到

$$V=\frac{\sqrt{gH\eta_s}}{\sqrt{Eu}} \tag{4-44}$$

把它们代入式（4-38）得

$$n_{11}^*=\frac{\sqrt{g}}{Sh\sqrt{Eu}} \tag{4-45}$$

将通过转轮的有效流量表示如下

$$Q\eta_0=VF \tag{4-46}$$

式中　F——过水断面面积；

V——相应于 F 的平均流速。

把式（4-45）和式（4-44）代入式（4-39）得

$$Q_{11}^*=\frac{F}{D_1^2}\sqrt{\frac{g}{Eu}} \tag{4-47}$$

上式对于几何相似的水轮机比值 F/D_1^2 相等。

由式（4-45）和式（4-47）可知，如果略去黏性的影响，几何相似的水轮机在运动相似工况下，力学相似准则 Sh 和 Eu 对应相等。

第三节　水轮机的比转速

一、水轮机比转速的概念

自 18 世纪欧拉创造了世界上第一台反击式水轮机，迄今已有 200 多年的历史。200 年来随着工业发展，科学技术的进步，水轮机在水头的使用范围，形状、尺寸和容量等方面都在不断地改进和更新。人们在生产实践中摸索出什么样的水头范围应该采用什么型式

的水轮机比较合适，例如有冲击式，混流式和轴流式水轮机之分。为什么会有从外形上看来完全不同形状的水轮机呢？这应该从两个方面来认识：一方面，人们希望在水轮机发出一定的功率的情况下，水轮机的尺寸（主要是转轮尺寸，它控制机器的尺寸）愈小，造价将愈经济，这就需要有较大的过流量，即同一尺寸的转轮，同样工作水头下能有较大的流量通过水轮机，轴流式转轮就比冲击式和混流式有更大的过流量；另一方面，随着工作水头的增加，如仍采用轴流式水轮机，那么在转轮叶片上将会产生严重的气蚀破坏。同时由于轴流式转轮叶片呈悬臂状安装在转轮体上，叶片根部也会产生较大的应力，水头过高叶片甚至会断裂。因此，随着水头提高，混流式水轮机既有较好的抗气蚀性能（气蚀系数小），同时转轮叶片是固定在上冠和下环之间，具有较大的刚度和强度，采用混流式水轮机是合适的。当水头达数百米乃至千米时，只有冲击式水轮机才能适应。因为无论从抗气蚀和强度方面，冲击式水轮机比混流式水轮机要好得多。

由于自然条件中水量有多寡，利用能源的水轮机容量也各不同，尺寸各有大小。按上面所述的抗气蚀和保证强度的原因，水轮机尺寸尽管不一样，但只要被利用的水头是在同一个范围内，水轮机的形状（包括转轮）就都是相似的。早在相似理论完善（20 世纪 30 年代）前，水轮机行业中就有相似的概念了。人们为了比较各种水轮机起见，取各种类型的水轮机，将它们做成一定的尺寸，使之在 1m 水头下运转，恰好能发出 1kW 的功率（对应的效率要为最佳值），此时水轮机的转速称为比转速 n_s。不同形状的水轮机 n_s 值各不一样。

用相似换算方法，求得水轮机工作参数与比转速 n_s 的关系。从式（4-35）和（4-37）可得

$$n = \frac{n_{11} \sqrt{H}}{D_1}$$

$$P = P_{11} D_1^2 H^{3/2}$$

消去 D_1

$$P = P_{11} \frac{n_{11}^2}{n^2} H^{5/2}$$

在相似工况下 n_{11} 和 P_{11} 均为常数，因此得出

$$P_1 = P_2 \left(\frac{H_1}{H_2}\right)^{5/2} \left(\frac{n_2}{n_1}\right)^2$$

令 $P_1 = 1\text{hp}$，$H_1 = 1\text{m}$，则 $n_1 = n_s$，去掉注脚 2 后

$$n_s = \frac{n \sqrt{P}}{H^{5/4}} \qquad (4-48)$$

式（4-48）中，n 单位为 r/min；H 单位为 m；P 单位为 kW。从式（4-48）可见，比转速 n_s 是一个与 D_1 无关的综合单位参数，它表示同一系列水轮机在 $H=1\text{m}$，$P=1\text{kW}$ 时的转速。

如果将 $P = 9.81 H Q \eta$，$n = \frac{n_{11} \sqrt{H}}{D_1}$ 和 $Q = Q_{11} D_1^2 \sqrt{H}$ 代入式（4-48），可导出 n_s 的另外两个公式。

$$n_s = 3.13 \frac{n\sqrt{Q\eta}}{H^{3/4}} \tag{4-49}$$

$$n_s = 3.13 n_{11}\sqrt{Q_{11}\eta} \tag{4-50}$$

另外，如果在式（4-48）中 P 的单位定义为马力，对应比转速 n_s（用马力计算）与上述 n_s（用千瓦计算）的换算关系为

$$n_s(\text{用马力计算}) = \frac{n\sqrt{P(hp)}}{H^{5/4}} = \frac{7}{6}\frac{n\sqrt{P(kW)}}{H^{5/4}} = \frac{7}{6}n_s(\text{用千瓦计算}) \tag{4-51}$$

将比转速表达式作适当变换，可写成以下公式

$$n_s = \frac{7}{6}\frac{n\sqrt{9.81HQ\eta}}{H^{5/4}} = \frac{3.65n\sqrt{Q\eta}}{H^{3/4}} \tag{4-52}$$

用单位参数表示为

$$n_s = 3.65 n_{11}\sqrt{Q_{11}\eta} \tag{4-53}$$

从式（4-50）可以看出，水轮机比转速是由两个相似准则数单位转速 n_{11} 和单位流量 Q_{11} 组成的函数。本章第二节已论述，单位转速 n_{11} 是一个定型准则（由单值条件组成），而单位流量 Q_{11} 是一个非定型准则（非单值条件组成），因此其组合数比转速 n_s 就是一个非定型准则。按相似理论的说法，如果水轮机工况相似，那么比转速 n_s 必然相等，反之，比转速 n_s 相等的工作点水轮机工况未必相似。例如，可能在某些水轮机的性能特性曲线的等开度线上（这保证了几何相似）找到两点，这两点的 $n_{11}\sqrt{Q_{11}}$ 即 n_s 值相等，但这两点工况当然不是相似工况。确切地讲，在近代水轮机学科中用单位转速 n_{11} 的概念要比用比转速 n_s 的要清晰些。尽管如此，多年的习惯沿用，目前国内大多仍采用比转速 n_s 作为水轮机系列分类的依据。但由于 n_s 随工况变化而变化，所以通常规定采用设计工况或最优工况下的比转速作为水轮机分类的特征参数。

另一方面，n_s 综合反映了水轮机工作参数 n，H，Q 或 P 之间的关系，也反映了单位参数 n_{11}，P_{11} 或 Q_{11} 之间的关系，因此，n_s 是一个重要的综合参数，它代表同一系列水轮机在相似工况下运行的综合性能。

随着新技术、新工艺、新材料的不断发展和应用，各型水轮机的比转速值也正在不断地提高。出现这种趋势的原因可从以下两方面得以说明：

（1）由式（4-48）可见，当 n，H 一定时，提高 n_s，对于相同尺寸的水轮机，可提高其出力，或者可采用较小尺寸的水轮机发出相同的出力。

（2）当 H，P 一定时，提高 n_s 可增大 n，从而可使发电机外形尺寸减小。同时可使机组零部件的受力减小，即可减小零部件的尺寸。

总之，提高比转速 n_s 对提高机组动能效益及降低机组造价和厂房土建投资都具有重要的意义。

二、比转速与水轮机的关系

1. 比转速与水轮机的能量关系

由式（4-50）：

$$n_s = 3.13 n_{11}\sqrt{Q_{11}\eta}$$

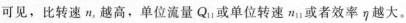

可见，比转速 n_s 越高，单位流量 Q_{11} 或单位转速 n_{11} 或者效率 η 越大。

由公式：
$$P=9.81QH\eta$$

根据上式可知，在水头 H 一定的情况下，转轮直径 D_1 为同一值时，Q_{11} 和 η 愈大，所得出力 P 也愈大。由此可以认为，水轮机比转速 n_s 愈高，水轮机的单机容量 P 就愈大（当水头和直径为常数时）。

水轮机比转速的变化使转轮进、出口速度三角形也发生变化（如图 4-4 所示），主要反映如下两点：

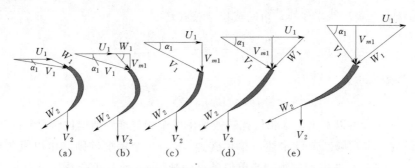

图 4-4　不同比转速转轮进、出口速度三角形比较

（1）随着比转速 n_s 提高，则转轮进口绝对速度 V_1 减小，从而水轮机的反击度 R 加大，这样在转轮转换的水流能量中压能所占的比重增大。

（2）比转速与转轮出口功能的关系。转轮出口流速 V_2 与比转速统计关系如图 4-5 所示。比转速越高，出口动能占水头的比重也越大。例如，当 $H=26\mathrm{m}$，$n_s=500$ 时，则转轮出口动能占水头的百分数为

$$\frac{V_2^2}{2gH}=\frac{9^2}{2\times9.81\times26}=16\%$$

因此，比转速越高的水轮机，有更多的转轮出口水流剩余能量需要依靠尾水管回收。

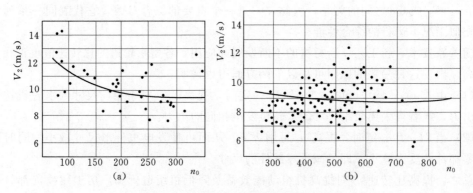

图 4-5　转轮出口流速与比转速关系
（a）混流式；（b）轴流式

综上所述，比转速 n_s 越高，水轮机的能量特性也愈好。反之，比转速愈低，水轮机的能量特性愈差，因此，比转速的下限受能量特性的限制，现代反击型水轮机比转速 n_s 不低于 50。

2. 比转速与水轮机空蚀性能的关系

根据统计资料，取水轮机额定工况的空化系数 σ 和该工况的比转速之间的关系如图 4-6 所示。图中绘出了不同形式的水轮机可能偏差的范围。对于这样额定工况（即满负荷）时空化系数 σ 的平均值可按经验公式绘出

$$\sigma = \frac{(n_s + 30)^{1.8}}{20000} \qquad (4-54)$$

式（4-54）指出，随着比转速增加，空化系数增加。在高水头的电站中，如采用比转速高的水轮机，即使保证了机器的强度条件，还要有较大的淹没深度，这显然增加

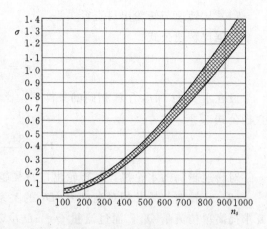

图 4-6 满负荷时空化系数与比转速的关系

了厂房的开挖和土建投资。因此，从材料强度和抗空化性能（影响厂房投资）条件考虑，在一定的水头段只能采用对应合适比转速的水轮机。水轮机比转速的上限受空蚀性能限制，现代反击型水轮机比转速 n_s 最大不超过 1000。

3. 比转速与水轮机几何参数

比转速与水轮机的几何参数，可从水轮机转轮几何形状和使用条件来说明。

一定形状的转轮只能得到一定的比转速，如果要改变比转速必须相应地改变转轮形状。因此，比转速不同的水轮机系列，其几何外形尺寸之间的比例均不同，因而其适用的范围及性能也不用。因此，实践中常用比转速的数值对水轮机进行大致的分类。以下分述随比转速 n_s 变化转轮流道主要几何尺寸变化规律。图 4-7 示出了这些变化关系。

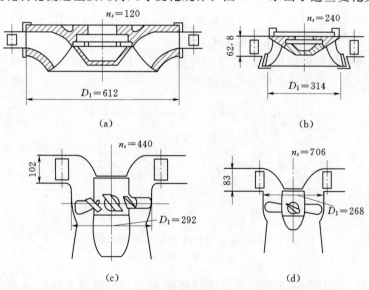

图 4-7 不同比转速的反击式水轮机转轮
(a) 混流式；(b) 混流式；(c) 轴流式；(d) 轴流式

（1）比转速与转轮出口直径关系。

根据比转速公式

$$n_s = \frac{n\sqrt{P}}{H^{5/4}}$$

设在水头 H 和出力 P 相同的条件下，比转速越高，其转速也越高。又根据转轮出口直径公式

$$D_2 = \frac{84.47\phi_2 H_r^{1/2}}{n} \tag{4-55}$$

对转速越高的水轮机，其转轮出口直径越小，因此，水轮机的外廓尺寸可缩小。

（2）比转速与导叶相对高度 b_0/D_1 的关系。由于 $n_s = F(n_{11}, Q_{11})$，比转速越高，则要求提高单位流量 Q_{11}，而过流量 $Q = \pi D_1 b_0 V_m$，为保证在一定出力条件下有足够的过水断面面积，必须提高导叶相对高度 b_0/D_1。近代水轮机的导叶相对高度与比转速的近似关系为

混流式

$$\frac{b_0}{D_1} \approx 0.1 + 0.00065 n_s \tag{4-56}$$

轴流式

$$\frac{b_0}{D_1} \approx 0.44 - 21.47/n_s \tag{4-57}$$

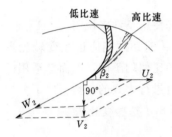

图 4-8 n_s 与 β_{2b} 的关系

（3）比转速与转轮叶片出口安放角 β_{2b} 的关系。根据水流法向出口时的速度三角形（如图 4-8 所示）

$$\tan\beta_2 = V_2/v_2$$

若认为叶片出口安放角 β_{2b} 近似于出口水流角 β_2（相对速度 W_2 与圆周速度 v_2 反方向的夹角），即

$$\beta_{2b} \approx \beta_2$$

一般取 $\tan\beta_2 = 0.26$，相应 $\beta_2 = 15°\sim20°$，而与水轮机的比转速无关。

（4）比转速与转轮进出口直径比 D_1/D_2 的关系。图 4-9 示出了 D_1/D_2 比值相同、轴面速度也相等的高、低比转速轴面流道比较。

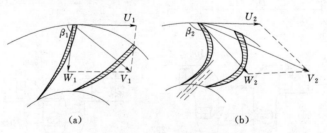

(a) (b)

图 4-9 n_s 与叶片进口角 β_1 的关系
(a) 高比速；(b) 低比速

从图中可见，低比转速水轮机叶片进口角 β_1 远比较高转速水轮机的 β_1 大，但是叶片出口角 β_2 却与 n_s 无关且一般取 $\beta_2 = 15°\sim20°$。为了使叶片流道的几何形状与速度三角形相适应，低比转速水轮机叶片就必须做得很弯曲。这样，由于水流惯性作用会导致水流在

叶片出口处产生局部脱流，从而出口水流的过水断面面积减小，并导致非法向出口。为了改善转轮的水力性能，需适当减小叶片的弯曲，因此，对低比转速转轮的 D_1/D_2 比值略取大一些。

对不同比转速的水轮机，都有某一最优的 D_1/D_2 比值，此时，水轮机的水力性能最好，根据近代国内外的设计与运行经验，其近似关系为

$$\frac{D_1}{D_2}=\frac{1}{0.96+0.00038n_s} \tag{4-58}$$

各种比转速的反击式水轮机轮廓尺寸如表 4-1 所示。

表 4-1　　　　　　　　　　各种比转速水轮机轮廓尺寸比较

机型 尺寸	混流式				轴流式
	低比速	中比速	中、高比速	高比速	
n_s	60～100	100～220	220～350	350～420	350～1000
b_0/D_1	<1/5	1/5～1/4	1/4～1/3.3	≈1/3	1/3～1/2.5
β_1	≥90°	≈90°	<90°	<90°	<90°
D_1/D_2	>1	>1	≈1	<1	<1
β_2	15°～20°				

三、反击式与冲击式水轮机的比转速分析

水轮机的流道几何形状不同，其比转速数值不同。以下分析不同类型水轮机的比转速范围，并据此说明可用比转速对水轮机进行分类。

1. 冲击式水轮机比转速

射流流量为

$$Q=\frac{\pi}{4}d^2V=K_V\frac{\pi}{4}d^2\sqrt{2gH} \tag{4-59}$$

式中　　K_V——速度系数；
　　　　d——射流直径。

所发功率　　　　　　　　　　$N=\frac{rQH\eta}{75}Z_0$

所以

$$N=\frac{1000K_V\pi\sqrt{2g}}{4\times75}\times\eta H^{3/2}d^2Z_0 \tag{4-60}$$

式中　　Z_0——喷嘴数。

转轮的圆周速度

$$u=\frac{\pi Dn}{60}=K_u\sqrt{2gH}$$

式中　　K_u——速度系数。

$$n=\frac{60K_u\sqrt{2gH}}{\pi D} \tag{4-61}$$

将式（4-60）、式（4-61）代入比转速公式得

$$n_s = \frac{60K_u \sqrt{2g}}{\pi} \frac{d}{D} \sqrt{\frac{1000K_V \pi \sqrt{2g}}{4 \times 75} Z_0 \eta} \qquad (4-62)$$

取 $K_u = 0.46$，$K_V = 0.98$，$m = D/d$，得

$$n_s = 262.5 \sqrt{\eta Z_0} \frac{1}{m} \qquad (4-63)$$

取效率 $\eta = 90\%$，得

$$n_s = \frac{240}{m} \sqrt{Z_0} \qquad (4-64)$$

由于最高效率相应最优 m 值为 $10 \sim 14$，因而对单喷嘴冲击式水轮机最大效率比转速 $n_s = 17 \sim 24$。当具有最大喷嘴数 $Z_0 = 6$ 时，最大比转速 $42 \sim 60$。

2. 混流式水轮机的比转速

按照上述方法，水轮机过流量为

$$Q = \pi D b_0 V_m = \pi K_b K_m D^2 \sqrt{2gH} \qquad (4-65)$$
$$K_b = b_0/D$$

式中　K_m——轴面速度系数。

则水轮机功率

$$N = 1000\pi K_b K_m \sqrt{2g} D^2 H^{3/2} \eta / 75 \qquad (4-66)$$

同前，转速

$$n = \frac{60K_u \sqrt{2gH}}{\pi D}$$

把 N、n 代入比转速公式

$$n_s = \frac{60K_u \sqrt{2g}}{\pi} \frac{d}{D} \sqrt{\frac{1000\pi K_b K_m \eta \sqrt{2g}}{75}} = 1153 K_u \sqrt{K_b K_m \eta} \qquad (4-67)$$

对低比转速混流式，$K_u = 0.56$，$K_b = 0.1$，$K_m = 0.2$，$\eta = 0.9$，$n_s = 87$。
对高比转速混流式，$K_u = 0.9$，$K_b = 0.35$，$K_m = 0.4$，$\eta = 0.9$，$n_s = 368$。

3. 转桨式水轮机的比转速

依上类推，水轮机流量为

$$Q = \frac{\pi}{4}(D^2 - d_h^2) V_m = \frac{\pi}{4} K_m (1 - K_h^2) D^2 \sqrt{2gH} \qquad (4-68)$$

式中　$K_h = d_h/D$。

水轮机功率为

$$N = \frac{1000}{4 \times 75} \pi (1 - K_h^2) K_m \eta \sqrt{2g} D^2 H^{3/2} \qquad (4-69)$$

转速为

$$n = \frac{60K_u \sqrt{2gH}}{\pi D}$$

则　　　$$n_s = \frac{60K_u \sqrt{2g}}{\pi} \frac{d}{D} \sqrt{\frac{1000\pi (1-K_h^2) K_m \eta \sqrt{2g}}{300}} \qquad (4-70)$$

取 $$K_h=0.4 \; ; \; n_s=528K_u \sqrt{K_m\eta}$$

对 $K_u=1.7$，$K_m=0.6$，$\eta=0.9$ 的水轮机，

$$n_s=660$$

通过上述三类水轮机的比速范围的分析可见，冲击式、混流式、轴流式水轮机是分属于低、中、高比转速类型，这主要取决于它们的过流部件的几何形状。现代各型水轮机的比转速范围，见表 4-2。

表 4-2　　　　　　　　　　　　转轮型式与比转速关系

水轮机类型	比转速 n_s 范围	水轮机类型	比转速 n_s 范围
混流式	60～350	贯流式	600～1000
轴流式	400～900	水斗式	10～70
斜流式	200～450		

近代在水电工程中不断提高同一类型水轮机的应用水头。或者说，对于已确定的水头，倾向于选用更高比转速的水轮机。例如，在世界范围内从 20 世纪 60～80 年代，混流式水轮机应用比转速提高了 17%，轴流转桨式水轮机提高了 15%，冲击式水轮机提高了 9%，这种倾向的原因是使用高比转速水轮机能带来经济效益。因为从水轮机本身看来，随着比转速的提高，在相同出力与水头条件下，能够缩减水轮机的尺寸，这样，能降低水轮机的成本及节约动力厂房的投资。或者，对既定的水轮机尺寸，在相等水头条件下，提高比转速能够增加水轮机的出力。对于发电机，由于水轮机比转速提高则提高了发电机转速，从而可以用较小的磁极数，也缩小发电机的尺寸，从而导致电机成本的降低。因此无论从动能或经济的观点，提高水轮机的比转速都是有利的。

为了提高水轮机的比速，根据式（4-50），比转速取决于 n_{11}、Q_{11} 及 η。近代水轮机的效率已达到较高的水平，用提高效率的方法提高比速是有限的了。目前提高水轮机比速的重要途径是改善过流部件的水力设计，或者采用新型的水轮机结构，以增大过流能力 Q_{11} 及其提高 n_{11}。

第四节　水轮机效率换算与单位参数修正

在推导水轮机相似公式时，曾假定几何相似的水轮机在相似工况下工作，它们的效率是相等的。实际上这一假设并不完全准确，效率是有一定的偏差的。其主要原因是在实验室进行水轮机模型试验时，模型与原型不可能保持完全的力学相似，雷诺数 Re 并不相等。因此由黏性力引起的水力摩擦相对损失在原模型中就不相等。为了较准确地推算出原型水轮机的效率，应考虑由于水力损失不同而对模型试验所得数据进行修正。

一、最优工况下的效率修正

采用下列假定推导水轮机效率换算公式：

（1）水力损失 ΔH 仅有黏性摩擦损失（此情况比较符合最优工况）。

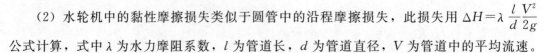

（2）水轮机中的黏性摩擦损失类似于圆管中的沿程摩擦损失，此损失用 $\Delta H = \lambda \dfrac{l}{d} \dfrac{V^2}{2g}$ 公式计算，式中 λ 为水力摩阻系数，l 为管道长，d 为管道直径，V 为管道中的平均流速。

（3）水轮机中的流态处于"水力光滑区"，水头损失系数 λ 仅与雷诺数 Re 有关，而与管壁粗糙度无关，可用公式 $\lambda = 3.164 / \sqrt[4]{Re}$ 求得。但必需指出，当 $Re > 10^5$，用此式会有一定的偏差。

根据上述假设，模型与原型水力损失之比为

$$\frac{\Delta H_M}{\Delta H_T} = \frac{\lambda_M V_M^2}{\lambda_T V_T^2} = \sqrt[4]{\frac{Re_T}{Re_M}} \frac{V_M^2}{V_T^2}$$

由于 $V = K_V \sqrt{2gH}$，可近似地认为 $V \propto \sqrt{H}$，则

$$\Delta H_T = \Delta H_M \sqrt[4]{\frac{Re_M}{Re_T}} \frac{H_T}{H_M}$$

原型水轮机的水力效率可写为

$$\eta_{hT} = 1 - \frac{\Delta H_T}{H_T} = 1 - \frac{\Delta H_M}{H_M} \sqrt[4]{\frac{Re_M}{Re_T}}$$

而 $\dfrac{\Delta H_M}{H_M} = 1 - \eta_{hM}$，于是

$$\eta_{hT} = 1 - (1 - \eta_{hM}) \sqrt[4]{\frac{Re_M}{Re_T}} \qquad (4-71)$$

根据雷诺数表示式 $Re = D_1 \sqrt{2gH} / \nu$，而 $g_N = g_T$，又相同液体在相同温度下流动，$\nu_N = \nu_T$，代入式（4-71）得

$$\eta_{hT} = 1 - (1 - \eta_{hM}) \sqrt[4]{\frac{D_{1M}}{D_{1T}}} \sqrt[8]{\frac{H_{1M}}{H_{1T}}} \qquad (4-72)$$

式（4-66）确定了水力效率随尺寸及水头变化的关系。但在水轮机效率中，还包括容积效率和机械效率。实践证明，对结构相似的水轮机，可以认为容积效率相同。在机械效率中，由于轮盘及风损引起的那部分效率对几何相似水轮机在相似工况下也是相等的。而轴承中的机械摩擦阻力虽不相等，但实测这部分损失所占的比重较小。据此，对式（4-72），有理由用水轮机总效率 η 代替水力效率 η_h，则

$$\eta_T = 1 - (1 - \eta_M) \sqrt[4]{\frac{D_{1M}}{D_{1T}}} \sqrt[8]{\frac{H_{1M}}{H_{1T}}} \qquad (4-73)$$

式（4-73）表明，随着水轮机尺寸增大水轮机的效率也增加，故这类公式亦称为尺寸效应公式。产生尺寸效应的物理实质是：在尺寸增大时，雷诺数亦增大，因而导致黏性摩擦损失减小。

上述效率换算公式有一定的误差。因为水轮机中的水力损失由若干种损失组成，属于黏性摩擦一类的仅是一部分，这部分才需考虑尺寸效应。而有些损失却与水轮机尺寸的大小无关或关系很小。例如，转轮与尾水管中的旋涡损失、尾水管的出口损失等。若把这些损失统归入尺寸效应范围内必然使效率修正值偏高。这种情况对轴流式水轮机尤为突出，因为此类水轮机的主要水力损失是发生在转轮和尾水管内。

对轴流转桨式水轮机的效率研究认为，在最优工况时，仅有 70% 的损失是由水力摩擦引起，其余 30% 是动能损失，它不随尺寸及水头而变化，对这部分不予修正。考虑到由非黏性所引起的损失，效率换算公式推荐为

$$\eta_T = 1 - (1 - \eta_M)\left(1 - \varepsilon + \varepsilon\sqrt[\alpha]{\frac{Re_M}{Re_T}}\right)$$

$$= 1 - (1 - \eta_M)\left(1 - \varepsilon + \varepsilon\sqrt[\alpha]{\frac{D_{1M}}{D_{1T}}\sqrt{\frac{H_M}{H_T}}}\right) \tag{4-74}$$

式中　ε——黏性摩擦损失所占比重；

　　　α——根指数。

此时 ε 取为 0.7，α 则取为 5。则轴流转桨式水轮机的效率修正公式可写为

$$\eta_T = 1 - (1 - \eta_M)\left(0.3 + 0.7\sqrt[5]{\frac{Re_M}{Re_T}}\right) \tag{4-75}$$

据此，在国际电工委员会（IEC）的《水轮机模型试验的验收规程》中对轴流式水轮机效率换算推荐使用下式

轴流式　　　　$$\eta_{T0} = 1 - (1 - \eta_{M0})\left(0.3 + 0.7\sqrt[5]{\frac{D_{1M}}{D_{1T}}\sqrt[10]{\frac{H_M}{H_T}}}\right) \tag{4-76}$$

在较高的水头时，可不考虑水头对效率的影响。故对混流式水轮机，IEC 在上述《规程》中建议用下式进行效率换算

混流式　　　　$$\eta_{T0} = 1 - (1 - \eta_{M0})\sqrt[5]{\frac{D_{1M}}{D_1}} \tag{4-77}$$

求出最优工况的原型、模型效率的差值 $\Delta\eta_0$，$\Delta\eta$ 称为效率修正值，即

$$\Delta\eta_0 = \eta_{T0} - \eta_{M0} \tag{4-78}$$

有的国家采用下式计算

$$\eta_T = 1 - (1 - \eta_M)\frac{1.4 + \dfrac{1}{\sqrt{D_T}}}{1.4 + \dfrac{1}{\sqrt{D_M}}} \tag{4-79}$$

还有其他的一些效率换算公式，在这里未作引证，其基本形式与上述公式类似。目前，在水轮机试验中，主要采用国际电工委员会建议的公式。

关于机械效率，因其在水轮机效率中所占的比重较小，故不作修正。

从效率修正公式可见，在其他条件相同的情况下，尺寸大的水轮机效率一般较高，这也是近代不断提高单机容量的原因之一。

冲击式水轮机随尺寸增加其效率增加不明显。其原因是当其尺寸增加时，其射流所穿越的大气通道亦随之扩展，由于与空气摩擦增加射流表面曲脉动，从而也增加了水力损失。因此，对冲击式水轮机，一般不作效率修正。

二、非最优工况下的效率修正

当水轮机偏离最优工况时，水流的流态比较复杂，涡流损失比摩阻损失大得多，此

时，原、模型水轮机的水力效率之间关系难以确定。目前对于一般工况时效率修正采用简化的方法。简化方法的原则是认为非最优工况的原模型效率差值 $\Delta\eta=(\eta_T-\eta_M)$ 均与最优工况时的 $\Delta\eta_0$ 相同，其计算过程可以是：

（1）按式（4-76）或式（4-77），计算最优工况时原型水轮机的最高效率 η_{T0}。

（2）计算出原模型水轮机最高效率差 $\Delta\eta_0=\eta_{T0}-\eta_{M0}$。

（3）令此差值 $\Delta\eta_0$ 为非最优工况时原模型的效率差值，故原型效率值为 $\eta_T=\eta_M+\Delta\eta_0$。

计算结果表明，当 $\eta<75\%$ 时，则误差较大，但对大中型水轮机，运行在 $\eta<75\%$ 的情况是不多的。

对转桨式水轮机，转轮桨叶转角 φ 不同时相应的最高效率值也不同，故效率修正值应随 φ 角而变，每个 φ 对应一个 $\Delta\eta_\varphi$ 值，原型水轮机效率应采用对应于用 φ 角的效率修正值。

此外，下列公式也可推荐用来计算工况变化时的水轮机效率值：

用于混流式水轮机

$$\eta_T=\eta_M+(1-\eta_{\max M})\left(\frac{Q_M}{Q_{\max M}}\right)\left[1-\left(\frac{D_M}{D_T}\right)^{1/4}\left(\frac{H_M}{H_T}\right)^{1/8}\right] \qquad (4-80)$$

用于轴流定桨式水轮机

$$\eta_T=\eta_M+(1-\eta_{\max M})\left(\frac{Q_M}{Q_{\max M}}\right)^{3/4}\left[1-\left(\frac{D_M}{D_T}\right)^{1/4}\left(\frac{H_M}{H_T}\right)^{1/8}\right] \qquad (4-81)$$

用于轴流转桨式水轮机

$$\eta_T=\eta_M+(1-\eta_{\max M})\left(\frac{Q_M}{Q_{\max M}}\right)^{1/8}\left[1-\left(\frac{D_M}{D_T}\right)^{1/4}\left(\frac{H_M}{H_T}\right)^{1/8}\right] \qquad (4-82)$$

在进行效率修正时，若原、模型的过流部件有不同，还要另外再作效率修正。

三、单位参数的修正

在整理模型试验数据时，一般用式（4-21）、式（4-23）确定单位参数的一次近似值。假定在最优工况时，原型与模型容积效率相等，水力效率是水轮机效率的主要组成部分，因此可以足够精确地用水轮机总效率代替水力效率。由式（4-36）、式（4-37）可得出二次近似式。即

$$\left(\frac{nD_1}{\sqrt{H\eta}}\right)_T=\left(\frac{nD_1}{\sqrt{H\eta}}\right)_M$$

$$\left(\frac{Q}{D_1^2\sqrt{H\eta}}\right)_T=\left(\frac{Q}{D_1^2\sqrt{H\eta}}\right)_M \qquad (4-83)$$

按此二次近似式可求得

$$n_{11T}=n_{11M}\sqrt{\frac{\eta_T}{\eta_M}}$$
$$Q_{11T}=Q_{11M}\sqrt{\frac{\eta_T}{\eta_M}} \qquad (4-84)$$

于是，原型与模型单位转速差为

$$\Delta n_{11} = n_{11T} - n_{11M} = n_{11M}\sqrt{\frac{\eta_T}{\eta_M}} - n_{11M} = n_{11M}\left(\sqrt{\frac{\eta_T}{\eta_M}} - 1\right) \tag{4-85}$$

原型与模型单位流量差为

$$\Delta Q_{11} = Q_{11T} - Q_{11M} = Q_{11M}\sqrt{\frac{\eta_T}{\eta_M}} - Q_{11M} = Q_{11M}\left(\sqrt{\frac{\eta_T}{\eta_M}} - 1\right) \tag{4-86}$$

原型水轮机单位转速与流量分别为

$$n_{11T} = n_{11M} + \Delta n_{11} \tag{4-87}$$

$$Q_{11T} = Q_{11M} + \Delta Q_{11} \tag{4-88}$$

在设计中一般规定，当 $\Delta n_{11} < 3\% n_{11M}$ 时可不作修正，即忽略 Δn_{11}。在使用式（4-85）、式（4-86）时，一般取原型、模型最优工况时的效率值进行计算。

在一般情况下，单位流量修正值 ΔQ_{11} 较小，可不作修正。

【例 4-1】 已知混流式水轮机模型直径 $D_{1M} = 0.46m$，试验水头 $H_M = 4m$，在最高效率时，转速为 $n_M = 282r/min$，流量 $Q_M = 0.38m^3/s$，出力 $N_M = 13.1kW$。若原型水轮机的直径 $D_1 = 2m$，工作水头 $H = 30m$，试求最优工况下原型水轮机的 n，P，Q，η。

解：模型水轮机单位参数为

$$n_{11M} = \frac{n_M D_{1M}}{\sqrt{H_M}} = \frac{282 \times 0.46}{\sqrt{4}} = 64.8r/min$$

$$Q_{11M} = \frac{Q_M}{D_{1M}^2 \sqrt{H_M}} = \frac{0.38}{0.46^2 \sqrt{4}} = 0.9m^3/s$$

模型水轮机的最高效率

$$\eta_{Mmax} = \frac{P_M}{9.81 Q_M H_M} = \frac{13.1}{9.81 Q_M H_M} = \frac{13.1}{9.81 \times 0.38 \times 4} = 0.88$$

则原型水轮机的最高效率

$$\eta_{max} = 1 - (1 - \eta_{Mmax})\sqrt[5]{\frac{D_{1M}}{D_1}} = 1 - (1 - 0.88)\sqrt[5]{\frac{0.46}{2}} = 0.911$$

单位参数修正

$$\Delta n_{11} = n_{11M}\left(\sqrt{\frac{\eta_{max}}{\eta_{Mmax}}} - 1\right) = n_{11M}\left(\sqrt{\frac{0.911}{0.88}} - 1\right) = 0.02 n_{11M} < 3\% n_{11M}$$

Δn_{11} 和 ΔQ_{11} 可不考虑，即

$$n_{11} = n_{11M} = 64.86r/min$$

$$Q_{11} = Q_{11M} = 0.9m^3/s$$

则

$$n = n_{11}\frac{\sqrt{H}}{D_1} = 64.86\frac{\sqrt{30}}{2} = 178r/min$$

$$Q = Q_{11}D_1^2 \sqrt{H} = 0.9 \times 2^2 \sqrt{30} = 19.7m^3/s$$

$$P = 9.81 Q H \eta_{max} = 9.81 \times 19.7 \times 30 \times 0.911 = 5281.7kW$$

【例 4-2】 已知轴流转桨式水轮机模型试验数据：$D_{1M} = 0.46m$，$H = 3.5m$；在最优工况时（轮叶转角 $\phi = 0°$），$\eta_{M0} = 0.89$，当 $\phi = +10°$ 时，最高效率 $(\eta_{M0})_\varphi = 0.872$，相应

于 $(\eta_{110})_M$ 的协联工况的 $\eta_{M\varphi}=0.865$。若同系列原型水轮机的 $D_{1T}=4.5\mathrm{m}$，试求 $H=2.8\mathrm{m}$ 时在同一最优工况和协联工况运行的效率 η_{T0} 和 η_T。

解： 由式（4-70），原型水轮机在最优工况时效率为

$$\eta_{T0}=1-(1-\eta_{M0})\left(0.3+0.7\sqrt[5]{\frac{D_{1M}}{D_{1T}}}\sqrt[10]{\frac{3.5}{28}}\right)=0.927$$

当 $\varphi=+10°$ 原型最高效率为

$$(\eta_{T0})_\varphi=1-\left[1-(\eta_{M0})_\varphi\right]\left(0.3+0.7\sqrt[5]{\frac{D_{1M}}{D_{1T}}}\sqrt[10]{\frac{3.5}{28}}\right)=0.916$$

当 $\varphi=+10°$ 原型与模型最高效率的差值为

$$(\Delta\eta_0)_\varphi=0.916-0.872=0.044$$

$$\eta_T=\eta_{M\varphi}+(\Delta\eta_0)_\varphi=0.865+0.044=0.909$$

第五节　水轮机的模型试验

一、水轮机的模型试验的意义

前面讨论了水轮机相似的条件，从理论上解决了用较小尺寸的模型水轮机，在较低水头下工作去模拟大尺寸和高水头的原型水轮机。按相似理论，模型水轮机的工作完全能反映任何尺寸的原型水轮机。模型水轮机的运转规模比真机运转规模小的多，费用小，试验方便，可以根据需要随意变动工况。能在较短的时间内测出模型水轮机的全面特性。将模型试验所得到的工况参数组成单位转速 n_{11} 和单位流量 Q_{11} 后，并分别以它们作为纵坐标及横坐标，按效率相等工况点连线所得到的曲线图称为综合特性曲线。此综合特性曲线不仅表示了模型水轮机的工作性能，同样地反映了与该模型水轮机几何相似的所有不同尺寸，工作在不同水头下的同类型真实水轮机的工作特性。

水轮机制造厂可从通过模型试验来检验原型水力设计计算的结果，优选出性能良好的水轮机，为制造原型水轮机提供依据，向用户提供水轮机的保证参数。水电设计部门可根据模型试验资料，针对所设计的电厂的原始参数，合理地进行选型设计，并运用相似定律利用模型试验所得出的综合特性曲线，绘出水电站的运转特性曲线。为运行部门提供发电依据。又鉴于原型水轮机的现场试验规模庞大，测量（主要是流量）不易准确，费用颇高而且影响发电生产。故国际电工委员会（IEC）于 1965 年出版了标准文件 193 号《水轮机模型验收试验国际规程》，规定了可以用模型试验对真机进行验收。这种验收方式在其他产业部门还是不多的。水电厂运行部门可根据模型水轮机试验资料，分析水轮机设备的运行特性，合理地拟定水电厂机组的运行方式，提高水电厂运行的经济性和可靠性。当运行中水轮机发生事故时，也可以根据模型的特性分析可能产生事故的原因。

二、水轮机模型试验的分类及主要技术数据

模型试验按其目的可分为能量试验、空化试验、飞速特性试验、导叶水力矩和转轮叶片水力矩特性试验等。在进行这些试验时，有时亦在模型机组上测定各过流部件中的流速

和压力分布，以研究各种工况下流速与压力场的分布规律。

模型试验一般都采用水作为工作介质，但也有专门使用空气作为工作介质的试验装置，称作空能试验站或风洞。空能试验更为迅速而且费用低，但它的局限性大，不能进行空蚀试验。可以用作水轮机能量方案比较或流道内速度、压力场的研究。

模型试验根据要求的精度可分为比较性试验和精确性能鉴定试验。前者试验精度要求低，模型转轮直径较小，进行这类试验的目的一般是对若干个模型设计方案进行初选。精确性能鉴定试验主要用于确定模型的保证性能参数及详细的特性，这种试验往往是订货的业主要求制造厂为确定参数保证值而进行。对试验的结果业主要作验收，因此试验应在精度较高的试验台上进行。各量测仪表都需要就地标定，标定的仪器都需要有计量部门的认可证书。为了能达到与原型的较好水力模拟，模型的尺寸要大一些。

在进行水轮机模型试验时，一般来说，模型尺度越大，则其过流部分的几何形状越能作得精确，试验的数据准确度越高。但随着模型尺度的增加将使模型水轮机过流量出力增加，过大的模型尺度将导致试验设备规模及费用过大，同时使参数精确测量产生一些特殊性问题。因此，模型转轮的比例要进行技术经济比较后合理确定，使之既能保证一定的试验精度，又是在费用上合理，且设备制作可行。根据目前的水平，比较性试验模型转轮直径常采用 $D_1 = 250mm$，精确性能试验 $D_1 = 350mm$、$400mm$、$460mm$。国外曾做过 $D_1 = 1000mm$ 的模型转轮。模型转轮直径朝向标准化有利于国际间的交流与合作。

按照国际标准《水轮机模型验收国际规程》，对于模型水轮机转轮直径和模型试验水头的最小值规定要求如表 4 - 3 所示。

表 4 - 3　水轮机模型试验转轮直径和试验水头最小值

型　式	转桨式、定桨式	混　流　式
Re_{min}	2×10^6	2.5×10^6
D_{min}（m）	0.25	0.25
H_{min}	1.0	2.0

注　表中 D—尾水管进口直径；H—试验水头；ν—水的运动黏性系数；$Re = D_s \dfrac{\sqrt{2gH}}{\nu}$。

实际上水轮机的水流运动也属于水力学范畴，在水力学中，水力相似应遵循相似准则。在实际布置模型试验中，实现雷诺数是很困难的，而弗汝德数一般不作考虑（具体原因在本章第一节已作介绍）。通常水轮机模型试验是不考虑上述弗劳德数的。而试验水头的选择表，直接影响到模型试验的转速，流量和功率。一方面参数选得高一些可以提高测量精度；另一方面也要考虑试验室可能提供的条件。一般模型能量试验水头为 2～7m，模型空化试验水头为 20～60m。

关于模型试验的流量，从测流槽的规模看，一般不大于 2m/s。从提高功率测量精度的观点，模型出力最好在 50kW 以内。模型正常转速一般不超过 1500r/min，主要是考虑过高的转速会引起振动及机械测功器的磨损。

试验台的机组段，应考虑能适于装置各种类型结构的模型，在尺度上留有足够的裕量。在结构上应考虑到模型流道与上、下游孔板的方便连接，调整与方案更换，这样可以扩大试验台的应用范围并缩短试验周期。

三、水轮机模型试验方法

模型能量试验装置主要用于确定水轮机的能量综合性能，即确定各种工况下水轮机的运行效率，除此之外，还可用它进行下列的一些试验：①水轮机某些过流部件（例如导水机构）的水压力和水力矩等力特性试验；②过流部件水流的速度和压力分布试验；③主要过流部件的应力试验；④飞逸特性试验；⑤配以适合的控制操作部件后，用来进行过渡过程中甩负荷参数变化情况及导水叶关闭规律的研究等。

能量试验台分为开敞式试验台和封闭式试验台，封闭式试验台无需设置测流槽，故平面尺寸要比开敞式试验小，而且水头调节更加方便，但封闭式试验台投资较高。

（一）开敞式能量试验装置

1. 开敞式能量试验台

模型能量试验装置一般采用开敞式试验台。所谓开敞式是指其上、下游均有与大气相通的自由表面。水轮机的能量试验台如图 4 - 10 所示，表明了水箱循环系统的总体布置。在该循环系统中，水泵 1 自集水池 14 抽水至压力水箱 2，压力水箱的水流通过模型水轮机 7 至尾水槽 9，经测流槽而流至集水池，稳定后，再由轴流泵抽吸，形成试验过程中往复循环的水流。

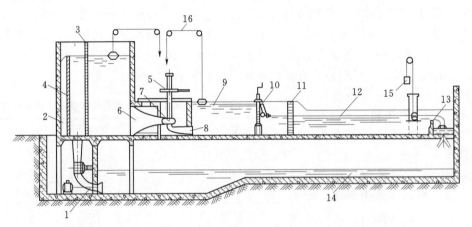

图 4 - 10　反击式水轮机能量试验台

1—水泵；2—压力水箱；3—静水栅；4—溢流板；5—测功装置；6—引水室；7—模型水轮机；
8—尾水管；9—尾水槽；10—调节闸门；11—静水栅；12—测流堰槽；13—堰板；
14—集水池；15—水位测量装置；16—水头测量装置

（1）水泵。水泵 1 可做成叶轮角度用手调节或以直流电机改变转速调节水泵的流量。

（2）压力水箱。压力水箱 2 是一个大容积的蓄水箱，其作用是在试验过程中保持一定的上游水位以形成试验水头。在压力水箱上部侧面装置有溢流堰板和排水隔层。水箱的下部装置旁通阀，利用它们来控制箱内水位恒定于一定的高度。多余的水流经溢流板及旁通阀排至集水池。又为保证进入模型水轮机的水流流速分布均匀与稳定，在箱内出水部分还设置静水栅。

（3）机组段。机组段包括引水室 6，模型水轮机 7，尾水管 8，测功器 5 及水头测量装置 16。

（4）测流堰槽。它的作用是测量模型水轮机的流量，在槽内首端装有静水栅 11，以稳定堰槽内的水流，末端装有堰板 13，用浮筒 15 测定堰上水位。

（5）集水池。水流经测流堰槽 12 流入集水池 14，然后再用水泵 1 抽送至压力水箱 2，形成试验过程中水的循环。

2. 参数测量

模型水轮机效率为

$$\eta_M = \frac{P_M}{9.81 Q_M H_M} \tag{4-89}$$

为了求得水轮机效率，应进行上式中的几项参数的量测，下面分述参数的常用测量方法。

（1）测量水头 H_M。模型试验水头 H_M 是上游压力水箱水位与下游尾水槽水位之差，水轮机的工作水头可表示为

$$H = \left(Z_1 + \frac{P_1}{\gamma} + \frac{\alpha_1 V_1^2}{2g} \right) - \left(Z_2 + \frac{P_2}{\gamma} + \frac{\alpha_2 V_2^2}{2g} \right)$$

式中角标"1"表示压力水箱中的值，"2"表示尾水管出口的值。

$$P_1 = P_2 = P_a（大气压力）$$

同时认为进、出口流速水头很小且认为数值上接近，则

$$\frac{\alpha_1 V_1^2}{2g} = \frac{\alpha_2 V_2^2}{2g}$$

所以

$$H = Z_1 - Z_2（\text{m}）$$

可见模型试验水轮机工作水头等于上游压力水箱与下游尾水箱的水位差。这些水位一般由浮子游标尺或水位测针测量。

如图 4-11 所示是一种可以观测两种试验水头的浮子游标水尺。为了消除水位波动的影响，浮子需置于引出的静水筒内。为保证这种测试系统的精确度，应该校核室温变化对浮子钢丝伸长量的影响，同时注意钢丝传动系统的滚轮的不平衡以及摩擦力所产生的不敏感性。为防止水温变化对浮子体积的影响，采用导热性低的材料作浮子。这种装置测量精度能达到试验水头的 0.01% 以上。

（2）测量流量 Q_M。在能量试验台上，常采用堰板测量流量，对流量较大的试验台常用矩形堰。根据水力学对于无侧向收缩矩形薄壁堰其自由溢流的流量为

$$Q = m_0 b_0 \sqrt{2g} h^{3/2}（\text{m}^3/\text{s}）$$

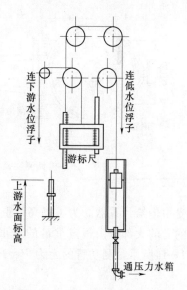

图 4-11 水头测试游标水尺

式中　m_0——流量系数；

　　　b_0——堰宽，m；

　　　h——堰顶水深，m。

计算时堰宽 b 应取若干个水平宽度实测值的平均值。为提高堰顶水深的测量精度，一般将水位引至静水量筒，用水位测针或浮子游标水尺进行测量。这些装置设置的位置及安装工艺对流量测量的精度影响很大。

堰的流量系数 m_0 应采用更高精度的容积法或重量法校正。所谓容积法就是用标准的容器（水槽）量得记录时间内流过测流槽总水量再除以记录时间即为通过测流堰的流量，因此测流堰的流量系数 m_0 为

$$m_0 = \frac{Q}{b\sqrt{2g}h^{3/2}}$$

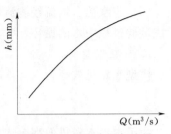

图 4-12　堰顶水深与流量
关系曲线

式中的 Q 为容积法校正的流量，通过率定可绘出 $Q=f(h)$ 的关系曲线（如图 4-12 所示），模拟试验时用这个关系来确定流量。

测流堰上的堰顶水位的波动对流量测定影响较大，因此应采用有效的稳流措施，例如装设孔板，静水栅等稳流结构。较好的堰流测流精度能控制在 $\pm 0.2\%$ 以内。

（3）测量功率 P_M。模型水轮机的输出功率常采用机械测功或电磁测功法。这两种方法的原理相同，只是力矩的传递方式不同。模型水轮机的出力为

$$P = M\overline{\omega} = M\frac{2\pi n}{60}(\text{W})$$

式中　ω、n——模型水轮机的转动角速度和转速；

　　　　M——模型水轮机主轴所产生的力矩，$N \cdot m$。

根据上式如果同时测定出 M 和 n 的值，即可计算出水轮机的功率 P。

机械测功法是将模型水轮机轴的力矩通过摩擦传递到计重仪器。在这过程中水轮机的

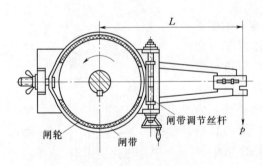

图 4-13　机械测功器

功率消耗于摩擦发热。机械测功器（图 4-13）是利用摩擦传递力矩的装置，实际上它是一个机械制动器。其摩擦圆盘安装于水轮机轴上，圆盘周围包绕摩擦钢带，钢带的松紧度可通过螺杆手轮来调整，以此改变圆盘与钢带之间的摩擦力矩，即增、减模型水轮机的负荷。当水轮机稳定在某一转速下运行，则此时水轮机轴的主动力矩与圆盘钢带之间的摩擦力矩相平衡。

在钢带支架上装置两个动力臂，臂上的受力传给计重器。为了提高计重的精度，一般应使用低量程的电子计重器。这样，测重臂的力的大部分由恒定重量的负重的砝码平衡，其余部分由精密的电子计重器测定。如图 4-14所示，测功臂的力为 $P=P'+P$，则水轮机轴力矩为

$$M = (P'+P)L$$

式中 L 为测功臂的长度，即测功臂上挂荷重钢丝点至水轮机轴中心线之间的水平距离。水轮机的轴功率为

$$P = M\omega = (P'+P)L\frac{2\pi n}{60}$$

或　　　　　　$$P = \frac{2\pi}{60}(P'+P)Ln = 1.027\times10^{-4}(P'+P)Ln$$

电磁测功法是使用测功电机。它是个特别的直流发电机（如图 4-15 所示）。其定子通过滚动轴承装置于支座架上可自由转动，其转子与水轮机轴相连，当其旋转时转子线圈产生感应电流，电磁力矩驱动定子做与转子同方向的转动。在发电机定子外侧装置与机械测功器相似的测功臂及荷重计量器，同样可以求出水轮机的功率。

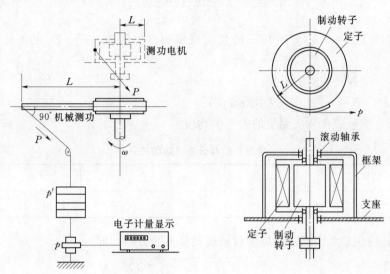

图 4-14 功率测量示意图   图 4-15 电磁测功机

（4）测量转速 n_M。

转速测量的主要目的是：①确定水轮机的试验工况；②测定水轮机的转速特性；③用于功率计算。

转速测量一般不使用机械转速表，因其误差较大，精确的机械转速误差也在 1％～2％范围。因此，模型试验中常采用电磁测速法。

电磁测速分为感应式和光电式。感应式电磁测速是在水轮机轴端装置一个由硅钢片叠成的齿轮回盘，正对于齿盘端装置一电磁传感器，传感器齿端之间调整到 1～2mm 间隙。传感器引出线接电子脉冲计数器。齿盘随主轴转动在传感器感应出脉冲电流推动脉冲计数器。

实测转速为
$$n = \frac{60M}{ZT}$$

式中　T——转速记录时间，s；

　　　M——在 T 时间内的脉冲数；

　　　Z——齿盘的齿数，一般取 60、120 个齿。

光电测速是在水轮机轴上装置一个圆盘，圆盘面同一直径周围上均匀分布开孔，光源从一侧照射，另一侧装设光电管，当圆盘转动时，由于光源的开、闭，在光电管回路产生脉冲电流信号，推动脉冲计数器。

上面介绍了能量试验中 4 个量水头 H_M、流量 Q_M、力矩 M、相转速 n_M 的量测方法。水轮机效率是由这 4 个参数组成的，每个量在量测过程中都有其自己的误差。因此效率也有其测量综合误差。这个误差用其相对极限误差（也称为不确定度）来表示。相对极限误差是由效率测量值的随机误差和系统误差按平方和的根合成而得。

在稳定工况下，重复采集多次读数，按每组读数计算出效率值，然后计算出效率重复值的平均值及标准偏差。效率测量值的随机误差限可用下列公式

$$f_r = \pm \frac{t_{0.95}(N-1)\sqrt{M(\eta_i - \overline{\eta})^2}}{\sqrt{N(N-1)}\overline{\eta}} \times 100\%$$

式中　$t_{0.95}(N-1)$——对应于 0.95 的置信概率和自由度为（$N-1$）的 t 分布系数，其值如表 4-4 所示；

N——测量系数；

η_i——第 i 次效率测量值；

$\overline{\eta}$——N 次测量的效率平均值。

表 4-4　　　　　　　　　　测量系数与分布系数的关系

N	3	5	7	9	30	…
t	4.3	2.8	2.5	2.3	2	1.96

系统误差应包括 4 个被测量的测量精度的平方和方根，即

$$f_s = \sqrt{f_h^2 + f_Q^2 + f_m^2 + f_n^2}$$

式中　f_h——水头测量的相对误差；

f_Q——流量测量的相对误差；

f_m——转矩测量的相对误差；

f_n——转速测量的相对误差。

最后模型能量试验效率综合误差为

$$f_\eta = \sqrt{f_r^2 + f_s^2}$$

《水轮机模型验收试验国际规程》（DL 446—91）中规定水轮机模型试验的综合精度应不大于 0.5%。80 年代末期世界各国一些先进的试验台所能达到的效率综合精度为 0.25%。我国目前已有数座经过国家部级鉴定的水轮机通用模型试验台，已经达到和超过了该一水平。

3. 综合参数计算与试验成果整理

综合参数计算就是对模型水轮机的每一个工况，测出 H_M，Q_M，n_M，P_M 等参数后，计算出模型水轮机的 η_M，n_{11} 和 Q_{11} 值。即

效率　　　　　　　　　　　　　$$\eta_M = \frac{P_M}{9.81 Q_M H_M}$$

单位转速　　　　　　　　　　　$$n_{11} = \frac{n_M D_{1M}}{\sqrt{H_M}}$$

单位流量　　　　　　　　　　　$$Q_{11} = \frac{Q_M}{D_{1M}^2 \sqrt{H_M}}$$

混流式水轮机能量试验一般选用 8~10 个导叶开度，分别在各个开度下进行若个（5~10 个）不同工况点的测试。试验可按如下步骤进行：

（1）调整上、下游水位，得到稳定的模型试验水头。

（2）调整导叶在某一开度 a_0。

（3）用测功器改变转轮的转速，一般速度间隔为 100r/min 做一个试验工况点。

（4）待转速稳定后，记录各参数（a_0，H，Q，n 和 P）于表 4-5 中。

表 4-5　　　　　　　　　　　能量试验数据记录计算表

导叶开度 a_0 (mm)	工况点试验序号	试验水头 H_M (m)	转速 n_M (r/min)	制动力 P (N)	轴功率 P_M (kW)	堰顶水深 h (m)	流量 Q_M (m³/s)	单位流量 Q_{11} (L/s)	单位转速 n_{11} (r/min)	效率 η_M (%)	备注
a_{01}	1 2 3 ⋮										
a_{02}	1 2 3 ⋮										

转桨式水轮机可以选定几个桨叶开度，在各桨叶开度下依混流式水轮机的试验程序进行。

试验数据整理后绘成特性曲线，详细内容见第五章。

（二）封闭式试验台

图 4-16 为我国某著名研究所的高水头水力机械模型试验台，该试验台是一座高参数、高精度的水力机械通用试验装置。试验台可按 IEC193 及 IEC493 等有关规程的规定

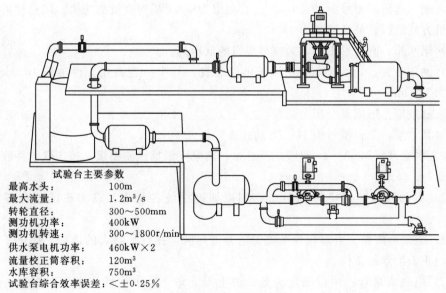

试验台主要参数
最高水头：　　　　　100m
最大流量：　　　　　1.2m³/s
转轮直径：　　　　　300～500mm
测功机功率：　　　　400kW
测功机转速：　　　　300～1800r/min
供水泵电机功率：　　460kW×2
流量校正筒容积：　　120m³
水库容积：　　　　　750m³
试验台综合效率误差：＜±0.25%

图 4-16　高水头水力机械模型试验台示意图

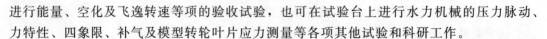

进行能量、空化及飞逸转速等项的验收试验，也可在试验台上进行水力机械的压力脉动、力特性、四象限、补气及模型转轮叶片应力测量等各项其他试验和科研工作。

1. 试验台主要参数

最高水头：100（mH_2O）

最大流量：1.2（m^3/s）

转轮直径：300～500（mm）

测功机功率：400（kW）

测功机转速：900～1800（r/min）

供水泵电机功率：400kW×2

流量校正筒容积：120（m^3）

库容积：750（m^3）

试验台综合效率误差：<±0.25%

2. 试验台系统

试验台是一个封闭式循环系统。整个系统可双向运行。系统中各主要部件的名称、参数及功能如下：

(1) 液流切换器：流量率定时用以切换水流，一个行程的动作时间为0.02s，由压缩空气驱动接力器使其动作。

(2) 压力水罐：直径2m的圆筒形水箱。为模型机组的高压侧。具有偏心法兰，以适应不同模型的安装和调整。

(3) 推力平衡器：由不锈钢制造。试验时可对机组受到的水平推力进行自动平衡，安装时作为活动伸缩节。

(4) 模型装置：试验用的水轮机模型装置。

(5) 测功电机：型号为ZC56/32-4，功率为400kW的直流测功机。试验时可按电机或发电机方式运行。最高转速为1800r/min。

(6) 尾水箱：圆柱形水箱，为模型机组的低压侧。

(7) 油压装置：4台JG80/10静压供油装置，其中一台备用。供油压力25kg/cm^2，供油量为7L/min。

(8) 真空罐：形成真空压力装置。

(9) 真空泵：二台型号为H-70阀式真空泵。

(10) 供水泵：24SA-10双吸式离心泵。两泵可根据试验要求，按串联、并联及单泵的方式运行。

(11) 电动阀门：直径为500mm，用以切换系统各管道，以实现试验台各种运转方式。

(12) 空气溶解箱：溶解箱为系统中压力最高区，并有足够大的体积，提供了系统中游离气泡重新溶解的条件。

(13) 电磁流量计：用以测量流量，由上海光华—爱尔美特公司生产制造，型号为MS900F，其精度为±0.2%，可双向测量，输入量程为0～1m^3/s。

(14) 冷却器：当试验台运转时间过长，水温变化较大时，用以保持水温基本不变。

（15）流量校正筒：直径 4.8m，高 6.75m 圆形钢制水箱，有效容积为 120m³。

3. 试验台电气传动控制系统

在试验台中，电气系统为试验台提供动力，通过调节Ⅰ号水泵电机、Ⅱ号水泵电机、测功机的转速，控制各阀门的开关来达到调节各试验工况的目的。为了减少能耗，保证试验台满足不同形式水力机械的试验要求，并保证系统中水流的稳定性，两台供水泵电机及测功机，均采用无级变速的直流电机。测功电机选择了 ZC56 系列、定子悬浮立式结构，Ⅰ号水泵电机选择了 GZ142 系列产品，Ⅱ号水泵电机选择了 ZJD56 系列产品。测功机、水泵电机的电枢和励磁回路均采用晶闸管变流装置供电。由变流直流传动装置来完成测功电机、水泵电机的转速控制。

调速系统采用智能数字调速系统，智能数字调速系统与其他系统的通信可通过数据总线或分立式的 I/O 通道完成。试验台所选变流调速装置为 ABB 生产的 DCS500 系列产品，它具有高性能的转速和转矩控制功能，能满足快速响应和控制精度的要求，具有电枢电流和磁场电流控制环节的自动调谐功能，具有完善的过流、过压、故障接地等自诊断功能。另外，人机通信方面，该系统有一个七段 LED，驱动状态和故障都以代码数字显示，为了能得到更多的传动状态信息，在调速装置上安装一个多功能控制盘，可以进行故障检测、在线修改程序和设置参数。

操作控制系统由 PLC、IPC、大屏幕显示器等组成。系统在操作上有三种操作方式，它们是手动方式、计算机方式、自动方式。系统运行时，工控机与 PLC 进行实时通信，在工业组态软件支持下，对试验台运行情况进行动态监测，运用图形界面反映各相关数据，使操作者可以选择试验工况，控制阀门的状态组合。在整个操作控制中，PLC 做为整个控制系统的控制核心，它指挥整个系统的运行状态，首先它与 ABB 调速装置连接，负责 ABB 调速装置的输入给定，由 ABB 调速装置通过 I/O 和 A/D 采样控制水泵电机和测功机的各种试验工况的运行，同时，PLC 还将有关数据和诊断信息送给它的上位机 IPC，IPC 又通过组态软件，为用户提供各种可视界面、信息，同时 PLC 不断从控制台采样，以能随时地刷新工作状态。

4. 试验台参数测量设备及校准方法

（1）流量。流量是试验台重要参数之一，并对测量误差有重大影响。它的测量及校准的准确性直接影响试验台的综合精度。高水头试验台采用的电磁流量计型号为 MS900F。其精度为 ±0.2%，可双向测量，输入量程为 $0 \sim 1 \text{m}^3/\text{s}$。

（2）水头。试验台水头的测量采用差压传感器。

型号：3051CD4A22A1A

量程：$0 \sim 2.07 \text{MPa}$

精度：0.075%

（3）力矩。模型力矩测量采用间接测法，即在长度为 $L = 848.25 \text{mm}$ 的支臂上装负荷传感器，由该传感器测量的力乘以力臂得出力矩。其传感器性能如下：

型号：1110 - A0 - 1K

量程：$0 \sim 1000 \text{ N} \cdot \text{m}$

精度：±0.02%

（4）转速。转速用磁感应器测量。其性能如下：

型号：4－0002

量程：0～3000r/min

精度：±1个齿（测速齿数为120个）

（5）尾水压力。尾水压力测量采用传感器其性能如下：

型号：3051TA1A2B21A

量程：0～200kPa

精度：0.075%

（6）温度。温度（水温、气温）采用铂电阻温度传感器。水温测点布置在压力管道，气温测点放在试验层。两种温度都可在控制室读出，从而根据水温修正水的密度。其性能如下：

量程：0～100℃

分辨率：±0.1℃

（7）压力脉动。压力脉动测量采用传感器的性能如下：

牌号：4285A10

精度：±0.5%

（8）大气压力。大气压力测量采用立柱式水银压力计测量，精度为0.1mm。

（9）空化观测。在空化试验中，除了确定空化系数 σ 外，试验台装备有流态观察成像系统，从而可对转轮进出口空化气泡、叶道涡及锥管涡带等进行观察及摄像。

5. 试验台数据采集和处理系统

试验台数据采集系统由两部分组成：数采器、计算机及外设。

（1）数采器。VXI总线系统。它具有数据传输快、可靠性高、功耗低、体积小、易于集成及可随时扩充等一系列优点。VXI采集是VXILINK集成方式。VXILINK包括一个安装在计算机内的ISA卡，插在VXI主机箱0号槽背板上的VXI控制卡及3米长的VXI电缆。VXILINK支持I－SCPI。

（2）计算机及外设。工作站1：VL6－586/200内存器32M、硬盘2.1GB、光驱8×CD，主要用于数据的采集，显示及参数的动态波形跟踪。

工作站2：VL6－586/200内存器32M、硬盘2.1GB、光驱8×CD，主要用于完成数据的处理、屏幕绘图、历史资料的查询，数据重复性检验，屏幕显示当前形成的或是历史数据文件中的数据，打印电量及工程量数据文件中的数据等。

服务器：HP－E40内存64M、硬盘4GB、光驱8XCD，主要用来存储的试验数据，按下工作站1主窗口界面中的"采样工况点"按钮，应用程序向服务器写一次数据。工作站2应用程序从服务器检索试验数据在屏幕及绘图仪上绘图。

打印机：HPE laserjet－4v做为试验数据打印输出。

6. 试验软件

试验软件用于高水头试验台所有试验数据采集和处理。是用 Borland C＋＋5.0 语言编写，运行于WINDOWS95平台，可对所测的转换成电量的物理量进行实时测量和处理。由6个试验软件组成一个试验软件包。本试验软件包功能丰富，使用灵活，窗口显示直观清晰，支持鼠标操作，具有快捷按钮，提供了详细的在线帮助。同时支持网络操作。

7. 水轮机试验时的试验参数定义

（1）水头 H：

$$P_d = (P_1 - P_2) + \rho g (Z_1 - Z_2) + \frac{\rho}{2} Q^2 \left(\frac{1}{A_1^2} - \frac{1}{A_2^2} \right)$$

$$= P_{1-2} + \frac{\rho}{2} Q^2 \left(\frac{1}{A_1^2} - \frac{1}{A_2^2} \right) \tag{4-90}$$

$$H = \frac{P_d}{\rho g} \tag{4-91}$$

式中　P_d——进出口测点的总压力差，Pa；

$\qquad H$——净水头，m；

$\qquad P_{1-2}$——压差传感器承受的压差，Pa；

$\quad A_1$，A_2——模型机组进出口的过流面面积，m^2；

$\qquad \rho$——水的密度，kg/m^3；

$\qquad g$——重力加速度，m/s^2。

（2）输入功率 P_i：

$$P_i = HQ\gamma \tag{4-92}$$

式中　Q——流入蜗壳的流量，m^3/s；

$\qquad \gamma$——水的比重，N/m^3。

（3）输出功率 P_u：

$$P_u = M\omega \tag{4-93}$$

$$M = LK \tag{4-94}$$

$$\omega = \frac{\pi n}{30} \tag{4-95}$$

式中　M——力矩（该力矩包括轴承端面密封摩擦力矩），N·m；

$\qquad L$——测功机力臂长，m；

$\qquad K$——作用于力臂上的力，即压力传感器上承受的力，N；

$\qquad n$——测功电机转速，r/min。

（4）效率 η：

$$\eta = \frac{P_u}{P_i} \tag{4-96}$$

（5）单位流量 Q_{11}：

$$Q_{11} = \frac{Q}{D_1^2 \sqrt{H}} \tag{4-97}$$

式中　D_1——模型转轮名义直径，m。

（6）单位转速 N_{11}：

$$N_{11} = \frac{nD_1}{\sqrt{H}} \tag{4-98}$$

（7）空化系数 σ：

$$\sigma = \frac{P_g + \dfrac{V_2^2}{2g} - a - H_v}{H} \qquad (4-99)$$

式中　P_g——传感器测得的绝对压力，mH_2O；

$\quad\quad V_2$——测点位置断面水的平均流速，m/s；

$\quad\quad H_v$——水的汽化压头，mH_2O；

$\quad\quad a$——传感器中心到转轮中心的距离，转轮中心线下为正值，m。

（8）单位飞逸转速 n_{11P}。当轴力矩为零时，水轮机转速为飞逸转速 n_p：

$$n_{11P} = \frac{n_p D_1}{\sqrt{H}} \qquad (4-100)$$

（9）压力脉动振幅比率 $\overline{A}$：

$$\overline{A} = \frac{\Delta H}{H} \qquad (4-101)$$

式中　ΔH——测得的压力脉动峰—峰值，mH_2O；

$\quad\quad H$——试验水头，mH_2O。

（10）水的密度 ρ：

$$\rho = 999.973 \times (0.999874 + 6.09011 \times 10^{-5} \times T - 7.974 \times 10^{-6} \times T^2 + 4.23144 \times 10^{-8} \times T^3)$$

式中　T——水的温度，℃；

$\quad\quad \rho$——水的密度，g/cm^3。

（11）重力加速度 g（当地）：

$$g = 9.80665$$

式中　g——重力加速度，m/s^2。

（三）反击式水轮机模型空化试验

1. 试验目的

通过模型试验方式获得水轮机的空化性能，即水轮机各工况下的空化系数。

2. 实验原理与试验装置

目前，通常采用能量法进行模型水轮机的空化试验，即利用空化发生时水轮机能量指标（效率、出力等）的降低判断空化的产生，通过空化初生临界状态时的装置空化系数获取水轮机的空化系数。实验装置通常采用封闭式水轮机试验台。

如图 4-17 所示封闭结构装置，直流电动机驱动的循环水泵 1，将水打入空气溶解箱 2。而后水流通过文吐里流量计 3 进入压力水箱 4。流出压力水箱的水流按要求已形成一定水压力，进入模型水轮机 11，排出的水流进入尾水箱 12，而后水流又经管道，流回至水泵进水端，以此形成装置水流的封闭循环。

图 4-17 模型水轮机上装接了直流测功发电机 6，发电机转子与水轮机轴相接，发电机定子上安装测功臂 7，可自由摆动，在电磁力矩作用下定子转动，力矩数值由测功臂长与砝码重计算得到。水轮机组转动速率用脉冲计数器 5 量测。

水泵为装置提供足够的水量和水压，流量和水头可利用阀门或直流电动机的转速调整得以改变。为防止循环水泵的空化，一般将其置于尾水箱以下 10m 左右。

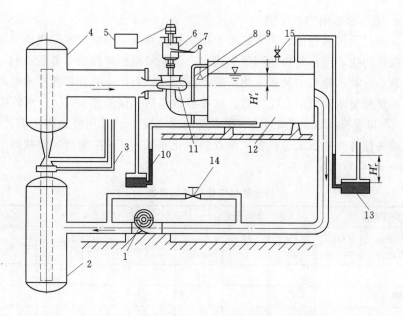

图 4-17　封闭结构的反击式水轮机试验装置

1—循环水泵；2—空气溶解箱；3—文吐里流量计；4—压力水箱；5—脉冲计数器；6—测功发电机；

7—测功臂；8—几何吸出高测量连通管；9—砝码盘；10—压差计；11—模型水轮机；

12—尾水箱；13—真空计；14—旁通阀；15—抽气管阀

　　溶解箱在大体积的箱体内用隔板隔成若干层，其主要作用是使已在低压管段析出部分空气的水流减速，从而重新溶解空气，以保持试验过程中水中空气含量基本不变。这一设计对于水轮机空化试验尤为重要。

　　压力水箱集聚压力水，并消除弯曲管道中的涡流，使水流流速均匀、压力稳定地送入模型水轮机。水箱上部一般充有压缩空气，有利水流平稳。

　　试验过程中保持一定水位的尾水箱，上部与真空泵相连。真空泵用来改变箱内水面压力，根据需要促成压力降低，以制造模型水轮机的空化条件。

　　3. 试验方法参数测量

　　能量法水轮机空化试验，是把某工况下水轮机空化初生时的装置空化系数 σ_P 作为该工况下模型水轮机的空化系数 σ_M。因此，有如下的条件

$$\sigma_M = \sigma_P = \frac{H_a - H_v - H_s}{H} \tag{4-102}$$

式中　σ_M——模型水轮机的空化系数；

　　　　σ_P——水轮机装置空化系数；

　　　　H_a——大气压力（mH_2O）；

　　　　H_v——当地当时的水的汽化压力（mH_2O）；

　　　　H_s——水轮机的吸出高度（mH_2O），包括几何吸出高与物理吸出高。

$$H_s = H_s' + \frac{p_s}{\gamma} \tag{4-103}$$

式中　H_s'——装置的几何吸出高度，尾水箱内水面至压力最低点的距离；

p_s——尾水箱水面的真空值。

试验时，通过给尾水箱抽气的方式增大尾水箱的真空，即增大水轮机的吸出高度，使水轮机达到空化初生，当水轮机达到效率或出力等能量指标降低的临界状态时，测量水轮机的相关参数，计算水轮机的装置空化系数。因此，试验中一方面要测量水轮机的能量参数；另一方面要测量水轮机的空化参数。这些参数包括：试验水头 H_M、水轮机流量 Q_M、水轮机转速 n_M 和水轮机输出功率 P_M、尾水管的真空度 p_s、几何吸出高度 H'_s。

空化试验的任务是测试水轮机各工况点的空化系数 σ，其在能量试验基础上展开，最终整理出表 4-6 样数据记录表。

表 4-6　　　　　　　　　　　　　水轮机空化试验记录表

| 转轮直径 $D_1 =$ _____ mm | | 导叶开度 $a_0 =$ _____ mm | | | 试验水头 $H =$ _____ m | | | | | |

工况序号	n_M (r/min)	Q_M (m^3/s)	P_M (kW)	H'_s (m)	p_s (N/m^2)	n_{11}	Q_{11}	P_{11}	η	σ_P
1										
2										
⋮										

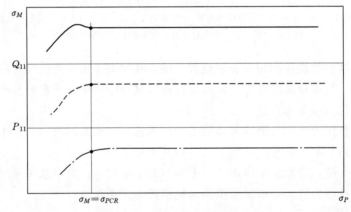

图 4-18　临界空化系数的确定

4. 试验结果整理

按照表 4-6 中的测量数据与计算数据，可以绘出各试验工况点的能量指标与装置空化系数关系曲线，根据这些曲线所显示临界点参数可确定水轮机的空化系数。如图 4-18 所示，临界点可根据 $\eta = f_1(\sigma_P)$、$Q_{11} = f(\sigma_P)$、$P_{11} = f(\sigma_P)$ 曲线综合判断。

第六节　水轮机型谱

水轮机转轮系列型谱是对水轮机转轮型号和其主要参数的一种规定，它列出在一定水头范围内应采用何种型号的转轮和该种转轮具有的主要参数，如导叶相对高度，最优（或设计）单位转速，最大（或设计）单位流量与空蚀系数等。

转轮系列型谱是水轮机设备系列化，通用化和标准化的基础，采用型谱可以显著地减少水轮机品种，有利于通用化和标难化。对设计部门可以有规可循，对使用者在拆修安装时，由于零件的通用化和互换性，将使工作用期大大缩短。因此，水轮机转轮系列型谱是设计水电站时选择水轮机的一个主要依据。

水轮机转轮系列型谱化的工作应该在国家有关部门组织下制定，而且经过一定的时间要进行填补和修订。这一工作也反映了生产的发展和技术的进步。

我国于 1974 年颁发了"反击式水轮机暂行系列型谱"（见附录1），其中包括：①中小型湿流式水轮机模型转轮主要参数表（附表1）；②轴流式水轮机转轮参数表（附表2）；③可供选用的大中型湿流式转轮参数（附表3）。型谱中以转轮直径（混流式 $D_1 = 84cm$，轴流式 $D_1 = 140cm$）为准，划分了大中型及中小型型谱界限。该型谱在行业中贯彻使用十多年来取得了较好的效果。但限于当时的科技水平，有些水头段尚缺转轮，有些入谱转轮的性能欠佳。

1990 年国家有关部门又组织审查通过了新的"中小型轴流式，混流式水轮机转轮系列型谱"。该型谱就不以水轮机的直径为界限、而是适用于单位容量不大于 10MW 的机组。但该容量的低水头机组转轮直径也很大，所以只以容量为界也不尽合理。因此，新老两种型谱也同时在使用，而且新型谱是在老型谱基础上，补入或替换了个别转轮，附表中列举了中小型轴流式、混流式转轮型谱参数范围及入谱转轮主要参数、表中入谱新转轮的型号由两部分组成，即转轮型号（水轮机型式与模型转轮限制工况的比转速代号）和转轮研制

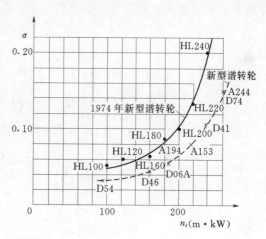

图 4 - 19 $\sigma = f(n_s)$ 曲线

单位的编号，如 HL260/A244。新中小型水轮机的直径系列仍采用老型谱中的规定。新中小型水轮机型谱中混流式转轮性能特别是空化系数 σ 有明显改善，下降了 20%～40%（图 4 - 19）。

下面对转轮型谱中的主要问题分析和说明。

一、转轮标称直径的分档原则

我国规定转轮标称直径 25～1000cm 范围内划分为 33 档，从而成为一个标称直径系列。此系列的公比一般是考虑到两个相邻级直径的水轮机运行在同一出力范围（一般取额定出力的 50%～100%）时，其平均效率的相对下降值 $\Delta\eta/\eta$（$\Delta\eta$ 为两水轮机平均效率之差）不超过 2%。

级数的公比按如下分析计算确定：

设某种型号水轮机两相邻级转轮直径分别为 D_i，D_{i-1}。在满足相同的水头及出力条件下，由于直径不同，两水轮机运行工况点不同，水轮机流量分别为 Q_{ib} 和 $Q_{(i-1)a}$ 且应满足

$$9.81Q_{ib}H\eta_{ib}=9.81Q_{(i-1)a}H\eta_{(i-1)a} \tag{4-104}$$

式中 η_{ib}、$\eta_{(i-1)a}$——直径 D_i、D_{i-1} 两台水轮机的效率；

Q_{ib}、$Q_{(i-1)a}$——直径 D_i、D_{i-1} 两台水轮机运行在工况点 b 和工况点 a 的流量。

如写成各对应工况点的单位流量表达式

$$Q_{ib}=Q_{11b}D_i^2\sqrt{H} \tag{4-105}$$

$$Q_{(i-1)a}=Q_{11a}D_{i-1}^2\sqrt{H} \tag{4-106}$$

式中 Q_{11b}——直径为 D_i 水轮机运行在工况点 b 的单位流量；

Q_{11a}——直径为 D_{i-1} 水轮机运行在工况点 a 的单位流量。

两台水轮机中，由于 $D_i>D_{i-1}$，故在相同水头相同出力条件下，所选择的单位量 $Q_{11b}<Q_{11a}$，即在性能特性曲线上工况点 b 要比工况点 a 偏左而更接近最优效率区。因 b 点效率要高于 a 点效率、即有

$$\eta_{ib}-\eta_{(i-1)a}=\Delta\eta$$

即

$$\eta_{ib}=\eta_{(i-1)a}+\Delta\eta \tag{4-107}$$

将式（4-107）代入式（4-104）中得

$$Q_{(i-1)a}=\left(1+\frac{\Delta\eta}{\eta_{(i-1)a}}\right)Q_{ib}$$

将上式代入式（4-106）并与式（4-105）比较得

$$Q_{11b}D_i^2\sqrt{H}=\frac{Q_{11a}D_{i-1}^2\sqrt{H}}{\left(1+\dfrac{\Delta\eta}{\eta_{(i-1)a}}\right)}$$

$$\frac{D_i}{D_{i-1}}=\sqrt{\frac{Q_{11a}}{Q_{11b}}}\frac{1}{\sqrt{1+\dfrac{\Delta\eta}{\eta_{(i-1)a}}}}=\frac{1}{\sqrt{\dfrac{Q_{11b}}{Q_{11a}}}}\frac{1}{\sqrt{1+\dfrac{\Delta\eta}{\eta_{(i-1)a}}}}$$

得

$$\frac{D_i}{D_{i-1}}=\frac{1}{\sqrt{\lambda_Q}\sqrt{1+\dfrac{\Delta\eta}{\eta_{(i-1)a}}}}=P_D \tag{4-108}$$

式中 λ_Q——流量利用系数，$\lambda_Q=Q_{11b}/Q_{11a}$；

P_D——转轮直径系列的公比。

根据水轮机制造经验，λ_Q 值取 $0.85\sim0.75$，若控制两相邻直径水轮机效率 $\Delta\eta=2\%$，则转轮直径几何级数公比 P_D 为

$$P_D=\left(\frac{D_{\max}}{D_{\min}}\right)^{\frac{1}{n-1}}=\left(\frac{1000}{25}\right)^{\frac{1}{33-1}}=1.122$$

此数据与上述转轮尺寸分档的基本原则一致。

二、水头对比转速的选择与分档

当水头一定时，提高水轮机的比转速意味着缩小整个机组的尺寸，因而带来较大的经济效益。近年来由于水轮机的气蚀性能及强度问题的进一步改善，使按水头选择比速不断提高。我国水轮型谱中推荐的设计比速与设计水头的关系为

轴流式
$$n_s = \frac{2300}{\sqrt{H}}$$

混流式
$$n_s = \frac{2000}{\sqrt{H}} - 20$$

近年来由于对数座大型电站（包括三峡）的水轮机研究中取得了新的进展，国内一些大水机制造厂推荐两个用于混流式水轮机的公式，即

$$n_s = \frac{57000}{H_P + 125}$$

$$n_s = \frac{50000}{H_{max} + 100}$$

式中 H_P——额定水头；

H_{max}——最大水头。

以拉西瓦电站为例：最大水头 220m、额定水头 210m，20 世纪 70 年代 n_s 的选用水平为 138m·kW，按上述 20 世纪 80 年代推荐的公式计算分别为 170.15m·kW 和 152.25m·kW，提高了 13%～20%。这充分说明我国水轮机技术的进步，同时也反应了我国水轮机参数水平也是随着年代的推移，技术的进步，特别是近 20 年有明显的提高，与世界水轮机技术的发展趋势是一致的。

1974 年制定的大中型水轮机型谱中，轴流式水轮机在水头 $H = 3～55m$ 范围内共分为 8 段，相应有 8 种不同比速的转轮。1990 年由国家组织的新的"中小型轴流式、混流式转轮系列型谱"将轴流式最高水头定为 40m。对混流式中大型水轮机在水头 25～450m 范围内共分为 11 段，相应有 11 种不同比速的转轮，而新的中小型水轮机型谱中去掉了 $H < 30m$ 的一档。与此同时在同样 H_{max} 下，相对导叶高 $\overline{b}_0$ 有所提高，原型谱中，高 $\overline{b}_0 \sqrt{H_{max}}$ 的平均值为 2.2。新型谱中 $\overline{b}_0 \sqrt{H_{max}}$ 值为 2.67。

每个转轮的最大应用水头 H_{max} 是受转轮叶片强度和气蚀条件的限制。而最低应用水头 H_{min} 则主要是考虑适当控制水轮机的水头范围。如果 H_{min} 定得太高、有可能使某些水头范围内没有适合的转轮可供选择，反之，若 H_{min} 定得太低就不经济，并且会同相邻低一级水头段发生不合理的产品重叠。

在整个水头范围内，水头分段后所得的系列亦应满足几何级数系列 H_1，H_2，H_3，…，H_n，此系列公比为

$$P_H = \left(\frac{H_{max}}{H_{min}}\right)^{\frac{1}{n-1}}$$

为了控制品种数，应确定公比 P_H 的合理数值。若近似认为水轮机的主要零件中的应力正比于工作水头，得相邻水头档比值为

$$P_H = \frac{H_j}{H_{j-1}} = 常数$$

如按此公式则老型谱中混流式水轮机水头系列公比为

$$P_H = \left(\frac{H_{max}}{H_{min}}\right)^{\frac{1}{n-1}} = \left(\frac{400}{25}\right)^{\frac{1}{n-1}} = 1.32$$

按此公比相应的水头分段应为 25、33、44、58、77、101、134、177、234、309、

400。这一水头系列有三档与现行型谱水头段相差较大。

三、最大水头与转轮叶片数及轮毂比

转轮叶片数 Z_1 与轮毂比 d_n/D_1 是影响轴流式水轮机水力性能的重要参数。转轮叶片数增加，则作用在每一个叶片上的平均单位载荷降低，叶片根部的强度提高，同时叶片正背面的压差值也减小，即叶片背面的真空度减小，降低了空化系数 σ。因此，随着水头的增加，要求转轮叶片数相应增加。但是叶片数增加，水流的排挤系数也增加，对空蚀也是不利的，鉴于三叶片转轮效率较低，而 7、9 两种叶片数的转轮加工困难，故型谱中仅采用 4、5、6、8 等四种叶片数。

轴流式转轮随着其轮毂比的减小，转轮流道的过水断面面积便增加，因此可以提高过流能力，加大比速和改善气蚀性能。但是，轮毂比的减小受强度条件限制，因为叶片根部的面积和轮毂比有关，转轮体的尺寸必须保证在其外表面有足够的面积布置叶片。对于转桨式水轮机，还需保证在转轮体内有足够的空间布置转叶机构。一定的应用水头，要求一定的叶片数和一定大小的转叶机构。所以，当应用水头提高时为了适应强度方面的要求，轮毂比应增大。将轮毂比稍加变换就可以得到另一个水头档的水轮机转轮，例如新型谱中适合于水头 6～15m 的 ZZ560A 就是通过减小 ZZ560 的轮毂比得到的。

对混流式水轮机，叶片数目增加也增强了转轮的强度和刚度，同时对空蚀性能也有所改善。混流式转轮叶片数在 9～21 片范围内选择。

四、最大水头与导叶相对高度

当导叶的相对高度 b_0/D_1 改变时，转轮流道的过水断面也随之产生较显著的改变。因此，导叶的相对高度对转轮的过流能力影响很大。为了得到较大的单位流量，在一定的水头条件下，总希望选择较大的 $b_0/D_1(\bar{b}_0)$。

在选择 b_0/D_1 的值时，主要考虑两个因素：①强度条件。b_0/D_1 在相当大程度上取决于强度要求，导叶在工作时犹如三支点梁，当水头增加时导叶轴颈处的应力增加。如水头增大时仍用较大的 b_0/D_1，应力可能超过允许值，因而 b_0/D_1 值对不同水头段有不同的值；②能量损失因素。高水头水轮机一般流量较小，如采用大的 b_0/D_1 值，则在设计工况时导叶开度就比较小，部分负荷时开度更加减小，这会导致很大的水力损失，降低水轮机的效率。此外，从进行水轮机调节的角度，导叶开口太小在进行出力调节时要求调节机构有很高的灵敏度。

第五章

水轮机特性与特性曲线

第一节　水轮机特性曲线的类型

　　水轮机特性曲线用于表达水轮机在不同的工况下对于水流能量的转换及空化等方面的水力特性，这些特性是水轮机内部流动规律的外在表现，被称为水轮机的外特性。目前的一些理论方法还难以精确地计算出水轮机的各种性能，因此，水轮机的特性常须通过模型试验或现场试验的方法获得，将试验所得到的水轮机性能参数绘制成不同形式的曲线，即水轮机的特性曲线。在水电站设计过程中，选择水轮机、确定其基本参数及合理的运行条件都要用到水轮机的特性曲线。

　　表达水轮机性能的有关参数包括水轮机的一些几何参数与工作参数，表示其几何特性的参数有转轮直径 D_1、导水叶（或喷嘴）的开度 a_0，对于转桨式水轮机还有叶片转角 φ。水轮机的基本工作参数包括水头 H、流量 Q、转速 n 和效率 η、出力 P、吸出高度 H_s 等。水轮机的工作参数也常用单位参数的方式表示，例如，表示水轮机不同运行工况的参数常用单位转速 n_{11}、单位流量 Q_{11}、单位出力 P_{11} 和单位水推力 T_{11} 等。

　　水轮机各种参数之间的相互关系比较复杂，为了明确某些参数之间的关系，有时需要使一些参数固定，而单独考察某两个参数之间的关系，这种表示某两个参数之间关系的特性，可用一条曲线表示，这种曲线称为水轮机的线性特性曲线。有时，人们需要综合考察水轮机各参数之间的相互关系，把表示水轮机各种性能的曲线绘制与同一图上，这种曲线通常以水轮机的工况参数 n_{11}、Q_{11} 或 P、H 为坐标，称为水轮机的综合特性曲线。用 n_{11}、Q_{11} 为纵、横坐标轴的特性曲线成为模型综合特性曲线；用 P、H 为纵、横坐标轴的特性曲线成为运转综合特性曲线。

一、水轮机的线性特性曲线

　　水轮机的线性特性曲线可用工作特性曲线、转速特性曲线及水头特性曲线三种不同形式表达。一般情况，水电站的水轮机通常在固定的转速下运转，水头的变化也较缓慢，但负荷则是经常变化的。为表示水轮机工作在固定的转速和水头下的特性而绘制的曲线即水轮机的工作特性曲线。

　　在表示水轮机工作状态的诸参数中，除了效率之外，以其中任意一个参数为变量，都可以得到一种水轮机的工作特性曲线。

以水轮机出力为参变量时，可以给出水轮机的过流量 Q、效率 η、导水叶开度 a_0 与出力 P 之间的关系曲线，即 Q，η，$a_0 = f(P)$，习惯上称为横轴出力特性曲线，如图 5-1（a）所示。这种工作特性曲线用于考察水轮机发出某出力时的过流量、效率与相应的导水叶开度。

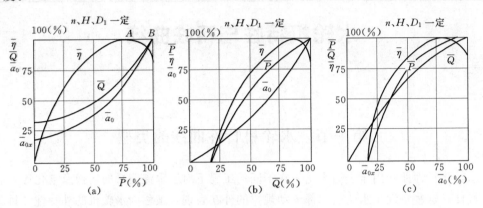

图 5-1　水轮机工作特性曲线

以流量为参数变量时，可以给出水轮机的出力 P、效率 η、导水叶开度 a_0 与流量 Q 之间的曲线，即 P，η，$a_0 = f(Q)$，习惯上称为横轴流量特性曲线，如图 5-1（b）所示。这种工作特性曲线用于考察水轮机在某流量时所对应的水轮机出力、效率与相应的导水叶开度。

以导水叶开度为参变量时，可以给出水轮机出力 P、过流量 Q、效率 η 与开度 a_0 之间的关系曲线，即 P，Q，$\eta = f(a_0)$，习惯上称为横轴开度特性曲线，如图 5-1（c）所示。这种工作特性曲线用于考察水轮机在某导水叶开度时所对应的出力、过流量与效率。

三种工作特性曲线可以相互转换，将一种形式转换为任何其他一种形式。从任何一种工作特性曲线上都可以看出水轮机的空载开度及所对应的流量，也可以看出水轮机的最优工况所对应的导水叶开度、流量与出力。

二、水轮机模型综合特性曲线

在水轮机相似理论中曾指出，同系列水轮机在相似工况下其单位流量 Q_{11} 及单位转速 n_{11} 分别相等，而且一定的 Q_{11}、n_{11} 值就决定了一个相似工况。因此，以 Q_{11}、n_{11} 为参变量可表示出同系列水轮机在不同工况下效率 η、开度 a_0 及空化系数 σ 等的变化情况。在以 n_{11} 为纵坐标、Q_{11} 为横坐标的 $Q_{11}-n_{11}$ 坐标系中同时给出等效率线 $\eta = f_1(Q_{11}, n_{11})$、等开度线 $a_0 = f_2(Q_{11}, n_{11})$ 以及等空化系数线 $\sigma = f_3(Q_{11}, n_{11})$，对于转桨式水轮机还给出等叶片转角线 $\varphi = f_4(Q_{11}, n_{11})$ 等，故称为水轮机的主要综合特性曲线。这种主要综合特性曲线一般由模型试验的方法获得，因此，又称为模型综合特性曲线。目前，世界上各国家对于水轮机模型综合特性曲线的表示方法不尽相同，但上述表示方法采用单位转速和单位流量为参变量，将各水轮机模型综合特性曲线均用统一的尺度绘制。这样，利用模型综合特性曲线就可以方便地进行不同类型、不同比转速、不同参数水轮机性能之间的相互比较。列于我国水轮机型谱中的转轮以及我国新研制的转轮，除少数从国外引进的转轮外，都采用了上述方法绘制模型综合特性曲线。

1. 各类水轮机的模型综合特性曲线及其特点

不同类型的水轮机，其模型综合特性曲线具有不同的特点，掌握它们的特点，对于正确地选择水轮机及分析水轮机的性能都是十分重要的。

（1）混流式水轮机模型综合特性曲线。图 5-2 为某混流式水轮机模型综合特性曲线。它由等效率线、等开度线、等空化系数线与出力限制线所组成。

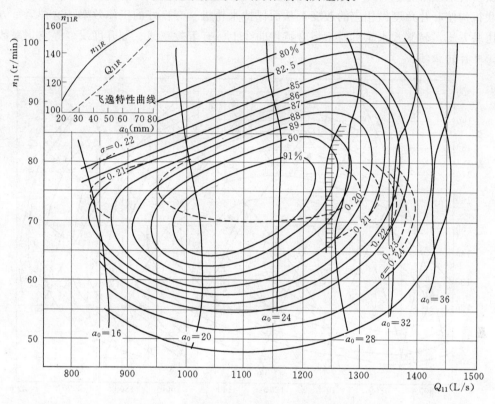

图 5-2　混流式水轮机模型综合特性曲线

同一等效率线（η＝常数）上各点的效率均等于某常数，这说明等效率线的各点尽管工况不同，但水轮机中的诸损失之和相等，因此水轮机具有相等的效率。

等开度线（a_0＝常数）则表示模型水轮机导叶开度 a_{0M} 为某固定值时，水轮机的单位流量随单位转速的改变而发生变化的特性。水轮机的比转速不同时，等开度线的形状亦不同。

等空化系数线（σ＝常数）表示水轮机工作在不同工况下而空化系数 σ 为同一数值。但是，由于模型水轮机的空化系数大多数是通过能量法试验而获得的，因此，尽管等 σ 线上的所有工况点具有相同的空化系数，但其空化发生的状态可能是不相似的。

混流式水轮机模型综合特性曲线上通常标有 5% 出力限制线，它是在某单位转速下水轮机的出力达到最大出力的 95% 时各工况点的连线。绘制出力限制线的目的是考虑到水轮机在最大出力工况下运行时，会使功率的调节变得困难。而且，在超过 95% 最大功率运行时，由于流量的增加较多而出力增加较少或反而造成出力减少，从而使得调速器对水轮机的调节性能较差。为了避免这些情况，并使水轮机具有一定的出力储备，因此将水轮机限制在最大出力的 95％（或 97％）范围内运行。

轴流定桨式水轮机及其他固定叶片式反击式水轮机的模型综合特性曲线与混流式水轮机具有相同的形式。

（2）转桨式水轮机模型综合特性曲线。图 5-3 为某轴流转桨式水轮机模型综合特性曲线。转桨式水轮机叶片可以改变其角度，当水轮机的工作水头或负荷发生变化时，通过协联机构使叶片角度做相应的改变，从而保持水轮机具有良好的工作效率。这种运行方式为协联方式。转桨式水轮机模型综合特性曲线上标有等效率线、等开度线、等空化系数线与等叶片转角线。

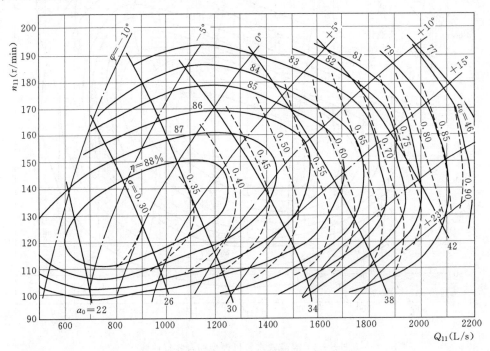

图 5-3　轴流转桨式水轮机模型综合特性曲线

等效率线（η＝常数）为转桨式水轮机在协联方式下工作时的效率等值线，它是水轮机在不同叶片角度下各同类水轮机等效率曲线的包络线。

等开度线（a_0＝常数）则表示在协联方式下导叶开度为常数而叶片角度 φ 不同时水轮机单位流量与单位转速之间的关系，它代表了水轮机在协联方式的过流特性。

等叶片转角线（φ＝常数）则是同一叶片转角时各 n_{11} 下的最高效率点的连线。

由等开度线与等叶片转角线可以查找出导叶开度 a_0 与叶片转角 φ 的最佳协联关系，协联工况点有无数个，但等 φ 线与等 a_0 线的交点即有代表性的协联工况点。

转桨式水轮机的等空化系数线（σ＝常数）与等效率线具有可类比的含义，它是各 φ 角下的等空化系数线与等叶片转角线的一系列交点中 σ 值相等的点的连线。

转桨式水轮机具有宽广的高效率区，在相当大的单位流量下不出现流量增大而出力减小的情况，因此，一般不绘出 5％出力限制线。而水轮机的最大允许出力常受到空化条件的限制。

（3）冲击式水轮机模型综合特性曲线。图 5-4 为冲击式水轮机的一种——水斗式水轮机的模型综合特性曲线。它由等效率线（η＝常数）与等开度线（即喷针行程 s＝常数线，图中为 a_0＝常数线）组成。

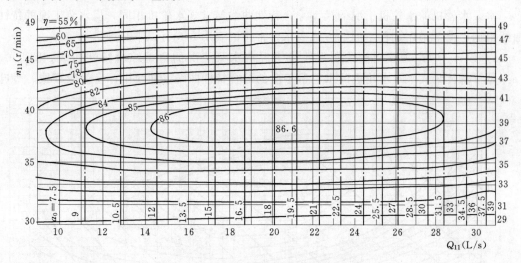

图 5-4　水斗式水轮机模型综合特性曲线

冲击式水轮机的过流量与水轮机的转速无关，仅与喷嘴的开度有关。因此，它的等开度线是与 Q_{11} 坐标轴垂直的直线。

冲击式水轮机可在较广的负荷范围内运行而不会出现喷嘴开度增大而出力减小的情况，因此，一般不标出力限制线。另外，冲击式水轮机的转轮在大气压力下工作，虽然也会发生空蚀破坏现象，但空化发生的机理与反击式水轮机不同，很难用空化系数的形式表达冲击式水轮机的空化性能，因此，冲击式水轮机的模型特性曲线不标注等空化系数线。

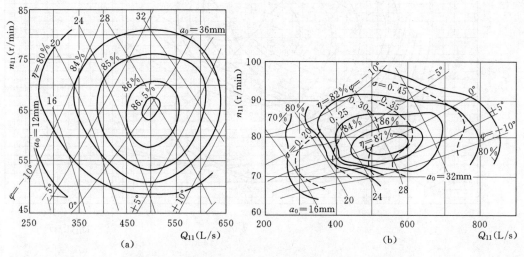

图 5-5　斜流转桨式水泵水轮机模型综合特性曲线

（a）水轮机工况；（b）水泵工况

（4）水泵水轮机模型综合特性曲线。水泵水轮机在发电工况下作为水轮机运行，在抽水工况下作为水泵运行，因此，其特性曲线也由水轮机运行时的特性曲线与水泵运行时的特性曲线两部分所构成，一般情况下，两部分特性曲线分开绘制，有时也把两部分曲线绘于同一图上，分别用实线和虚线表示。

水泵水轮机的水轮机工况的模型综合特性曲线与常规水轮机相同，但水泵工况的特性曲线根据习惯常采用几种不同的方式表示。常用的表示方式有以下几种。

1）以 $n_{11} \sim Q_{11}$ 为参变量绘制水轮机工况与水泵工况的模型综合特性曲线。图 5-5（a）是斜流转桨式水泵水轮机的水轮机工况的综合特性曲线，曲线中标有等效率线、等叶

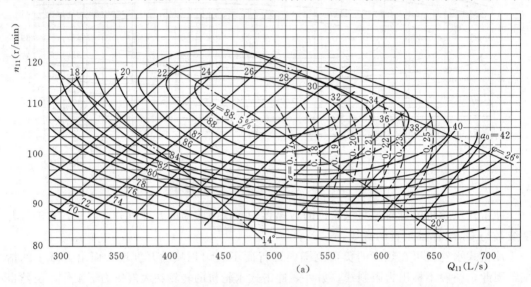

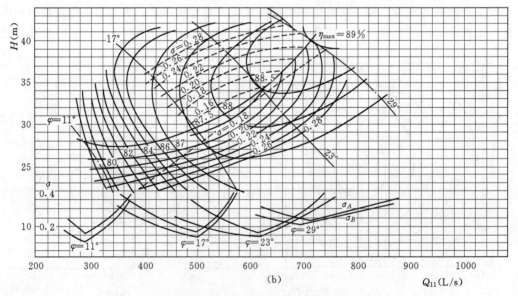

图 5-6 斜流式水泵水轮机模型综合特性曲线

（a）水轮机工况，$D_{1M}=450\text{mm}$；（b）水泵工况，$D_{1M}=450\text{mm}$，$n_M=1200\text{r/min}$

片转角线与协联工况的等开度线。图5-5（b）是水泵工况的模型综合特性曲线，图中标有等效率线、等叶片转角线、等空化系数线与协联工况的等开度线。比较图5-5（a）与图5-5（b）可以看出，同一转轮在水轮机工况运行与在水泵工况运行时，其性能有很大差别，水泵工况的最优单位转速与最优单位流量均比水轮机工况时大一些。

2）以$n_{11}\sim Q_{11}$为参变量绘制水轮机工况模型综合特性曲线，以$Q\sim H$为参变量绘制水泵工况模型综合特性曲线。

图5-6（a）为斜流式水泵水轮机的水轮机工况的模型综合特性曲线，其表示方法同常规水轮机。图5-6（b）为水泵工况的模型综合特性曲线，该曲线图以模型转轮的试验扬程与水泵出水量为纵横坐标，图中标有水泵运行工况的等效率线、等叶片转角线与等空化系数线，图中还标有各叶片转角下的允许空化系数σ_A与临界空化系数σ_B。采用这样的表示方式，可以较方便地把模型水泵的扬程、流量等参数换算为原型水泵的扬程、流量等。

2. 不同型式水轮机特性曲线的比较

（1）不同类型不同n_s水轮机单位参数与等效率线的比较。图5-7中用简化形式绘出了各类型水轮机的等效率线，比较这些等效率线可以看出各类型水轮机适用范围及特点。

水斗式水轮机的等效率线Q_{11}，n_{11}数值很小，等效率线形状扁平。这种曲线特性意味着水轮机对水头变化敏感，而对功率变化迟缓。水轮机适用于高水头（且水头变幅小）、小流量（且负荷变化大）的水电站。

低比转速混流式水轮机等效率线，Q_{11}，n_{11}坐标偏低，形状扁平椭圆。水轮机对水头变化较敏感，对功率变化不敏感，适用于高水头、低流量、水头变化小及负荷变化大的水电站。

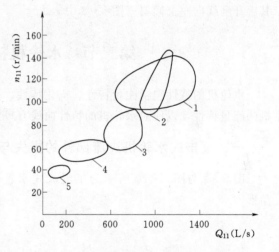

图5-7　各类型水轮机等效率线的比较
1—ZZ；2—ZD；3—HL中高n_s；4—HL低n_s；5—CJ

中高比转速混流式水轮机的等效率线，在$Q_{11}\sim n_{11}$坐标图上位置居中，形状接近椭圆，即水轮机对水头、功率变化程度相差不大。水轮机适用于水头、流量中等范围的开发条件。

轴流式水轮机的等效率线位于$Q_{11}\sim n_{11}$坐标图右上角。定桨式形状呈狭长椭圆，且倾斜明显，这说明水头变化不敏感，而流量变化敏感。它适用低水头、大流量、水头变化大但负荷变化小的水电站；转桨式形状近似于长、短轴接近的椭圆，它适用于低水头、大流量、水头和负荷变化均较大的水电站。

（2）不同比转速水轮机等开度线的比较。水轮机的等开度线反映了水轮机的过流量与水轮机转速之间的关系。

冲击式水轮机等开度线为垂直于Q_{11}坐标轴的直线（图5-8中a线）。开度不变时，

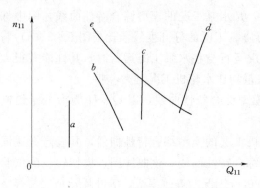

图 5-8　不同比转速水轮机的等开度线

a—CJ；b—HL 低 n_s；c—HL 中高 n_s；d—ZD；e—ZZ

流量与转速变化无关，只取决于喷嘴开度。

低比转速混流式水轮机的转轮，径向流道较长，转速增高时，转轮内水流受的外向离心力也增大，流动受阻，流量减小，等开度线呈左向上倾斜曲线（图 5-8 中 b 线）。

中高比转速混流式水轮机的转轮流道，主要在径向到轴向弯道上，水流离心力和旋转速度对流量影响相当，故转速变化对流量的影响不大，等开度线基本竖直（图 5-8 中 c 线）。

轴流定桨式水轮机的转轮流道位于轴向流道上，水流流量随转速增高而增大，等开度线呈右向倾斜曲线（图 5-8 中 d 线）。

轴流转桨式水轮机的转轮流道与定桨式相同，但同一开度线上，它的水流流量还要受到协联关系决定的叶片转角变化的影响，即导叶开度不变转速增高时，叶片转角变小，故其等开度线向左上倾斜（图 5-8 中 e 线）。

第二节　水轮机特性的理论分析

水轮机的特性包括能量特性、空化特性、振动特性等方面，本节重点分析反击式水轮机的能量特性，以便对水轮机的特性曲线有较深入的理解。

一、反击式水轮机过流部件的损失与能量平衡

图 5-9 与图 5-10 所示为某混流式水轮机转轮的轴面投影图及转轮进出口速度三角形。

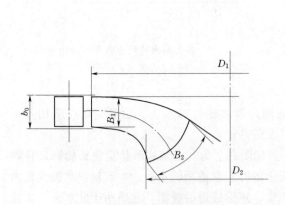

图 5-9　混流式水轮机的流道

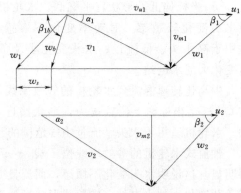

图 5-10　混流式水轮机的进出口速度三角形

以水轮机中值流面的流动代表整个转轮中的流动，中值流线的进口直径定义为 D_1，出口直径定义为 D_2，转轮进口边及出口边的长度分别为 B_1 和 B_2。假定水轮机的工作水头为 H，转速为 n，流量为 Q，可以得出下列关系式：

$$u_1 = \phi_1 \sqrt{2gH} = \frac{\pi D_1 n}{60}$$

$$u_2 = \phi_2 \sqrt{2gH} = \frac{\pi D_2 n}{60} \qquad (5-1)$$

$$\phi_2 = \frac{D_2}{D_1} \phi_1$$

$$v_{m1} = k_{m1} \sqrt{2gH} = \frac{Q}{\pi D_1 B_1}$$

$$v_{m2} = k_{m2} \sqrt{2gH} = \frac{Q}{\pi D_2 B_2} \qquad (5-2)$$

$$k_{m2} = \frac{D_1 B_1}{D_2 B_2} k_{m1}$$

水流通过水轮机时，在蜗壳、导叶、转轮及尾水管中会产生相应的水力损失 h_c、h_g、h_r、h_d，这些损失与转轮有效利用的水头 $\eta_h H$ 形成水轮机的能量平衡，即

$$h_c + h_g + h_r + h_d + \eta_h H = H \qquad (5-3)$$

二、反击式水轮机的出力水头 H_e

若忽略蜗壳、导叶中的损失，仅考虑转轮与尾水管中的水力损失，则有

$$h_r + h_d + H_e = H$$

$$H_e = H - h_r - h_d = H \eta_h，故$$

$$h_r + h_d + \eta_h H = H \qquad (5-4)$$

可见，对于工作水头为 H 的水电站，水轮机有效利用的水头仅 H_e。

根据水轮机转轮进出口速度三角形的关系，考虑
$v_{m1} = k_{m1} \sqrt{2gH}$ 及 $u_1 = \varphi_1 \sqrt{2gH}$，有

$$v_{u1} = v_{m1} \cot\alpha_1 = k_{m1} \sqrt{2gH} \cot\alpha_1$$

$$v_{u2} = u_2 - v_{m2} \cot\beta_2 = \left(\frac{D_2}{D_1}\right) u_1 - \left(\frac{D_1 B_1}{D_2 B_2}\right) v_{m1} \cot\beta_2 = \left(\frac{D_2}{D_1}\right) \phi_1 \sqrt{2gH} - \left(\frac{D_1 B_1}{D_2 B_2}\right) k_{m1} \cot\beta_2 \sqrt{2gH}$$

由水轮机基本方程式可知

$$H_e = H\eta_h = \frac{1}{g}(u_1 v_{u1} - u_2 v_{u2})$$

$$H_e = H\eta_h = \left[-2\left(\frac{D_2}{D_1}\right)^2 \phi_1^2 + 2\phi_1 k_{m1}\left(\cot\alpha_1 + \frac{B_1}{B_2}\cot\beta_2\right)\right] H \qquad (5-5)$$

式（5-5）为反击式水轮机转轮出力水头的表达式。出力水头的大小，与水轮机转轮的进、出口状态有关，$u_1 v_{u1} - u_2 v_{u2}$ 代表了转轮进、出口的能量差，显然，能量差越大水轮机的出力水头越大。而进出口能量差的大小则不仅与水轮机的几何参数 $\left(\frac{D_2}{D_1}\right)$、$\left(\frac{B_1}{B_2}\right)$、$\beta_2$ 有关，还与工况参数及流动参数 α_1、ϕ_1、k_{m1} 有关，因此，不同比转速的水轮机，其几何参数不同，其出力水头的大小可能不同。同一水轮机在各种不同工况下，其出力水头也不同。

三、反击式水轮机的过流特性

模型水轮机综合特性曲线的等开度线表达了单位流量随单位转速变化的特性，由水轮机相似律可知，原型水轮机的等开度线表达了水轮机的过流量随其转速变化的特性。水轮机的 $Q=f(n)$ 特性可以水轮机流体动力学方法进行定量分析。

为了分析问题比较简单，这里只考虑水轮机转轮和尾水管的水力损失。

转轮中的水力损失可分为进口撞击损失 h_w 与摩擦损失 h_f 两部分，若进口撞击速度为 w_s，由如图 5-10 所示的进口速度三角形可知

$$w_s = u_1 - v_{m1}(\cot\alpha_1 + \cot\beta_{1b}) \tag{5-6}$$

撞击损失水头为

$$h_w = \zeta_s \frac{w_s^2}{2g} = \zeta_s H\phi_1^2 - 2\zeta_s(\cot\alpha_1 + \cot\beta_{1b})H\phi_1 k_{m1}$$
$$+ \zeta_s(\cot\alpha_1 + \cot\beta_{1b})^2 Hk_{m1}^2 \tag{5-7}$$

式中　ζ_s——撞击损失系数。

若转轮出口相对流速为 w_2，则 $w_2 = v_{m2} c\sec\beta_2$，转轮内的水力损失为

$$h_f = \zeta_f \frac{w_2^2}{2g} = \zeta_f \left(\frac{D_1 B_1}{D_2 B_2}\right)^2 c\sec^2\beta_2 Hk_{m1}^2 \tag{5-8}$$

$$h_r = h_w + h_f \tag{5-9}$$

由水轮机的出口速度三角形可知

$$v_{u2} = u_2 - v_{m2}\cot\beta_2$$

尾水管的水力损失为

$$h_d = \zeta_u \frac{v_{u2}^2}{2g} + \zeta_m \frac{v_{m2}^2}{2g} = \zeta_u \left(\frac{D_2}{D_1}\right)^2 H\phi_1^2 - 2\zeta_u \frac{B_1}{B_2}\cot\beta_2 H\phi_1 k_{m1}$$
$$+ (\zeta_m + \zeta_s\cot^2\beta_2)^2 \left(\frac{D_1 B_1}{D_2 B_2}\right)^2 Hk_{m1}^2 \tag{5-10}$$

式中　ζ_u——圆周速度分量损失系数；

ζ_m——轴面速度分量损失系数。

将式（5-7）~式（5-10）代入式（5-4）整理后得

$$a\phi_1^2 - 2b\phi_1 k_{m1} + ck_{m1}^2 - 1 = 0 \tag{5-11}$$

式中

$$a = \zeta_s + (\zeta_u - 2)\left(\frac{D_2}{D_1}\right)^2$$

$$b = \zeta_s(\cot\alpha_1 + \cot\beta_{1b}) + (\zeta_u - 1)\frac{B_1}{B_2}\cot\beta_2 - \cot\alpha_1$$

$$c = \zeta_s(\cot\alpha_1 + \cot\beta_{1b})^2 + (\zeta_u\cot^2\beta_2 + \zeta_f c\sec^2\beta_2 + \zeta_m)\left(\frac{D_1 B_1}{D_2 B_2}\right)^2$$

以 k_{m1} 为未知数解二元一次方程（5-11）得

$$k_{m1} = \frac{b\phi_1 \pm \sqrt{(b^2 - ac)\phi_1^2 + c}}{c} \tag{5-12}$$

式 (5-11) 及式 (5-12) 均称为水轮机的特征方程，该方程表达了水轮机的轴面流速系数 k_{m1} 与转轮进口圆周速度系数 ϕ_1 之间的关系。式 (5-12) 中 b^2-ac 成为水轮机特征方程的判别式，判别式的性质决定特征方程所表达的 $k_{m1}=f(\phi_1)$ 的几何形状。判别式的值与水轮机的比转速有关。

若进一步假定，$\zeta_f=0$，$\zeta_m=0$，$\zeta_s=1$，$\zeta_u=1$，即忽略转轮中的摩擦损失，忽略尾水管出口动能损失中的轴向速度分量所形成的损失，认为转轮进口撞击损失系数及尾水管中圆周速度分量的损失系数均为 1，则特征方程中的系数 a、b、c 可以简化为下面的形式。即

$$a=1-\left(\frac{D_2}{D_1}\right)^2$$

$$b=\cot\beta_{1b}$$

$$c=(\cot\alpha_1+\cot\beta_{1b})^2+\cot^2\beta_2\left(\frac{D_1 B_1}{D_2 B_2}\right)^2$$

特征方程的判别式简化为

$$b^2-ac=\cot^2\beta_{1b}-\left[1-\left(\frac{D_2}{D_1}\right)^2\right]\left[(\cot\alpha_1+\cot\beta_{1b})^2+\cot^2\beta_2\left(\frac{D_1 B_1}{D_2 B_2}\right)^2\right] \tag{5-13}$$

根据式 (5-13) 可对判别式作如下分析：

(1) 对应于中低 n_s 水轮机，β_{1b} 较大，$\cot\beta_{1b}$ 较小，D_2/D_1 较小 ($D_2/D_1<1$)，故 $\left(1-\dfrac{D_2}{D_1}\right)^2$ 较大，于是 b^2-ac 较小，一般情况下 $b^2-ac<0$。

(2) 对应于中高 n_s 水轮机，β_{1b} 较小，$\cot\beta_{1b}$ 较大，D_2/D_1 较大 ($D_2/D_1\geqslant1$)，故 $\left(1-\dfrac{D_2}{D_1}\right)^2$ 较小，于是 b^2-ac 较小，一般情况下 $b^2-ac\approx0$。

(3) 对应于高 n_s 水轮机或超高 n_s 水轮机，β_{1b} 较小 ($\beta_{1b}<90°$)，D_2/D_1 较大 ($D_2/D_1\geqslant1$)，于是 b^2-ac 较大，一般情况下 $b^2-ac\geqslant0$。

判别式的值决定了水轮机特征方程的性质，分下面三种情况。

(1) 对于低 n_s 水轮机，$b^2-ac<0$，特征方程所表达的曲线为椭圆，在水轮机工作范围内，当 ϕ_1 增大时 k_{m1} 减小。

(2) 对于中高 n_s 水轮机，$b^2-ac=0$，特征方程所表达的曲线为直线，在水轮机工作范围内，当 ϕ_1 增大时 k_{m1} 增大或基本不变。

(3) 对于超高 n_s 水轮机，$b^2-ac>0$，特征方程所表达的曲线为双曲线，在水轮机工作范围内，当 ϕ_1 增大时 k_{m1} 增加较多。

水轮机特征方程所表达的 $k_{m1}=f(\phi_1)$ 关系，其实质是表示导叶开度一定时，水轮机的过流量与转速的关系 $Q=f(n)$。根据 $u_1=\phi_1\sqrt{2gh}$，$v_{m1}=k_{m1}\sqrt{2gh}=\dfrac{Q}{\pi D_1 B_1}$ 的关系，可把式 (5-12) 改为

$$Q=\frac{Bn\pm\sqrt{(B^2-AC)n^2+CH}}{C} \tag{5-14}$$

式中：$A=\dfrac{a}{2g}\left(\dfrac{\pi D_1}{60}\right)^2$，$B=\dfrac{b}{2g}\left(\dfrac{1}{60 B_1}\right)$，$C=\dfrac{c}{2g}\left(\dfrac{1}{\pi D_1 B_1}\right)^2$。

式（5-14）直接表达了水轮机在工作水头为 H 时过流量与转速之间的关系。其中，B^2-AC 是式（5-14）的判别式，同 b^2-ac 的性质是一样的。

按式（5-12）计算不同比转速混流式水轮机在设计开度下的 $k_{m1}=f(\varphi_1)$ 曲线，代表了水轮机的过流特性，其结果如图 5-11 所示。图 5-11 中，曲线①、②代表低比转速水轮机；③、④代表中比转速水轮机；⑤代表高比转速水轮机。

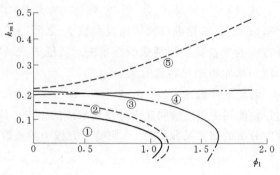

序号	转轮型式	n_s	α	β_{1b}	D_1/D_2
①	混流式	50	7.6°	101.0°	2.15
②	混流式	70	10.2°	90.0°	1.92
③	混流式	160	18.3°	56.5°	1.31
④	混流式	200	21.6°	40.0°	1.03
⑤	轴流式	300	34.8°	26.3°	1.00

图 5-11　不同 n_s 混流式水轮机的 $Q{\sim}n$ 曲线
（转轮出口直径 0.4m，水轮机水头 $H=1$m）

四、反击式水轮机的效率特性

由水轮机出力水头的表达式（5-5）可以得

$$\eta_h=-2\left(\frac{D_2}{D_1}\right)^2\phi_1^2+2\left[\cot\alpha_1+\left(\frac{B_2}{B_1}\right)\left(\frac{D_2}{D_1}\right)^2\cot\beta_2\right]\phi_1 k_{m1} \tag{5-15}$$

此式为反击式水轮机转轮水力效率的表达式，从式中可以看出，当水轮机的几何参数一定时，转轮的水力效率与水轮机的工况有关，其中，ϕ_1 是圆周速度系数，可以代表水轮机的转速或水头的变化（单位转速的变化），而 k_{m1} 是轴面速度系数，与 α_1 一起代表水轮机导叶开度的变化（单位流量的变化）。

用 η_h 对 ϕ_1 求一阶、二阶偏导数得

$$\frac{\partial \eta_h}{\partial \phi_1}=-4\left(\frac{D_2}{D_1}\right)\phi_1+2\left[\cot\alpha_1+\left(\frac{B_2}{B_1}\right)\left(\frac{D_2}{D_1}\right)^2\cot\beta_2\right]k_{m1} \tag{5-16}$$

$$\frac{\partial^2 \eta_h}{\partial \phi^2}=-4\left(\frac{D_2}{D_1}\right)^2<0 \tag{5-17}$$

由此可以看出，在 k_{m1} 为常数时，水轮机转轮水力效率与 ϕ_1 的关系曲线 $\eta_h=f(\phi_1)$ 是一条上凸的抛物线，如图 5-12 所示，在 ϕ_{10} 具有最大值 $\eta_{h\max}$。当水轮机的工况偏离 ϕ_{10} 时，转轮的水力效率下降。

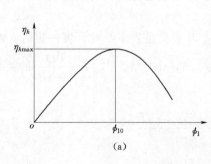
(a)

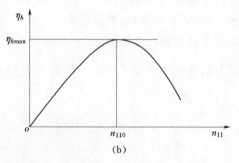
(b)

图 5-12　转轮水力效率曲线

第三节 水轮机模型综合特性曲线绘制

通过水轮机模型试验可以获得水轮机的各种参数，根据试验数据可以绘制出水轮机的模型综合特性曲线。

一、混流式及定桨式水轮机模型综合特性曲线的绘制

1. 等开度线的绘制

水轮机能量试验通常是在固定水头和确定的导叶开度下，通过水轮机转矩的控制去调节水轮机的转速，从而得到同一导叶开度下的一系列工况点的水轮机性能参数。按照各试验工况点的水轮机水头 H、流量 Q 及转速 n，用相似律可求出各工况点的 Q_{11} 和 n_{11}，将各工况点绘制到如图 5-13 所示的 $Q_{11} \sim n_{11}$ 坐标系，用光滑曲线将各点连接，即得到模型水轮机的等开度线。

2. 等效率线的绘制

等效率线是水轮机运行范围内的效率

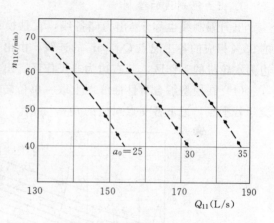

图 5-13 等开度线绘制

等值线，它反映水轮机在同一效率情况下的 Q_{11} 和 n_{11} 之间的关系。绘制的具体步骤是：

（1）根据模型试验所获得的数据，计算各工况点的效率 η 与单位转速 n_{11}，绘出各开度下的 $\eta = f(n_{11})$ 曲线（如图 5-14 所示），各开度有一条曲线。

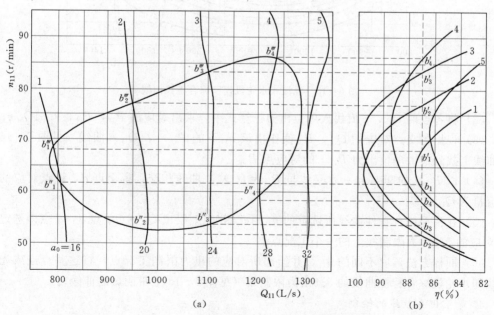

图 5-14 混流式水轮机等效率线绘制

（2）在 $\eta = f(n_{11})$ 曲线图上以 η 为某一常数作一直线与各开度下的 $\eta = f(n_{11})$ 曲线相交，得交点 b_1、b_1'、b_2、b_2'、…，找各交点相应的 a_0 与 n_{11}。

（3）以 Q_{11} 为横坐标、以 n_{11} 为纵坐标绘 $Q_{11} \sim n_{11}$ 坐标图，并在其中绘出各导叶开度的等开度线。将（2）中所得到的各交点按其 a_0，n_{11} 值绘到 $Q_{11} \sim n_{11}$ 坐标图中相应的等开度线上，将各点连成光滑的曲线，即得到相应于所取效率值的一条等效率曲线。

（4）在 $\eta = f(n_{11})$ 曲线图上取不同的效率值（间隔 1% 或 2% 作直线），按照步骤（2）、步骤（3）的方法可以绘出 $Q_{11} \sim n_{11}$ 坐标系中若干条等效率曲线。

3. 出力限制线的绘制

出力限制线也称 5% 出力储备线，它是模型水轮机各单位转速下最大单位出力 $P_{11\max}$ 的 95% 相应的各工况点 Q_{11}，n_{11} 的连线。由出力限制线把综合特性曲线分为两部分，其左边为水轮机的工作区，其右边为非工作区。出力限制线的绘制步骤如下：

（1）在模型综合特性曲线图上取一单位转速 n_{11} 值，过此点作水平线与各等效率线相交于若干点，记下各交点对应的 Q_{11}，η 值。

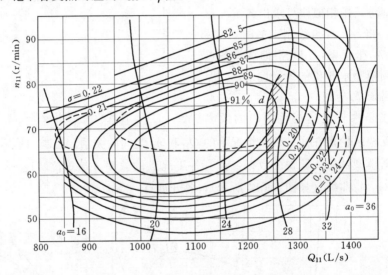

图 5-15 混流式水轮机模型综合特性曲线

（2）将各点的 Q_{11}，η 值代入单位出力计算式中，求出对应的 P_{11}，$P_{11} = 9.81 Q_{11} \eta$。

（3）根据各交点对应的 Q_{11}，P_{11} 值作出该 n_{11} 下的 $P_{11} = f(Q_{11})$ 曲线（见图 5-16），从曲线上找到最大单位出力 $P_{11\max}$ 的对应点 P。

（4）以 $P_{11\max}$ 的 95% 作一水平线与 $P_{11} = f(Q_{11})$ 曲线相交，得交点 d，该点对应的单位流量为 Q_{11d}。

（5）在模型综合特性曲线所选定的 $n_{11} = \text{const}$ 线上绘出 $Q_{11} = Q_{11d}$ 点 d，d 点即选定的 n_{11} 对应的 5% 出力限制线上的一个工况点。

（6）同样方法，取不同的 n_{11}，并给出所对应的出力限制工况点，将这些点连成光滑曲线即水轮机综合特性曲线的 5% 出力限制线（见图 5-15 上带阴影的曲线）。

4. 等空化系数线的绘制

由水轮机模型试验一节中可知，模型水轮机的空化试验是在能量试验的基础上进行

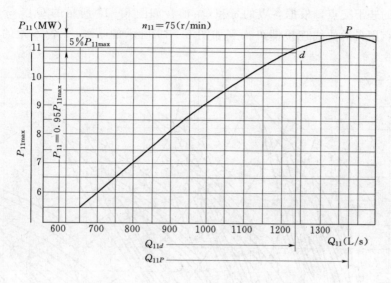

图 5-16 n_{11}=const 时的 $P_{11}=f(Q_{11})$ 曲线

的，试验时，一般按一定间隔选取若干条 n_{11} 为常数的水平线，取各水平线与各等开度线的交点作为空化试验的工况点，通过空化试验获得各工况点的空化系数 σ。将各 n_{11} 下的空化系数线绘成 $\sigma=f(Q_{11})$ 曲线，如图 5-17 所示。

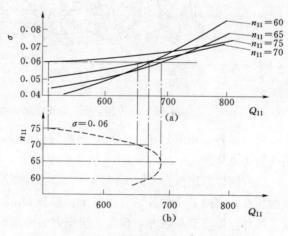

在 $\sigma=f(Q_{11})$ 曲线图上取某空化系数值（例如 $\sigma=0.06$）作 $\sigma=$ 常数水平线，与各 n_{11} 下的 $\sigma=f(Q_{11})$ 线相交于一系列点，记下各点的 n_{11}，Q_{11} 值，并将这些点绘于 $Q_{11}\sim n_{11}$ 坐标图上，将这些点连成光滑曲线即所取的 $\sigma=$ 常

图 5-17 等空化系数线的绘图

数的等空化系数线。按照以上做法可绘出 σ 为不同常数时的等空化系数线。

二、轴流转桨式水轮机模型综合特性曲线绘制

轴流转桨式水轮机模型综合特性曲线代表了水轮机以协联方式工作时的特性。水轮机在协联方式下运行，可以看作是一组同类型水轮机在不同叶片转角下运行时的组合。模型试验中，先进行不同转角下定桨式水轮机的试验，并作出各 φ 角下的综合特性曲线，然后，再以此为基础作出转桨式水轮机的综合特性曲线。不同 φ 角下水轮机的模型综合特性曲线如图 5-18 所示。

1. 等叶片转角线的绘制

（1）在图 5-18 所示的特性曲线上做出不同的 $n_{11}=$ 常数线，该直线与各个 φ 角的等

效率线相交的若干交点，根据各点的 η 和 Q_{11} 值在如图 5 - 18 所示的 $Q_{11} \sim \eta$ 坐标图内描点，并将各点用光滑曲线连接即可得到如图 5 - 19 所示的某 n_{11} 下各 φ 角的 $\eta = f(Q_{11})$ 曲线。

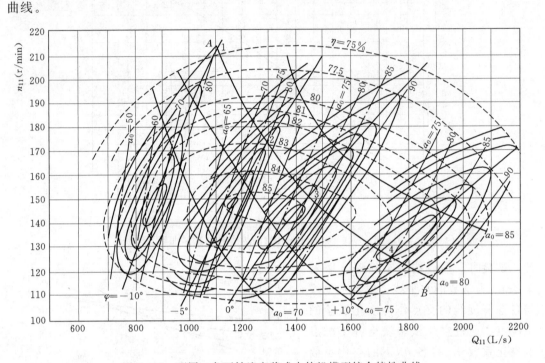

图 5 - 18　不同 φ 角下轴流定桨式水轮机模型综合特性曲线

（2）做各 φ 角下的 $\eta = f(Q_{11})$ 曲线的包络线，并找出该包络线与各 φ 角下 $\eta = f(Q_{11})$ 曲线的切点 g、f、c、d、e。

（3）同样方法作出不同 n_{11} 时 $\eta = f(Q_{11})$ 曲线的包络线并找出包络线与 $\eta = f(Q_{11})$ 曲线的切点，将同 φ 角的各切点按其坐标参数 Q_{11}，n_{11} 描点到 $Q_{11} \sim \eta$ 坐标图上，用光滑曲线连接各点即得到一条等 φ 角线。同样方法可绘出其他叶片转角所对应的等 φ 角线。

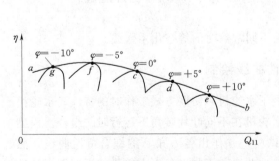

图 5 - 19　$n_{11} =$ 常数的 $\eta = f(Q_{11})$ 曲线

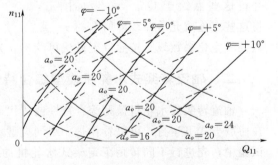

图 5 - 20　协联关系下等开度线的绘制原理

2. 等开度线的绘制

以上绘制的各等 φ 角线与各固定 φ 角下水轮机综合特性曲线的等开度线相交，得到一系列相同开度的交点，将他们连接起来即为转桨式水轮机的等开度线，见图 5 - 20。

3. 等效率线的绘制

转桨式水轮机的等效率线实质上就是各固定 φ 角下同值水轮机等效率线的包络线，因此，在绘出如图 5-18 所示的各 φ 角下的水轮机等效率线之后，可作出同一效率值的各等效率曲线的封闭包络线，此包络线即转桨式水轮机在协联工况下的等效率线。但是按此方法绘出的等效率曲线在某些局部可能产生较大的误差。为了更精确地绘出转桨式水轮机的等效率曲线，常用下面的方法。

（1）以各 φ 角下的定桨式水轮机模型综合特性曲线为基础，对于若干 $n_{11}=$ 常数作出如图 5-19 所示的 $\eta=f(Q_{11})$ 曲线，将这些曲线绘于同一坐标系中。

（2）在各 $n_{11}=$ 常数的 $\eta=f(Q_{11})$ 曲线上，取不同的效率值作水平线，分别与各 $\eta=f(Q_{11})$ 曲线相交于若干点，找出各点对应的 Q_{11} 和 n_{11}，将其转绘到 $Q_{11}\sim n_{11}$ 坐标内，连接各点即得到转桨式水轮机的等效率曲线，其方法同绘制混流式水轮机等效率线。

4. 等空化系数线的绘制

首先按定桨式水轮机等空化系数线的绘制方法绘出各 φ 角下水轮机的等空化系数线，然后将各 φ 角下的等空化系数线与等 φ 线的一系列交点中 σ 值相等的点连成光滑曲线，即得到转桨式水轮机的等空化系数线。

按照上述方法绘制的转桨式水轮机模型综合特性曲线如图 5-21 所示。

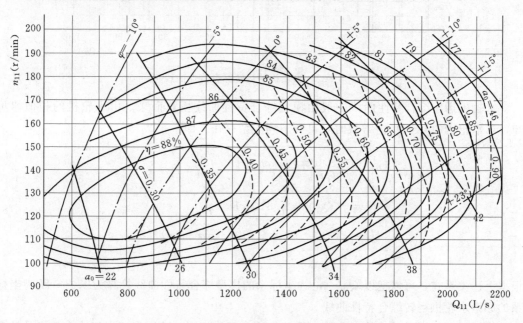

图 5-21 转桨式水轮机模型综合特性曲线

第四节 水轮机运转综合特性曲线及其绘制

一、水轮机运行综合特性曲线

水轮机在水电站中运行时，是在固定的额定转速 n 下工作的。但是，当功率 P 和水

头 H 变化时，流量 Q、效率 η 和空化系数 σ 随着发生变化。在水轮机转速不变的情况下，其各主要工作参数之间的关系，可概括地表达在水轮机的综合运转特性曲线上。

如图 5-22 所示，原型水轮机的运转综合特性曲线是在转轮直径 D_1 和转速 n 为常数时，以水头 H、出力 P 和纵、横坐标作出的 $\eta = f(P，H)$ 等效率线、出力限制线和等吸出高度 $H_s = f(P，H)$ 曲线。

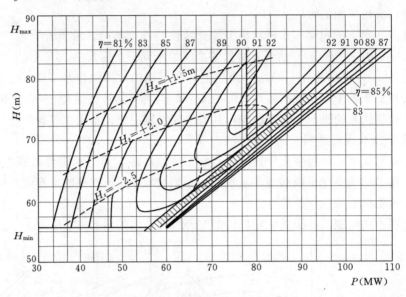

图 5-22　水轮机的运转综合特性曲线

水轮机运转综合特性曲线一般由模型综合特性曲线换算而来。由水轮机的相似律可知，当水轮机的 n、D_1 为常数时，具有下列关系存在。即

$$\left\{ \begin{array}{l} n_{11} = \dfrac{nD_1}{\sqrt{H}}; \quad H = f(n_{11}) = \left(\dfrac{nD_1}{n_{11}} \right)^2 \\[3mm] N = f(Q_{11}) = 9.81 Q_{11} H^{1.5} \eta D_1^2 \\[3mm] H_s = f(\sigma) = 10 - \nabla/900 - (\sigma + \Delta\sigma)H \\[3mm] \eta = \eta_m + \Delta\eta \end{array} \right. \tag{5-18}$$

根据上述关系式，可以把以 $Q_{11} \sim n_{11}$ 为坐标系的模型综合特性曲线换算为以 $P \sim H$ 为坐标系的原型水轮机运转综合特性曲线。

水轮机型式不同时，特性曲线换算的方法也不尽相同，下面介绍混流式水轮机及轴流转桨式水轮机运转综合特性曲线的绘制方法，并介绍 HL310、HL230 等国外引进转轮的相似换算问题。

二、混流式水轮机运转综合特性曲线的绘制

1. 等效率线的绘制

混流式水轮机的效率修正采用等值修正法，即原型水轮机所有工况点的效率换算均采

用同一修正值 $\Delta\eta$。即

$$\Delta\eta = \eta_{max} - \eta_{M0} \qquad\qquad (5-19)$$

$$\eta = \eta_M + \Delta\eta \qquad\qquad (5-20)$$

　　这样，混流式水轮机模型综合特性曲线同一等效率线上的点换算到原型水轮机的运转综合特性曲线上时，仍是同一等效率线上的点。根据此原理，可以把模型等效率曲线直接转换为原型等效率线。当已知水轮机的工作水头范围 H_{min}、H_{max} 时，可在此水头范围之间取若干水头值 H_i，分别计算出各水头对应的单位转速 n_{11i}，在如图 $5-15$ 所示的模型综合特性曲线上以各 n_{11i} 值作水平线与模型的等效率线相交于一系列点，将各点的 η_M 换算为 η_T，同时计算出各点的出力 P，把各点绘到 $P\sim H$ 坐标中并连成光滑曲线即原型水轮机的等效率线（见图 $5-23$）。

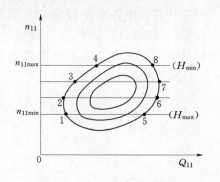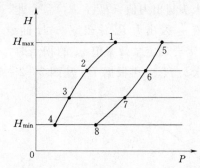

图 $5-23$　混流式水轮机等效率线的直接换算

　　在实际绘制运转综合特性曲线中，为了作图方便，常采用下面的方法。

　　（1）在水轮机工作水头范围（$H_{min}\sim H_{max}$）内取若干个间隔均匀的水头（应包括 H_{min}、H_r、H_{max}、一般取 4～5 个），对每个水头作效率特性曲线 $\eta = f(P)$，如图 $5-24$（a）所示。

　　（2）在曲线 $\eta = f(P)$ 上，以某效率值（例如 $\eta = 91\%$）作水平线与各 $\eta = f(P)$ 曲线相交，找出各交点的 H，P 值。

　　（3）作 $P\sim H$ 坐标，并在其中绘出计算中选取的水头值的水平线，将（2）中所得到的各交点按其 H，P 值点到 $P\sim H$ 坐标中，连接各点即得到某 η 值的等效率线 ［见图 $5-24$（b）］。

　　等效率线换算时，可按表 $5-1$ 的形式计算。

　　为了找到每条等效率曲线的拐点 ［如图 $5-24$（b）中的 A 点］，需要确定拐点

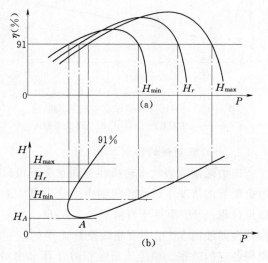

图 $5-24$　等效率线绘制
(a) $\eta\sim P$ 关系曲线；(b) $H\sim P$ 关系曲线

表 5-1   等效率线与出力限制线计算表

H	H_1				H_2				⋯
$n_{11} = nD_1/\sqrt{H}$									
$n_{11M} = n_{11} - \Delta n_{11}$									
	η_M	Q_{11}	η_T	P	η_M	Q_{11}	η_T	P	
工作特性计算									
出力限制线									

所对应的水头与出力值（H_A，P_A）。为此，可根据计算表中各水头 H 所对应的最高效率点的效率值 η_{T0} 及出力 P_0 作出 $\eta_{T0} \sim H$ 曲线 [见图 5-25（a）] 及 $P_0 \sim H$ 曲线 [见图 5-25（b）]。需要确定某效率值 η_A 的拐点时，可以从如图 5-25（a）所示的曲线上查到拐点对应的水头 H_A，再根据 H_A 从图 5-25（b）上查出拐点对应的出力 P_A。

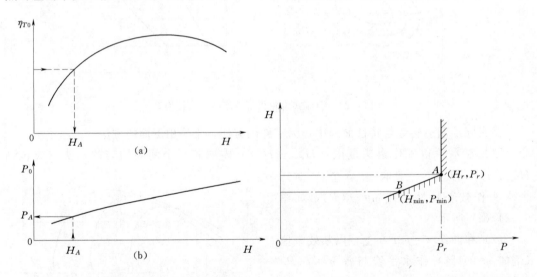

图 5-25   确定等效率线拐点的辅助曲线   图 5-26   水轮机的出力限制线
(a) $\eta_{T0} \sim H$ 关系曲线；(b) $P_0 \sim H$ 关系曲线

2. 出力限制线的绘制

出力限制线表示水轮机在不同水头下可以发出或允许发出的最大出力，在水轮机与发电机配套的情况下，水轮机的出力受发电机的额定容量的限制。因此，实际的出力限制线以设计水头 H_r 为界分为两部分。在 H_{min} 与 H_r 之间，水轮机的出力限制线一般由模型综合特性曲线的 5% 出力限制线换算而得到，通常在模型水轮机的出力限制线上取若干点，根据各点的效率、单位流量经相似计算求出对应的水头 H 与出力 P，将这些点绘到 $P \sim H$ 坐标中并连成光滑曲线即 $H_{min} \sim H_r$ 范围的出力限制线。为了计算简便，有时只选两个水头（例如 H_{min}，H_r），分别计算出其最大允许出力，然后过（H_r，P_r）和（H_{min}，

P_{min}）两点连一直线，以此作为 $H < H_r$ 时的出力限制线。在 $H \geqslant H_r$ 时，水轮机出力由发电机的出力来限制，即 $P = P_r$（见图 5-26）。

3. 等吸出高度线的绘制

等吸出高度线表达水轮机在各运行工况时的最大允许吸出高度 H_s。等 H_s 线是根据模型特性曲线的等 σ 线换算而得来的，计算与绘制等 H_s 线的步骤如下：

（1）计算各水头相应的单位转速 n_{11M}，在模型综合特性曲线上过 n_{11M} 作水平线与各等 σ 线相交，记下各点的 σ、Q_{11} 及 η_M 值。

（2）根据吸出高度计算公式 $H_s = 10 - \nabla/900 - (\sigma + \Delta\sigma)H$ 计算出各点的 H_s，并计算出各点的出力 P。

（3）根据各工况点的（H_s，P）值绘制

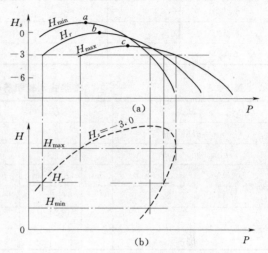

图 5-27　等吸出高度线的绘制

出各水头下的 $H_s = f(P)$ 曲线 [见图 5-27(a)]。

（4）在 $H_s = f(P)$ 曲线图上取某 H_s 值（例 $H_s = -3.0\text{m}$）作水平线与各 $H_s = f(P)$ 曲线相交，记下各交点的（H，P）值，并点绘到 $P \sim H$ 坐标内，把各点连成光滑曲线即为某 H_s 值的等吸出高度线。

三、转桨式水轮机运转综合特性曲线的绘制

转桨式水轮机运转综合特性曲线的绘制原理与混流式水轮机基本相同，但由于转桨式水轮机具有双重调节机构，一般在协联方式下运行，水轮机效率的修正采用非等值修正法，因此，运转综合特性曲线绘制的某些方面与混流式水轮机有所差别。转桨式水轮机运转综合特性曲线的绘制方法如下。

1. 等效率线的绘制

（1）对转轮叶片的每一个安放角 φ 求出一个效率修正值 $\Delta\eta(\varphi)$。若各 φ 角下模型水轮机的最高效率为 $\eta_{M0}(\varphi)$，原型水轮机的各 φ 角下的最高效率值为 $\eta_{T0}(\varphi)$，见表 5-2，则有

$$\eta_{T0}(\varphi) = 1 - [1 - \eta_{M0}(\varphi)]\left(0.3 + 0.7 \sqrt[5]{\frac{D_{1M}}{D_{1T}}} \sqrt[10]{\frac{H_M}{H_T}}\right)$$

$$\Delta\eta(\varphi) = \eta_{T0}(\varphi) - \eta_{M0}(\varphi) \tag{5-21}$$

（2）在 $H_{min} \sim H_{max}$ 间取若干水头，计算各水头对应的 n_{11M}，过各 n_{11M} 作水平线与转桨式水轮机模型综合特性曲线的各等 φ 线相交，找出各交点的 Q_{11}，η_M 值，η_M 由内插确定。把 η_M 修正为 η_T，$\eta_T(\varphi) = \eta_M + \Delta\eta(\varphi)$，并计算出各点出力 P，绘制出各水头下的 $\eta_T = f(P)$ 曲线。计算时可采用表 5-3 的形式。

表 5－2　　　　　　　　　　　　转桨式水轮机效率修正值计算表

φ	$-10°$	$-5°$	$0°$	$5°$	$10°$	···
$\eta_{M0}(\varphi)$						
$\eta_{T0}(\varphi)$						
$\Delta\eta(\varphi)$						

表 5－3　　　　　　　　　　　　转桨式水轮机等效率线计算表

H			H_{min}			H_r			H_{max}		
$n_{11}=nD_1/\sqrt{H}$											
$n_{11M}=n_{11}-\Delta n_{11}$											
φ (°)	$\Delta\eta$ (%)	η_M	Q_{11}	η_T	P	···			···		

2. 出力限制线的绘制

转桨式水轮机模型综合特性曲线上不标 5% 出力限制线，但其最大出力受空化的限制。在确定了水轮机的额定工况之后，通常把通过额定工况点的等开度线作为水轮机的出力限制线。在确定为出力限制线的等开度线上取一系列工况点，查找出各点 η_M，Q_{11}，n_{11}，由相似计算公式求出各工况点对应的水头 H 及出力 P，将这点绘在 $P\sim H$ 坐标系内，连接各点即得到原型水轮机的出力限制线。

转桨式的出力限制线也可以采用简化绘制方法。如图 5－28 所示。

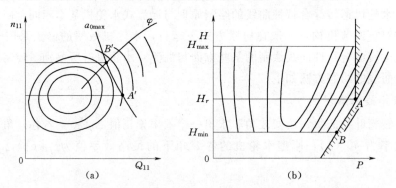

图 5－28　轴流转桨式水轮机出力限制线的绘制

由水轮机的最小水头 H_{min} 与额定水头 H_r 分别计算出对应的模型水轮机的单位转速 n_{11A}，n_{11B}，在模型综合特性曲线上以 n_{11A}，n_{11B} 分别作水平线，与确定为出力限制线的等开度线分别相交与 A 点与 B 点，查出 A 点的 η_{MA}，Q_{11A}、B 点的 η_{MB}，Q_{11B}，根据这些参数计算出 A 点的出力 P_A 与 B 点的出力 P_B，由（H_{min}，P_A）可确定运转综合特性曲线上的 A 点，由（H_{min}，P_B）可确定运转综合特性曲线上的 B 点，用直线连接 A 点与 B 点，该直线即 $H<H_r$ 时原型水轮机的出力限制线。

当 $H > H_r$ 时，水轮机的出力由发电机的额定容量确定。

3. 等吸出高度线的绘制

绘制转桨式水轮机等 H_s 线的原理与混流式水轮机相同。按各水头所对应的 n_{11M} 值作水平线，与模型综合特性曲线的等 σ 线相交，查处各交点的 Q_{11}，σ 值。由各交点的 σ 值计算出原型水轮机的 H_s，由交点的 Q_{11} 值利用 $P = f(Q_{11})$ 辅助曲线确定对应的出力 P，然后可作出各水头下的 $H_s = f(P)$ 曲线，在此基础上可作出等 H_s 线，其方法与混流式水轮机相同。

四、HL310、HL230、HL110 等水轮机运转特性曲线的绘制

HL310、HL230、HL110 等转轮系我国从国外引进的转轮，这些水轮机模型特性曲线的表示方法与我国习惯的表示方法不同，因此，运转特性曲线的换算与绘制方法也不同。

1. 水轮机模型特性曲线的表示方法

如图 5-29 所示，HL230 等水轮机的模型特性曲线采用线性特性曲线的表达方式，模型水轮机的效率、出力等均以单位转速 n_1 为参变量进行试验参数的整理。n_1 的定义与通常使用的单位转速 n_{11} 不同，若已知模型水轮机的试验水头为 H_M，转速为 n_M，转轮直径为 D_{1M}，则 n_1 定义为

$$n_1 = \frac{n_M}{\sqrt{H_M}} \qquad (5-22)$$

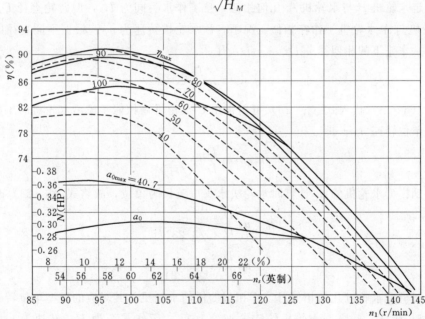

图 5-29　HL230 水轮机模型特性曲线

试验水头 H_M 通常以英尺为单位，故 n_1 为给定直径 D_{1M} 的转轮在 1 英尺（0.305m）水头下的水轮机转速。

HL230 等水轮机的模型特性曲线以 n_1 为横坐标，在曲线图上标有下列曲线与参数。

（1）各导叶开度 a_0（%）下的效率与单位转速关系曲线 $\eta = f(n_1)$，其中包括最大开度

100％和最优开度相对应的 $\eta = f(n_1)$ 曲线。

（2）最大开度 a_{0max} 下的功率（马力 HP）与转速关系曲线 $P_{max}(\text{HP}) = f(n_1)$，有的还标有最优效率对应的开度 a_0 下的功率转速曲线 $P_0(\text{HP}) = f(n_1)$。

（3）比转速 n_s（英制）$= f(n_1)$ 曲线，有的标有与 n_1 坐标所对应的比转速 n_s（英制）坐标。其与公制比转速的换算关系为 $n_s(\text{m} \cdot \text{kW}) = \dfrac{6}{7} n_s(\text{m} \cdot \text{HP})$。

（4）在 HL230 水轮机模型特性曲线上还标有与 n_1 坐标相对应的空载开度（最大开度的百分数）10％、12％、14％…。

2．运转综合特性曲线的绘制方法

（1）原型水轮机的转速 n 换算为模型水轮机的单位转速 n_1 的方法。当已知原型水轮机的转轮直径 D_{1T}、工作水头 H_T、转速 n_T 时，可根据这些参数用相似换算求原型水轮机在某工况下所对应的模型单位转速 n_1，其换算的原理如下。

首先假定某水轮机 A 与试验用的模型水轮机完全相同，即 $D_{1A} = D_{1M}$，且几何相似。水轮机 A 工作在水头 H_r 下，其转速为 n_A。根据同一水轮机在不同水头下的相似律，水轮机 A 的单位转速为

$$n_{1A} = \frac{n_A}{\sqrt{H_r}} \tag{5-23}$$

再假定水轮机 B 与水轮机 A 几何相似，且工作水头同为 H_r，但转轮直径 $D_{1B} \neq D_{1A}$。若 B 水轮机与 A 水轮机工作在相似工况下，B 水轮机转速为 n_B，根据不同直径的同系列转轮在同一水头下的相似律 $n_A D_{1A} = n_B D_{1B}$ 有

$$n_A = n_B \frac{D_{1B}}{D_{1A}} \tag{5-24}$$

将式（5-24）代入式（5-23）可以得出 B 水轮机在相似于模型水轮机的工况下所对应的模型单位转速 n_{1B}，即

$$n_{1B} = n_B \frac{D_{1B}}{D_{1A}} \frac{1}{\sqrt{H_r}} \tag{5-25}$$

考虑到模型水轮机的 n_1 计算时水轮机水头以英尺为单位，故将式（5-25）改写为

$$n_{1B} = n_B \frac{D_{1B}}{D_{1A}} \frac{1}{\sqrt{3.281 H_r}}$$

$$= n_B \frac{D_{1B}}{D_{1M}} \frac{1}{\sqrt{3.281 H_r}} \tag{5-26}$$

对于与模型水轮机几何相似且工作相似的任何水轮机，其对应的模型单位转速均可用式（5-26）计算。若原型水轮机的转轮直径为 D_1、工作水头为 H、转速为 n，式（5-26）可以写为

$$n_1 = n \frac{D_1}{D_{1M}} \frac{1}{\sqrt{3.281 H}} \tag{5-27}$$

令 $b = D_1/D_{1M}$，则

$$n_1 = \frac{nb}{\sqrt{3.281 H}} \tag{5-28}$$

（2）原型水轮机功率的计算。原型水轮机的功率可由模型出力换算出，根据水轮机的相似律，原型水轮机的功率 P 为

$$P = P_M \left(\frac{D_1}{D_{1M}}\right)^2 \left(\frac{H}{H_M}\right)^{1.5} \frac{\eta}{\eta_M} \qquad (5-29)$$

$$\eta = \eta_M + \Delta\eta,\ \Delta\eta = \eta_{max} - \eta_{M0} \qquad (5-30)$$

考虑到 P_M 是以马力为单位的，当 P 以千瓦为单位时

$$P = 0.7435 P_M \left(\frac{D_1}{D_{1M}}\right)^2 \left(\frac{H}{H_M}\right)^{1.5} \frac{\eta}{\eta_M} \qquad (5-31)$$

水轮机的限制出力为最大出力的 93%。

根据上述换算关系，原型水轮机的运转特性曲线可按如下步骤计算与绘制。

（1）在最大水头 H_{max} 与最小水头 H_{min} 之间选取 3～5 个水头，计算每个水头下的 n_1，n_1 按式（5-28）计算。

（2）按各水头下的 n_1 在模型特性曲线上作垂直线，与各导叶开度（%）下的 $\eta_M = f(n_1)$ 曲线相交，查出各交点的 η_M 值，并换算为原型水轮机的效率 η。

（3）各 n_1 = 常数线与最大开度 a_{0max} 下的功率线相交，查出各交点的模型最大功率 P_M（HP），按式（5-31）计算原型水轮机的最大功率 P_{max}（kW）。

（4）各水头下的限制出力为各水头下最大功率 P_{max} 的 93%。

各导叶开度下的保证功率按各水头下的最大功率乘以开度百分比予以保证。运转特性曲线数据计算可采用表 5-4。

表 5-4　　　　　　　　　　HL230 类水轮机运转特性曲线计算表

H	$H_1 =$	(m)			$H_2 =$	(m)			$H_3 =$	(m)			$H_4 =$	(m)		
n_1																
a_0 (%)	η_M (%)	η_T (%)	P_M	P_T	η_M (%)	η_T (%)	P_M	P_T	η_M (%)	η_T (%)	P_M	P_T	η_M (%)	η_T (%)	P_M	P_T
100																
90																
⋮																
40																
93%出力限制线上																
93																

绘制水轮机运转特性曲线可以采用下面两种形式。

（1）以水头 H 为横坐标，以 η，P 为纵坐标，绘出各开度下的 $\eta = f(H)$ 曲线与 $P_{max} = f(H)$ 曲线、$P_0 = f(H)$ 曲线、$P_{max} 93\% = f(H)$ 曲线。

（2）根据表 5-4 中的参数线绘制出各水头下的 $\eta = f(P)$ 曲线，然后再以 P 为横坐标以 H 为纵坐标的坐标系内绘出等效率曲线与出力限制线，其方法与本节中绘制一般以通用形式表示的运转综合特性曲线的方法相同。

HL310、HL230、HL110 水轮机的模型特性曲线上未标出等空化系数线，因此无法计算原型水轮机的等吸出高度线。这些水轮机一般只给出推荐使用工况下的装置空化系数

σ_y，因此，只能计算出使用工况的允许吸出高度值。

第五节　水轮机飞逸特性与飞逸特性曲线

一、水轮机的飞逸

水电站中工作的水轮机在正常运转时是维持一额定转速的。如果水轮机突然丢弃全部负荷，发电机输出功率为零，且此时恰逢调速机构失灵或某种原因导水机构不能关闭时，则水轮机转速将迅速升高。当水轮机转轮所产生的功率与转速升高相应的机械损失功率相平衡时，转速达到某一稳定最大值。此时的转速即为飞逸转速，用 n_R 表示。

水轮机发生飞逸过程中水轮机仍保持能量平衡的准则，一方面由于转速的升高使水轮机的正常工况条件失离，转轮中的流动严重偏离无撞击进口与法向出口的条件，产生较大的进口撞击损失和出口动能损失，能量转换的效率降低，转轮实际产生的功率迅速变小；另一方面，由于转速的升高使水轮机的轴承摩擦、风损、水中圆盘损失迅速变大，最终达到平衡状态，水轮机转速不再升高。

二、水轮机的飞逸特性与飞逸特性曲线

水轮机的飞逸特性常用飞逸系数 K_R 表示，飞逸系数是水轮机的飞逸转速与额定转速之比，即

$$K_R = \frac{n_R}{n} \tag{5-32}$$

水轮机飞逸特性也可用单位飞逸转速 n_{11R} 表示，它是单位转速的特定值，故水轮机飞逸转速计算式可写为

$$n_{11R} = \frac{n_R D_1}{\sqrt{H}} \tag{5-33}$$

水轮机的飞逸特性与水轮机的类型、比转速及运行工况有关。切击式水轮机或低比转速混流式水轮机的飞逸系数较小，轴流定桨式水轮机或高比转速混流式水轮机的飞逸系数较高。轴流转桨式水轮机在保持协联关系时，其飞逸系数小于轴流定桨式水轮机。

水轮机飞逸系数大致范围如下：

混流或水斗式水轮机　　　　　$K_R = 1.7 \sim 2.0$

轴流转桨式水轮机　　　　　　$K_R = 2.0 \sim 2.2$（协联保持）

　　　　　　　　　　　　　　$K_R = 2.4 \sim 2.6$（协联破坏）

将某些转轮的 $n_{11R\max}$ 列于表 5-5。其中双值者指转桨式水轮机协联破坏和协联保持两种情况。

表 5-5　　　　　　　　　　　　部 分 转 轮 的 $n_{11R\max}$

转轮型号	HL310-1	HL310-2	HL240	HL230	HL220	HL200	HL110	ZZ660	ZZ460
$n_{11R\max}$	163	174	155	128	133	131	93	352/280	324/240

水轮机的飞逸特性也常用飞逸特性曲线的形式表达。一般通过模型试验获得水轮机的飞逸特性。

混流式及其他定桨式水轮机的飞逸转速仅与水轮机导叶的开度有关。在模型能量特性试验时，使各导叶开度 a_0 下的测功机荷重 W 为零，待水轮机达到稳定的转速后，测定其飞逸转速数值，而后按式（5-60）计算出单位飞逸转速 n_{11R}，并绘制出水轮机的飞逸特性曲线，如图 5-30 或图 5-31 所示。图 5-30 只表示了单位飞逸转速与导叶开度的关系，而图 5-29 则同时表达了单位飞逸转速 n_{11R} 及单位流量 Q_{11}（飞逸工况）与导叶开度的关系。

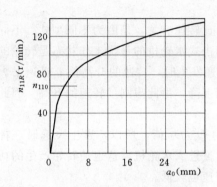
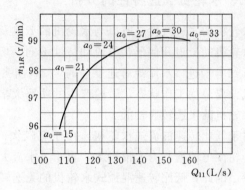

图 5-30 混流式水轮机飞逸特性曲线 a 图 5-31 混流式水轮机飞逸特性曲线 b

转桨式水轮机的飞逸除导叶开度因素外，还与转轮桨叶的转角 φ 有关。因此，转桨式水轮机的飞逸特性存在两种情况：

（1）协联关系破坏。当导水机构、转轮叶片操作机构同时失灵，且两者的协联机构也遭破坏的情况。由于导叶开度 a_0（不能关闭）与叶片转角 φ 可能发生任意组合，此时的飞逸特性曲线相当于不同 φ 角的定桨水轮机飞逸特性曲线，见图 5-32。从中看出：某一导叶开度 a_0 范围内，φ 角越小，n_{11R} 越大。

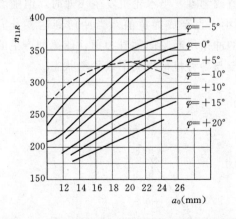
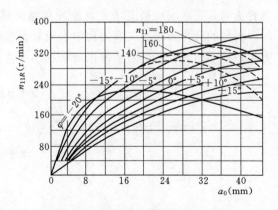

图 5-32 不同 φ 角的定桨水轮机飞逸特性曲线   图 5-33 转桨式水轮机飞逸特性曲线

（2）协联关系保持。当导水结构、转轮叶片操作机构同时失灵，都不能动时，两者之间的原协联关系仍然保持。由于运行工况的不同，飞逸可能发生在不同的协联工况点上。

为了描述的方便，一般可在等单位转速 n_{11} 线上找出若干个协联工况点按定桨式水轮机进行飞逸特性试验，把同一单位转速下的试验点连成光滑曲线，即代表该单位转速下的飞逸特性曲线。选定若干个单位转速 n_{11} 值进行同样的试验，即获得不同单位转速下的一组飞逸特性曲线，见图 5-33 中的 n_{11} 等于不同常数时的曲线，这组曲线即所谓的协联关系飞逸特性曲线，由图可见，在较大导叶开度范围，单位飞逸转速随导叶开度的增大呈减小趋势。而且，某一水头（相应 n_{11}）下的最大 n_{11R} 一般发生在某一较小的开度（约为最大开度的 70% 左右）和较小的 φ 角下。

三、水轮机飞逸特性的分析

水轮机的飞逸特性之所以与水轮机的型式及比转速有关，是因为不同型式、不同比转速的水轮机的流道几何形状与流动特性不同。切击式水轮机的最优工作状态是转轮的圆周速度 u 约等于进口水流绝对速度 v 的 $1/2$，当飞逸发生时，转速的升高使 u 迅速增大，使水轮机偏离最优工作状态，转轮产生的功率大幅下降，由此限制了转速的升高。因此，切击式水轮机的飞逸转速较低。

对于低比转速混流式水轮机，由于有较大的 D_1/D_2 值，所以，发生飞逸时，转速升高使转轮流道的离心力大幅增大，阻止了水流大量进入水轮机，这也使转轮产生的功率大幅减少。因此，低比转速混流式水轮机的飞逸转速也较低。

对于轴流式或高比转速混流式水轮机，转轮区的流动基本是轴向的，转速升高所造成的离心力增加不能阻止水流大量进入水轮机，甚至会引起过流量的增大，这会使转轮产生的功率较大。因此，轴流式或高比转速混流式水轮机的飞逸转速较高。

水轮机的飞逸特性可以用流体动力学的基本原理进行分析。从水轮机流体动力学的观点来看，水流通过反击式水轮机流道时，水轮机叶片的翼型通过绕流产生升力，推动转轮旋转。如图 5-34 所示，水流对于翼型有一个冲角 α，根据翼型的空气动力性能，在一定范围内，冲角 α 比较大时翼型的升力较大，但 α 为某一负值时，翼型的升力为零，称为零升力角。水轮机正常运行时，冲角 α 一般为正值或为零。当水轮机发生飞逸时，但随着飞逸转速的升高，圆周速度增大，使冲角越来越小，直至成为负值。当冲角到达零升力角时，翼型的升力为零。飞逸过程中水流对翼型的冲角不断趋向零升力角，使翼型产生的升力越来越小，转轮产生的功率也越来越小，直至与各种机械损失形成平衡状态。

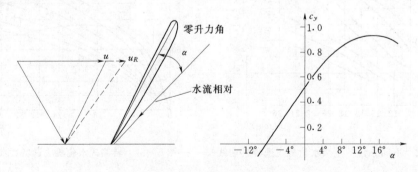

图 5-34　叶片的零升力角和飞逸转速

从轴流式水轮机的飞逸特性曲线图 5-32 中可以看出，叶片角 φ 越小，飞逸转速 n_{11R} 越大，φ 角小时，水轮机的过流量会减小，为什么飞逸转速反而增大？比较一下图 5-35 中（a）、（b）两种情况，可以看出，假定零升力角 α 相同，φ 角越小达到零升力角时的圆周速度增量 Δu 越大（$\Delta u_b > \Delta u_a$），意味着 φ 角越小飞逸转速越高。说明图 5-32 所反映的定桨式水轮机的飞逸规律。

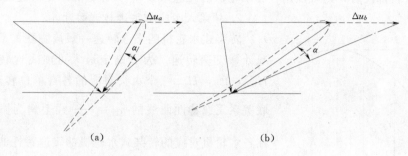

图 5-35　飞逸转速与叶片转角关系
（a）φ 角大；（b）φ 角小

图 5-33 所反映的转桨式水轮机协联工况的特性似乎更难以理解。在单位转速 n_{11} 等于某常数时，导叶开度 a_0 越大，单位飞逸转速 n_{11R} 越小，与混流式水轮机的飞逸规律恰好相反。这种特性可以用转桨式水轮机的协联关系与图 5-35 所揭示的原理进行说明。转桨式水轮机叶片角 φ 和导叶开度 a_0 协联规律是 $a_0 \uparrow$，$\varphi \uparrow$，而水轮机的飞逸特性是 $\varphi \uparrow$，$n_{11R} \downarrow$。综合考虑则有：$a_0 \uparrow$，$n_{11R} \downarrow$，这正是图 5-33 所反映的转桨式水轮机协联工况保持情况下水轮机的飞逸特性。

四、水轮机飞逸转速的计算

为了分析飞逸对水力发电机组可能造成的危害，必须计算出原型水轮机的飞逸转速。当已知模型水轮机的飞逸特性曲线时，可用相似公式换算出原型水轮机的飞逸转速 n_R，即

$$n_R = n_{11R} \frac{\sqrt{H}}{D_1} \tag{5-34}$$

1. 混流式与定桨式水轮机飞逸转速的计算

由混流式与定桨式水轮机的飞逸特性曲线可知，飞逸转速与飞逸发生时水轮机的导叶开度有关。因此，计算时首先要确定导叶的开度，一般按水轮机实际运行时的最大开度 a_{0max}（即额度开度）确定原型水轮机的飞逸转速。计算步骤如下。

（1）确定水轮机运行的最大开度 a_{0max}，按 $\dfrac{a_{0Mmax} Z_{0M}}{D_{1M}} = \dfrac{a_{0max} Z_0}{D_1}$，把原型水轮机导叶开度 a_{0P} 换算为模型导叶开度 a_{0Mmax}，Z_{0M}、Z_0 分别为模型与原型水轮机的导叶数目。

（2）按最大开度 a_{0Mmax}，在模型飞逸特性曲线查得最大单位飞逸转速 n_{11R}，而后按 $n_R = n_{11R} \dfrac{\sqrt{H}}{D_1}$ 计算原型水轮机最大飞逸转速。即

$$n_R = n_{11R} \frac{\sqrt{H_{\max}}}{D_1} \qquad (5-35)$$

当没有水轮机的飞逸特性曲线时，可根据水轮机型谱参数表、模型特性曲线附注的最大单位飞逸转速 $n_{11M\max}$ 或表 5-5 给出的参数按式（5-35）计算水轮机的最大飞逸转速。如果这些资料都没有，则可以用各类水轮机的飞逸系数 k_R 大致估算水轮机的飞逸转速。

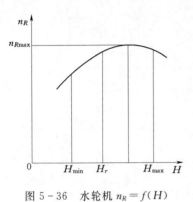

图 5-36　水轮机 $n_R = f(H)$

2. 转桨式水轮机飞逸转速的计算

转桨式水轮机的飞逸转速一般按协联关系保持的情况计算飞逸转速。为了确定最大可能飞逸转速，可据 $H_{\min}$，H_r，$H_{\max}$ 三个水头对应的各自单位转速 n_{11}（协联关系飞逸特性曲线的 $n_{11} = \dfrac{nD_1}{\sqrt{H}}$ 线上均为协联关系），在各水轮机对应的转桨式水轮机的飞逸特性曲线上查如图 5-32 所示中的 n_{11} 组曲线上最大 n_{11R}。计算出三个工况的原型水轮机飞逸转速 $\left(n_R = n_{11R\max} \dfrac{\sqrt{H}}{D_1} \right)$，其最终最大飞逸转速可由如图 5-36 所示曲线绘制确定。

按协联关系破坏情况，参见定桨式水轮机方法换算，注意在可能的导叶开度和叶片转角下查找即可。

对未附飞逸特性曲线的水轮机，可利用最大单位飞逸转速或统计飞逸系数近似估算水轮机最大飞逸转速。

五、防止水轮机飞逸的措施

水轮机在飞逸工况下运行是十分危险和有害的，因为飞逸工况下转动部件上的巨大离心力可能造成机械损坏、振动和噪声。尽管机组转动部件强度设计考虑了飞逸条件，但为经济考虑，其设计标准不能过高，一般仅按照水轮机可出现短时间飞逸工况设计。我国行业要求只保证水轮机飞逸工况下运行 2 min。因此，水电站中采取一些防止飞逸措施是十分重要的。

在技术上常采用如下几种措施与装置：

（1）设置快速闸门。在水轮机引水钢管上装置不同类型的闸门，例如对中低水头水轮机设置平板闸门或蝴蝶阀，高水头采用球阀，近年有的大型水轮机在座环固定导叶与活动导叶之间的环形空间装置圆筒阀。当机组过速达 1.4～1.5 倍额定转速而不能关闭导叶时，可在动水的情况操作（电动或液压）快速闸门，保证在两分钟内截断水流。这种装置可靠性高，但增加水轮机设备成本约 20%～30%，而且也增加了设备维护工作量。

（2）增设事故配压阀。在导水机构接力器压力供油管上设置事故配压阀，当调速器失灵时，压力油直接通过此阀操作接力器迅速关闭导叶。

（3）对转桨式水轮机，可采用强行关闭或开大转轮叶片转角 φ 降低飞逸转速。但在飞逸工况下开大叶片转角，可能会引起机组强烈振动，同时需增大转轮叶片操作机构零件的尺寸。

（4）为了降低飞逸转速，有的轴流式水轮机曾采用过制动叶片。它们装设于转轮体上靠近叶片法兰孔的下部或上部，当转轮的转速超过额定值时，这些制动叶片伸入水流中，起到阻尼作用。

（5）导叶自关闭。通过在我国若干水电站的试验认为，无油压导叶自关闭措施有可能防止飞逸的发生。所谓无油压导叶自关闭，就是当导叶在某一开度时，将控制导叶的接力器压力油源切断，并将接力器开启腔的剩油排出，则导叶在水力矩作用下，自动向关闭方向转动，减小开度，甚至切断进入水轮机的水流。

据我国已生产的水轮机导叶试验资料，导叶在很大一部分开度范围内，所受水力矩是向关闭导叶方向作用的，故认为有一定条件实现导水叶的自关闭。

第六节　水轮机轴向水推力特性及轴向水推力计算

水轮机的轴向水推力是水流流经转轮时所引起的一种轴向力，它是设计水力机组时推力轴承负荷计算、水轮机主轴应力计算等所不可缺少的参数。轴向水推力与水轮机的型式、结构等有关。

一、水轮机转轮的轴向水推力

对于混流式水轮机，如图 5-37 所示，转轮上轴向水推力 F_t 形成来自几个方面，即压力水流漏过上迷宫环进入顶盖与转轮上冠背面，并作用在上冠背面的水推力 F_1；水流作用于转轮内腔的水推力 F_2；水流对转轮下环产生的水压力 F_3；水流对立轴水轮机转轮的浮力 F_4。其中，浮力 F_4 与 F_1，F_2，F_3 方向相反，为负值。总的轴向水推力用表达式表示，则为

$$F_t = F_1 + F_2 + F_3 + F_4 \qquad (5-36)$$

对于轴流式水轮机，转轮上轴向水推力主要是水流绕流叶片产生的。某一叶片上作用力 F_1 之轴向分量即轴向水推力为 F_{t1}，如图 5-37、图 5-38 所示。若转轮叶片数为 Z，则转轮总的轴向水推力 F_t 为

$$F_t = ZF_{t1} \qquad (5-37)$$

混流式或轴流式水轮机的轴向水推力，经过对其各分力的成因分析，并根据转轮的结构、尺寸和水流流动条件，完全可以计算出来，但通常较复杂，确定轴向水推力，常常也是借助模型试验。

二、轴向水推力模型试验和单位轴向水推力

常用试验方法有两种，机械法和电阻应变法。机械法是利用杠杆原理，通过支架将模型机转动部分所受轴向力传给计量仪器，测量轴向力；电阻应变法是利用电阻应变片测定承受轴向力的推力轴承机架所产生的变形，据应力应变关系计算轴向力。而总的轴向推力减去转动部分重量，即为轴向水推力 F_t。

水轮机不同工况的轴向水推力特性，也可按相似原理用一单位参数、即单位轴向水推

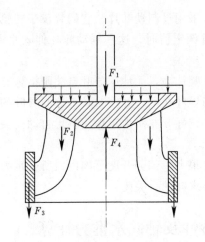

图 5-37 混流式转轮轴向
水推力示意图

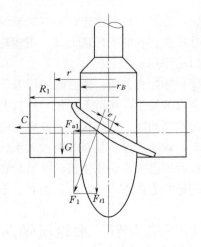

图 5-38 轴流式转轮轴向
水推力示意图

力 F_{t11} 来描述，其定义为

$$F_{t11} = \frac{F_t}{D_1^2 H} (\mathrm{kN/m^3})$$

$$F_t = F_{t11} D_1^2 H (\mathrm{kN}) \tag{5-38}$$

F_{t11} 与其他单位参数一样，在水轮机相似工况下，其值相同。

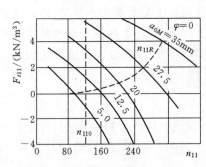

图 5-39 轴流定桨水轮机轴
向水推力特性曲线

图 5-39 是一轴流定桨水轮机轴向水推力特性，图中给出等开度 a_{0M} 线。图 5-39 表明，在叶片角 φ 为常数时，水推力的大小与导叶开度有关，在同一单位转速下导叶开度增大时单位轴向水推力增大。但在导叶开度较小，或单位转速增大时，单位轴向水推力负值增幅很快，水轮机在这样的工况下，负的轴向水推力足够大时（大于转动部分重量），可能出现上抬，严重时，能造成推力轴承、导轴承等部件的损坏。轴流转桨式水轮机的轴向水推力与叶片转角 φ 有密切关系，图 5-40 示出了 ZZ440 水轮机的轴向水推力特性。从图中可看出，叶片转角越小，或单位转速越大，则单位轴向水推力越大。当叶片处于水平位置时，轴向水推力达最大值。

三、轴向水推力的计算

当给定了水轮机的轴向水推力特性曲线时，可用式（5-38）计算原型水轮机的轴向水推力 F_t。按照水轮机型号根据计算工况点水轮机的单位转速 n_{11} 和导叶开度 a_{0M} 在如图 5-39 所示的轴向水推力特性曲线上查出对应单位轴向水推力 F_{t11}，再用式（5-38）计算原型水轮机的轴向水推力 F_t。考虑到如图 5-38 所示的单位轴向水推力是以 kg 为单位的，原型水轮机轴向水推力以 N 为单位时，实际的计算式为

$$F_t = F_{t11} D_1^2 H (\mathrm{kg}) = 9.81 F_{t11} D_1^2 H (\mathrm{N}) \tag{5-39}$$

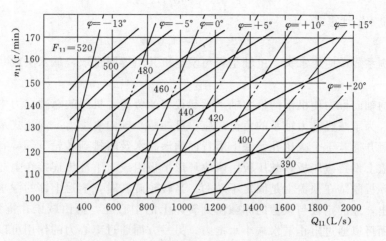

图 5-40　轴流定桨水轮机轴向水推力特性曲线

很多情况，仅需要已知可能范围内的轴向水推力最大值，此时可用经验公式近似计算轴向水推力。

混流式水轮机的轴向水推力按式（5-40）近似计算，即

$$F_t = 9.81 \times 10^3 K \frac{\pi}{4} D_1^2 H_{\max} \qquad (5-40)$$

式中，K 称转轮的轴向水推力系数，一般由经验方法得出，见表 5-6。

轴流式水轮机的轴向水推力与水轮机的叶片数有关，表 5-7 按叶片数给出了转轮轴向水推力系数 K，轴流式水轮机的轴向水推力按式（5-41）估算，即

$$F_t = 9.81 K \times 10^3 \frac{\pi}{4} (D_1^2 - d_h^2) H_{\max} \qquad (5-41)$$

表 5-6　　　　　　　　混流式水轮机转轮轴向水推力系数

转轮型号	HL310	HL240	HL230	HL220	HL180	HL160	HL120	HL110	HL100
K	0.3～0.45	0.3～0.41	0.1～0.22	0.2～0.34	0.2～0.28	0.2～0.26	0.1～0.13	0.1～0.13	0.0～0.11

表 5-7　　　　　　　　轴流式水轮机转轮轴向水推力系数

叶片数目	4	5	6	7	8
K	0.85	0.87	0.90	0.93	0.95

四、水轮机的总轴向力

水轮机的总轴向力 F_z，包括轴向水推力 F_t 和转动部分的重量 W，初步设计时可按下式估算为

$$F_z = F_t + W_r + W_z \qquad (5-42)$$

其中，水轮机转轮重量 W_r 计算式为

混流式　　　　　　　　$W_r = 9.81[0.5 + 0.025(10 - D_1)]D_1^3 \qquad (5-43)$

（分瓣转轮再增加 10%）

轴流转桨式　　　　　　　　$W_r = 9.81 \times 1.4 d_h H_{max}^{0.1} D_1^{2.6}$ 　　　　　　　　(5-44)

主轴重量 W_z 计算式

$$W_z = (0.4 \sim 1.0)W \qquad\qquad (5-45)$$

式中比例系数按应用水头、主轴是否与发电机共用等因素取，低水头或共用轴情况取低系数。

　　水轮机的轴向推力使机组的推力轴承承载很大的负荷，机组的总轴向力中轴向水推力占很大比重。为了减轻推力轴承的负荷，应尽可能减小轴向水推力。混流式水轮机上，常在转轮的上冠开通若干个减压孔，使上冠背面的渗漏水及时排到转轮下部。有的水轮机还在上冠与顶盖上设置减压板，减压板由两块环形平板组成，下环板连接在上冠上与转轮一同旋转，上环板联结在顶盖上是固定不动的。当转轮旋转时，上冠上部的漏水在离心力作用下向外甩出，经固定板与顶盖的间隙流到转轮上的中心腔，再由减压孔排到转轮下部。减压板一方面可以通过阻止漏水减小水推力；另一方面通过离心力的作用可以使上冠上水流的压力分布呈抛物线状而起到减小轴向水推力的作用。

第六章

水 轮 机 选 型 设 计

第一节 水轮机选型设计的内容与方法

水轮机的选型是水电站设计中的一项重要任务。水轮机的型式与参数选择的是否合理，对于水电站的动能经济指标及运行稳定性、可靠性有重要的影响。

水电站水轮机的选择工作，一般是根据水电站的开发方式、动能参数、水工建筑物的布置等，并参照国内已生产的水轮机转轮参数及制造厂的生产水平，拟选出若干个方案进行技术经济的综合比较，最终确定水轮机的最佳型式与参数。

一、水轮机选型的内容、要求和所需资料

1. 水轮机选择的内容

（1）确定单机容量与机组台数。

（2）选定机型和装置方式。

（3）选定水轮机的功率、转轮直径、同步转速、吸出高度及安装高程、轴向水推力、飞逸转速等基本参数。对于冲击式水轮机，还包括确定射流直径和喷嘴数等。

（4）绘制电站水轮机的运转综合特性曲线。

（5）估算水轮机的外形尺寸、重量和价格。

（6）根据选定的水轮机型式和参数，结合水轮机在结构、材质、运行等方面的要求，拟定并向制造厂提出制造任务书。

（7）对电站建成后水轮机的运行、维护提出建议。

2. 水轮机选择的基本要求

水轮机选择必须充分考虑水电站的特点，包括水能、水文地质、工程地质、电力系统构成及枢纽布置等方面对水轮机的要求，在几个可能实施的方案中详细进行以下几方面的比较，选出综合技术经济指标最优的方案。

（1）保证在设计水头下水轮机能发出额定出力，在低于设计水头时机组的受阻容量尽可能小。

（2）根据水电站水头的变化及电站的运行方式，选择适合的机型及参数，使电站运行中平均效率尽可能高。

（3）水轮机的性能及构造要能够适应电站水质的要求，运行稳定、灵活、可靠，有良

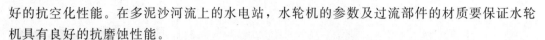

好的抗空化性能。在多泥沙河流上的水电站，水轮机的参数及过流部件的材质要保证水轮机具有良好的抗磨蚀性能。

（4）机组的结构先进、合理，易磨损部件应能互换并能方便更换，便于操作及安装维护。

（5）机组制造供货应落实，提出的技术要求符合制造厂的设计、试验与制造水平。

（6）机组的最大部件和最重部件要考虑运输方式及运输的可能性。

3. 水轮机选型所需要的原始技术资料

水轮机形式及参数的选择是否合理、是否与电站建成后的实际情况相吻合，在很大程度上取决于对原始资料的调查、汇集和校核。根据初步设计的深度和广度的要求，通常应具备下述的基本资料：

（1）枢纽资料：包括河流的水利水能总体规划，流域的水文地质、开发方式、水库调节性能、枢纽布置、电站类型及厂房条件、上下游综合利用部门的要求、工程的施工方式和规划等情况。应包括经过严格分析和核准的水能基本参数，例如电站的最大水头 H_{max}，最小水头 H_{min}，加权平均水头 H_a，设计水头 H_r；各种特征流量 Q_{max}、Q_{min}、Q_a 以及典型年（设计水平年、丰水年、枯水年）的水头、流量随时间的变化过程线。此外，还应有电厂的保证出力和装机容量，水电厂下游水位流量关系曲线等。

（2）电力系统资料：包括电力系统负荷组成、设计水平年年负荷图、典型日负荷图、远景负荷；设计电厂在系统中的作用和地位，例如调峰、基荷、调相运行、备用要求以及与其他电厂并列调配运行方式等。

（3）水轮机设备产品技术资料：包括国内外水轮机设备型谱、产品规范及其特性；同类水电站的水轮机参数与运行的经验、问题点等。

（4）运输及安装条件：应了解通向水电站的水陆交通情况，例如公路、铁路、水路及港口的运载能力（吨位及尺寸）；设备现场装备条件，大型专用加工设备在现场临时建造的可能性及经济性；大型部件整件出厂与分块运输现场装配的比价等。

除上述资料外，对于水电站的水质应有详细的了解，调查水质的化学成分、含气量、泥沙量、含量等。

二、水轮机选择的基本方法

目前世界上各国在水电站设计中选择水轮机的方法不尽相同，其基本方法可以概括以下几种。

1. 应用统计资料选择水轮机

应用统计资料选择水轮机的基础是汇集、统计国内外已建水电站或已生产的水轮机的基本参数，把它们按水轮机型式、应用水头、容量进行分类。在此基础上用数理统计法作出 $n_s=f(H)$、$\sigma_y=f(n_s)$ 以及 $n_{11}=f(H)$、$Q_{11}=f(H)$ 等统计曲线或关于这些参数的一些经验公式。当确定了水电站的水头、装机容量等基本设计参数时，可根据统计曲线或经验公式确定水轮机的型式与基本参数。然后，按已选的水轮机参数向水轮机生产厂提出制造任务书，由制造厂生产出符合用户要求的水轮机。这种方法在国外被广泛采用，我国的大型水电站也普遍采用这种方法。

2. 按水轮机系统型谱选择水轮机

在一些国家，对水轮机设备进行了系列化、通用化和标准化，制定了水轮机型谱，为每一水头段配置了一种或两种水轮机转轮，并通过模型试验获得了各型号水轮机的基本参数与模型综合特性曲线。这样，设计者就可以根据水轮机型谱选择水轮机的型式与型号，并应用模型综合特性曲线计算水轮机的工作参数。我国和前苏联都曾制定过水轮机型谱。水轮机型谱可为水轮机的选型设计提供便利，可使选择工作简化与标准化。但要注意不可局限于已制定的水轮机型谱，当型谱中的转轮性能不能满足设计的水电站的要求时，要通过认真分析研究提出新的水轮机方案，与生产厂家协商、设计、制造适合的水轮机。同时，要注意不断发展、完善、更新水轮机型谱，提出列入型谱的水轮机的性能。

3. 套用法选择水轮机

套用法选择水轮机是直接套用与拟设计电站的基本参数（主要是水头、容量）相近的已建电站的水轮机型号与参数。这种方法多用于小型水电站的设计，它可以使设计工作大大简化。但要注意必须合理套用，要对拟建电站与已建电站的参数进行详细的分析与比较，还要考虑不同年代水轮机的设计与制造水平，如果 20 世纪 90 年代设计的电站直接套用 20 世纪 60 年代电站的水轮机，往往会使水轮机的参数选择偏低，因此，必要时要对已建电站的水轮机参数做适当修正。

我国过去应用较多的方法是按照水轮机型谱选择水轮机。但随着水电开发的发展，旧的水轮机型谱已不能完全满足目前水电站设计的需要，水电站的设计者常采用不同的方法相互结合，相互验证进行水轮机的选型设计。

第二节 机组台数的选择

对于一个已确定了总装机容量的水电厂，机组台数的多少将影响到电厂的动能经济指标、运行的灵活性与可靠性。建设投资以及电厂对所在电力系统的影响。因此，确定机组台数时，必须考虑以下的有关因素，经过充分的技术经济分析论证。

1. 机组台数对工程建设费用的影响

机组台数的多少直接影响单机容量，而单机容量不同时，则机组的单位千瓦造价不同。一方面，小机组的单位千瓦造价比大机组高；另一方面，小机组的单位千瓦金属材料消耗高于大机组，另外，单位重量的加工费用也较大。

除主要机组设备外，机组台数的增加，要求增加配套设备的台数，主厂房的平面尺寸也需增加，因此，在同样的装机容量条件下，水电厂的土建工程及动力厂房的成本也直接随机组数的增加而增加。

2. 机组台数对电厂运行效率的影响

当采用不同的机组台数时，电厂的平均效率是不同的。较大单机容量的机组，其单机运行效率较高，这对于预计经常满负荷运行的水电厂获得的动能效益较显著。但是，对于变动负荷的水电厂，若采用过少的机组台数，虽单机效率高，但在部分负荷时，由于负荷不便在机组间调节，因而不能避开低效率区，这会使电厂的平均效率降低。电厂的最佳装机台数，要通过电厂的经济运行分析来确定。

此外，机组类型不同时，台数对电厂运行效率的影响不同。对于固定叶片式水轮机，尤其是轴流定桨式水轮机，其效率曲线比较陡峻，当出力变化时，效率变化较剧烈，若机组台数多一些，则可以较明显地提高电厂运行的效率。但对于转桨式水轮机或喷嘴水斗式水轮机，由于可以通过改变叶片角度或喷嘴使用数量而使水轮机保持高效率运行，因此，机组台数对电厂运行效率的影响较小。

3. 机组台数对电厂运行维护的影响

机组台数较多时，其优点是运行方式灵活，发生事故时影响较小，检修也容易安排；缺点是运行人员增加，运行用的材料、消耗品增加，因而运行维护费用较高。同时，较多的设备与较频繁的开停机会使整个电厂的事故发生率上升。

4. 机组台数对设备制造、运输及安装的影响

机组台数增加时，水轮机和发电机的单价容量减小，则机组的尺寸小，制造、运输及现场安装都较容易。但是，当机组台数减少时，机组的尺寸增大，机组的制造、运输与安装的难度也相应加大，因此，最大单机容量的选择要考虑制造厂家的制造水平及机组的运输、安装条件。此外，从发电机转子的机械强度方面考虑，发电机转子的直径必须限制在发电机转子最大线速度的允许值之内，机组的最大容量也会因此受到限制。

5. 机组台数对电力系统的影响

对于占电力系统容量比重较大的水电厂及大型机组，发生事故时对电力系统的影响较大，考虑电力系统中备用容量的设置及电力系统的安全性，在确定台数时，单机容量一般不应超过系统总容量的10%，即使在容量较小的电网中，单机容量也不宜超过系统容量的1/3。

6. 机组台数对电厂主接线的影响

由于水电厂水轮发电机组常采用扩大单元主接线方式，故机组台数多选用偶数。又为了运行方式的机动灵活及保持机组检修时的厂用电可靠，除了特殊情况和农村小电站外，一般都装两台以上机组。

对于装置大型机组的水电厂，由于主变压器的最大容量受到限制，常采用单元接线方式，因此，机组台数选择不必受偶数的限制。

以上与机组台数有关的诸因素，许多是既相互联系又相互矛盾的，在选择时应针对主要因素，经综合技术经济比较，选择出合理的机组台数。

第三节 水轮机型式的选择

根据水电站的实际情况正确地选择水轮机的型式是水轮机选型设计中的一个重要环节。虽然各类水轮机有较明确的使用水头范围，但由于它们的适用范围存在着交叉水头段，因此，必须根据水电站的具体条件对可供选择的水轮机进行分析比较，才能选择出最适合的机型。

一、各类水轮机的适用范围

大中型水轮机的类型及其所适用的水头范围如表6-1所示。

表6-1 水轮机的类型及适用范围

水 轮 机 型 式			适用水头范围	比转速范围 n_s
能量转换方式	水流方式	结构型式	(m)	(m·kW)
反击式	贯流式	灯泡式、轴伸式	<20	600~1000
	轴流式	定桨式、转桨式	3~80	200~850
	斜流式		40~180	150~350
	混流式		30~700	50~300
冲击式	射流式	水斗式	300~1700	10~35（单喷嘴）

从表6-1中各类型水轮机的比较中可以看出，尽管各类水轮机允许使用的水头范围较大，但其中存在着各自的最佳使用水头区域。此外，各类水轮机的适用范围除了与使用水头有关外，还与水轮机的容量有关。同一类型同一比转速的水轮机，在容量较小时应用水头较低，在容量较大时应用水头较高。为此，制定了大中型水轮机型谱与中小型水轮机型谱。

在交界水头段选择水轮机型式时，若同时有多种型式的水轮机可供选择，需进行各机型之间的综合技术经济比较，选择出最适合水电站实际情况、经济效益最好的机型。

从表6-1或图6-1中可以看出，各类水轮机的应用水头范围是交叉的，其中，存在着交界水头段。在水轮机选型设计中，当可选择的水轮机有多种型式时，需要通过技术经济比较确定最佳机型。

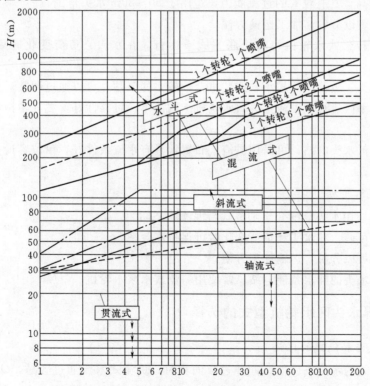

图6-1 各类型水轮机的应用范围图

不同类型的水轮机具有不同的适用范围与特点，各种水轮机的特点可概括如下。

1. 冲击式水轮机（以水斗式为代表）

(1) n_s 较低，适用于 250m 以上水头，最高可达 1700m。

(2) 转轮周围的水流是无压的（在大气压力下工作），不存在密封问题。

(3) 出力变化时效率的变化平缓，对负荷变化的适用性强。

(4) 装置多喷嘴时，通过调整喷嘴的使用数目可以获得高效率运行。

(5) 可使用折向器防止飞逸，减少紧急关机时引水管道中压力的上升（仅上升 15%
左右），若使用反向制动喷嘴，可使水轮机迅速刹车。

(6) 易磨损部件的更换容易。

2. 混流式水轮机

(1) 比转速范围广，可适用 30～700m 水头。

(2) 结构简单，价格低。

(3) 装有尾水管，可减少转轮出口水流损失。

(4) 在高水头应用区与冲击式相比，其比转速高，可实现机组尺寸减小，经济性好。

(5) 在低水头应用区，若水头及负荷的变化都不大时，混流式水轮机与轴流转桨式相
比，结构简单、维护方便、价格低，而且同样可获得较高的效率。

3. 轴流式水轮机

(1) n_s 较高，具有较大的过流能力，适用于 30～80m 水头范围。

(2) 转轮可以分解，加工运输方便。

(3) 轴流转桨式水轮机可在协联方式下运行，在水头、负荷变化时可实现高效率
运行。

(4) 在水头、负荷变化较小，或装机台数较多的电站，可以通过调整运行机组台数使
水轮机在高效率区运行。轴流定桨式水轮机结构简单、可靠性好，尤其在担负基荷的低水
头电站较适合。

(5) 在超低水头电站，可采用贯流式布置，具有水流条件好、单位容量大、运行平均
效率高等特点。

4. 斜流式水轮机

(1) n_s 与应用水头范围介于轴流式与混流式之间。

(2) 叶片可调，在水头和负荷变化时可保持高效率。

(3) 转轮可以分解，运输加工方便。

(4) 中低水头的抽水蓄能电站，常使用斜流式水泵水轮机。

二、交界水头区水轮机型式的选择

1. 贯流式与轴流式的比较

(1) 贯流式的水流条件好，同样过流面积时，贯流式水流通过容易，Q_{11} 大，无蜗壳
和肘型尾水管，流道水力损失小，运行效率比轴流式高，在超低水头电站应用有明显
优势。

（2）贯流式水轮机可布置在坝体或闸墩内，可以不要专门的厂房，土建工程量小且适于狭窄的地形条件。

（3）对潮汐电站，贯流式水轮机的适应性大，能够满足正、反向发电、正反向抽水和正反向泄水的需要。

（4）贯流式水轮机为了满足安装高程，需从引水室入口至尾水管都开挖相应的深度，而轴流式只需对尾水管部分开挖。因此，贯流式的开挖量大。

（5）灯泡贯流式水轮机发电机组全部处于水下，要求有严密的封闭结构、良好的通风防潮措施，维护、检修较困难。

2. 轴流式与混流式的比较

（1）轴流转桨式水轮机适用于水头和负荷变化较大的电站，能在较宽的工况范围内稳定、高效率运行，平均效率高于混流式水轮机。

（2）在相同的水头下，轴流式的 n_s 高于混流式，有利于减小机组的尺寸。

（3）轴流式水轮机的空化系数较大，约为同水头段混流式水轮机的 2 倍，为保证空化性能需要增加厂量的水下开挖量。

（4）当尾水管较长时，轴流式水轮机比混流式水轮机易产生紧急关闭时的抬机现象。

（5）轴流式水轮机的轴向水推力系数约为混流式的 2～4 倍，推力轴承载荷大。另外，轴流转桨式水轮机的转轮机受油器等部件结构复杂，造价高。

3. 混流式与斜流式的比较

（1）同样水头和出力条件下，混流式水轮机可获得高于斜流式水轮机的比转速 n_s，因此，应用混流式可减少机组尺寸。

（2）混流式水轮机的最高效率可比斜流式高 0.5%～1%，但在部分负荷时（50%负荷），混流式要比斜流式低约 5%，两者效率的比较见图 6-2。

（3）同样工作参数条件下，斜流式水轮机的空化数大于混流式，为防止空蚀，斜流式需要较低的安装高程，因此，其开挖深度大于混流式。

（4）混流式水轮机的结构比斜流式简单，造价低，运行维护方便。但斜流式转轮可分解，加工、运输方便。

（5）混流式水轮机的飞逸转速较斜流式约高 15%，要求混流式水轮机有较高的强度。

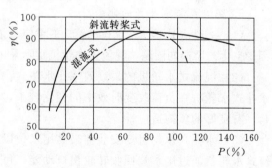

图 6-2 混流式与斜流式效率的比较

在同样的水头和流量条件下，斜流式水轮机与混流式水轮机的技术经济比较例见表6-2。

4. 斜流式与轴流式的比较

（1）在应用水头为 60m 以上时，斜流式水轮机的最优效率高于轴流式；在 40m 以下水头段应用时，轴流式的最优效率高于斜流式。在部分负荷时，斜流式的效率要稍高一些。

表6-2　　　　　斜流式水轮机与混流式水轮机的比较（日本新向日川水电站）

项　目	斜流式	混流式	项　目	斜流式	混流式
有效水头（m）	113.4	113.4	比转速（m·kW）	202	144
流量（m³/s）	15.0	15.0	吸出高度（m）	−6.5	−0.7
出力（kW）	15500	15400	水轮机重（%）	107	100
转速（r/min）	600	429	发电机重（%）	80	100

（2）在同样的出力与水头条件下，斜流式水轮机的外形尺寸大于轴流式，这是由于斜流式的比转速比轴流式低。

（3）斜流式水轮机的飞逸转速比轴流式低约15%～30%。

（4）两者结构都较复杂，斜流式转轮及其他过流部件需要更复杂一些。

在同样的水头和出力条件下，斜流式与轴流式的技术经济比较如表6-3所示，从表中可看出，虽然轴流式水轮机的转速高一些，但由于斜流式水轮机的飞逸转速低，从强度考虑，与斜流式水轮机相配的发电机重量反而轻一些。

表6-3　　　　　　　　　斜流式水轮机与轴流式水轮机的比较

项　目	斜流式	轴流式	项　目	斜流式	轴流式
有效水头（m）	57	57	飞逸转速（r/min）	385	482
流量（m³/s）	99.1	99.4	吸出高度（m）	−4	−4
水轮机出力（kW）	50000	50000	水轮机重（%）	98.5	100
转速（r/min）	180	200	发电机重（%）	86.5	100
比转速（m·kW）	262	291.3			

5. 混流式与水斗式的比较

（1）一般情况下，混流式水轮机的单位流量比水斗式大，但是，当水中含沙量较多时，因受空化与磨损的限制，混流式水轮机实际采用的单位流量有时反比水斗式水轮机小。

（2）混流式水轮机的最高效率比水斗式高，在水头变化时，效率的下降较水斗式小。水斗式水轮机在负荷改变时效率的变化较小，尤其是多喷嘴机组，可以调整使用喷嘴的数目，有良好的负荷适应性。

（3）水斗式水轮机要安装在最高尾水位以上，尤其在部分负荷时，水头损失较大，混流式水轮机通过尾水管回收转轮出口动能，可提高对有效水头的利用率。

（4）水斗式水轮机在大气压力下工作，空蚀轻，且多发生于针阀、喷嘴和水斗部位，检修与更换容易。

（5）水斗式水轮机无轴向水推力，可以简化轴承的结构。

（6）水斗式水轮机装有折向器或制动喷嘴，可以降低飞逸转速。

（7）水斗式水轮机的比转速在50～55m·kW以上时其效率会降低，同样条件下，混流式水轮机比转速较大，且效率不会降低，混流式水轮机的转速可比水斗式高10%～20%，可以减小机组的尺寸。

（8）当有空蚀及泥沙磨损发生时，经过一定的运行时间后，由于过流部件被磨蚀会导致水轮机效率的下降，但冲击式水轮机的效率下降比混流式水轮机少。根据国外的实例，在同样运行 5000～10000h 之后，水斗式与混流式的效率下降情况如表 6-4 所示。

表 6-4　水斗式水轮机与混流式水轮机效率下降的比较（运行 5000～10000h 后）

负荷率（%）		100～75	50
效率下降程度（%）	水斗式	1	2～3
	混流式	2.5	5

三、水轮机型谱

水轮机型谱是水轮机设备系列化、通用化和标准化的基础。在水轮机的设计、制造具有一定基础的国家，实行水轮机产品的系列化，编制水轮机型谱，可以减少水轮机的品种，便于水轮机的生产，也可以作为水电站设计中选择水轮机的依据。我国在 1974 年颁布了反击式水轮机暂行系列型谱，包括大中型轴流式转轮型谱，大中型混流式转轮型谱与中小型轴流式、混流式转轮型谱，各水轮机转轮型谱参数见附表 1，附表 2，附表 3。

随着时代的发展，我国又研制了一批性能比较优秀的水轮机转轮，作为原型谱的补充。

我国水轮机的系列化工作尚不完善，贯流式水轮机、斜流式水轮机及射流式水轮机尚未形成型谱，可选择国内已生产过的性能较好的水轮机，或者根据用户的要求设计、制造新的水轮机。可选择的水斗式水轮机转轮参数见附表 5，可选供选择斜流式水轮机转轮参数见附表 6，可选供选择贯流式水轮机转轮参数见附表 7。

第四节　水轮机比转速的选择

水轮机的比转速 n_s 包括了水轮机的转速、出力与水头三个基本工作参数，它综合反映了水轮机的特征。掌握水轮机的比转速与水轮机特性之间的关系、正确地选择水轮机的比转速，可以保证所选择的水轮机在水电站的运行中有良好的能量指标与空化性能。

一、水轮机的效率与比转速的关系

不同比转速的水轮机具有不同的效率特性，图 6-3 中表示了不同 n_s 混流式水轮机的效率——出力特性 $\eta = f(P\%)$。从图中可知，比转速较低的水轮机，其效率曲线较平缓，比转速较高的水轮机效率曲线比较陡峭，尤其是超高比转速的混流式水轮机 $n_s = 570$（m·kW），其高效率区很狭窄，在偏离设计工况时，水轮机效率急速下降。

此外，每一种类水轮机都有自己的最佳比转速范围。图 6-4 表示了不同类型水轮机的最优效率与比转速之间的关系。

从图 6-4 中可以看出，水斗式水轮

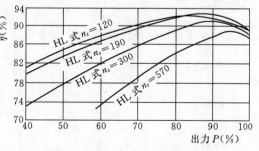

图 6-3　不同水轮机 n_s 的效率特性

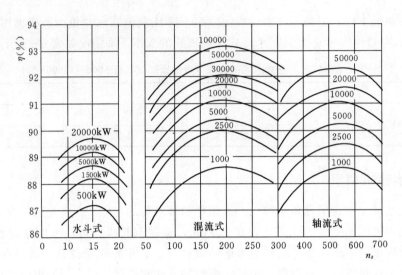

图 6-4　水轮机最优效率与比转速的关系

机的比转速在 $13 \sim 18 \mathrm{m} \cdot \mathrm{kW}$ 范围内效率最高，混流式水轮机的比转速在 $150 \sim 250$ 范围内效率最高，轴流定桨式水轮机的比转速在 $500 \sim 600$ 范围内效率最高。

在选择水轮机的比转速时，尽可能将比转速控制在它们的最佳范围之内，以保证水电机组有最高效率。

二、各类型水轮机比转速的选择

各类型水轮机的比转速不仅与水轮机的型式与结构有关，也与水轮机的设计、制造的水平、水轮机通流部件的材质等因素有关。世界各国根据各自的实际水平，划定了各类水轮机比转速的界限与范围，并根据已生产地水轮机转轮的参数，用数理统计方法得出了选择水轮机比转速的统计曲线或经验公式。应用这些曲线或公式，根据水电站的水头 H，可以选择各类水轮机的比转速。

（1）轴流式水轮机的比转速与实用水头关系：

日本①：
$$n_s = \frac{20000}{H+20} + 50 \qquad (6-1)$$

前苏联②：
$$n_s = \frac{2500}{\sqrt{H}} \qquad (6-2)$$

中国③：
$$n_s = \frac{2300}{\sqrt{H}} \qquad (6-3)$$

（2）混流式水轮机比转速与使用水头关系：

日本④：
$$n_s = \frac{20000}{H+20} + 30 \qquad (6-4)$$

美国⑤：
$$n_s = \frac{2105}{\sqrt{H}} \qquad (6-5)$$

中国⑥：
$$n_s = \frac{2000}{\sqrt{H}} - 20 \qquad (6-6)$$

（3）斜流式水轮机比转速与使用水头关系：

日本⑦（深栖式）：
$$n_s = \frac{10000}{H+20} + 50 \tag{6-7}$$

日本⑧（千叶式）：
$$n_s = \frac{20000}{H+20} + 40 \tag{6-8}$$

前苏联⑨：
$$n_s = (1400 \sim 1500)/H_{max}^{0.4} \tag{6-9}$$

（4）贯流式水轮机比转速与使用水头。一般情况下，贯流式水轮机可以获得比轴流式水轮机高约 10% 的比转速。但根据目前国内外已生产的贯流式水轮机的统计资料看，大部分贯流式水轮机的比转速仅与轴流式相当。

图 6-5（a）为 1968 年出版的修订版日本《水力机械工学便览》中给出的贯流式水轮机 $n_s = f(H)$ 曲线，而图 6-5（b）是 1983 年《水力发电与填土建设》中给出的贯流式水轮机 $n_s = f(H)$ 曲线。

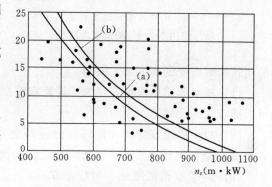

图 6-5　贯流式水轮机比转速与
应用水头关系曲线

$(a) - n_s = \dfrac{20000}{H+20}$；$(b) - n_s = \dfrac{20000}{H+20} + 50$

值得注意的是，随着水轮机设计、制造水平的提高与材料的进步，各类水轮机的应用比转速在不断地提高。水轮机选型中，常有比转速系数 K 作为评价比转速的指标，$K = n_s \sqrt{H_r}$。以混流式水轮机为例，近年来我国一些大中型电站所采用的比转速系数在 $2000 \sim 2400$ 之间，这就意味着，我国近年来混流式水轮机所采用的比转速经验式为

$$n_s = \frac{2000 \sim 2400}{\sqrt{H}} \tag{6-10}$$

轴流式水轮机所采用的比转速大致为

$$n_s = \frac{2100 \sim 2700}{\sqrt{H}} \tag{6-11}$$

（5）水斗式水轮机比转速与使用水头关系。单转轮单喷嘴水斗式水轮机的比转速主要与喷嘴射流直径/转轮直径（d_0/d_1）有关。当水斗式水轮机有多个转轮多个喷嘴时，水轮机的比转速为

$$n_s = n_{s1} \sqrt{k_r z_0} \tag{6-12}$$

式中　n_s——转轮多喷嘴水轮机比转速；

　　　n_{s1}——相当于单转轮单喷嘴时的比转速；

　　　k_r——转轮数目；

　　　z_0——多个转轮的喷嘴数。

对于单转轮单喷嘴的水斗式水轮机，《水电站机电设计手册》（水力机械）中推荐的 $n_s = f(H)$ 曲线如图 6-6 所示。

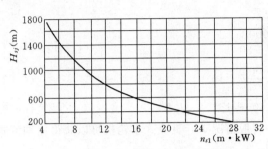

图 6-6 水斗式水轮机比转速 n_{s1} 与
使用水头 H_{sj} 的关系曲线

当水斗式水轮机具有多个转轮（仅在横轴水轮机上可实现）和多个喷嘴时，从理论上讲可以按 $\sqrt{k_r z_0}$ 倍增加水轮机的比转速，但实际上选择多转轮多喷嘴水轮机的比转速时常受到如下条件限制。

当水斗式水轮机具有多个转轮（仅在横轴水轮机上可实现）和多个喷嘴时，从理论上讲可以按 $\sqrt{k_r z_0}$ 倍增加水轮机的比转速，但实际上选择多转轮多喷嘴水轮机的比转速时常受到如下条件限制。

（1）对于单轮单喷嘴式，为了提高水轮机的转速与出力，可选择较大的 d_0/d_1 值，即可选择较大的比转速。

（2）对于单轮多喷式，比转速的提高主要靠喷嘴的增加，而最好把相当于单喷嘴的 n_{s1} 限制在最佳比转速范围，一般可取适用的比转速。

（3）对于多轮多喷式，对应于单轮单喷的 n_{s1} 选择在最佳比转速范围内 $10 \sim 20 \mathrm{m} \cdot \mathrm{kW}$，整体水轮机的比转速 n_s 也不宜超过 60，因为超过此限度需在同一水轮机轴上装三个以上转轮，这是不经济的，这种情况下可考虑使用混流式水轮机。

对于多喷嘴水斗式水轮机比转速的选择，日本东芝电气株式会社的石井安男氏推荐使用下面的曲线（见图 6-7）。

三、多泥沙河流水轮机比转速的选择

上面所介绍的一些公式及经验曲线一般仅适用于水质较好的水电站的注水轮机比转速的选择。对于多泥沙河流上的水电站，为了减轻过机泥沙对

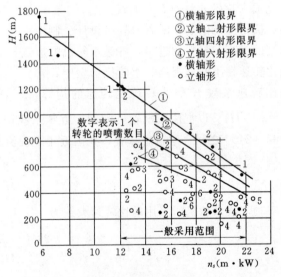

图 6-7 多喷嘴水斗式水轮机比转速 n_{s1} 与使用
水头 H 的关系曲线

①、④—水力发电所，日本电气院，1976；
②—水轮机设计手册，机械工业出版社，1976；
③—水轮机，水利电力出版社，1980

水轮机过流部件的磨损，选择水轮机的比转速时，应该比清水电站低一些。降低水轮机比转速的目的是为了降低水轮机转轮流道中的相对流速。

国内一些水电站的资料表明，多泥沙河流上的水电站中破坏轻微者所采用的水轮机比转速都较低，$n_s = \dfrac{1320}{\sqrt{H_r}} \sim \dfrac{1360}{\sqrt{H_r}} (\mathrm{m} \cdot \mathrm{kW})$。具体水电站中水轮机比转速的选择，可以参考已运行水电站的经验，还要根据水中的泥沙含量及泥沙成分确定适合的比转速值。

第五节 反击式水轮机基本参数的计算

一、按水轮机型谱参数表和模型综合特性曲线计算水轮机的基本参数

1. 转轮直径 D_1 的计算

$$D_1 = \sqrt{\frac{P_g}{9.81 Q_{11r} H_r^{1.5} \eta_r \eta_g}} \qquad (6-13)$$

式中 P_g——发电机额定容量，kW；

η_g——发电机效率，一般取 $0.96 \sim 0.98$；

Q_{11r}——设计工况下单位流量，m^3/s；对于固定叶片的水轮机一般取在 5% 出力限制线上；对于转桨式水轮机一般不超过型谱参数表中的推荐值；当开挖深度受限制时，应按允许吸出高度来确定；

η_r——原型水轮机效率，初估时可近似取所选择的设计工况点的模型效率值 η_M，再加上 2%~3% 的修正值，待 D_1 求出后，再按效率换算公式加以修正，$\eta_r = \eta_M + \Delta\eta$；

H_r——设计水头，m。

按公式计算出的转轮直径 D_1，应尽量按规定的转轮标准直径尺寸系列选取。但当选用标准直径系列值使水轮机参数明显不合理时，可直接采用计算值，特别是对于高水头或大容量机组。反击式水轮机的转轮标准直径尺寸系列如表 6-5 所示。

表 6-5　　　　　　　　　　　**转轮直径 D_1 尺寸系列**　　　　　　　　　单位：cm

25, 30, 35, 42, (40), 50, 60, 71, (80), 84, 100, 120, 140,
160, 180, 200, 225, 250, 275, 300, 330, 380, 410, 450, 500, 550,
600, 650, 700, 750, 800, 850, 900, 950, 1000, (1020, 1130)

注　括号中数字仅适用于轴流式水轮机。

2. 水轮机转速的选择计算

水轮机转速的选择主要参考四个方面的问题：其一是转轮与机组尺寸的关系，转速每提高一个发电机同步转速档次，发电机就可以减少 1~2 对磁极。因此，提高转速可以减少机组尺寸，降低机组造价。其二，对于已确定了型号及容量的水轮机来说，转速的选择主要保证水轮机在高效区运行。其三，转速提高时，转轮内流速增加，空化性能会变坏。尤其对于多泥沙河流上工作地大型水轮机，转速增加一个档次，转轮内水流的相对流速可能有较大增加，会加剧泥沙磨损的速度。其四，转速提高时，发电机转子的离心力增大，尤其对于直径较大的发动机转子，应考虑发电机转子的强度问题。

对于已确定型号的水轮机，转速的计算式为

$$n = n_{11r} \frac{\sqrt{H_{av}}}{D_1} \qquad (6-14)$$

$$\Delta n_{11} = n_{110M}\left(\sqrt{\frac{\eta_{T0}}{\eta_{M0}}} - 1\right) \tag{6-15}$$

$$n_{11r} = n_{110M} + \Delta n_{11}$$

式中　n_{11r}——原型水轮机设计单位转速，r/min；

　　　n_{110M}——模型水轮机最优单位转速，可从型谱参数表或模型综合特性曲线上查得；

　　　Δn_{11}——单位转速修正值，当 $\Delta n_{11} < 0.03 n_{110M}$ 时，可忽略 Δn_{11}，取 $n_{11r} = n_{110M}$；

　　　H_{av}——加权平均水头，m；由水能调节计算确定。

计算所得的转速 n 一般不是发电机的标准同步转速，对于直联式水轮发电机组，应把计算转速圆整为一个相应的发动机同步转速。圆整时，一般取大于计算值的最接近的标准同步转速值。但当计算机与低一档的同步转速值相差特别小时，也可以考虑选取稍低于计算值的同步转速，这样可以保证水轮机工作范围不过多偏离最优效率区。

发电机标准同步转速系列如表 6-6 所示，其同步转速对应于我国电网的使用频率 50Hz。

表 6-6　　　　　　　　　　　　　　　发电机标准同步转速

磁极对数 p（对）	3	4	5	6	7	8	9	10	12	14
同步转速 n（r/min）	1000	750	600	500	428.6	375	333.3	300	250	214.3
磁极对数 p（对）	16	18	20	22	24	26	28	30	32	34
同步转速 n（r/min）	187.5	166.7	150	136.4	125	115.4	107.1	100	93.8	88.2
磁极对数 p（对）	36	38	40	42	44	46	48	50	52	54
同步转速 n（r/min）	83.3	79	75	71.4	68.2	65.2	62.5	60	57.7	55.5

在确定了 D_1 和 n 之后，为了判断它们的选择是否合理，校核由于 D_1 和 n 的圆整所造成的偏差，需要检验水轮机的实际工作范围，检验的方法如下。

（1）检验水轮机的设计单位流量 Q_{11r}

$$Q_{11r} = \frac{P_r}{9.81 D_1^2 H_r^{1.5} \eta_r} \tag{6-16}$$

式中　η_r——设计工况点的原型效率，应对应于工况点（Q_{11r}，n_{11r}），可通过试算求出。

在模型特性曲线上检查 Q_{11r} 是否超过了出力限制线或型谱中建议的数值。若超过说明 D_1 选得太小，反之则 D_1 选得过大。一般情况，在吸出高度不超过限定值的情况下，尽可能使 Q_{11r} 接近于出力限制线上的值。

（2）检验单位转速的范围。根据 H_{max}、H_{av}、H_{min} 分别计算对应的模型单位转速。

$$n_{11min} = \frac{nD_1}{\sqrt{H_{max}}} - \Delta n_{11}$$

$$n_{11av} = \frac{nD_1}{\sqrt{H_{av}}} - \Delta n_{11}$$

$$n_{11max} = \frac{nD_1}{\sqrt{H_{min}}} - \Delta n_{11}$$

计算值 n_{11av} 应与模型最优单位转速 n_{110M} 比较接近，$n_{11min} \sim n_{11max}$ 的范围应包括水轮机的最优效率区。

根据上述参数可以绘制出水轮机的实际工作范围图，如图 6-8 所示。

3. 水轮机最大运行吸出高度 H_s 的计算与安装高程的确定

水轮机最大运行吸出高度 H_s 的计算与安装高程的确定为

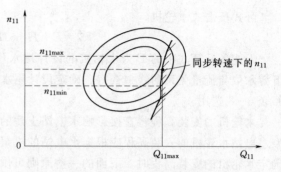

图 6-8　水轮机工作范围图

$$H_s \leqslant 10 - \frac{E}{900} - (\sigma + \Delta\sigma)H \tag{6-17}$$

或

$$H_s \leqslant 10 - \frac{E}{900} - k\sigma H \tag{6-18}$$

初步估算水轮机的允许吸出高度 H_s 时，空化系数 σ 可采用设计工况点（Q_{11r}，n_{11r}）的 σ 值。详细计算时，可选择 H_r、H_{max}、H_{min} 等若干水头分别计算 H_s，从中选择一个最小值作为最大允许吸出高度。各水头下的 H_s 计算时，所采用的 σ 值应是该水头所对应的水轮机实际出力限制工况的空化系数，选取 σ 时，先计算出各水头对应的限制工况参数（Q_{11}，n_{11}），然后在模型特性曲线上查取对应的 σ 值。

对于 HL310、HL230、HL110 水轮机，由于只给出了装置空化系数 σ_y，故 H_s 的计算为

$$H_s \leqslant 10 - \frac{E}{900} - \sigma_y H \tag{6-19}$$

在计算水轮机最大允许吸出高度的基础上进一步确定反击式水轮机安装高程。水轮机安装高程是指水轮机导叶中心线（立式机组）或主轴中心线（卧式机组）的海拔高程。海拔高程习惯上用符号∇表示。前面的章节里已经了解了不同装置方式水轮机安装高程的计算方法为

立轴混流式水轮机　　　　　　$\nabla = E + H_s + \dfrac{b_0}{2}$

立轴轴流式水轮机　　　　　　$\nabla = E + H_s + xD_1$

式中　　x——轴流式水轮机高度系数。

轴流式水轮机高度系数，如表 6-7 所示。

表 6-7　　　　　　　　　　　　轴流式水轮机高度系数

转轮型号	ZZ360	ZZ440	ZZ460	ZZ560	ZZ600	其他型号
x	0.3835	0.3960	0.4360	0.4085	0.4830	0.41

卧式反击式水轮机

$$\nabla = E + H_s - D_1/2 \ (\text{m})$$

上述各计算式中的 E 为水轮机的设计尾水位。设计尾水位可根据水轮机的过流量从下游水位与流量关系曲线中查得。确定设计尾水位的水轮机过流量可按电站装机台数，参照表 6-8 选用。

水轮机的安装高程将直接影响水电站土建的开挖量和运行水轮机的汽蚀，因此，大中型水电站水轮机的安装高程应根据水电站的机组运行条件，经过技术经济比较后确定。在确定水轮机的安装高程时，下面的一些原则可供参考（见表 6-8）。

表 6-8　确定设计尾水位的水轮机过流量

电站装机台数	水轮机的过流量选用值
1 台或 2 台	1 台水轮机 50% 的额定流量
3 台或 4 台	1 台水轮机的额定流量
5 台以上	1.5～2 台水轮机额定流量

对机组数多的水电站，由于初期负荷水平不高，下游水位较低，故对于初期投入的机组的安装高程可适当低一些。

小型水电站的水轮机安装高程可以高一些，以降低土建工程量及便于运行维护，故小型水轮机转轮汽蚀破坏的修复工作要容易些。

当加大挖方很不经济或技术上有困难时，可考虑采用防空化措施改善水轮机的空化性能，以便适当提高安装高程。

4. 飞逸转速的计算

（1）混流式及其他固定叶片式水轮机飞逸转速 n_R 计算

$$n_R = n_{11R} \frac{\sqrt{H_{max}}}{D_1} \tag{6-20}$$

式中　　H_{max}——最大水头，m；

n_{11R}——水轮机最大可能开度时的单位飞逸转速，可按设计工况模型水轮机导叶开度 a_{oM} 的 1.05 倍从模型飞逸特性曲线上查取。

对于未给出飞逸特性曲线的水轮机，可按建议的最大单位飞逸转速 n_{11Rmax} 和最大水头 H_{max} 计算飞逸转速。

（2）转桨式水轮机飞逸转速的计算。转桨式水轮机的飞逸转速一般按保持协联关系计算。按保持协联关系计算时，在 $H_{min} \sim H_{max}$ 间取若干水头 H_i，计算出各水头对应的模型单位转速 n_{11i}，在按协联关系绘制的飞逸特性曲线上查出各 n_{11i} 下的最大单位飞逸转速 n_{11Ri}，按下式计算各水头下的最大飞逸转速 n_{Ri} 为

$$n_{Ri} = n_{11Ri} \frac{\sqrt{H_i}}{D_1} \tag{6-21}$$

根据计算值绘出 $n_R = f(H)$ 曲线，如图 6-9 所示。在 $H_{min} \sim H_{max}$ 范围内，曲线的最高点对应的飞逸转速即协联工况时水轮机的最高飞逸转速。

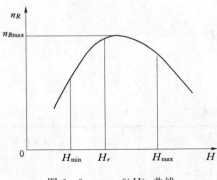

图 6-9　$n_R = f(H)$ 曲线

二、按比转速和统计资料估算水轮机的基本参数

按比转速和统计资料估算水轮机的基本参数是以统计曲线或经验公式为基础,根据已建水电站的资料经统计计算获得了水轮机的比转速与应用水头、水轮机单位参数与应用水头(或比转速)的关系曲线。在选择、估算水轮机的基本参数时,首先按设计水头应用 $n_R = f(H)$ 曲线或经验公式确定水轮机的比转速,然后,再根据统计资料进一步选择水轮机的单位转速、单位流量、空化系数等,最后根据选定的参数计算出水轮机的 D_1、n 及 H_s 等。国内外部分混流式和轴流式水轮机的 $n_s = f(H)$、$\sigma_y = f(n_s)$ 及 $Q_{11} = f(H)$、$n_{11} = f(H)$ 统计曲线如图 6-10~图 6-15 所示。

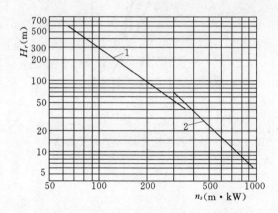

图 6-10 混流式和轴流式水轮机 $n_s = f(H)$ 曲线
1—混流式水轮机,$n_s = 3470 H_{sj}^{-0.625}$;
2—轴流式水轮机,$n_s = 2419 H_{sj}^{-0.489}$

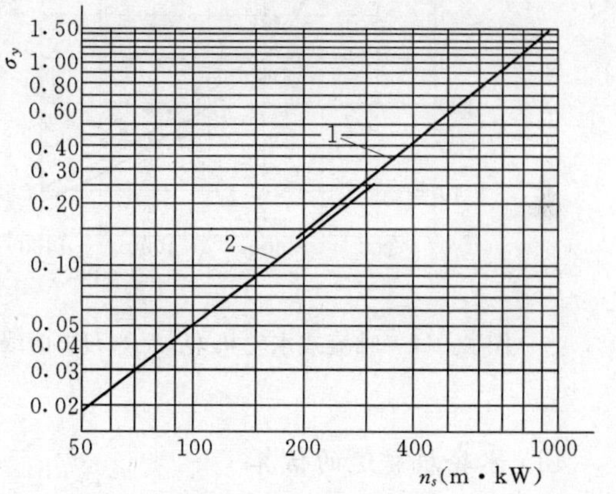

图 6-11 混流式和轴流式水轮机 $\sigma_y = f(n_s)$ 曲线
1—轴流式水轮机,$\sigma_y = 6.4 \times 10^{-5} n_s^{1.46}$;
2—混流式水轮机,$\sigma_y = 7.54 \times 10^{-5} n_s^{1.41}$

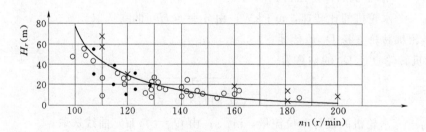

图 6-12 混流式水轮机 $Q_{11} = f(H)$ 曲线

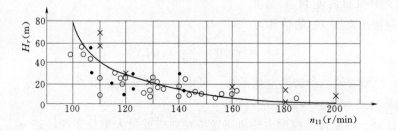

图 6-13 混流式水轮机 $n_{11} = f(H)$ 曲线

163

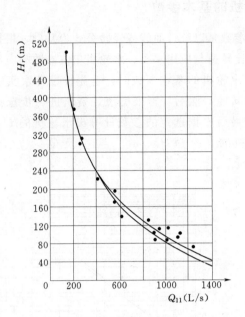 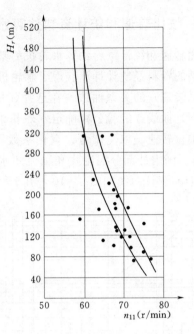

图 6-14 轴流式水轮机 $Q_{11}=f(H)$ 曲线   图 6-15 轴流式水轮机 $n_{11}=f(H)$ 曲线

1. 水轮机转速的估算

水轮机转速的估算为

$$n=n_s H_r^{5/4} / \sqrt{P_r} \qquad (6-22)$$

式中 H_r——水轮机的设计水头，m；

P_r—— 水轮机的额定出力，kW；

n_s——水轮机的比转速，m·kW，由 $n_s=f(H)$ 曲线选取。

2. 水轮机转轮直径 D_1 的估算

水轮机转轮直径 D_1 的估算为

$$D_1=\sqrt{\frac{P_r}{9.81 H_r^{1.5} Q_{11} \eta_T}} \qquad (6-23)$$

式中 Q_{11}——水轮机的设计单位流量，m^3/s；由 $Q_{11}=f(H)$ 曲线选取；

η_T——原型水轮机的效率，可参考同类型同容量的水轮机选取。

3. 最大允许吸出高度 H_s 的估算

最大允许吸出高度 H_s 的估算为

$$H_s \leqslant 10-\frac{E}{900}-\sigma_y H \qquad (6-24)$$

式中 σ_y——原型水轮机的装置空化系数，可由 $\sigma_y=f(n_s)$ 选取。

4. 水轮机飞逸转速的估算

初步设计时，如果没有模型水轮机飞逸特性曲线或最大单位飞逸转速 n_{11Rmax}，可按统计的飞逸系数 k_R 近似估算水轮机的飞逸转速 n_R。

$$n_R = k_R n \qquad\qquad (6-25)$$

对于水斗式或混流式，$k_R = 1.7 \sim 2.2$；

对于保持协联关系的轴流转桨式，$k_R = 2.0 \sim 2.2$；

对于轴流定桨式，$k_R = 2.4 \sim 2.6$。

第六节　水斗式水轮机装置型式的选择与基本参数的计算

一、装置型式的选择

装置型式的选择包括主轴的布置方式，转轮及喷嘴的数目的选择三项内容。

水斗式水轮机的主轴分卧式布置和立式布置两种方式。卧轴式布置拆卸、维护方便，但每个转轮上只能布置 $1 \sim 2$ 个喷嘴，当喷嘴数目多时，也必须相应增加转轮的数目。横轴水斗式水轮机一般装置一个或二个转轮，每个转轮上布置 $1 \sim 2$ 个喷嘴。竖轴水斗式水轮机在同一转轮上布置 $2 \sim 6$ 个喷嘴，在同样转轮的情况下可以增加机组出力，有利于减小机组尺寸。但当喷嘴数多于 3 个时，转速不宜选得太高，以免各射流相互影响而降低水轮机的效率。

水斗式水轮机的装置型式根据单机容量、流量和水头选择，一般小容量选择卧式，流量小水头高时选一个喷嘴，流量大水头低时选 2 个喷嘴；大容量选择立式，水头高时选 2 ～3 个喷嘴，水头低时选 4～6 个喷嘴。

二、固定比转速时水轮机基本参数的计算

由水斗式水轮机比转速的公式可以看出，水轮机的比转速与转轮数及喷嘴数有关，对于固定的比转速的水轮机，即原型水轮机的转轮数、喷嘴数以及 d_0/D_1 均与模型水轮机相同时，则水斗式水轮机基本参数的计算方法同混流式水轮机，应用模型水轮机综合特性曲线选定设计工况的 n_{11r}、Q_{11r}、η_r、n_{11R} 之后，可按反击式水轮机的计算公式求出 D_1、n、n_R。水斗式水轮机的 d_0 可按模型参数表中给出的 D_1/d_0 值换算出。

确定水斗式水轮机安装高程的方法与反击式水轮机不同。水斗式水轮机的转轮装在下游水位以上，但不可装得过高或过低。装得过高，下游水位至转轮间的一般水头浪费较大。装得过低，则由于尾水激起的水花会溅到转轮上引起附加水力损失。水斗式水轮机转轮中心高程（对横轴机组为转轮节圆最低点）至尾水位之间的高差为排水高度，它是保证水斗式水轮机安全运行、防止变负荷时的涌浪、防止尾水的水流飞溅而造成能量损失所必须的高度，根据经验资料，排水高度 H_d 与转轮直径 D_1 有以下近似关系

$$H_d \geqslant (1.0 \sim 1.5) D_1 \qquad\qquad (6-26)$$

选择 H_d 时，对于立轴机组可取较大值，对于卧式机组可取最小值。

三、改变比转速时水斗式水轮机参数的选择

用改变比转速法选择水斗式水轮机的基本参数，是利用水斗式水轮机的比转速与射流转轮直径 d_0/D_1、喷嘴数 Z_0、转轮数 K_r 有关的原理，通过选用不同的 d_0/D_1、Z_0、K_r，

从而获得适合于拟设计水电站要求的水斗式水轮机。

选择和计算原型水轮机的参数时，首先要根据电站的水头、容量、流量等条件选择水轮机的装置型式。包括主轴布置方式、转轮数与喷嘴数。其次是根据 $n_s = f(H)$ 曲线选择水轮机的比转速。在此基础上再计算水轮机的转速 n、转轮直径 D_1、射流直径 d_0、水斗数 Z_1 以及飞逸转速 n_R。水轮机装置型式及比转速的选择前面已介绍过，下面介绍基本参数的选择。

1. 转速 n 的计算

由水轮机比转速的公式可得：

$$n = \frac{n_{s1} H^{\frac{5}{4}}}{\sqrt{P_1}} \tag{6-27}$$

$$P_1 = \frac{P}{K_r Z_0} \tag{6-28}$$

式中　n_{s1}——对应于 1 个转轮 1 个喷嘴时的比转速，$\mathrm{m \cdot kW}$；

　　　P_1——对应于 1 个转轮 1 个喷嘴时的出力，kW；

　　　K_r——转轮数；

　　　Z_0——每个转轮的喷嘴数。

2. 射流直径 d_0 的计算

对于多转轮多喷嘴的水斗式水轮机为

$$Q = K_r Z_0 \frac{\pi d_0^2}{4} v_0 = K_r Z_0 \frac{\pi d_0{}^2}{4} \varphi \sqrt{2gH_r} \tag{6-29}$$

式中　Q——水轮机的总流量，$\mathrm{m^3/s}$；

　　　d_0——喷嘴射流直径，m；

　　　v_0——喷嘴出口射流速度，$\mathrm{m/s}$；

　　　φ——喷嘴射流速度系数，$0.97 \sim 0.98$。

由式（6-29）得：

$$d_0 = 0.545 \sqrt{\frac{Q}{K_r Z_0 \sqrt{H_r}}} \tag{6-30}$$

3. 转轮直径 D_1 的计算

转轮直径 D_1 的计算为

$$D_1 = \frac{60u}{\pi n} \tag{6-31}$$

$$u = \varphi \sqrt{2gH_{av}} \tag{6-32}$$

式中　u——转轮圆周速度（节圆），$\mathrm{m/s}$；

　　　φ——转轮圆周速度系数，一般取 $\varphi = 0.465 \sim 0.485$；

　　　H_{av}——水轮机的平均水头，m。

由式（6-31）与式（6-32）可得

$$D_1 = \frac{(39 - 40) \sqrt{H_{av}}}{n} \tag{6-33}$$

4. D_1/d_0 的检验

根据计算出的 D_1 与 d_0 求出 D_1/d_0，为了保证水轮机的高效率，D_1/d_0 一般选在 $10\sim20\text{m}$ 范围内。

5. 水轮机喷嘴直径 d_n 的计算

喷嘴在喷射水流时，射流直径会收缩变小。考虑到射流的收缩，故需求喷嘴出口直径 d_n 大于射流直径 d_0，计算时可采用

$$d_n = md_0 \tag{6-34}$$

式中　m——系数，与喷嘴型式有关，$m=1.05\sim1.25$。

6. 水斗数 Z_1 的估算

水斗数过少时，会使部分射流落不到水斗上而形成容积损失；水斗数过多时对水斗的出水不利，一般可取

$$Z_1 = 6.67\sqrt{\frac{D_1}{d_0}} \tag{6-35}$$

对于多喷嘴机组，其射流夹角避免为相邻水斗夹角的整倍数。

7. 水轮机效率的估算

当原型水轮机的 D_1/d_0 与模型水轮机相同或 $D_1/d_0=10\sim20$ 时，原型的效率与模型差别不大，效率可不进行修正。当 D_1/d_0 与模型差别较大时，可参照表 6-9 估算原型水轮机的效率。

表 6-9　　　　　　　　　　水斗式水轮机预期效率

D_1/d_0	负　荷　百　分　比			
	100%	75%	50%	25%
50	85.1	86.2	83.3	72.6
40	85.5	86.6	83.8	73.8
30	85.9	86.9	84.4	73.8
20	86.3	87.8	85.7	77.0
18	86.5	88.0	86.2	78.2
16	86.5	88.0	86.8	79.3
14	86.5	88.0	87.0	80.4
13	86.5	88.0	87.0	80.9
12	86.5	88.0	87.0	81.5
11	86.5	88.0	87.0	82.0
10	86.3	87.8	86.8	82.0
9	85.8	87.4	86.3	81.9
8	84.6	86.5	85.0	81.0
7	82.7	84.7	83.0	79.3
6	80.0	81.5	80.0	76.5
5.5	77.7	78.5	77.7	74.5

8. 飞逸转速的估算

$$n_R = \frac{n_{11R}\sqrt{H_{\max}}}{D_1} \qquad (6-36)$$

式中　n_{11R}——最大单位飞逸转速，一般取 $n_{11R} = 70(\text{r/min})$。

第七节　水泵水轮机装置型式选择和基本参数的计算

一、水泵水轮机型式的选择

1. 装置型式选择

抽水蓄能电站的机组可采用多种装置型式，由水泵、水轮机、电动机、发电机或可逆式水泵水轮机、发电电动机组合，构成不同型式的抽水蓄能发电机组。大型机组多采用竖轴布置，中小型机组有时采用横轴布置。几种常用的机组构成方式如表 6-10 所示。

表 6-10　　　　　　　　　　抽水蓄能水力发电机组的组合型式

轴方向 主机类型	横　轴	立　轴
(1) 四机式	Ⓟ—Ⓜ—Ⓣ—Ⓖ	Ⓜ　Ⓖ Ⓟ　Ⓣ
(2) 三机式	Ⓣ—ⓂⒼ—Ⓟ	ⓂⒼ Ⓣ Ⓟ
(3) 二机式	ⓅⓉ—ⓂⒼ	ⓂⒼ ⓅⓉ

注　P—水泵（Pump）；T—水轮机（Turbine）；PT—水泵水轮机（Pump-Turbine）；M—电动机（Motor）；G—发电机（Generator）；MG—发电电动机（Motor-Generator）

如表 6-10 所示，抽水蓄能水电站的机组装置组合有四机式、三机式和二机式，最早采用的型式为四机式，即水泵和水轮机分别配置各自的电动机与发电机。由于设备多，占地大，投资高，目前已很少采用。

三机式，即水泵、水轮机、发电—电动机三者以联轴节相连。发电时，由水轮机带动发电—电动机作发电机组运行。抽水时，由发电—电动机以电动机方式运行带动水泵抽水。两种其旋转方向相同。三机式的优点是机组转换运行方式快，不需要专设启动设备。

二机式，即由水泵—水轮机和发电—电动机组成。水泵水轮机兼有水泵和水轮机两种功能，转轮正转时为水轮机运行方式，反转时为水泵运行方式。由于一机两用，故机组造价较三机式低。但转轮设计要兼顾水泵与水轮机两种工况的性能，其效率较单一的水泵或水轮机稍低一些。目前，二机式应用最广泛，但在一些超高水头的抽水蓄能电站，仍不排除采用水斗式水轮机作动力机和采用多级离心泵作抽水机的组合方式，也可以采用多级水泵水轮机和双速发电机—电动机的二机式。

2. 水泵水轮机机型的选择

适应不同水头段抽水蓄能电站的需求，水泵水轮机具有混流式、斜流式、贯流式几种类型，各类水泵水轮机的比转速及应用水头范围如表6-11所示。

表6-11　　　　　　　　　各类水泵水轮机的比转速与适用范围

型　　式	适用水头或扬程范围	比转速（m·kW）	比转速（m·m³/s）
多级混流式	50～1200	60～100	20～30
单级混流式	30～700	60～250	20～65
斜流式	25～150	100～350	50～120
轴流式	15～40	200～800	70～150
贯流式	<30	400～1000	

（1）混流式水泵水轮机。混流式水泵水轮机的结构与常规混流式水轮机相似，但其转速一般按水泵工况设计，用水轮机工况校核。在相同水头和功率条件下，其直径比常规水轮机大30%～40%。单级混流式水轮机的适用水头可高达700m，在水头高于700m的电站，可考虑采用多级混流式水泵水轮机。

（2）斜流式水泵水轮机。斜流式水泵水轮机一般为转桨式，其效率曲线平缓，能适应水头及负荷变化较大的水电站。斜流式水泵水轮机可用于25～200m的水头。对于水头小于200m的抽水蓄能电站，可以采用混流式水轮机，又可以采用斜流式水轮机。要根据电站的水头，调节容量的大小等决定采用的机型。在水库的利用水深较大，采用单速混流式水泵水轮机不能同时满足水泵和水轮机工况同时获得高效率时，可考虑双速混流式水泵水轮机和斜流转桨式水泵水轮机两方案。双速混流式水轮机使用的发电—电动机造价比单速机高出10%～15%，而且要附加一套励磁切换设备。若选择斜流式水泵水轮机，则可通过调节桨式及导叶开度使水泵及水轮机工况均获得高效率，而无需改变发电—电动机的转速。与混流式相比，斜流式的缺点是结构复杂，轴向水推力大，空化系数大，安装高程低，基础开挖量大，工程费用较高。

（3）轴流式水泵水轮机。轴流式水泵水轮机适用于低水头抽水蓄能电站，一般采用转桨式结构，以适应水头及负荷的变化。轴流式水泵水轮机应用不太多，其原因是水泵运行时，其扬程较低，尽管轴流转桨式发电专用水轮机的应用水头已达88m，但轴流式水泵的扬程一般不超过20m。提高轴流式水泵的扬程，需要将其转速增加很多，这样会使发电—电动机的造价昂贵。

（4）贯流式水泵水轮机。贯流式水泵水轮机的转轮同轴流式一样，只是布置型式不同。贯流式水泵水轮机用于潮汐抽水蓄能电站和其他低水头抽水蓄能电站。

二、水泵水轮机基本参数的计算

1. 水泵水轮机基本参数选择的要求

选择水泵水轮机的参数时应综合考虑下面几点。

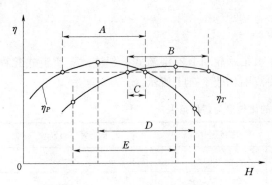

图 6-16 水泵水轮机的特性

A—水泵高效区；B—水轮机高效区；C—高效
重叠区；D—水泵工作区；E—水轮机工作区

（1）综合效率高。当机组采用单转速时，水泵工况与水轮机工况的最高效率区不重合，如图 6-16 所示。因此，在选择参数时，可根据电站的具体条件或要求，或侧重于水轮机工况，或侧重于水泵工况，或两者兼顾。一般按两者的综合效率最高来考虑。

（2）尽可能使发电与抽水时的容量平衡。为了充分利用发电—电动机的容量，设计中尽可能使发电工况的额定输出功率与抽水工况的电机最大输入功率相等，即

$$P_M/\cos\varphi_M = P_G/\cos\varphi_G \qquad (6-37)$$

式中　P_M——抽水工况电机最大输入功率，kW；

　　　P_G——发电工况电机额定输出功率，kW；

　　$\cos\varphi_M$——抽水工况电机额定功率因数，0.9~1.0；

　　$\cos\varphi_G$——发电工况电机额定功率因数，0.85~0.9。

$$P_G = P_T\eta_G \qquad (6-38)$$

式中　P_G——水轮机在设计水头下的额定功率，kW；

　　　η_G——发电机效率，0.96~0.98。

$$P_M = P_P/\eta_M \qquad (6-39)$$

式中　P_P——水泵最大轴功率，kW；

　　　η_M——电动机效率，0.96~0.98。

对混流式水泵水轮机，在水泵工况时，扬程越低，输入功率越大，最小扬程下的输入功率最大。对于斜流式及轴流转桨式水泵水轮机，水泵的输入功率随叶片转角的增大而增大，一般可按设计扬程下的最大输入功率计算。

（3）应满足吸出高度的要求。水泵水轮机的吸出高度一般由水泵工况确定，由于水泵的临界空化系数大于水轮机，故要求有较大的负值 H_s 值，尤其对高水头抽水蓄能电站，其 H_s 值往往在 -30m 以下，在确定吸出高度时应予以足够的重视。

以上诸要求往往是互相矛盾的，无法同时满足，设计中根据电站的具体情况，权衡利弊，满足其中最主要的要求，并兼顾其他要求。

2. 水泵水轮机比转速的选择

选择水泵水轮机的比转速时，通常要考虑水轮机工况的比转速与水泵工况的比转速。按照习惯的表达方法，水轮机的比转速使用 m·kW 单位制，水泵采用 m·m³/s 单位制。

水轮机工况：　　　　　　$n_{st} = n\sqrt{P}/H^{5/4}$ 　　　　　　（6-40）

水泵工况：　　　　　　$n_{sp} = n\sqrt{Q}/H^{3/4}$ 　　　　　　（6-41）

计算水泵水轮机的比转速时，水轮机工况 n_s 相应于最高水头下的最大出力点的 n_s

值；对于水泵工况，确定 n_s 的计算条件较困难，一种方法是求出最高效率点的流量 Q 与扬程 H，再计算 n_s。

选择水泵水轮机的比转速时可根据统计资料确定。根据近年来已建抽水蓄能电站的统计资料绘制的混流式与斜流式水泵水轮机的水轮机工况水头与 n_s 关系曲线以及水泵工况的扬程与 n_s 关系曲线如图 6-17 所示，选择水泵水轮机的比转速时，可按一种运行工况（水轮机工况或水泵工况）选择，而用另一种运行工况校核。

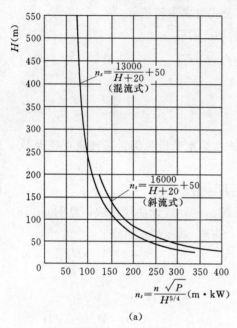 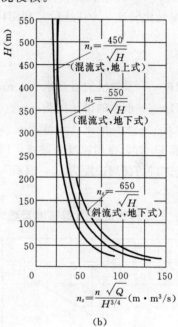

图 6-17 水泵水轮机的水头扬程与比转速关系曲线
(a) 水泵水轮机的水轮机水头与比转速关系曲线；(b) 水泵水轮机的水泵扬程与比转速关系

3. 水轮机的转轮直径 D_1 与转速 n 的计算

按水轮机工况选择水轮机的转轮直径 D_1 与转速 n 的方法同常规水轮机相同。当已知模型参数与模型综合特性曲线时，可用下面的式子计算 D_1 与 n。即

$$D_1 = \sqrt{\frac{P_r}{9.81 Q_{11T} H_T^{1.5} \eta_T}} \tag{6-42}$$

式中　P_r——水轮机的额定输出功率，kW；

　　　Q_{11T}——水轮机的设计单位流量，m^3/s；

　　　H_T——水轮机的设计水头，m；

　　　η_T——水轮机设计工况效率。

$$n = n_{11T} \frac{\sqrt{H_T}}{D_1} \tag{6-43}$$

式中　n_{11T}——水轮机工况的设计单位转速，可由模型特性曲线上查取。

在选择水轮机工况的单位转速 n_{11T} 时，要兼顾水泵工况的性能。由水泵水轮机的转速特性可知，水轮机工况的最优单位转速与水泵工况的单位转速时不一致的，一般情况下，

水泵工况的最优转速是水轮机工况的 1.20～1.35 倍。

当水泵水轮机采用双速时，可按水泵和水轮机的最优转速分别选取其单位转速。当采用单速时，要在水泵与水轮机的最优单位转速之间选取一适当的单位转速，使得水泵工况与水轮机工况的综合效率最高。

当没有水泵水轮机的模型综合特性曲线时，可用水泵水轮机的统计资料估算 D_1 和 n。

计算 n 时，首先根据水泵水轮机的水头（或扬程）选择水轮机工况的比转速 n_{st}（或水泵工况的比转速 n_{sp}），然后，利用比转速公式可求出转速 n。

$$n = n_{st} H_T^{5/4} / \sqrt{P_r} \tag{6-44}$$

或

$$n = n_{sp} H_P^{3/4} / \sqrt{Q_P} \tag{6-45}$$

式中　H_T——水轮机的设计水头，m；

　　　H_P——水泵的设计扬程，m；

　　　Q_P——水泵的设计流量，m^3/s。

计算 D_1 时，可用速度系数法。以混流式水泵水轮机为例，若转轮直径为 D_1，转速为 n，转速进口的圆周速度为 u_1，则有

$$u_1 = \varphi_1 \sqrt{2gH} = \pi D_1 n / 60 \tag{6-46}$$

式中　φ_1——转轮进口圆周速度系数，可根据 $\varphi_1 \sim n_s$ 统计曲线选取，见图 6-18。

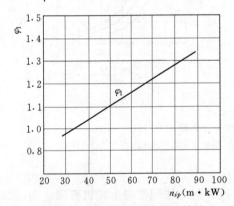

图 6-18　混流式水泵水轮机转轮
速度系数与 n_{sp} 关系曲线

由式（6-46）可得：

$$60\sqrt{2g}/\pi\varphi_1 = \frac{nD_1}{\sqrt{H}} = n_{11}$$

即　　　　　$$n_{11} = 84.6\varphi_1$$

所以　　　$$D_1 = \frac{n_{11}\sqrt{H}}{n} = \frac{84.6\varphi_1\sqrt{H}}{n} \tag{6-47}$$

根据 $\varphi_1 \sim n_s$ 关系曲线查取 φ_1，再利用式（6-47）可计算出 D_1，再校核在水轮机工况是否满足在额定水头下发生额定出力的条件。

4. 吸出高度的确定

水泵水轮机的水轮机工况的允许吸出高度与水泵工况是有区别的，在相同的水头（扬程）、流量和转速条件下，水泵工况比水轮机工况更容易发生空化。因此，水泵水轮机的吸出高度一般要求按水泵的空化性能要求来确定。

当已知水泵水轮机的模型综合特性曲线时，可分发电工况与抽水工况两种情况，按最大水头（扬程）设计水头（扬程）、最小水头（扬程）分别计算吸出高度，取其中的最小值作为最大允许吸出高度，并考虑留有适当的余量。水泵水轮机吸出高度的计算公式同常规水轮机一样，以混流式水泵水轮机为例，计算式为

$$H_{st} = 10 - E/900 - 1.2\sigma_T H \tag{6-48}$$

$$H_{sp} = 10 - E/900 - 1.2\sigma_P H \tag{6-49}$$

式中　H_{st}——水轮机工况吸出高度，m；

H_{sp}——水泵工况吸出高度，m；

σ_T——水轮机工况模型空化系数；

σ_P——水泵工况模型空化系数。

在没有水泵水轮机的模型综合特性曲线时，可根据经验公式或经验曲线估算水泵水轮机的最大允许吸出高度。水泵水轮机的允许吸出高度与水轮机的比速度有关，也与水泵水轮机的使用水头有关，图 6-19 是比转速 $n_{sp}=23\sim50(\mathrm{m\cdot m^3/s})$ 之间。应用水头在 $100\sim600\mathrm{m}$ 之间的混流式水泵水轮机的 n_{sp} 确定之后，可用曲线选则吸出高度值。

图 6-19 也说明，对于同样的水头（或扬程），当允许采用的吸出高度值不同时，可以采用不同的比转速值，允许采用的吸出高度越小，机组可采用的比转速越大。因此，可根据抽水蓄能电站的开挖深度，综合考虑水泵水轮机的比转速与吸出高度的选择问题。

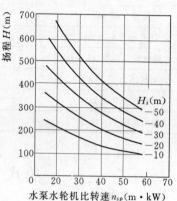

图 6-19 混流式水泵水轮机
允许吸出高度

5. 水泵的扬程、流量和功率的校核

当根据水轮机工况确定转轮直径 D_1、转速 n 时，需进一步校核水泵的扬程、流量和输入功率。水泵工况常用下列相似公式进行换算。即

$$H_P = H_{MP}\left(\frac{n}{n_M}\right)^2\left(\frac{D_1}{D_{1M}}\right)^2 \tag{6-50}$$

$$Q_P = Q_{MP}\frac{n}{n_M}\left(\frac{D_1}{D_{1M}}\right)^3 \tag{6-51}$$

$$P_P = 9.81Q_P H_P/\eta_P \tag{6-52}$$

式 (6-50)~式 (6-52) 中，脚标 P 表示水泵工况，脚标 M 表示模型参数。

校核水泵工况的方法如下：

(1) 根据送定的 D_1 和 n，用式 6-50 可把真机水泵的最大量程、设计扬程和最小扬程换算为模型水泵所对应的最大扬程、设计扬程和最小扬程。

(2) 在模型水泵特性曲线上查出各扬程所对应的模型水泵流量 Q_{MP}、效率 η_{MP} 和空化系数 σ_{MP}。

(3) 根据水泵相似换算公式计算在各扬程下原型水泵的流量 Q_P、效率 η_P、输入功率 P_P 与吸出高度 H_{SP}。水泵的效率换算可用水轮机的效率换算式。

(4) 根据计算值进行水泵运行范围与性能校核：模型水泵的 $H_{M\min}\sim H_{M\max}$ 应包括水泵的高效区；水泵的最大输入功率与发电—电动机的额定功率一致；各扬程的吸出高度值在给定的最大允许范围之内。

当上述各参数不满足水泵运行的要求时，要改变转速 n 和 D_1 重新计算。对于转桨式水泵水轮机，可通过适当的叶片角度和导叶开度，使水泵在高效、稳定的范围内运行。

水泵水轮机的工作参数，可按表 6-12（水轮机工况）和表 6-13（水泵工况）的形式计算。

表 6-12 水轮机工况计算表	H_{max}	H_r	H_{min}
水轮机净水头（m）			
单位转速 n_{11}（r/min）			
单位流量 Q_{11}（m^3/s）			
流量（m^3/s）			
效率 $\eta_P = \eta_M + \Delta\eta$			
水轮机输出功率（kW）			
发电机出力 P_g（kW）			
水轮机空化系数 σ			
吸出高度 H_s（m）			

表 6-13 水泵工况计算表	H_{max}	H_r	H_{min}
水泵扬程 H_P（m）			
模型水泵扬程 H_{MP}（m）			
模型水泵流量 Q_M（m^3/s）			
水泵流量（m^3/s）			
效率 $\eta_P = \eta_M + \Delta\eta$			
水泵输出功率 P_p（kW）			
电动机输入功率 P_g（kW）			
水泵空化系数 σ_p			
吸出高度 H_s（m）			

第八节　水轮机选型设计算例

一、混流式水轮机选型（按型谱选择）

1. 已知参数

电站装机容量 630MW，装机台数 3 台为

$$H_{max} = 134.2m; \quad H_{min} = 94.2m;$$
$$H_{av} = 126.1m; \quad H_r = 120m;$$

单机容量 210MW；保证出力（保证率 95%）202MW；

水轮机安装高程 622.50m。

2. 水轮机型号选择

按我国水轮机型谱中推荐的设计水头与比转速关系，水轮机的 n_s 为

$$n_s = \frac{2000}{\sqrt{H}} - 20 = \frac{2000}{\sqrt{120}} - 20 = 162.6(m \cdot kW)$$

因此，以选择 n_s 在 160 左右的水轮机为宜。

在水轮机型谱中，本电站的水头在 90～125m 水头段与 110～150m 水头段。两个水头段中可供选择的转轮型号有：HL220、HL180、HL160 三种型号。在设计工况下，三种转轮的比转速分别为 200m·kW、186m·kW、164m·kW，比较三种转轮，以 HL160 转轮的比转速与本电站的计算比转速最接近，空化系数较小，故决定选用 HL160 转轮。

3. 水轮机基本参数的计算

（1）计算转轮直径 D_1。水轮机的额定出力为

$$P_r = \frac{P_G}{\eta_g} = \frac{210000}{0.98} = 214300(kW)$$

取最优单位转速 $n_{110} = 67.5r/min$ 与出力限制线的交点的单位流量作为设计工况单位流量，则 $Q_{11r} = 0.68(m^3/s)$，对应的模型效率 $\eta_m = 0.895$，暂取效率修正值 $\Delta\eta = 2\%$，则设计工况原型水轮机效率 $\eta = \eta_m + \Delta\eta = 0.895 + 0.02 = 0.915$，故水轮机的转轮直径为

$$D_1 = \sqrt{\frac{P_r}{9.81 Q_{11r} H_r^{1.5} \eta}} = \sqrt{\frac{214300}{9.81 \times 0.68 \times 120^{1.5} \times 0.915}} = 5.17 \text{(m)}$$

按我国规定的转轮直径系列值，计算值处于标准值 $5.00 \sim 5.50$m 之间，考虑到取 5.0m 偏小，难于保证设计水头下发生额定出力；若取 5.5m 又太大，不经济。本机组属于大型水轮机，故取非标准值 $D_1 = 5.2$m。

（2）效率 η_r 的计算：

$$\eta_{r\max} = 1 - (1 - \eta_{m0}) \sqrt[5]{\frac{D_{1m}}{D_1}} = 1 - (1 - 0.91) \sqrt[5]{\frac{0.46}{5.2}} = 0.944$$

效率修正值 $\qquad \Delta\eta = \eta_{r\max} - \eta_{m0} = 0.944 - 0.91 = 0.034$

限制工况原型水轮机的效率为

$$\eta_r = \eta_m + \Delta\eta = 0.895 + 0.034 = 0.929$$

（3）D_1 的校核计算：用 $\eta_r = 0.929$ 对原先计算的 D_1 进行校核

$$D_1 = \sqrt{\frac{P_r}{9.81 Q_{11r} H_r^{1.5} \eta_r}} = \sqrt{\frac{214300}{9.81 \times 0.68 \times 120^{1.5} \times 0.929}} = 5.13 \text{(m)}$$

转轮直径 D_1 仍以 5.2m 为宜。

（4）转速 n 的计算。由模型综合特性曲线上查得 $n_{110} = 67.5$r/min

$$n = \frac{n_{110} \sqrt{H_{av}}}{D_1} = \frac{67.5 \times \sqrt{126}}{5.2} = 145.6 \text{(r/min)}$$

转速计算值介于同步转速 $136.4 \sim 150$r/min 之间，故取水轮机的转速 n 为 150r/min。

4. 水轮机设计流量 Q_r 的计算

设计工况点的单位流量 Q_{11r} 为

$$Q_{11r} = \frac{P_r}{9.81 \eta_T D_1^2 H_r^{1.5}} = \frac{214300}{9.81 \times 0.929 \times 5.2^2 \times 120^{1.5}} = 0.662 \text{(m}^3\text{/s)}$$

$$Q_r = Q_{11r} D_1^2 \sqrt{H_r} = 0.662 \times 5.2^2 \times \sqrt{120} = 196 \text{(m}^3\text{/s)}$$

5. 几何吸出高度 H_s 的计算

为使水轮机尽可能不发生空化，取 $H_{\max}$、H_r、$H_{\min}$ 三个水头分别计算水轮机的允许吸出高度，以其中的最小值作为最大允许吸出高度。为此，进行如下计算。

（1）计算 $H_{\min}$、H_r、$H_{\max}$ 所对应的单位转速 n_{11}

$$H_{\max}: n_{11\min} = \frac{n D_1}{\sqrt{H_{\max}}} = \frac{150 \times 5.2}{\sqrt{134}} = 67.4 \text{(r/min)}$$

$$H_r: n_{11r} = \frac{n D_1}{\sqrt{H_r}} = \frac{150 \times 5.2}{\sqrt{120}} = 71.2 \text{(r/min)}$$

$$H_{\min}: n_{11\max} = \frac{n D_1}{\sqrt{H_{\min}}} = \frac{150 \times 5.2}{\sqrt{94.2}} = 80.4 \text{(r/min)}$$

（2）确定各水头所对应的出力限制工况点的单位流量 Q_{11}

$H_{\min}$：取 $n_{11\max}$ 与出力限制线交点处单位流量，$Q_{11\max} = 0.67$

$$H_r: Q_{11r} = 0.662$$

$$H_{\max}: Q_{11\min} = \frac{P_r}{9.81 \eta_T D_1^2 H_{\max}^{1.5}} = \frac{214300}{9.81 \times 0.929 \times 5.2^2 \times 134^{1.5}} = 0.56$$

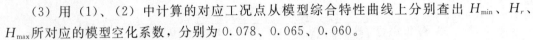

（3）用（1）、（2）中计算的对应工况点从模型综合特性曲线上分别查出 H_{min}、H_r、H_{max} 所对应的模型空化系数，分别为 0.078、0.065、0.060。

（4）分别用查到的空化系数计算 H_{min}、H_r、H_{max} 对应的吸出高度

计算式：
$$H_s = 10 - E/900 - (\sigma_M + \Delta\sigma)H$$

查空化系数修正值曲线得水轮机水头为 120m 时，$\Delta\sigma = 0.02$

$$H_{min}：H_s = 10 - 622.5/900 - (0.078 + 0.02) \times 94.2 = 0.076(\text{m})$$

$$H_r：H_s = 10 - 622.5/900 - (0.065 + 0.02) \times 120 = -0.892(\text{m})$$

$$H_{max}：H_s = 10 - 622.5/900 - (0.06 + 0.02) \times 134 = -1.412(\text{m})$$

从三个吸出高度计算值中取最小值 -1.412m，再留一定的余量，取最大允许吸出高度 $H_s = -2$m。

6. 飞逸转速 n_R 的计算

由 HL160 水轮机的模型飞逸特性曲线上查得在最大导叶开度下（$a_{oM} = 24$）单位飞逸转速 $n_{11R} = 127$r/min，故水轮机的飞逸转速为

$$n_R = n_{11R}\frac{\sqrt{H_{max}}}{D_1} = 127 \times \frac{\sqrt{134}}{5.2} = 283(\text{r/min})$$

7. 转轮轴向水推力 F_t 的计算

据 HL160 转轮技术资料提供的数据，转轮轴向水推力系数 $K_t = 0.20 \sim 0.26$，转轮直径较小止漏环相对间隙较大时取大值。本电站转轮直径较大，但水中有一定含沙量，止漏环间隙适当大一些，故取 $K_t = 0.23$，水轮机转轮的轴向水推力为

$$F_t = 9.81K_t \times 10^3 \frac{\pi}{4}D_1^2 H_{max} = 9.81 \times 0.23 \times 10^3 \times \frac{\pi}{4} \times 5.2^2 \times 134 = 6420949(\text{N})$$

8. 检验水轮机的工作范围

设计工况的单位流量 $\qquad Q_{11r} = 0.662(\text{m}^3/\text{s})$

最大水头、最小水头所对应的单位转速

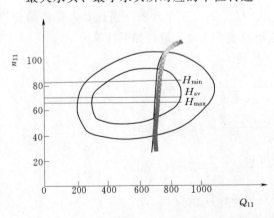

图 6-20　HL160-LJ-520 水轮机工作范围图

$$n_{11min} = \frac{nD_1}{\sqrt{H_{max}}} = \frac{150 \times 5.2}{\sqrt{134}} = 67.4(\text{r/min})$$

$$n_{11max} = \frac{nD_1}{\sqrt{H_{min}}} = \frac{150 \times 5.2}{\sqrt{94.2}} = 80.4(\text{r/min})$$

平均水头下的单位转速

$$n_{11av} = \frac{nD_1}{\sqrt{H_{av}}} = \frac{150 \times 5.2}{\sqrt{126.1}} = 69.5(\text{r/min})$$

根据上述参数绘出的水轮机实际工作范围图如图 6-20 所示。

由水轮机的工作范围图可知，水轮机的实际运行范围稍偏离最高区，但仍处于高效区范围内，与其他可能选择的参数相比，本方案的工作范围是最优的。

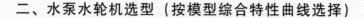

二、水泵水轮机选型（按模型综合特性曲线选择）

1. 已知参数

抽水扬程：$H_{pmax}=77\text{m}$，$\quad H_{pr}=70\text{m}$，$\quad H_{pmin}=50\text{m}$；

发电水头：$H_{max}=73\text{m}$，$\quad H_r=65\text{m}$，$\quad H_{min}=47\text{m}$；

发电时单机组额定出力 $P_G=70000\text{kW}$；

吸出高度：不低于-15m；

电站海拔高程 900m。

2. 机型选择

本电站水头不高但水头变幅较大，可考虑采用斜流式或混流式。由于水头变幅大，选择混流式难于满足抽水与发电两种工况的高效率运行，故确定采用斜流式水泵水轮机，发电电动机采用单速式。斜流式水泵水轮机的水轮机工况的模型综合特性曲线如图 6-21 所示，水泵工况的模型综合特性曲线如图 6-22 所示。

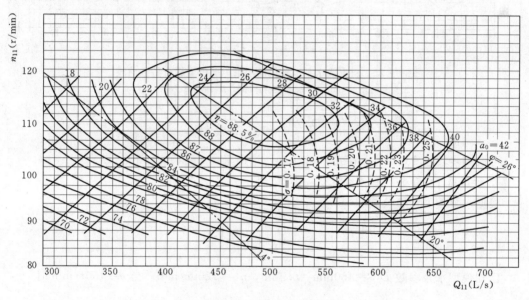

图 6-21　斜流式水泵水轮机的水轮机工况模型综合特性曲线

$D_{1m}=450\text{mm}$，$n_{11f}=178\text{r/min}$

3. 按水轮机工况选择转轮直径和转速

（1）转轮直径 D_1 选择。设发电机效率 $\eta_G=0.97$，从图 6-21 水轮机工况模型综合特性曲线上选取 $Q_{11}=0.62\text{m}^3/\text{s}$，参照模型效率值，暂设原型机效率 $\eta_T=0.88$，则

$$D_1=\sqrt{\frac{P_G}{9.81Q_{11}H_r^{1.5}\eta_T\eta_G}}=\sqrt{\frac{70000}{9.81\times0.65\times65^{1.5}\times0.88\times0.97}}\approx4.95(\text{m})$$

按转轮标准系列，取 $D_1=5\text{m}$。

（2）转速 n 选择。考虑到水泵水轮机的转速特性，水泵工况的最优转速比水轮机工况高，本着两者兼顾的原则，取 $n_{11}=1.125n_{110}=1.125\times80=90(\text{r/min})$

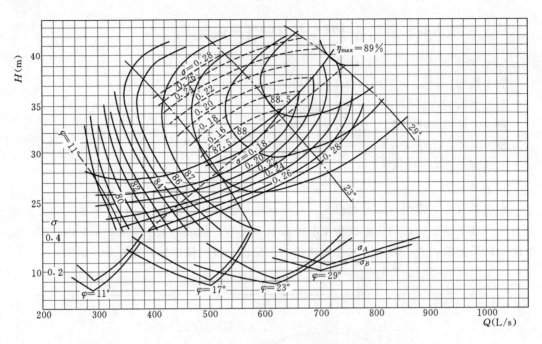

图 6-22 斜流式水泵水轮机的水泵工况模型综合特性曲线

$D_{1m}=450mm$，$n_m=1200r/min$，$n_{11f}=235r/min$

$$n=\frac{90\sqrt{65}}{5.0}=145.1(r/min)$$

可取同步转速 $136.4r/min$ 或 $150r/min$，这里采用 $n=150r/min$。

4. 按所选 D_1 和 n 校核水泵工况

根据水泵相似计算公式得

$$H_{MP}=\left(\frac{D_{1M}}{D_1}\right)^2\left(\frac{n_M}{n}\right)^2 H_P$$

已知模型水泵参数 $D_{1M}=450mm=0.45m$，$n_M=1200r/min$，当 $n=150r/min$ 时

$$H_{MP}=\left(\frac{0.45}{5}\right)^2\left(\frac{1200}{150}\right)^2 H_P=0.5184H_P$$

在最大水泵扬程 $H_{pmax}=77m$ 下，相应的模型水泵最大扬程为

$$H_{MPmax}=0.5184\times77=39.9(m)$$

在最小水泵扬程 $H_{pmin}=50m$ 下，相应的模型水泵最小扬程为

$$H_{MPmin}=0.5184\times50=25.92(m)$$

从水泵模型特性曲线上可看出，水泵的工作范围包括了高效率区，说明 D_1 与 n 的选择是适当的。

5. 水泵工况各参数的计算

计算各特征扬程下的流量、效率、输入功率及吸出高度等参数。

根据水轮机工况的计算，发电工况下机组的额定输出功率 $P_G = 70000\text{kW}$，设发电工况发电机的功率因数 $\cos\varphi_G = 0.85$，抽水工况电动机的功率因数 $\cos\varphi_m = 1$，电机效率 $\eta_G = \eta_M = 0.97$，则电动机的最大输入功率为

$$P_G = P_G \frac{\cos\varphi_M}{\cos\varphi_G} = 70000 \times \frac{1}{0.85} = 82400(\text{kW})$$

水泵的效率修正

$$\eta_{P\max} = 1 - (1 - \eta_{MP\max})\sqrt[5]{\frac{D_{1M}}{D_1}} = 1 - (1 - 0.98)\sqrt[5]{\frac{0.45}{5}} = 0.93$$

$$\Delta\eta_P = \eta_{P\max} - \eta_{MP\max} = 0.93 - 0.89 = 0.04$$

考虑制造方面的原因，取 $\Delta\eta_P = 0.02$

水泵的流量 Q_p 与吸出高度 H_{sp} 分别为

$$Q_P = Q_M \left(\frac{D_1}{D_{1M}}\right)\frac{n}{n_M} = 171.47Q_M$$

$$H_{sp} = 10 - \nabla/900 - 1.2\sigma_p H_p$$

根据上述各关系式计算水泵各工况参数。

(1) 设计扬程 H_{pr} 下各参数的计算：

真机水泵的设计扬程：$H_{pr} = 70(\text{m})$；

模型水泵的对应扬程：$H_{mr} = 36.3(\text{m})$。

在如图 6-23 所示的水泵工况模型特性曲线上选择一适当的叶片角度，使水泵在设计扬程时能工作在最优效率区。这里选择 $\varphi = 24°$，在设计扬程下，相应的模型水泵流量 $Q_{PM} = 0.614\text{m}^3/\text{s}$，效率 $\eta_{PM} = 88.5\%$，空化系数 $\sigma_{PM} = 0.185$。将各系数换算为真机水泵参数为

原型水泵流量： $Q_{Pr} = 171.47Q_{PM} = 105.3(\text{m}^3/\text{s})$

原型水泵效率： $\eta_{PT} = \eta_{PM} + \Delta\eta_P = 90.5\%$

原型水泵轴功率： $P_{PT} = 9.81Q_{PT}H_{PT}/\eta_{PT} = 80186(\text{kW})$

电动机输入功率： $P_{Mr} = P_{Pr}/0.97 = 82666(\text{kW})$

水泵吸上高度： $H_s = 10 - E/900 - 1.2\sigma_{PM}H_{Pr} = -6.54(\text{m})$

(2) 最大扬程 $H_{P\max}$ 下各参数的计算：

原型水泵的最大扬程： $H_{P\max} = 77\text{m}$

模型水泵的对应最大扬程： $H_{M\max} = 39.9\text{m}$

在最大扬程时，若叶片角保持 24° 不变，则模型水泵流量 $Q_{PM} = 0.56\text{m}^3/\text{s}$，效率 $\eta_{PM} = 87.7\%$，空化系数 $\sigma_{PM} = 0.26$。将各参数换算为原型水泵参数为

原型水泵流量： $Q_P = 171.47Q_{PM} = 96(\text{m}^3/\text{s})$

原型水泵效率： $\eta_P = \eta_{PM} + \Delta\eta = 89.7\%$

原型水泵轴功率： $P_P = 9.81Q_P H_{P\max}/\eta_P = 80799(\text{kW})$

电动机输入功率： $P_M = P_P/0.97 = 83277(\text{kW})$

水泵吸上高度： $H_{SP} = 10 - E/900 - 1.2\sigma_{PM}H_{P\max} = -15.0(\text{m})$

(3) 最小扬程 $H_{P\min}$ 下水泵各参数计算：

原型水泵的最小扬程：$\qquad H_{Pmin}=50\text{m}$

模型水泵的对应最小扬程：$\qquad H_{Mmin}=25.92(\text{m})$

最小扬程下若保持叶片角不变（$\varphi=24°$），则此时的模型空化系数已相当大（估计 $\sigma_{PM}=0.45\sim0.5$），这不仅需要相当大的负吸出高度，而且水泵运行将出现不稳定与空蚀破坏。为此，一般在小于设计扬程时，采取导叶开度不变而减少叶片角的运行方式。取 $H_{Mmin}=25.92\text{m}$ 线与同一导叶开度线（图 6-23 中虚线）的交点，相应的模型流量 Q_{PM} 为 $0.465\text{m}^3/\text{s}$，效率 $\eta_{PM}=86.6\%$，空化系数 $\sigma_{PM}=0.205$，将各参数换算为原型参数得

原型水泵流量：$\qquad Q_P=171.47Q_{PM}=79.7(\text{m}^3/\text{s})$

原型水泵效率：$\qquad \eta_P=\eta_{PM}+\Delta\eta=88.6\%$

原型水泵轴功率：$\qquad P_P=9.81Q_PH_P/\eta_P=44078(\text{kW})$

电动机输入功率：$\qquad P_M=P_P/0.97=45441(\text{kW})$

水泵吸上高度：$\qquad H_S=10-1.2\sigma_{PM}H_{Pmin}=-3.3(\text{m})$

6. 水轮机工况各参数的计算

计算最大水头、设计水头与最小水头下的流量、效率、出力与吸出高度。

水轮机的效率修正：

$$\eta_{Tmax}=1-(1-\eta_{MTmax})\sqrt[5]{\frac{D_{1M}}{D_1}}=1-(1-0.89)\sqrt[5]{\frac{0.45}{5.0}}=0.93$$

$$\Delta\eta_T=\eta_{Tmax}-\eta_{MTmax}=0.93-0.89=0.04$$

表 6-14　　　　水泵工况参数计算表

水泵扬程 H_P（m）	77	70	50
模型扬程 H_{MP}（m）	39.9	36.3	25.92
模型流量 Q_M（m³/s）	0.560	0.614	0.465
水泵流量 Q_M（m³/s）	96	105.2	79.7
水泵效率 η_P（%）	89.7	90.5	88.6
水泵轴功率 P_P（kW）	80779	80186	44078
电动机输入功率 P_M（kW）	83277	82666	45441
水泵空化系数 σ_P	0.26	0.185	0.205
吸上高度 H_{SP}（m）	-15.0	-6.54	-3.3

考虑到制造方面的原因，取 $\Delta\eta_T=0.02$。

（1）设计水头下各参数的计算：

单位转速：$\qquad n_{11}=\dfrac{nD_1}{\sqrt{H_r}}=\dfrac{150\times5}{\sqrt{65}}=93(\text{r/min})$

水轮机效率：$\qquad \eta_T=\eta_m+\Delta\eta=0.857+0.02=0.877$

单位流量：

$$Q_{11}=\frac{P_r}{9.81D_1^2H_r^{1.5}\eta_T}=\frac{72165}{9.81\times5^2\times65^{1.5}\times0.877}=0.64(\text{m}^3/\text{s})$$

水轮机设计流量：$\qquad Q_r=Q_{11r}D_1^2\sqrt{H_r}=129(\text{m}^3/\text{s})$

空化系数： $\qquad\qquad \sigma_{TM}=0.247$

吸出高度： $\qquad H_s=10-\dfrac{E}{900}-1.2\sigma_{TM}H_r=-10.3(\mathrm{m})$

水轮机出力（额定出力）： $\qquad P_T=72165(\mathrm{kW})$

发电机出力（额定出力）： $\qquad P_G=P_T\eta_G=72165\times0.97=70000(\mathrm{kW})$

（2）最大水头下各参数的计算：

单位转速： $\qquad n_{11}=\dfrac{nD_1}{\sqrt{H_{\max}}}=\dfrac{150\times5}{\sqrt{73}}=87.8(\mathrm{r/min})$

单位流量： $Q_{11}=\dfrac{P_r}{9.81D_1^2H_{\max}^{1.5}\eta_T}=\dfrac{72165}{9.81\times5^2\times73^{1.5}\times0.904}=0.52(\mathrm{m}^3/\mathrm{s})$

水轮机效率 η_T 为 $H_{\max}$ 下出力限制工况的数值，按额定出力经计算确定。

水轮机流量： $Q_r=Q_{11}D_1^2\sqrt{H_{\max}}=0.52\times5^2\times\sqrt{73}=111(\mathrm{m}^3/\mathrm{s})$

水轮机效率： $\eta_T=\eta_M+\Delta\eta=0.884+0.02=0.904$ ， η_M 由 (n_{11},Q_{11}) 在模型特性曲线上查取。

空化系数： $\sigma_{TM}=0.171$ （由模型特性曲线上查得）

吸出高度： $\qquad H_s=10-\dfrac{\nabla}{900}-1.2\sigma_{TM}H_{\max}=-6.0(\mathrm{m})$

水轮机出力额定出力： $\qquad P_T=72165(\mathrm{kW})$

发电机出力额定出力： $\qquad P_G=70000(\mathrm{kW})$

（3）最小水头下各参数的计算：

单位转速： $\qquad n_{11}=\dfrac{nD_1}{\sqrt{H_{\min}}}=\dfrac{150\times5}{\sqrt{47}}=109.4(\mathrm{r/min})$

单位流量： $Q_{11}=0.615\mathrm{m}^3/\mathrm{s}$ ，以通过设计工况点的等开度线为出力限制线，取 $n_{11}=109.4$ 与出力限制线的交点处的 Q_{11} 值为 $H_{\min}$ 时的最大单位流量。

水轮机流量： $\qquad Q=Q_{11}D_1^2\sqrt{H_{\min}}=0.615\times5^2\times\sqrt{47}=105.4(\mathrm{m}^3/\mathrm{s})$

水轮机效率： $\eta_T=\eta_m+\Delta\eta=0.81+0.02=0.83$ ， η_m 为工况点 $n_{11}=109.4$ 与 $Q_{11}=0.615$ 处的数值。

水轮机出力：

$$P_T=9.81H_{\min}^{1.5}D_1^2Q_{11}\eta_T=9.81\times47^{1.5}\times5^2\times0.615\times0.83=40338(\mathrm{kW})$$

发电机出力： $P_G=40338\times0.97=39128(\mathrm{kW})$ ，假定发电机效率仍为 97% 。

空化系数： $\sigma_M=0.245$ （由模型特性曲线上查得）

吸出高度： $\qquad H_s=10-\dfrac{\nabla}{900}-1.2\sigma_{TM}H_{\min}=-5.0(\mathrm{m})$

表 6-15   **水轮机工况参数计算表**

水轮机水头 H (m)	73	65	47	水轮机出力 P (kW)	72165	72165	40338
单位转速 n_{11} (r/min)	87.8	93.0	109.4	发电机出力 P_G (kW)	70000	70000	39128
单位流量 Q_{11} (m³/s)	0.52	0.64	0.615	空化系数 σ_M	0.171	0.247	0.245
流量 Q (m³/s)	111.0	129.0	105.4	吸出高度 H_s (m)	-6.0	-10.3	-5.0
效率 η_T (%)	90.4	87.7	83.0				

第七章

反击式水轮机引水室

第一节　水轮机引水室的作用与类型

一、水轮机引水室的作用

水轮机的引水室是水流进入水轮机的第一个部件，是反击式水轮机的重要组成部分。引水室的作用是将水流顺畅且轴对称地引向导水机构，然后进入转轮。引水室应满足以下基本要求：

(1) 尽可能减少水流在引水室中的水力损失以提高水轮机效率。

(2) 保证水流沿导水机构四周均匀进水，尽量呈轴对称，使转轮四周所受水流的作用力均匀，以提高水轮机运行稳定性。

(3) 水流在进入导水机构前应具有一定的环量，以保证水轮机在主要的运行工况下水流能以较小的冲角进入固定导叶和活动导叶，减小导水机构的水力损失。

(4) 具有合理的断面形状和尺寸，以降低厂房投资，同时便于机组辅助设备（如导水机构的接力器及其传动机构，水轮机进水阀及其传动机构等）的布置。

(5) 具有必要的强度及合适的材料，以保证结构上的可靠性和抵抗水流的冲刷。

为了适应不同流量和水头条件，反击式水轮机引水室有不同的形式和结构。一般可分为开敞式引水室、罐式引水室和蜗壳式引水室三大类型。引水室类型的选择可参考图 7-1。

二、水轮机引水室的类型

1. 开敞式引水室

开敞式引水室（见图 7-2）是在水轮机导水机构外围构成一个开敞的水槽，以保证水流轴对称并在引水室内水力损失很小，但平面尺寸常常很大。由于这种引水室常常是用砖石及混凝土做成的，所以只能用于较低水头及小型水轮机。

2. 罐式引水室

罐式引水室属于闭式结构，常见的有两种：一种如图 7-3 所示，水流沿轴向进入水轮机，在进入导水机构前急剧转弯致使水流不均匀，因此这种引水室只适用于小型水轮

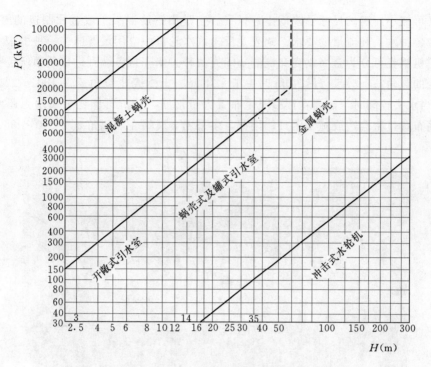

图 7-1　水轮机引水室的应用范围

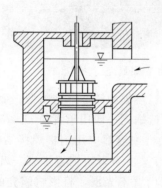

图 7-2　开敞式引水室

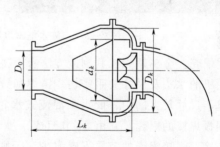

图 7-3　罐式引水室

机；另一种如图 7-4 所示，用于贯流式水轮机。进入水轮机的水流方向不转弯，在这种引水室中水流呈均匀轴对称状，水力损失很小。但是水流在导水机构前不能形成环量，转轮所要求的进口环量全靠导叶形成，它只适用于低水头电站。

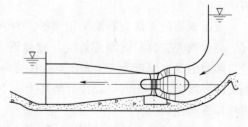

图 7-4　贯流式引水室

3. 蜗壳式引水室

蜗壳式引水室的外形很像蜗牛壳，故通常简称蜗壳。为保证向导水机构均匀供水，所以蜗壳的断面逐渐减小，同时它可在导水机构前形成必要的环量以减轻导水机构的工作强度。蜗壳应采用适当的尺寸以保证水力损失较小，又可减小厂房的尺寸及降低土建投资。它是用钢筋混凝土或金属制造的闭式布置，可以适应各种水头和流量的要求。蜗壳是反击式水轮机中应用最普遍的一种引水室形式。

水轮机蜗壳可分为金属蜗壳和混凝土蜗壳两种。蜗壳自鼻端到进口断面所包围的角度称为蜗壳的包角 φ_0。水头 $H < 40m$ 时一般采用混凝土蜗壳，包角 $\varphi_0 = 180° \sim 270°$（见图7-9）。当水头较高时，需要在混凝土中布置大量钢筋，造价可能比金属蜗壳还要高。同时，钢筋布置过密会造成施工困难，因此，多采用金属蜗壳，包角 $\varphi_0 = 340° \sim 350°$（见图7-5）。

图 7-5　三峡水电站机组金属蜗壳

（1）金属蜗壳。金属蜗壳按其制造方法有焊接、铸焊和铸造三种类型。金属蜗壳的结构类型与水轮机的水头及尺寸关系密切。铸焊和铸造蜗壳一般用于直径 $D_1 < 3m$ 的高水头混流式水轮机，尺寸较大的中、低水头混流式水轮机一般都应用钢板焊接结构。图7-7为某水电站钢板焊接的蜗壳。它由31节组成，每节又由若干块钢板拼成。蜗壳和座环之间也靠焊接连接。焊接蜗壳的节数不应太少，否则内臂不光滑，将影响蜗壳的水力性能。但为改善蜗壳的水力性能而采用过多的节数，又会给制造和安装带来困难而且也是不经济的。

金属蜗壳的大部分断面采用圆形。为节约钢材，钢板厚度应根据蜗壳断面受力不同而异，通常蜗壳进口断面厚度较大，愈接近鼻端则厚度愈小。如图7-6所示的焊接蜗壳，进口断面的最大厚度为35mm，而在接近鼻端处厚度为25mm。此外，即使在同一断面上钢板的厚度也不应相同，如接近座环上、下两端的钢板较在断面中间的厚些，具体数值由强度计算确定。

金属蜗壳的受力情况较复杂，除了由内水压力所引起的薄壁应力外，还有蜗壳与座环连接处及同一轴截面内不同厚度钢板连接处因刚度不同而引起的局部应力。

蜗壳必须根据内水压力进行强度计算，并假定蜗壳内部的水压力全部由蜗壳本身承受，以决定蜗壳钢板的厚度从而保证其正常工作。除薄壁应力外，由于座环蝶形边（座环

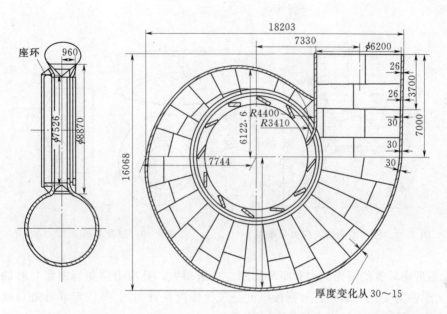

图 7-6　焊接蜗壳结构

上、下环的外缘）的刚度很大、变形很小，蜗壳可认为是被刚性地连到座环上的，这种连接在蜗壳钢板中要产生附加的局部应力。此外，在同一轴截面不同厚度钢板连接处，由于钢板的厚度不同则刚度也不同，因此在连接处也将产生附加的局部应力，此情况与蜗壳和座环连接处的情况相类似。

　　关于金属蜗壳的应力分布问题，国内一些运行机组和模型机组曾用电测法进行了测试。如图 7-7 和图 7-8 所示为实测的应力分布图。从试验资料分析可得到以下初步结果。

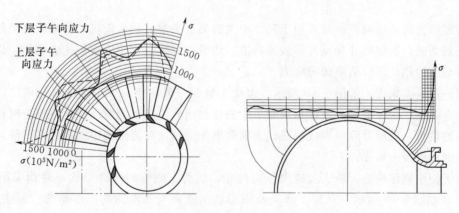

图 7-7　金属蜗壳应力分布

　　1）同一个圆形断面上应力最高点发生在接近座环的边缘处，离开此点应力下降。整个蜗壳应力较高点则发生在进口断面附近座环边缘处（见图 7-8）。

　　2）椭圆形断面的应力最高点不一定发生在靠近座环的边缘，有时发生在蜗壳最外边缘处（见图 7-9）。

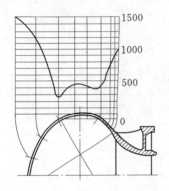

图 7-8 椭圆形断面的应力分布

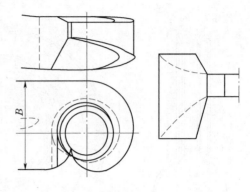

图 7-9 混凝土蜗壳

3）靠近座环侧的蜗壳应力和座环的刚性关系很大，其应力值随着固定导叶的位置沿圆周作周期性的变化（蜗壳各节钢板厚度是按等强度设计的），与固定导叶进口端相对应的部位应力较高而固定导叶之间的应力较低。

焊接蜗壳不应传递混凝土上的载荷，因此，通常在蜗壳上部铺设弹性垫层，我国大中型水电站的钢蜗壳大多采用垫层蜗壳。近年来我国建成投产的大型水电站及全部大型抽水蓄能电站均采用了充水保压埋设蜗壳的结构形式。这种结构能使机组运行时钢蜗壳与外围混凝土连成整体，增加了蜗壳结构的刚度，对抗震很有利。

铸造蜗壳刚度较大能承受一定的外压力，常作为水轮机的支承点并在它上面直接布置导水机构及其传动装置。铸造蜗壳一般都不全部埋入混凝土。根据应用水头不同铸造蜗壳可采用不同的材料，水头 $H<120m$ 的小型机组一般用铸铁；当水头 $H>120m$ 时则多用铸钢。

铸焊蜗壳与铸造蜗壳一样适用于尺寸不大的高水头混流式水轮机。铸焊蜗壳的外壳用钢板压制而成，固定导叶和座环一般是铸造，然后用焊接的方法把它们连成整体。焊接后需进行必要的热处理以消除焊接应力。

（2）混凝土蜗壳，如图 7-9 所示。混凝土蜗壳一般用于大、中型低水头电站，它实际上是直接在厂房水下部分大体积混凝土中做成的蜗形空腔。浇筑厂房水下部分时预先装好蜗形的模板，模板拆除后即成蜗壳。为加强蜗壳的强度在混凝土中加了很多钢筋，所以也称为钢筋混凝土蜗壳。

为了便于制作模板、施工及减少径向尺寸，混凝土蜗壳的断面形状一般均采用 T 形或 Γ 形，如图 7-9 所示。混凝土蜗壳断面形状的选择与水电站的厂房布置、地质条件、尾水管高度及下游水位变化等条件有关。T 形向下延伸的断面 [见图 7-10（b）] 是采用得最普遍的断面形式。T 形向上延伸的形式 [见图 7-10（c）] 容易妨碍接力器在上方的布置，一般较少采用。

大型水轮机蜗壳结构是水电站中的一个重要的建筑物，合理选择蜗壳的结构形式，不仅是个重大技术问题，而且还关系电站能否长期安全运行。

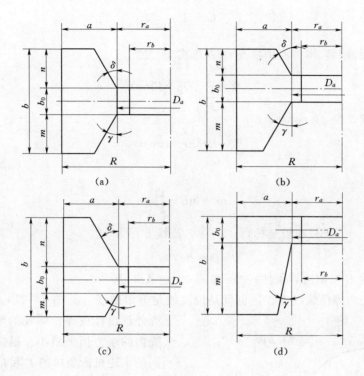

图 7-10　混凝土蜗壳的断面形状

(a) $m=n$；(b) $m>n$；(c) $m<n$；(d) $n=0$

第二节　蜗壳中水流运动的规律

研究蜗壳中水流运动的主要目的是为了找到蜗壳中的水流运动规律，寻求蜗壳水力计算合理的数学物理模型。从水力观点上看，蜗壳的作用是使水流形成环量。蜗壳内的水流具有明显的切向分速度，设某点的切向分速度为 V_u，该点与水轮机中心的距离为半径 r，则该点的速度矩为 $V_u r$。由于蜗壳内的流动理想上是轴对称有势流动，故速度矩为常数，即

$$V_u r = k = \text{const} \qquad (7-1)$$

式中：k 称为蜗壳常数，它取决于蜗壳的形式和尺寸。通常将按这一特性计算蜗壳的方法称为等速度矩法。

为了从理论上进一步分析蜗壳中的水流运动情况，可假定蜗壳各断面的高度 b 是相等的，即 $b=\text{const}$，则此时可将蜗壳中的流动视为中心处的涡、汇共同诱导的平面流动。令涡的强度为 Γ，在垂直于流动平面方向单位长度上汇的流量为 Q。于是涡汇诱导的水流复势函数为

$$w = \frac{Q}{2\pi}\ln z + \frac{i\Gamma}{2\pi}\ln z$$

以 $z = re^{i\varphi}$ 代入上式，得

$$w=\frac{Q+i\Gamma}{2\pi}(\ln z+i\varphi)$$

分出其中得虚部，得到流函数 Ψ 的表达式

$$\Psi=\frac{1}{2\pi}(Q\varphi+\Gamma\ln r) \qquad (7-2)$$

为得到流线，令 $\psi=\mathrm{const}$，即

$$Q\varphi+\Gamma\ln r=\mathrm{const}$$

或写成

$$\ln r=\ln B-\frac{Q}{\Gamma}\varphi$$

式中：$\ln B=\mathrm{const}$。于是在极坐标 (r,φ) 中，流线方程为

$$r=Be^{\frac{-Q}{\Gamma}\varphi} \qquad (7-3)$$

式中的常数 B 根据边界条件 $r=r_0$ 时，$\varphi=\varphi_0$ 来决定。

式（7-3）为等角螺线方程，也就是说流线是等角螺线（见图 7-11）。因此，将蜗壳外形设计成等角螺线的形状，可使蜗壳内的水力损失最小。根据工作参数不同的水轮机所要求的 Γ 和 Q 值，可按式（7-3）计算出不同外形尺寸（不同的 r 与 φ 的组合关系）的蜗壳。

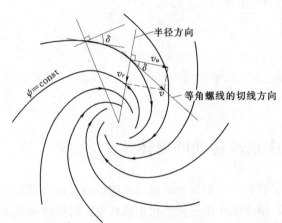

图 7-11　蜗壳内的水流流线

由等角螺线的性质可知，等角螺线与任一半径向量的夹角（见图 7-11）为常数，即相应于式（7-3）中的 Q/Γ $=\tan\delta=\mathrm{const}$。从速度的关系来看，即水流速度 v 与垂直于半径方向的速度 V_u（v 的圆周分量）的夹角 δ 为常数。这一关系可以从流函数 ψ 得到。为此，对式（7-2）的流函数 ψ 取偏导数，分别得出圆周分速度 v_u 和径向分速度 v_r，即

$$v_u=\frac{\partial\psi}{\partial r}=\frac{\Gamma}{2\pi r}$$

$$v_r=\frac{-\partial\psi}{r\partial\varphi}=\frac{-Q}{2\pi r}$$

于是有

$$\tan\delta=\frac{v_r}{v_u}=\frac{-Q}{\Gamma}=\mathrm{const}$$

由上述表达式可知，当夹角 δ 一定时，在给定的蜗壳中，若流量 Q（对应于 v_r）改变，速度环量 Γ（对应于 v_u）也将成正比地改变。当 Γ 为常数时，在指定的形成一定环量的蜗壳中有

$$v_u r=\frac{\Gamma}{2\pi}=\mathrm{const}$$

这就是由无限长直列涡汇在圆周方向诱导速度的分布规律，显然这一规律与式（7 - 1）一致。

实际上水轮机蜗壳的断面不是等高的，因而严格地说其中的流线并不是等角螺线。但上述轴对称有势流动的假设和以速度矩 $v_u r = \text{const}$ 作为理论基础的蜗壳计算方法，实际效果良好，在工程中得到了广泛应用。

还有一种假定蜗壳中的水流速度按 $v_u = \text{const}$ 规律分布为基础的计算方法，其特点是蜗壳各断面的 v_u 都相等。该方法的计算结果与按 $v_u r = \text{const}$ 方法计算的结果相近，优点是计算出的蜗壳尾部水流流速较小，使得蜗壳断面较宽，不仅减小了水力损失，而且还便于蜗壳尾部加工制造。但采用这种方法计算时，沿流线蜗壳内水流速度 v 与圆周分速度 v_u 的夹角不等于常数，使导水机构进口环量分布不均匀，可能导致转轮径向力不平衡，降低水轮机运行的稳定性。对于大型混流式水轮机，为了改善蜗壳的水力性能，根据对蜗壳损失的分析，近几年又有人提出了给定蜗壳内水流速度变化规律的设计方法，即变速度矩法，其计算方法可统一表示为 $v_u r = k(\varphi)$，其中 $k(\varphi)$ 为已知函数，φ 为蜗壳断面周向位置角。该方法在蜗壳水力损失相同的条件下，可提高流速系数，减小蜗壳平面尺寸；或在尺寸相同的条件下，可减小蜗壳水力损失，提高水轮机效率。

为了保证水轮机运行的稳定性，要求水流沿圆周方向均匀进入导水机构，进而均匀流入水轮机转轮。故通过蜗壳各断面的流量应均匀减少。若以 φ_i 表示从任一断面到蜗壳鼻端断面之间的角度，Q_i 表示流过蜗壳任一断面的流量，Q_r 表示流入水轮机的总流量，则通过蜗壳任一断面的流量应为

$$Q_i = \frac{\varphi_i}{360°} Q_r \qquad\qquad (7 - 4)$$

第三节　蜗壳主要参数的选择

对大型水轮机应在不同方案技术经济分析比较基础上进行蜗壳的主要参数选择。蜗壳主要参数选择是蜗壳水力设计的重要内容之一。

在进行蜗壳水力设计之前，除了选定蜗壳的型式之外，还要选择确定蜗壳的断面形状、包角和进口断面的平均流速。

一、蜗壳的断面形状及其变化规律

金属蜗壳的工作水头较高，承受较大的内水压力。因此，金属蜗壳大部分采用圆形断面，只是在尾部具有椭圆形断面，以便与高度不变的座环蝶形边相接。将蜗壳各断面重叠地绘制在一个图［图 7 - 12（a）］上，就可以看出面积小的断面（如 5 断面）是椭圆形。若蜗壳各断面与座环蝶形边相接点为 D（图 7 - 13），则在标准结构座环中过 D 点所作的蝶形边的切线与导水机构中心线呈 55°夹角。目前大、中型水轮机蜗壳与座环的连接有时也采用无蝶形边的箱形结构。

应用于低水头的混凝土蜗壳通常采用多边形断面［图 7 - 12（b）、（c）］。直线构成的多边形断面所用的模板比圆形断面的简单，而且可以根据需要沿水轮机轴线向下或向上延

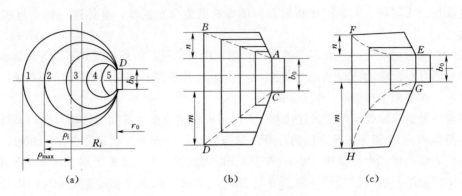

图 7-12 蜗壳断面形状的变化

伸，减小蜗壳的径向尺寸，但仍保持其断面面积及水流流速不小于原值。

混凝土蜗壳的多边形断面可采用 Γ 形或 T 形，如图 7-10 所示。混凝土蜗壳断面面积相等时，可选用不同的高度 a 和宽度 b 组合。一般推荐用 $b/a=1.5\sim2.0$，当有缩小机组间距要求时取大的比值。

混凝土蜗壳断面从进口至鼻端的变化是有规律的。将各个断面重叠地画在一个图上，各断面外侧的顶角和底角应分别位于直线 AB 和 CD ［图 7-12（b）］，或曲线 EF 和 GH ［图 7-12（c）］上，这就是断面变化规律。曲线 EF 和 GH 一般为向内弯的抛物线，其特点是，各断面的高度尺寸在进口部分降低较多，径向尺寸较大，按 $v_u=\text{const}$ 的规律设计时，各断面的平均流速增加较慢，有利于蜗壳中的水流运动。

二、蜗壳包角 φ_0

从蜗壳进口断面至鼻端断面之间的夹角称为蜗壳包角 φ_0，通常取座环特殊支柱的出口边作为蜗壳的鼻端。按包角的大小可将蜗壳分为完全蜗壳和不完全蜗壳：包角 φ_0 等于或接近 360°（通常取 $\varphi_0=345°$ 或 350°）的为完全蜗壳；包角 φ_0 小于 345°（例如 $\varphi_0=180°$）的为不完全蜗壳。

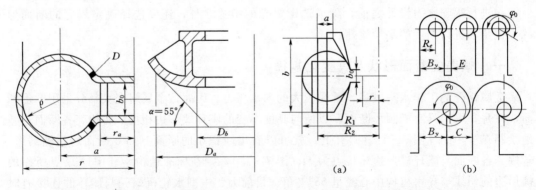

图 7-13 座环蝶形边的倾角   图 7-14 蜗壳所占位置的比较

合理选择蜗壳包角具有重要意义。小包角蜗壳的平面尺寸比大包角蜗壳的要小得多（见图 7-14），因而缩小了机组间距，降低了电站造价。但包角的减小将使水力效率降低。在非蜗形部分，进入导水机构水流速度的大小和方向沿圆周是变化的，故加大了导水机构的水力损失。而且这种不均匀的速度分布还会影响到转轮进口水流的不均匀性，增加转轮的水力损失，产生不对称的径向力，影响机组运行的稳定性。

在工程设计时，应当根据完全蜗壳和不完全蜗壳的特点，对不同水头和流量的电站，考虑到起主导作用的因素来选择包角 φ_0。

对中、高水头的电站（多采用混流式水轮机），因水流速度和压力较大而流量相对较小，蜗壳平面尺寸较小。此时决定机组间距的是发电机定子直径。因此，应采用全包角的金属蜗壳，以获得较好的水力性能，同时也能满足强度要求。对低水头大流量的电站（多采用轴流式水轮机），其机组间距主要取决于蜗壳的平面尺寸，故采用不完全蜗壳。混凝土蜗壳的包角 φ_0，一般在 $135°\sim270°$ 之间，通常较多采用 $\varphi_0=180°$。

三、蜗壳进口断面平均流速 $\overline{v_0}$

蜗壳进口断面平均流速对蜗壳的尺寸和水力损失有直接影响。$\overline{v_0}$ 选得大，则蜗壳及导水机构中的水力损失大，而在相同流量时，蜗壳断面较小；$\overline{v_0}$ 选得小，则水力损失小，但增加蜗壳尺寸，加大电站的土建工程量和蜗壳钢板用量。因此，应慎重选取，以求在技术、经济上得到最优的蜗壳尺寸。

根据经验和统计资料，一般按下式确定蜗壳的进口断面平均流速为

$$\overline{v_0}=\alpha\sqrt{H_r} \tag{7-5}$$

式中　α——蜗壳进口断面流速系数；

　　　H_r——水轮机额定水头。

对金属蜗壳，一般取 $\alpha=0.7\sim0.8$；对混凝土蜗壳，一般取 $\alpha=0.8\sim1.0$。

根据额定水头的不同，金属蜗壳进口断面流速系数 α 值可按图 7-15 中的曲线选定。混凝土蜗壳进口流速可按图 7-16 中的曲线确定。

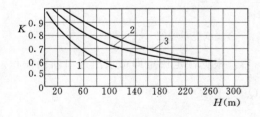
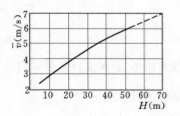

图 7-15　金属蜗壳进口流速系数与水头的关系曲线　　图 7-16　混凝土蜗壳进口流速与
1—1960 年以前国内生产的产品统计曲线；2—1960～　　　　　　　　水头的关系曲线
1970 年国内生产的产品统计曲线；3—推荐曲线

对大型水轮机的蜗壳，应进行专门的模型试验研究和综合技术经济比较来确定蜗壳进口流速。

第四节　金属蜗壳的水力设计

选定了蜗壳的型式、包角 φ_0 以及进口断面流速 $\overline{v_0}$ 后，蜗壳的水力计算就是在给定额

定水头 H_r、额定流量 Q_r、导水机构高度 b_0 以及座环尺寸的条件下，确定蜗壳各断面的形状和尺寸并绘出单线图（图 7-17）。通常在蜗壳单线图上应列出蜗壳断面尺寸表。

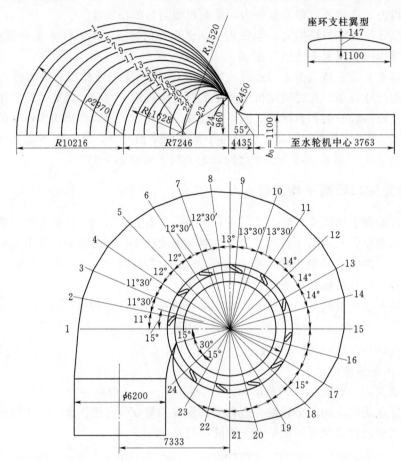

图 7-17　金属蜗壳单线图

选定包角 φ_0 和进口断面平均流速 $\overline{v_0}$ 后，根据额定流量即可求出进口断面面积。

蜗壳的进口流量

$$Q_0 = \frac{\varphi_0}{360°} Q_r \qquad (7-6)$$

蜗壳的进口断面面积

$$F_0 = \frac{Q_0}{\overline{v_0}} = \frac{\varphi_0}{360°} \frac{Q_r}{\overline{v_0}} \qquad (7-7)$$

进口断面的半径

$$\rho_0 = \sqrt{\frac{F_0}{\pi}} = \sqrt{\frac{\varphi_0}{360°} \frac{Q_r}{\pi \overline{V_0}}} \qquad (7-8)$$

蜗壳进口断面的形状与尺寸确定后，剩下的问题是要求出任意包角处蜗壳断面的形状与尺寸。对于圆形断面，就是要找到 ρ_i 与 φ_i 的关系。式（7-4）已给出了流量 Q_i 随 φ_i 变化的关系，再给定水流在蜗壳中的流动规律后，即可计算出蜗壳各断面的尺寸。

取任某一个断面，该断面与蜗壳鼻端断面成 φ_i 角（如图 7-18 所示），流过该断面的流量为

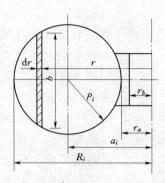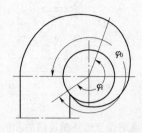

图 7 - 18 求流过蜗壳任意断面流量的计算图

$$Q_i = \int_{r_a}^{R_i} v_u b \, \mathrm{d}r \qquad (7-9)$$

以 $v_u r = k$ 代入式（7-9）得

$$Q_i = k \int_{r_a}^{R_i} \frac{b}{r} \mathrm{d}r \qquad (7-10)$$

从图 7-18 的几何关系可知

$$\left(\frac{b}{2}\right)^2 + (r-a_i)^2 = \rho_i^2$$

因此得到

$$b = 2\sqrt{\rho_i^2 - (r-a_i)^2}$$

式中 b——所取断面上微小面积的高度；

ρ_i——所取断面的半径；

a_i——所取断面的圆心至水轮机中心线的距离。

将 b 值代入式（7-10），得

$$Q_i = 2k \int_{r_a}^{R_i} \frac{\sqrt{\rho_i^2 - (r-a_i)^2}}{r} \mathrm{d}r$$

以 $R_i = a_i + \rho_i$，$r_a = a_i - \rho_i$ 代入上式并积分得

$$Q_i = 2\pi k \left(a_i - \sqrt{a_i^2 - \rho_i^2}\right) \qquad (7-11)$$

联立式（7-11）和式（7-4），整理后得

$$\varphi_i = \frac{720°\pi k}{Q_r}\left(a_i - \sqrt{a_i^2 - \rho_i^2}\right)$$

令 $\dfrac{720°\pi k}{Q_r} = C$，则

$$\varphi_i = C\left(a_i - \sqrt{a_i^2 - \rho_i^2}\right) \qquad (7-12)$$

或

$$\rho_i = \sqrt{2a_i \frac{\varphi_i}{C} - \left(\frac{\varphi_i}{C}\right)^2} \qquad (7-13)$$

以上两式为蜗壳任一圆形断面的半径 ρ_i 与 φ_i 的关系式。显然，为了算出 φ_i 处的 ρ_i，需首先求出 a_i 和 C 值。常数 C 称为蜗壳系数。

各断面的 a_i 值与蜗壳与座环的连接方式有关。如图 7-19 所示，D 是座环蝶形边的

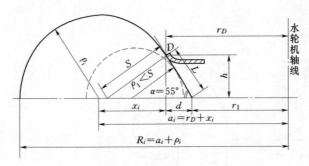

图 7-19　金属蜗壳与座环相连接的几何关系

外圆周上的点，由 D 点作蝶形边的切线和垂线，分别与导水机构的中心线相交，得出长度分别为 L 和 S 的两条曲线。当 $\rho_i = S$ 时，圆形断面在 D 点与座环的蝶形边相切，当 $\rho_i > S$ 时，各圆形断面均在 D 点与座环的蝶形边相接。蝶形边的半径 r_D 及高度 h 由座环尺寸系列确定。

由如图 7-19 所示的几何关系可得到 a_i 的计算式为

$$a_i = r_D + \sqrt{\rho_i^2 - h^2} \tag{7-14}$$

蜗壳系数 C 可由进口断面的边界条件确定。由选定的蜗壳包角 φ_0 进口平均流速 $\overline{v_0}$ 按式（7-8）计算出进口断面半径 ρ_0，再由式（7-14）计算出进口断面的 a_0，然后将 φ_0、ρ_0 及 a_0 代入式（7-12）即可算出常数 C。

由如图 7-19 所示的几何关系可知，$\sqrt{\rho_i^2 - h^2} = x_i$，因此有

$$x_i = \frac{\varphi_i}{C} + \sqrt{2r_D \frac{\varphi_i}{C} - h^2} \tag{7-15}$$

式（7-15）中 r_D、C 和 h 均为已知，故给定一个 φ_i 值即可求得相应断面的 x_i 值。至此，已经能够完全确定圆形断面的 ρ_i 的 φ_i 关系。按下列计算式即可求得蜗壳相应断面的几何尺寸。即

$$\left. \begin{array}{l} \rho_i = \sqrt{x_i^2 - h^2} \\ a_i = r_D + x_i \\ R_i = a_i + \rho_i \end{array} \right\} \tag{7-16}$$

金属蜗壳水力计算步骤如下：

（1）确定蜗壳包角 φ_0 及进口断面平均流速 $\overline{v_0}$。

（2）按式（7-8）计算进口断面半径 ρ_0。

（3）根据设计手册或相关资料确定座环尺寸。

（4）按式（7-14）计算出 a_0，将 ρ_0、a_0 代入式（7-12），计算蜗壳系数 C。

（5）确定计算断面数，定出各计算断面的角度 φ_i，按式（7-15）和式（7-16）计算各断面的尺寸。

表 7-1　　　　　　　　　　　计算金属蜗壳圆形断面尺寸

断面号	φ_i	$\dfrac{\varphi_i}{C}$	r_D	$2r_D\dfrac{\varphi_i}{C}$	h^2	$\sqrt{2r_D\dfrac{\varphi_i}{C} - h^2}$	x_i	x_i^2	ρ_i	a_i	R_i

为了方便，计算可列表进行（表 7-1）。

当 $\rho < s$ 时，蜗壳各断面不能在 D 点与座环相接，采用圆形断面就不合适了。在这种情况下，蜗壳断面采用椭圆形断面。椭圆断面的计算方法是：先求出在指定 φ_i 处所需的

圆形断面面积，再将此面积转换为面积相等的椭圆。

由图 7 - 19 可见，在 $\rho < s$ 的情况下，式（7 - 14）所表示的关系已不适用，而应采用下列几何关系

$$a_i = r_1 + \frac{\rho_i}{\sin\alpha} \tag{7-17}$$

式中 r_1——座环蝶形边锥角顶点至水轮机轴线的距离，可由 $r_1 = r_D - h/\tan\alpha$ 计算得出。

将式（7 - 17）代入式（7 - 13），即可得到 $\rho < s$ 时圆形断面半径为

$$\rho_i = \frac{1}{\sin\alpha}\frac{\varphi_i}{C} + \sqrt{\left(\frac{\varphi_i}{C}\right)^2 \cot^2\alpha + 2r_1\frac{\varphi_i}{C}} \tag{7-18}$$

于是，该圆形断面的面积为 $A_1 = \pi\rho_i^2$。

根据椭圆形断面面积与圆形断面面积相等的原则，求出椭圆断面的尺寸。为了避免蜗壳椭圆形断面伸入座环内，保证蜗壳的实际断面面积与计算值相符，因此应使椭圆形断面位于座环蝶形边外圆所在的圆柱面之外。为了计算方便这里将椭圆形面积与三角形面积 IHD 的两倍一起计算，并 A 以表示他们的面积之和（见图 7 - 20）。

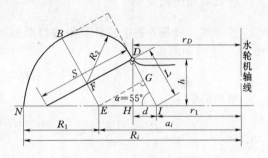

图 7 - 20 蜗壳椭圆断面计算

由如图 7 - 20 所示的几何关系可以得到下列椭圆断面的计算公式。

$$R_1 = L + R_2 - R_2\cot 55° = L + 0.3R_2 \tag{7-19}$$

$$L = \frac{h}{\sin 55°} \tag{7-20}$$

$$R_2 = \sqrt{1.045A + 0.81L^2} - 1.348L \tag{7-21}$$

$$A = \pi\rho_i^2 + hL\cos 55°$$

$$a_i = r_1 + \frac{R_2}{\sin 55°} = r_1 + 1.221R_2 \tag{7-22}$$

$$R_i = a_i + R_1 \tag{7-23}$$

计算椭圆断面尺寸时，必须先确定椭圆开始的断面，即求出 $\rho_i = S$ 的断面。由图 7 - 19 可知，此时

$$\varphi_{i(\rho=S)} = (r_D + 1.43h - \sqrt{r_D^2 - h^2 + 2.86hr_D})C \tag{7-24}$$

凡是 $\varphi_i < \varphi_{i(\rho=S)}$ 的断面，都应采用椭圆断面。

为了方便，计算可以按表 7 - 2 的格式进行。

表 7 - 2　　　　　　　　　　　计算蜗壳椭圆形断面尺寸

断面号	φ_i	$\frac{\varphi_i}{C}\frac{1}{\sin\alpha}$	$\left(\frac{\varphi_i}{C}\right)^2\cot^2\alpha$	$2r_1\frac{\varphi_i}{C}$	ρ_i	A	R_2	R_1	a_i	R_i

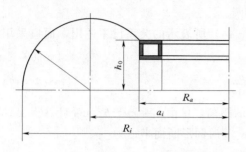

图 7-21　与无碟形边座环相接的蜗壳断面

根据表 7-1 和表 7-2 的计算结果，就可绘出蜗壳单线图（图 7-17）。

当蜗壳与无碟形边座环相接时，金属蜗壳水力计算可按下述方法进行。

这种蜗壳的断面一般为圆形，因此又称为全圆蜗壳，如图 7-21 所示。

（1）进口断面的计算：

进口断面流量为
$$Q_0 = \frac{\varphi_0}{360°}Q_r$$

进口断面面积为
$$F_0 = \frac{Q_0}{V_0} = \frac{\varphi_0}{360°}\frac{Q_r}{V_0}$$

其计算方法是先按上式计算出进口断面面积 F_0，再假定进口断面的半径为 ρ_0，面积为 F_1，求得中心距为

$$a_0 = R_a + \sqrt{\rho_0^2 - h_0^2}$$

断面面积

$$F_1 = \rho_0^2\left[\frac{\pi}{2} + \arcsin\frac{a_0 - R_a}{\rho_0} + \frac{a_0 - R_0}{\rho_0}\sqrt{1 - \left(\frac{a_0 - R_a}{\rho_0}\right)^2}\right]$$

当假定断面的面积 F_1 与计算的进口面积相差不超过 5% 时，即可把假定的半径 ρ_0 作为进口断面半径，否则需重新试算，直到满足要求为止。

（2）其余圆断面的计算：

由

$$Q_i = K\int_{R_a}^{R_i}\frac{b(r)}{r}\mathrm{d}r = \frac{\varphi_i}{360°}Q_r$$

所以

$$\varphi_i = \frac{360°}{Q_r}K\int_{R_a}^{R_i}\frac{b(r)}{r}\mathrm{d}r$$

令

$$C_1 = \frac{360°}{Q_r}K, \quad I_i = K\int_{R_a}^{R_i}\frac{b(r)}{r}\mathrm{d}r$$

将 $b(r) = 2\sqrt{\rho_i^2 - (r - a_i)^2}$，$R_i = a_i + \rho_i$ 代入后一式并积分，整理后得

$$I_i = a_i\left(\pi + 2\arcsin\frac{a_i - R_a}{\rho_i}\right) - \sqrt{a_i^2 - \rho_i^2}\left(\pi + 2\arcsin\frac{a_i^2 - \rho_i^2 - a_iR_a}{\rho_iR_a}\right)$$

$$- 2\sqrt{\rho_i^2 - (a_i - R_a)^2} \tag{7-25}$$

$$a_i = R_a + \sqrt{\rho_i^2 - h_0^2}$$

式中：h_0 为连接点至断面水平中心线高度，由座环尺寸系列确定。

按依次减小的进口断面半径 ρ_0，相应假定一系列的 ρ_i 值，由式（7-25）计算相应的 I_i，再求出包角 φ_i

$$\varphi_i = C_1I_i$$

式中：常数 C_1 由进口断面确定。

把假定的断面半径 ρ_i 与计算所得的包角 φ_i 值绘制成 $\rho_i = f(\varphi_i)$ 曲线。当蜗壳的分节数确定后，各节的实际包角 φ_i 也就确定了。于是可从 $\rho_i = f(\varphi_i)$ 曲线上查得实际包角相对应的半径 ρ_i，从而可求出 a_i 和 R_i 的值，根据计算结果绘制蜗壳单线图。

第五节 混凝土蜗壳的水力设计

与金属蜗壳一样，仍假设蜗壳中水流遵循 $v_u r = k$ 的规律，前述式（7-4）、式（7-6）及式（7-10）仍然适用。如图 7-22（a）所示，混凝土蜗壳进口断面的流量为

$$Q_0 = k \int_{r_b}^{R_e} \frac{b}{r} \, \mathrm{d}r = \frac{\varphi_0}{360°} Q_r \qquad (7-26)$$

任意断面的流量为

$$Q_i = k \int_{r_b}^{R_i} \frac{b}{r} \, \mathrm{d}r = \frac{\varphi_i}{360°} Q_r \qquad (7-27)$$

显然，要计算 Q_0 和 Q_i，必须首先求解积分 $\int_{r_a}^{R_e} \frac{b}{r} \, \mathrm{d}r$ 和 $\int_{r_a}^{R_i} \frac{b}{r} \, \mathrm{d}r$。该积分可以用图解法或分部积分法求解，而前者求解比较简单。

蜗壳进口断面的形状和尺寸 [图 7-22（a）] 确定后，将断面分为有限数的微小面积 $b\mathrm{d}r$，计算出相应的 $\frac{b}{r}\mathrm{d}r$ 值并绘制在 $\frac{b}{r} \sim r$ 坐标系中 [图 7-22（b）]。这样在 $r_b \sim R_e$ 的范围内可求得点 1、H、I、II、G、B_1、B_2、4 与 1 所包围的面积，显然，该面积就是所求的积分 $\int_{r_b}^{R_e} \frac{b}{r} \, \mathrm{d}r$。

同样，对任意断面亦可求得相应的面积 l_i、H_i、I_i、II_i、G、B_1、B_2、4 与 1_i，这就是积分 $\int_{r_b}^{R_i} \frac{b}{r} \, \mathrm{d}r$。

各断面形状及相应的积分值求出后，根据式（7-26）和式（7-27）即可确定与之相应的 φ_i。

计算步骤如下：

1. 进口断面的计算

进口断面流量为

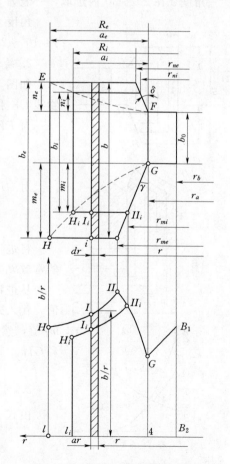

图 7-22 混凝土蜗壳的图解积分

$$Q_0 = \frac{\varphi_0}{360°} Q_r \qquad (7-28)$$

式中 Q_r——水轮机额定流量，m^3/s；

φ_0——蜗壳包角。

进口断面面积为

$$F_0 = \frac{Q_0}{\overline{V_0}}$$

式中 $\overline{V_0}$——进口断面平均流速。

进口断面平均流速对于蜗壳内水力损失的大小和蜗壳平面尺寸都有很大影响，应当合理选择。工程实际中可根据额定水头按图 7-16 确定，一般限制在 $7\sim8m/s$ 以下。

进口断面形状和尺寸选择（见图 7-10）。

当 $m=0$ 或 $n=0$ 时，取比值 $b/a=1.5\sim1.85$；

当 $m\neq0$ 和 $n\neq0$ 时，若 $m>n$，取比值 $(b-n)/a=1.2\sim1.85$；若 $m<n$，取比值 $(b-m)/a=1.2\sim1.85$，此时比值 $b/a=(m+n+b_0)/a$ 应不大于 $2.0\sim2.2$。当需要缩小机组间距时取较大值。

角度 δ 在 $20°\sim30°$ 内选取，一般为 $30°$。

角度 γ 的选择：当 $m\leqslant n$ 时，$\gamma=20°\sim30°$；当 $m>n$ 时，$\gamma=10°\sim20°$；当 $n=0$ 时，$\gamma=120°\sim15°$。

2. 绘制蜗壳其余各断面顶角连接线

如图 7-12 所示，连接线可以采用直线 AB 和 CD 或抛物线 EF 和 GH。若采用抛物线，则有

对 EF 线

$$k_1 = \frac{a_i}{\sqrt{n_i}} \qquad (7-29)$$

对 GH 线

$$k_2 = \frac{a_i}{\sqrt{m_i}} \qquad (7-30)$$

将进口断面的 a_0、n_0、m_0 代入即能求出抛物线方程中的常数 k_1、k_2。

从进口断面外径 R_0 到座环支柱外径 r_a 之间给出若干 a_i 值，代入式（7-29）和式（7-30）求出对应各断面的 n_i 和 m_i 值，然后将各断面的顶点连接起来，即可绘出抛物线 EF 和 GH。

3. 用图解法求出积分 $\int_{r_b}^{R_i} \frac{b}{r} dr$

由式（7-26）得

$$\varphi_i = \frac{360° k}{Q_r} \int_{r_b}^{R_i} \frac{b}{r} dr \qquad (7-31)$$

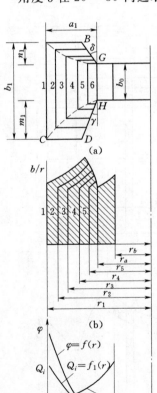

图 7-23 混凝土蜗壳计算简图

对各轴截断面分别作出 $\dfrac{b}{r}$ 和 r 之间的关系曲线（见图 7-22），该曲线与纵横坐标所包围的面积就等于 $\displaystyle\int_{r_b}^{r_i}\dfrac{b}{r}\,\mathrm{d}r$ 的积分值。利用进口断面参数作边界条件，可算出蜗壳常数 k 值。

4. 绘制 $\varphi_i=f(r)$、$Q_i=f(r)$ 和 $\overline{V}_i=f(r)$ 曲线图

根据式（7-30）计算出各轴截断面的 φ_i 值，并绘出 $\varphi_i=f(r)$ 曲线。

根据式（7-26）计算出各轴截断面的 Q_i 值，并绘出 $Q_i=f(r)$ 曲线。

由式 $\overline{V}_i=\dfrac{Q_i}{F_i}$ 计算出各轴截断面的 $\overline{V}_i$ 值，并绘出 $\overline{V}_i=f(r)$ 曲线。式中 F_i 为各辅助断面的面积。

上述各项可按表 7-3 的格式进行计算。

表 7-3　　　　　　　　　　混凝土蜗壳计算表

断面号	$\displaystyle\int_{r_b}^{r_1}\dfrac{b(r)}{r}\mathrm{d}r$	$\varphi_i=\dfrac{360°k}{Q}\displaystyle\int_{r_b}^{r_i}\dfrac{b}{r}\mathrm{d}r$	$Q_i=\dfrac{\varphi_i}{360°}Q_r$	$\overline{V}_i=\dfrac{Q_i}{F_i}$

5. 绘制蜗壳各轴截断面图及平面图

以上所作各辅助断面的 φ_i 值不一定是必需的，各断面最好是从进口断面起，每隔 $30°\sim45°$ 取一个，绘出蜗壳各节断面及平面图，然后在 $\varphi=f(r)$ 曲线上找出符合要求的各 φ_i 处的断面 r 值，r 值确定就可以利用 AG 和 CH 两断面顶点线绘出各相应断面轮廓，于是即可得出蜗壳各节尺寸。有了各断面尺寸就可以很方便地绘制蜗壳平面图。

根据表 7-3 的计算结果，就可绘出蜗壳单线图（图 7-24）。

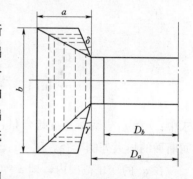

图 7-24　混凝土蜗壳单线图

除了上述图解法外，下面介绍一种解析计算法，可以准确地求解出混凝土蜗壳的外形单线图。

进口断面流量为

$$Q_0 = k\int_{r_a}^{R_0}\frac{b(r)}{r}\,\mathrm{d}r = \frac{\varphi_0}{360°}Q_r$$

任意断面流量为

$$Q_i = k\int_{r_a}^{R_i}\frac{b(r)}{r}\,\mathrm{d}r = \frac{\varphi_i}{360°}Q_r$$

且进口断面上

$$\frac{\varphi_0}{360°}\frac{Q_r}{k_v\sqrt{H_r}} = ab - \frac{1}{2}(n^2\tan\delta + m^2\tan\gamma) + B_0(r_a - r_b)$$

式中　k_v——蜗壳流速系数，$k_v = 0.8 \sim 1.0$。

对于中间断面的计算，按照蜗壳顶角连线变化规律分述如下：

（1）按直线规律变化：

$$m_i = m \frac{a_i}{a}; \quad n_i = n \frac{a_i}{a}$$

有

$$\varphi_i = \frac{360°}{Q_r} k \left[B_0 \ln \frac{a_i + r_a}{r_b} + n \frac{a_i}{a} \ln \frac{r_a + a_i}{r_a + n \frac{a_i}{a} \tan\delta} + m \frac{a_i}{a} \ln \frac{r_a + a_i}{r_a + m \frac{a_i}{a} \tan\gamma} \right.$$

$$\left. - r_a \ln \left(1 + m \frac{\frac{a_i}{a}}{r_a} \tan\gamma \right) \cot\gamma - r_a \ln \left(1 + n \frac{\frac{a_i}{a}}{r_a} \tan\delta \right) \cot\delta + n \frac{a_i}{a} + m \frac{a_i}{a} \right] \quad (7-32)$$

（2）按抛物线规律变化：

$$m_i = m \left(1 - \sqrt{1 - \frac{a_i}{a}} \right); \quad n_i = n \left(1 - \sqrt{1 - \frac{a_i}{a}} \right)$$

有

$$\varphi_i = \frac{360°}{Q_r} k \left[B_0 \ln \frac{a_i + r_a}{r_b} + n_i \ln \frac{r_a + a_i}{r_a + n_i \tan\delta} + m_i \ln \frac{r_a + a_i}{r_a + m_i \tan\gamma} \right.$$

$$\left. - r_a \ln \left(1 + \frac{m_i}{r_a} \tan\gamma \right) \cot\gamma - r_a \ln \left(1 + \frac{n_i}{r_a} \tan\delta \right) \cot\delta + n_i + m_i \right] \quad (7-33)$$

式中：$k = v_u r$，为等速度矩常量；r_a，r_b 为座环固定导叶的进、出口边半径；R_i 为任意中间断面的最大外侧半径，$R_i = r_a + a_i$。

在 a_i 的变化范围内，即 $a = 0 \sim a$ 内任取若干个点，计算出相应断面的 φ_i 和 R_i，从而绘制出 $\varphi_i \sim a_i$ 曲线及 $\varphi_i \sim R_i$ 曲线，即可得到蜗壳的平面图及单线图。

第六节　座环结构及水力计算

座环将位于蜗壳上方的电站的混凝土重量、整个机组的重量以及轴向水推力传到基础上，因此座环在结构上要求有足够的强度和刚度。通常座环由上环、下环及若干支柱组成。

整体铸造蜗壳的座环是和蜗壳做成整体，座环也就是蜗壳的一部分。焊接蜗壳的座环可分为两种型式：一种是带碟形边的座环，这是一种常用的型式，如图 7-25 所示。它可以是铸造结构，铸焊结构和全焊接结构；另一种是不带碟形边的座环，如图 7-26 所示。它适合于钢板焊接结构。其特点是上下环为箱形结构，刚度很好，与蜗壳的连接点远离支柱中心，改善了受力情况。在上、下环外圆焊有圆形导流板，以改善流动条件。试验表明，不带碟形边的座环其水力性能与带碟形边的没有明显差别。

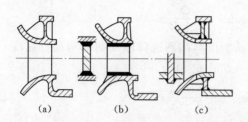

图 7-25 带碟形边的座环

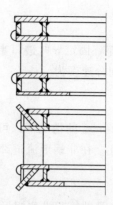

图 7-26 无碟形边座环

座环的尺寸与转轮型号，直径、结构型式等有关。支柱的断面形状取决于水力和强度计算。座环的尺寸不能完全统一，但是作为初步设计时可以选择用制造厂家推荐的尺寸系列。

来自蜗壳的水流，经过座环支柱再进入导叶和转轮。支柱的存在将引起一定的水力损失。但如果支柱形状和安放位置适当，由于座环内流速很小，这种水力损失所占比重是很小的。试验表明，当支柱具有蜗壳所形成的流线形状时水力损失最小，实际上并不影响水轮机的效率。显然座环支柱应设计成流线型并具有翼形断面形状，以起到均匀对称地引导水流进入导水机构地作用，故座环支柱又称为固定导叶。

1. 与完全蜗壳（金属蜗壳）连接的座环支柱水力计算

设计中一般假定固定导叶不改变水流的环量，支柱骨线就是蜗壳中的等角螺线的延续，水流速度与圆周方向的夹角仍为 δ，可以写出

$$\tan\frac{v_r}{v_u}=\frac{Q}{2\pi Bk}=\text{const} \tag{7-34}$$

式中：B 为座环支柱高度（$B>b_0$）骨线应根据强度和刚度要求加厚，但要具有流线型，一般以骨线作为中心线，加厚在两边进行。

2. 与不完全蜗壳（混凝土蜗壳）连接的座环支柱水力计算

不完全蜗壳由蜗形部分和非蜗形部分组成。蜗形部分的支柱计算与上述方法相同，非蜗形部分的支柱可以按以下方法计算。

（1）确定进口角。图 7-27 中 A 点为进入蜗形部分的第一个固定导叶，它的进口角和出口角与蜗形部分其他固定导叶相同，都等于螺旋角 δ。即

$$\tan\delta_A=\frac{v_{rA}}{v_{uA}}=\frac{Q}{2\pi Bk}=\text{const}$$

B 点位于蜗壳鼻端，它的固定导叶形状由电站布置和蜗壳水力设计确定，其进口角 δ_B 与该点所具有的蜗壳形状有关，可在图上直接量得。

A 点的圆周分速度为

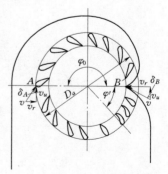

图 7-27 座环支柱的水力计算

$$v_{uA} = \frac{k}{r_a}$$

式中 r_a——座环固定导叶进口半径。

B 点的圆周分速度为

$$v_{uB} = v_r \cot\delta_B = \frac{Q}{2\pi r_a B} \cot\delta_B$$

在已知 v_{uA} 和 v_{uB} 的情况下，可近似认为由鼻端到进口断面间的圆周分速度 v_u 按直线规律变化。因此，在非蜗形流道部分任一点的 v_u 值为

$$v_u = v_{uB} + \frac{v_{uA} - v_{uB}}{360° - \varphi_0} \varphi'$$

式中 φ'——自鼻端算起沿非蜗形部分的角度。

按下式求出各点的进口径向速度为

$$v_r = \frac{Q}{2\pi r_a B}$$

根据 v_r 和 v_u 求出任一点的速度与圆周方向的夹角为

$$\tan\delta = \frac{v_r}{v_u}$$

至此就确定了非蜗形流道范围内每个固定导叶的进口角。

（2）确定出口角。非蜗形部分固定导叶的出口角应保持与蜗形部分相同的 δ 角，以保证进入导水机构的水流具有相同的入口角。

（3）绘制固定导叶骨线。确定了非蜗形部分固定导叶的进口角和出口角后，可参照图 7-28 绘制固定导叶的骨线，再按强度要求加厚成翼型。

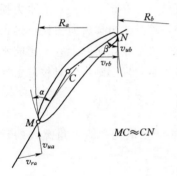

$MC \approx CN$

图 7-28 固定导叶骨线的绘制

第八章

反击式水轮机导水机构

第一节 导水机构的工作原理

水轮机是动力原动机，运行中其工况会经常发生改变。例如负荷（出力）变化时，必须改变通过水轮机的流量，以使水轮机的功率与负荷平衡。理想的调节机构是在工况变化时，仅仅只改变流量并且水头损失极小。在水轮机转轮前布置多个导水叶片的导水机构就能满足这种要求。

图 8-1 中绘出了径向式导水机构水平断面中的一个导叶和一个转轮叶片。如果忽略摩擦损失的影响，在导叶出口到转轮进口之间的空间内，水流可以看成势流运动，圆周方向速度变化遵守动量守恒定理，对于某一微小流束，可近似地认为导水机构出口速度矩等于转轮进口速度距。因此，根据图 8-1 中的速度三角形可以有以下关系

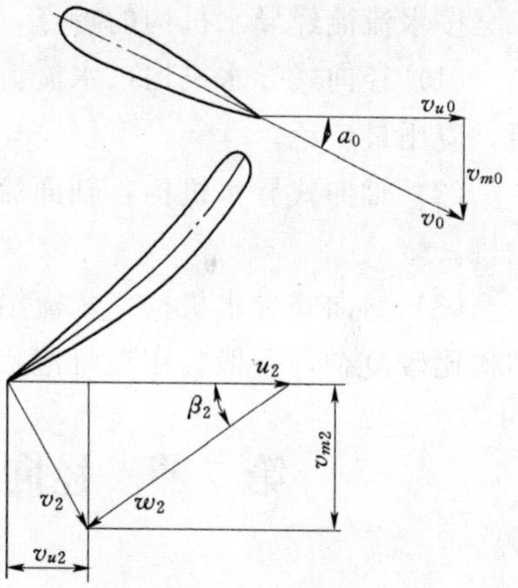

$$v_{u0} r_0 = v_{m0} \cot \alpha_0 r_0 = \frac{Q}{2\pi r_0 b_0} \cot \alpha_0 r_0 = \frac{Q}{2\pi b_0} \cot \alpha_0$$

$$(8-1)$$

式中 b_0——导叶高度；

α_0——导叶出流角。

图 8-1 导叶出口及转轮出口的水流速度三角形

在转轮中水流非法向出口的情况下，由转轮出口速度三角形可写出转轮的出口速度矩为

$$v_{u2} r_2 = u_2 r_2 - v_{m2} \cot \beta_2 r_2 = r_2^2 \omega - \frac{Q}{A_2} \cot \beta_2 r_2$$

$$(8-2)$$

式中 A_2——水轮机转轮出口过流面积；

r_2——转轮出口半径。

将方程式（8-1）和式（8-2）代入水轮机基本方程式则有

$$\frac{\eta_h H g}{\omega} = v_{u1} r_1 - v_{u2} r_2 = \frac{Q}{2\pi b_0} \cot \alpha_0 - r_2^2 \omega + \frac{Q}{A_2} \cot \beta_2 r_2$$

$$(8-3)$$

从式（8-3）中解出流量

$$Q=\frac{r_2\omega+\dfrac{\eta_h gH}{\omega}}{\dfrac{1}{2\pi b_0}\cot\alpha_0+\dfrac{r_2}{A_2}\cot\beta_2} \tag{8-4}$$

式（8-4）称为水轮机流量调节方程。从该方程可看出，在水轮机转速和水头不变的情况下，流量调节可以通过改变三个参数来实现：

（1）改变导水叶的高度 b_0，实际工程中可用一个筒形阀来完成。但这是一种节流调节方式，会造成较大的水头损失，因此只用在小型水轮机中。

（2）改变导叶液流出口角 α_0，该方法是水轮机中普遍采用的调节方式。

（3）改变 β_2 角，此方法适用于转轮叶片能改变安放角度的轴流转桨式水轮机。实际上，轴流转桨式水轮机是通过同时转动导叶及转轮叶片的角度来调节流量的。所以，在这种型式的水轮机中，流量的变化是由于 α_0 和 β_2 两个量同时改变的结果。在混流式水轮机中，由于叶片固定在上冠和下环之间，不能改变位置。故而只能用改变导叶出口角 α_0 的方法（即转动导叶）来实现流量调节。

按水流流经导水机构的特点，导水机构可分为三种类型：

（1）径向式导水机构，水流流经导水机构的轴面流线是径向的。这种导水机构结构简单，应用最广泛。

（2）轴向式导水机构，轴面流线与水轮机轴平行。这种导水机构广泛应用于贯流式水轮机。

（3）斜向式导水机构，水流沿着与转轮轴同心的圆锥面流过导水机构。这种导水机构结构比较复杂，一般应用在灯泡贯流式和斜流式水轮机中。

第二节　径向式导水机构的结构和传动系统

一、径向式导水机构的结构

典型的径向式导水机构（见图 8-2）。导叶 3 的上、中轴颈和下轴颈安放在水轮机顶盖 7 和导水机构底环 2 内的轴承中。上、中轴承由尼龙轴瓦 4、6 与轴套 5 组成，下轴承的尼龙轴瓦 1 直接压入底环的孔内。转臂 9 套在导叶上轴颈上、两者之间用分半键 10 固定。转臂与连接板 8 由剪断销 11 连成一体。连杆 12 的两端分别与连接板和控制环 14 铰接。控制环支承在固定于顶盖上的支座 15 上。接力器通过推拉杆 13 推动控制环转动（见图 8-3），从而关闭或开启导水机构。在这种机构中，传动机构与水流隔开，便于维护和检修，广泛用于大中型水轮机。

二、径向式导水机构的传动系统

1. 由接力器到控制环的传动

中大型水轮机中用两个接力器来操作控制的结构，见图 8-3。接力器 1 固定在水轮

图 8-3　具有两个接力器的导水机构传动系统

1—接力器；2—接力器活塞杆；3—控制环；4—圆柱销；5—连杆；6—转臂；7—金属壳体；8—支承；9—顶盖；

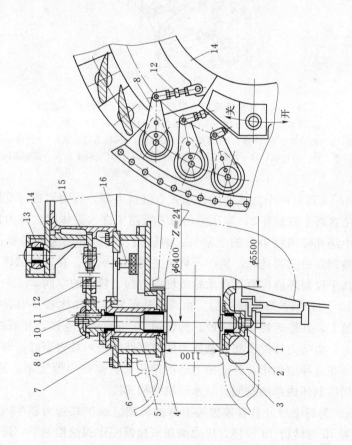

图 8-2　径向式导水机构

1、4、6—尼龙轴瓦；2—导水机构底环；3—导叶；5—轴套；7—水轮机顶盖；8—连接板；9—转臂；10—分半键；11—剪断销；12—连杆；13—推拉杆；14—控制环；15—支座；16—补气阀机机坑的金属壳体 7 上，接力器活塞杆 2 及推拉杆通过圆柱销 4 与控制环 3 连接，而活塞与活塞杆之间也用圆柱销铰接。支承 8 将控制环支承在顶盖 9 上。控制环通过连杆 5 和转臂 6 与导叶联系。这样装置用得最为广泛。近年来也有大型水轮机将接力器装设在顶盖上（图 8 - 4）。

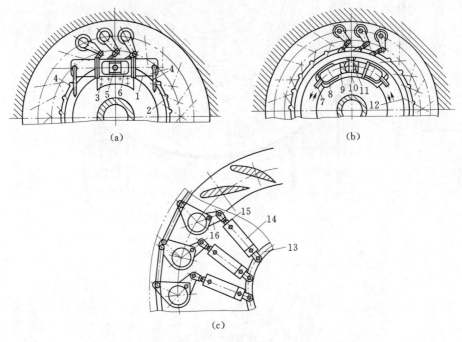

图 8 - 4　导水机构接力器装设在顶盖上的结构示意图
(a) 栓塞式直缸接力器；(b) 柱塞式环形接力器；(c) 摇摆式接力器
1—缸体；2—控制环；3—支座；4—油管；5—圆柱销；6—接力器柱塞；7—管路；8—缸体；
9—柱塞；10—圆柱销；11—球形铰接；12—控制环；13—支承盖；14—摇摆式接力器；
15—接力器柱塞；16—转臂

图 8 - 4（a）为具有两个缸体 1 的栓塞式直缸接力器，接力器通过支座 3 固定在水轮机顶盖上，其位置高于控制环 2。当压力油沿着管路 4 进入缸体时，接力器柱塞 6 就做直线运动。柱塞中部有带圆柱销 5 的十字头，圆柱销与控制环的大孔耳铰接。当柱塞移动时，圆柱销使控制环做圆弧运动，从而开启或关闭导水机构。在这种结构中，接力器比较简单，但位置高于控制环的接力器在水轮机坑中占据了较大的空间。

图 8 - 4（b）为栓塞式环形接力器。由两个环形缸体 8 和柱塞 9 组成接力器，直接安放在水轮机顶盖上，并靠近控制环内壁。圆柱销 10 与控制环连接，并通过球形铰接 11 与接力器柱塞联系。由接力器配压阀控制压力油沿管路 7 进入接力器缸，即可以实现开启或关闭导水机构。在这种结构中，环形接力器的结构比直缸接力器复杂，制造也比较困难。但它能有效利用控制环内部的空间，使水轮机结构紧凑。

图 8 - 4（c）为每个导叶具有单独接力器的简图。摇摆式接力器 14 铰接在支承盖 13 上，接力器柱塞 15 与转臂 16 铰接。压力油在调速器配压阀的控制下，沿油管进入接力器时，柱塞即驱动导叶转动，同时接力器缸则必然围绕其与顶盖的铰接点转过一个角度。

2．由控制环至导叶的传动

在由控制环至导叶的连杆传动机构中，在某一构件上应设有易损连接件，用以保证在关闭导水机构的过程中，当异物（如圆木，树根等）卡在相邻导叶之间时，仅是预定的易损连接件破坏，使被卡住的导叶保持在开启位置，而其他导叶可以照常关闭而不至于损坏传动部件。若没有专门的易坏连接件，则当关闭导水机构时，传给全部导叶的力将集中在两个被卡住的导叶上，以致使其传动构件遭到破坏。现在广泛采用的是将剪断销作为易损连接的传动装置。

如图 8-5 所示，键 3 将转臂 1 固定在导叶轴颈 10 上，连接板 2 套在转臂上，用具有薄弱断面的剪断销 4 将连接板与转臂连接在一起。连接板通过铰销 9 与连杆连接。连杆由两个带叉头的螺母 5 及具有左右螺纹的连接螺栓 8 组成。旋转连接螺栓即可改变连杆的长度。连接螺栓带有防松螺母。连杆通过铰销 7 与控制环 6 相连接。这样，当两导叶之间卡住异物并且接力器试图关闭导叶时，剪断销将被剪断，从而达到上述保护导水机构的目的。

传动机构在执行活动导叶开启和关闭动作时，水压力脉动、水流冲击、水流杂物等因素对各部件影响很大，一旦导叶开度失调或导叶连续失控，就会造成运行中的机组事故停机，严重时水轮机将失去控制。为此需要保护装置对传动机构进行保护和报警，从而避免事故的发生和扩大，因此可靠的传动机构保护装置对整个水轮发电机组的稳定运行至关重要。新型的导叶传动机构保护装置有导叶摩擦装置和弹簧联杆（图 8-6）等。

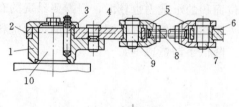

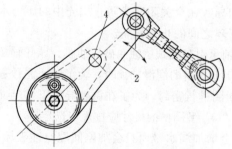

图 8-5　剪断销作为易损连接件图
1—转臂；2—连接板；3—键；4—剪断销；5—螺母；
6—控制环；7、9—铰销；8—连接螺栓；10—导叶轴颈

图 8-6　弹簧联杆保护装置

导叶摩擦装置的工作原理是：活动导叶为二支点结构布置，置于二个具有自润滑性能的轴套中，导叶摩擦装置是种安装在导叶轴颈上的夹紧式装置。当来自接力器的操作力，通过推拉杆—控制环—连杆—连板—导叶臂—导叶摩擦装置（导叶销）使活动导叶转动，从而控制活动导叶的开度增大或减小。当活动导叶中间卡有异物或关闭时与顶盖或底环接

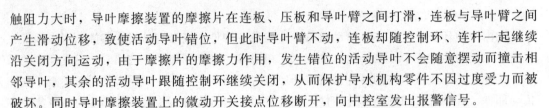

触阻力大时，导叶摩擦装置的摩擦片在连板、压板和导叶臂之间打滑，连板与导叶臂之间产生滑动位移，致使活动导叶错位，但此时导叶臂不动，连板却随控制环、连杆一起继续沿关闭方向运动，由于摩擦片的摩擦力作用，发生错位的活动导叶不会随意摆动而撞击相邻导叶，其余的活动导叶跟随控制环继续关闭，从而保护导水机构零件不因过度受力而被破坏。同时导叶摩擦装置上的微动开关接点位移断开，向中控室发出报警信号。

弹簧联杆的工作原理是：在活动导叶关闭过程中若有异物进入导叶中间，或其他原因使其有的导叶不能正常关闭，在导水机传动件发生过负荷的情况下，在弹簧吸收此负载的时，连杆发生弯曲，由限位开关检测到信号，此信将驱动活动导叶打开，把卡入的异物排除到下游。卡入的异物在排到下游以后，弹簧将活动导叶复位。如果由于其他原因其中的个别导叶不正常关闭，连杆弯曲能够保证其他的导叶正常关闭避免发生事故，保证机组正常停机或事故停机。

第三节　导　叶　装　配

一、导叶轴承及润滑

为了转动导叶，在结构上必须考虑导叶转轴的支点位置和所用轴承的型式。近代大中型水轮机中导叶受力较大，因此一般均采用三个轴承支承。导叶轴承多数采用锡青铜铸造，加注黄油润滑。这种轴承抗磨性能良好，单位面积的承载力也较大，但需要昂贵的有色金属且轴承的润滑和密封设备也较复杂。近年来正在推广用具有自润滑性能的工业塑料代替，这样不但简化结构而且节省大量有色金属，降低了制造成本。

二、导水机构止漏和间隙调整

导水机构的止漏装置，包括导叶轴承的止漏和导叶在全关闭时为防止蜗壳中的压力水流入下游而装置的导叶与导叶之间和导叶与上、下环之间的止漏设备。

导叶轴承如采用黄油润滑，则需防止水流进入轴承引起轴颈锈蚀和破坏油膜。导叶轴颈的密封多数装在导叶套筒下端。导叶下轴颈在采用工业塑料的润滑轴承时，为了防止泥沙进入轴承发生轴颈磨损，一般需采用"O"型橡皮密封圈进行密封。为了在调整导叶下部端面间隙后仍保证密封圈有一定压缩量，设计时对放置"O"型圈槽的尺寸应按规定选定。

机组停机时导水机构必须封水严密，否则不但会增加漏水量而且会加剧间隙空蚀破坏，导叶关闭后如漏水严重时有可能造成机组无法停机。对于高水头并在电网中担任尖峰负荷的机组来说，减少停机时的漏水损失尤为重要，因为这些机组有相当多的时间处于停机状态。

为了减少漏水必须提高导叶的加工精度，使导叶上、下端面和顶盖，底环之间，导叶与导叶之间的间隙尽可能小。但即使工艺达到规定的要求，而机组安装投产后由于温度变化和厂房变形等因素亦可能造成导叶装配间隙增大或导叶卡住现象。

对于中、低水头的大、中型水轮机，一般采用橡皮条止水密封装置。图8-7（a）是这种装置的结构简图。当导叶处于全关位置时，导叶尾部靠接力器的作用力压紧在相邻导叶头部的橡皮条上，但这种结构在运行中时有发生橡皮条脱落现象。图8-7（a）中右边的另一种立面密封装置是把橡皮条用压条 2 和螺钉 3 固定在导叶 1 上，这种结构在使用中不易脱落且止水效果好，广泛地应用于中水头水轮机中。高水头水电站导叶立面密封靠研磨接触面来达到要求。

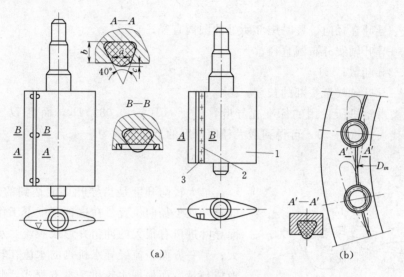

图 8-7　导叶端面和立面密封

(a) 立面密封；(b) 端面密封

1—导叶；2—压条；3—螺钉

为了使导叶上、下端面和顶盖，底环之间的间隙均匀，在结构上必须考虑有调整间隙的措施。在高水头电站中，导叶下轴颈的端面受到高压水的顶托，有可能使导叶上浮。为此，将漏入下端面的水从下轴颈下面的底环上的排水孔排走。

导叶的止漏装置和间隙调整不仅在导叶结构设计时予以考虑，同时还应保证在运行、检修中进行调整时操作简单易行。

三、真空破坏阀

真空破坏阀装置在水轮机顶盖上（图 8-2 中的部件 16），是一个将空气引入转轮室内的补气阀。一般水轮机有两个真空破坏阀。当水轮机紧急停机时，导叶迅速关闭截断进入转轮的水流，而转轮后的水流因惯性作用继续经尾水管排出，这时顶盖下部出现真空。这部分真空使尾水管的水迅速倒流回来，这股强大的高速水流有很大的冲击力，有时会将转轮抬起并造成机件损坏。这现象在轴流式水轮机中尤其严重。为此，在水轮机顶盖上装设有真空破坏阀。真空破坏阀的工作原理是利用弹簧的作用，当顶盖上、下的压差达到预定值时，阀门即被顶开，空气进入破坏真空；当压差低于预定值后，弹簧又使阀门回复到关闭位置。

第四节　径向式导水机构的几何参数

一、导叶开度 a_0

导叶开度 a_0 是表征水轮机在流量调节过程中导叶安放位置的一个参数。它的大小等于导叶出口边与相邻导叶体之间的最短距离。当导叶处于径向位置时（图 8 - 8）为最大径向开度值 $a_{0\max}$。

$$a_{0\max} = \frac{\pi D_r}{Z_0} = \frac{\pi}{Z_0}(D_0 - 2L_1) \qquad (8-5)$$

式中　D_r——导叶在径向位置时尾部所处的圆周直径；

　　　D_0——导叶轴线分布圆直径；

　　　Z_0——导叶数；

　　　L_1——导叶轴线至头部的长度。

对于大型水轮机所采用的标准化导叶，$L_1 = (0.06 \sim 0.087)D_1$，而且 $D_0 = 1.16D_1$。将这些关系代入式（7 - 5），可得到最大径向开度的近似公式为

$$a_{0\max} = \frac{\pi D_1}{Z_0} \qquad (8-6)$$

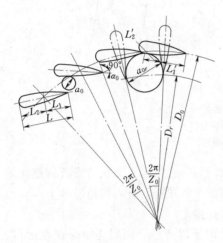

图 8 - 8　导叶的开度

最大径向开度是指导叶可能达到的最大开度，即导叶处于径向位置。在这种开度下工作时，一方面导叶进口有很大的冲角并形成脱流，水力损失很大；另一方面，流经导水机构的水流在转轮前不能形成环量。而根据水轮机基本方程式，此时要产生机械能就需要在转轮出口有负环量。这样，进入尾水管的能量将大大地增加，又会形成很大水力损失。因此实际上是不允许在这种导叶位置下运行的。要有一个允许的最大开度。混流式水轮机一般为额定水头下额定出力时的开度值。此开度值如小于最低水头下 5%（或 3%）出力限制线上的开度值时，则取后者为最大开度。转桨式水轮机的最大开度通常根据允许的吸出高度确定。

导叶在任意位置时的开度 a_0 与最大径向开度 $a_{0\max}$ 的比值称为相对开度 $\bar{a}_0$。于是有

$$\bar{a}_0 = \frac{a_0}{a_{0\max}} = \frac{a_0 Z_0}{\pi D_1} \qquad (8-7)$$

$\bar{a}_0$ 为无因次量，通常以百分数表示。对几何相似的水轮机，$\bar{a}_0$ 值相同，即 $\bar{a}_0 = \bar{a}_{0M}$。于是在已知模型开度 $\bar{a}_{0M}$ 时，可按下式计算出真机的开度，即

$$a_0 = \frac{D_1}{D_{1M}} a_{0M} \qquad (8-8)$$

对中小型水轮机往往由于结构上的原因而加大 $\dfrac{D_0}{D_1}$ 值及减少导叶数，因而真机的导水机构与模型已不再保持几何相似关系。此时，只有使真机的导水机构出水角与模型的相等，以此来获得导水机构出口水流的相似关系。

二、导叶出水角 α_0

导叶出口处骨线与圆周方向的夹角称为导叶出口角 α_d。由于导叶的叶片数较多，其

叶栅可视为稠密叶栅，水流的出流角也就是导叶出口角，称为导叶出水角 α_0。从流量调节方程式（8-4）看出，α_0 也是决定流过水轮机流量的一个重要参数。对分别具有如图8-9所示的三种不同形状的导叶进行试验的结果表明：在开度 a_0 相同的情况下，若出口角不同，则过流量各不相同，α_d 大者 Q_{11} 也大（图8-10），而在三者出口角 α_d 都相同的情况下，尽管它们的开度各不相同，但过流量却很接近（图8-11）。由此可见，决定流量变化及转轮前水流运动状况的主要因素不是开度 a_0，而是导叶出口角度 α_d。只是由于习惯和测量方便的原因，实际上仍以开度 a_0 作为导水机构的工作参数，而且在水轮机的综合特性曲线上也均作出等开度 a_0 线。对某一固定形状的导叶，开度 a_0 和出口角 α_d 应是一一对应的关系。

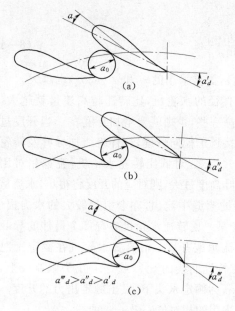

图 8-9　具有不同叶型的导叶

（a）负曲度叶型；（b）对称叶型；（c）正曲度叶型

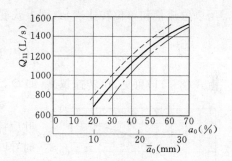

图 8-10　具有不同叶型导叶 Q_{11} 与 a_0 的关系

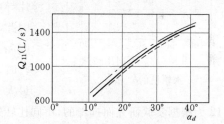

图 8-11　具有不同叶型导叶 Q_{11} 与 α_d 的关系

三、导叶高度 b_0

导叶高度 b_0 决定了水流进入转轮的过水断面面积，其值根据导水机构中水力损失最小的原则确定。为消除水轮机尺寸的影响，引入导叶相对高度 $\bar{b}_0$。即

$$\bar{b}_0 = \frac{b_0}{D_1} \qquad (8-9)$$

对几何相似水轮机，$\bar{b}_0$ 值相同。不同比转速的水轮机具有不同的 $\bar{b}_0$ 值。

由比转速表达式 $n_s = \dfrac{n\sqrt{P}}{H^{\frac{5}{4}}}$ 可知，在出力（流量）相同的情况下，水轮机的水头 H 越小或转速 $n(\omega)$ 越大，则比转速越高。又由水轮机基本方程 $\dfrac{\eta_h H g}{\omega} = v_{u1} r_1 - v_{u2} r_2$ 可知，在

给定转轮出口速度矩 $v_{u2}r_2$ 的情况下，比转速越高的水轮机要求转轮进口速度矩 $v_{u1}r_1$ 越小。而导水机构出口水流就应具有相应的速度矩 $v_{u0}r_0$，因此，不同比转速的水轮机对导水机构的某些几何参数（$\bar{b}_0$，α_0）有不同的要求。以下论述比转速与 $\bar{b}_0$ 和 α_0 的关系。

如前所述，水轮机转轮的进口速度矩应等于导水机构的出口速度矩，即

$$v_{u1}r_1 = v_{u0}r_0 = r_0 v_{r0}\cot\alpha_0 = \frac{Q}{2\pi b_0}\cot\alpha_0$$

将上式代入水轮机基本方程，并为了讨论简单起见取 $v_{u2}=0$，则有

$$b_0\tan\alpha_0 = \frac{Qn}{60H\eta_h g}$$

用单位流量和单位转速表示，则上式变为

$$\bar{b}_0\tan\alpha_0 = \frac{Q_{11}n_{11}}{60\eta_h g} \qquad (8-10)$$

由式（8-11）可见，比转速越高（即 Q_{11}、n_{11} 大），要求采用的 $\bar{b}_0$ 和 α_0（或 $\bar{a}_0$）也越大。

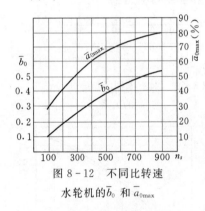

图 8-12 不同比转速
水轮机的 $\bar{b}_0$ 和 $\bar{a}_{0max}$

对一定直径的水轮机，比转速越高流量就越大，导叶应该做得高一些，否则就要增加开度 a_0。当开度过大时导叶将会接近于径向开度，这样将增加导叶及转轮内的流动损失。反之，对低比转速水轮机，流量相对比较小。如果导叶高度过大，则对应的开度将很小，水流从两片导叶之间的窄缝中流出，亦会引起较大的水力损失。因此，对应于某一比转速水轮机应有一个最佳的导叶高度和最佳出流角或开度。混流式水轮机在额定工况运行时，工作在特性曲线的 5%（或 3%）出力限制线上，即最大开度 $\bar{a}_{0max}$ 为额定水头下，发出额定出力的开度。图8-12为根据实验研究而推荐的，不同比转速水轮采用的相对值 $\bar{b}_0$ 及 $\bar{a}_{0max}$ 曲线。

四、导叶数 Z_0、导叶轴线分布圆直径 D_0 及导叶弦长 L

导叶数不但影响进入转轮水流的均匀度，还涉及本身的加工量，并直接影响到 D_0 的尺寸。故导叶数应选用恰当。一般大型水轮机为了使其具有高效率，通常选较多的导叶数，较小的 D_0 和 L。表8-1介绍了大中型水轮机的导叶数。

表 8-1　　　　　　　　　导水机构导叶数目

转轮直径 D_1（m）	导叶数 Z_0	转轮直径 D_1（m）	导叶数 Z_0
≤1.0	12	2.5～8.5	24
1.0～2.25	16	≥9.0	32

根据实践经验，取相对值 $\dfrac{D_0}{D_1} = 1.13 \sim 1.30$。大的比值用于小型水轮机。对大型水轮机多采用 $\dfrac{D_0}{D_1} = 1.16$。但为了减小径向尺寸，可取 $\dfrac{D_0}{D_1} = 1.13$，不过应以导叶在最大可能的

开度下不会与转轮叶片相碰为限。

近年来许多实践表明，某些低比转速混流式水轮机由于水头很高（$H > 150\text{m}$），蜗壳和导水机构内的流速很大。随着导叶进口处径向尺寸的减小，流速会进一步加大。这样，导叶表面的磨损将很严重。另外高水头水轮机转轮的进口边如果距离导叶出口太近，从导叶流出的不均匀水流可能会引起转轮振动，进而也影响水轮机效率。因此，在材料强度允许的条件下，适当加大导叶分布圆直径以降低流过导叶水流的流速，对提高水轮机工作稳定性是有利的。

当 Z_0 和 D_0 确定后，以导水机构能紧密关闭为原则，按下式确定叶栅密度和翼弦长度 L，即

$$\frac{LZ_0}{\pi D_0} = 1.1$$

第五节　导叶机构中的水力损失

导叶机构是水轮机的一个重要部件。水流能量在导水机构中的损失将影响水轮机的效率。

导水机构实际上是一个不动的环列叶栅。为了定性地分析导水机构中的水力损失，可用一个相应的所谓等值直列平板叶栅来代替。平板叶栅中平板的长度 L 取值与导叶叶型弦长相等；栅距为相邻两个导叶转动轴心的距离，即 $t = \pi D_0 / Z_0$；绕平板叶栅的固定进口角 β_1 相当于蜗壳所形成的角度 δ；叶栅的不同安放角 β_e 相当于导水机构的不同开度；叶栅前后运动速度 W_1 与 W_2 的几何平均值 W_m 为叶栅的特征流速。

叶栅的阻力按下式计算

$$R_x = C_x \rho \frac{W_m}{2} b_0 L$$

式中　W_m——特征速度。

特征速度为

$$W_m = \frac{Q_{11} \sqrt{H}}{\pi \dfrac{D_0}{D_1} \dfrac{b_0}{D_1} \sin\beta_m}$$

如果以 h_g 代表导水机构的水头损失，则阻力为

$$R_x = \gamma h_g t b_0 \sin\beta_m$$

因此，得到导水机构的相对水力损失为

$$\zeta_g = \frac{h_g}{H} = \frac{1}{2\pi^2 g} C_x \frac{\dfrac{L}{t}}{\left(\dfrac{D_0}{D_1}\right)^2 \left(\dfrac{b_0}{D_1}\right)^2 \sin^3\beta_m} Q_{11}^2 \qquad (8-11)$$

式中　ζ_g——导水机构的相对损失；

C_x——平板叶栅的阻力系数，它是特征流速 W_m 与平板间的夹角即冲角 α 的函数，冲角越大阻力系数越大；

β_m——特征流速 W_m 与圆周方向的夹角。

可以根据式（8－11）分析影响导水机构中损失的各种因素。导水机构中的损失与单位流量的平方成正比；与导叶相对高度 b_0/D_1 的平方成反比；与相对直径 D_0/D_1 的平方成反比；与叶栅稠密度 L/t 成正比。此外，导水机构的水力损失还与开度 a_0 存在一定的关系。

导水机构中的水力损失与开度的关系比较复杂，为研究清楚它们的关系，首先研究开度变化时叶栅与水流相对位置的关系。根据前章关于蜗壳的水流运动的阐述，蜗壳中水流按势流等速度矩规律运动，因此蜗壳的轮廓线和中心线都是流线，即使流量变化，蜗壳中流线的形状仍然不变，就是说出流角 $\tan\delta = v_u/v_r$ 不会变的。这个角度在固定导叶的出口也保持不变。由此可认为导水机构的进口水流的方向是不变的。当导水机构开度较大时，叶栅的叶弦安放角 β_e 大于进口水流角 β_1，这时水流冲向导叶型背面，冲角为负值；当导水机构开度很小时，相对位置就发生了变化，此时水流冲向叶型正面，冲角变成正值。由此可知介于以上两种状况之间必然有一冲角等于零的工况。导水机构在该工况附近工作时水力损失较小。

根据式（8－11）可以看出，当开度增加时，一方面出口水流角 β_2 增加，因而 β_m 增加，水力损失是减少的，且在 β_m 一定范围内增加时叶栅冲角减小，阻力系数 C_x 下降，也导致水力损失减少；另一方面当开度增加到超过某一数值后，冲角又逐渐增加，阻力系数 C_x 增加，这会使损失增加。以上两个因素共同影响的结果使得开度增加时，开始时水力损失减小，一直减小到某一值后，水力损失又逐渐增加。

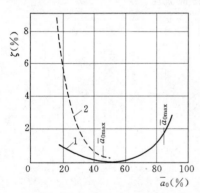

图 8－13　导水机构中的水力损失
1—高比转速水轮机；2—低比转速水轮机

根据式（8－11），对实际的水轮机可以求出不同开度时相对损失的数值（由于平板叶栅与导叶环列叶栅的差别，所求出的数值只能用来进行定性分析）。图 8－13 绘出了高比转速水轮机及低比转速水轮机的导叶的相对水力损失和开度变化的关系曲线。图中 $\bar{a}_{0max}$ 为实际水轮机中允许的最大相对开度。

由图可见，各种比转速水轮机在导水机构开度很小或很大时，其水力损失都较大。在相对开度 $\bar{a}_0 = 30\% \sim 70\%$ 之间，水力损失最小，且损失不到总水头的 1%。开度过大或过小都会引起损失的显著增加。尤其对低比转速水轮机，在小开度下导水机构损失更为严重，可达总水头的 8% ~ 10%。这是因为低比转速的工作水头高，导水机构中的水流速度相当高的缘故。运行时要尽量使导叶在最佳开度，以保证水轮机高效率工作。

不同的导叶形状（图 8－9）对导水机构水力损失有不同的影响。高比转速水轮机导水机构经常工作在大开度位置，从水轮机基本方程可以看出，高比转速的水轮机转轮进口环量小。在较优的开度下，正曲度的导叶有使环量减小的效果，故高比速水轮机中可采用正曲度的导叶。反之，对低比转速的混流式水轮机，为了使转轮前环量增加往往采用有负曲度的导叶。

在生产实践中，中高比转速混流式水轮机（$H=40\sim100\text{m}$）常采金属全蜗壳，一般采用正曲度叶型。这种叶型也采用在低比转速的轴流式水轮机（$H=40\sim60\text{m}$）。由于这类水轮机虽在不同水头下运行，但经计算适应其最优的导叶曲度却相差甚小，实际上可认为一样。故而在水轮机行业中多采用标准正曲率叶型（图8-14）。如图8-15所示为标准对称叶型。这种叶型主要用在低水头高比转速的轴流式水轮机中。因为这种水轮机工作在小于$30\sim40\text{m}$水头下，流量较大。为了使蜗壳平面尺寸不致过大而影响水电站厂房宽度，蜗壳多设计成半蜗壳（混凝土蜗壳）。在非蜗壳部分水流速度在导叶前呈近似径向方向，这一部分的导叶叶型应做成对称形或负曲度。而在蜗壳部分应做成正曲度叶型。显然，在同一导水机构中采用不同叶型的导叶结构上是不合理的。所以，在高比转速轴流式水轮机中均折中采用对称叶型的导叶。

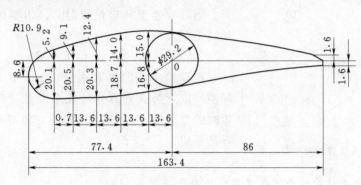

图8-14　标准正曲度叶型的几何尺寸
（$D_1=1\text{m}$；$Z_0=24$）

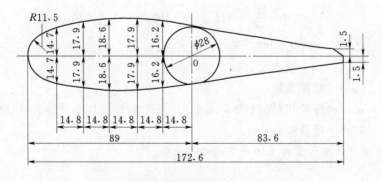

图8-15　标准对称叶型的几何尺寸
（$D_1=1\text{m}$；$Z_0=24$）

第六节　导水机构的受力分析和传动计算

导水机构关闭或开启的操作力是由导水机构接力器产生的，接力器的操作力取决于接力器直径和工作油压。接力器的操作力矩必须大于导叶的水力矩和导叶轴颈的摩擦力矩之和，同时还要保证导水机构有一定的运动速度。当关闭导水机构时，还必须有压紧密封的力矩。

一、导叶上的作用力矩

当导叶达到关闭位置时，接力器的牵引力矩必须满足下式

$$M_d \geqslant \pm M_h + M_f + M_s \qquad (8-12)$$

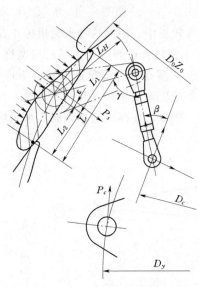

式中 M_d——接力器的牵引力矩；

M_h——作用在导叶上的水力力矩，使导叶向关闭方向运动的为"+"，向开启方向运动的为"-"；

M_f——摩擦力矩；

M_s——密封力矩。

当导叶处于开启位置时，接力器的牵引力矩必须满足下式

$$M_d \geqslant \pm M_h + M_f \qquad (8-13)$$

根据式（8-12）和式（8-13）的原则，工程实际中按以下公式计算导叶在全关位置和任意开度位置时的总力矩。（计算公式的详细推导可查阅水轮机设计手册）

图 8-16 全关位置时导叶受力图

1. 导叶在全关位置时关闭或开启的总力矩（图 8-16）

关闭时
$$M_d = \frac{\pi^2 D_0^2 b_0 n_0}{Z_0^2} H \rho g + \frac{\mu}{2}(R_a d_a + R_b d_b + R_c d_c)$$

开启时
$$M_d = -\frac{\pi^2 D_0^2 b_0 n_0}{Z_0^2} H \rho g + \frac{\mu}{2}(R_a d_a + R_b d_b + R_c d_c)$$

式中 d_a、d_b、d_c——导叶上、中、下轴颈的直径；

R_a、R_b、R_c——相应轴承反力；

μ——摩擦系数；

n_0——导叶相对偏心矩，$n_0 = (L_1 - L_2)/L'$，L'是导叶有效长度；

H——计算水头，m。

2. 导叶在任意开度位置时关闭或开启的总力矩

关闭时

$$M_d = -H D_1^3 Q_{11}^2 C_M g + \frac{\mu}{2}(\alpha_1 d_a + \alpha_2 d_b + \alpha_3 d_c) P_s$$

开启时

$$M_d = H D_1^3 Q_{11}^2 C_M g + \frac{\mu}{2}(\alpha_1 d_a + \alpha_2 d_b + \alpha_3 d_c) P_s$$

式中 C_M——水力矩系数；

P_s——单个导叶上的水压力。

二、导叶传动力矩

已知使导叶转动所必须的牵引力矩后，进一步是要将牵引力矩通过导叶转动机构过渡到接力器，并转换成接力器的牵引力。再根据牵引力的大小决定接力器的尺寸和接力器的油压。对于采用两个协同工作的直缸接力器，利用控制环，连杆、导叶转臂等构件组成的传动机构，在各种行程位置上它传递给单个导叶的转动力矩可用以下方法计算。

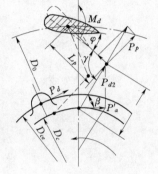

图 8-17 是导水机构传动简图。从图上可以看出，接力器总牵引力 P_d 作用于控制环的耳环处与直径为 D_{ce} 的圆周相切。分配在导叶连杆与控制环连接处的切向分力 P'_d 位于直径为 D_c 的圆周上，其大小为

$$P'_d = \frac{P_d D_{ce}}{Z_0 D_c}$$

图 8-17　导水机构传动图

作用于导叶连杆上的力为

$$P_{d2} = P'_d \frac{1}{\cos\beta} = \frac{P_d D_{ce}}{Z_0 D_c} \frac{1}{\cos\beta} \tag{8-14}$$

在导叶端部产生转动力矩的力为

$$P_p = P_{d2}\sin\gamma = \frac{P_d D_{ce}\sin\gamma}{Z_0 D_c\cos\beta} \tag{8-15}$$

接力器在导叶上的牵引力矩为

$$M_d = P_p L_p = \frac{P_d D_{ce}\sin\gamma}{Z_0 D_c\cos\beta}L_p \tag{8-16}$$

此牵引力矩应和对应开度下导叶的作用力矩平衡或大于它，即应有 $M_d \geqslant M_h + M_f$。由式（8-16）可得

$$P_d = \frac{D_c Z_0 \cos\beta}{L_p D_{ce}\sin\gamma}M_d$$

由于 M_d、$\cos\beta$、$\sin\gamma$ 均为开度的函数，故 P_d 值亦为开度的函数。此力由接力器产生。接力器所需的操作油压为

$$P = \frac{P_d}{F} \tag{8-17}$$

式中　F——接力器有效工作面积，对于两只带单导管的直缸接力器。即

$$F = \frac{\pi}{4}(2d_{sm}^2 - d_g^2) \tag{8-18}$$

式中　d_{sm}——接力器活塞直径，cm；

　　　d_g——接力器导管直径，cm。

根据以上计算可以决定接力器所需的最低油压。首先分别对若干个水头计算阻力矩（包括水力矩与摩擦力矩之和）。并绘出诸力矩与导叶开度的关系曲线（图 8-18）。然后在式（8-17）和式（8-16）中用不同的工作油压计算操作力矩 M_d，并绘出其与导叶开

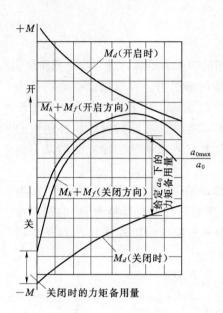

图 8-18　作用在导叶上的各力矩随导叶开度变化的曲线

度的关系曲线，也绘在图 8-18 上。比较上述的两组曲线，就可以知道所选油压是否满足开启和关闭导叶的要求。

　　根据目前国内水轮机运行经验，接力器最低油压值可作如下规定：当额定油压为 2.5MPa 时，最低油压取 1.5MPa 左右；当额定油压为 4.0MPa 时，最低油压约取 2.8MPa 左右。

第九章

水轮机转轮设计

第一节　不同比转速水轮机的转轮型式

　　转轮是水轮机的关键部件。它直接将水流能量转换为旋转体的机械能。转轮也直接决定水轮机的过流能力、水力效率、空化空蚀、运行稳定性等工作性能。

　　第二章水轮机工作原理中介绍了水轮机基本方程式。这个方程式表达了水流能量转变为机械能数量之间的关系，只要转轮进出口水流方向及速度值满足基本方程，水轮机转轮就能转换出相应的功率，而转轮是什么型式方程中并无反映。实际上根据水轮机设计理论，以及数十年水轮机运行实践经验，为了获得较高效率，水轮机转轮的形状必须与水头、流量及转速大小相匹配，并综合考虑强度与刚度等因素，其型式主要有轴流式、混流式和冲击式等几大类。低水头下工作轴流式水轮机过流量大，转轮叶片承悬臂梁状，如图9-1所示，由于工作水头不高，强度和刚度也就能满足要求。当水头增加到一定程度，由于空化空蚀性能变差及强度条件不够，轴流式水轮机就不适应了，转轮做成了有上冠和下环的形状，如图9-2所示。

图9-1　轴流式水轮机转轮

图9-2　混流式水轮机转轮

　　对于混流式水轮机机转轮，水头越高转轮叶片高度减小，长度增加，水流在转轮中越趋于径向流动；而随着工作水头降低，转轮叶片变短，高度增加，水流流向趋向于轴向方向。图9-3表示随比转速（随使用水头）而变化的混流式水轮机转轮的轴面投影图。图9-4是根据108个电站混流式水轮机比转速 n_s 随水头而变化的统计资料。

　　冲击式水轮机是依靠特殊导水机构（喷嘴）所形成的高速射流冲击转轮叶片，仅利用动能使转轮旋转做功。根据工作射流与转轮相对位置及射流工作次数的不同，转轮型式又有所不同，如图9-5～图9-7所示。

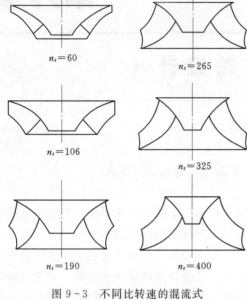

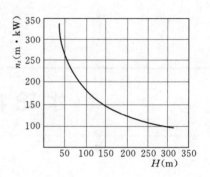

图9-4　混流式水轮机转轮 n_s 与 H 的关系曲线

图9-3　不同比转速的混流式
水轮机转轮轴面投影图

图9-5　水斗式水轮机转轮

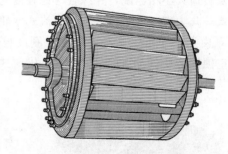

图9-6　斜击式水轮机转轮　　　图9-7　双击式水轮机转轮

　　下面主要以混流式与轴流式两类水轮机为例，说明水轮机转轮的设计理论、基本参数确定以及内部流动特性。

第二节　水轮机转轮的设计理论

一、混流式水轮机转轮设计理论

1. 混流式转轮的水力设计

混流式转轮位于流道从径向变为轴向的拐弯处，其中水流运动状况非常复杂，转轮中的流面是空间曲面，形如喇叭。为了能应用数学和流体力学的方法来研究水流的运动，通常采用一些假定，用近似于实际的较简单而有一定规律的流动代替转轮中的复杂运动。于是，根据对流动情况不同的假设和简化，混流式转轮的水力设计有三种方法，即一元理论、二元理论和三元理论设计方法，在这三种方法中都假设水流是理想流体。

传统的一元理论和二元理论的设计理论基础，除了假设水流是无黏性的理想流体外，还作了转轮叶片是无穷多的假设。这是因为实际上混流式转轮的叶片均有十几片之多、流道比较狭长，在圆周方向上从叶片的正面到相邻叶片的背面，水流参数（流速、压强）变化不是很大，因此可以作出叶片是无穷多的假设（轴流式水轮机中叶片数较少，叶栅的稠密度小，则不能作叶片是无穷多的假设）。这样，水流的运动是轴对称的，可用任意轴面的流动来表示其他轴面的流动。这样的假设就使混流式转轮内的复杂流动简化了，贯穿转轮进出口的任何一根空间流线绕转轮轴面旋转得到的花篮形回转面上的参数都是轴对称的。因为叶片是无穷多（厚度必然是无穷薄），所以流动空间即是充满叶片，也是充满水流。故而任何一根流线，必然也是叶片上的流线，许多这样的流线按一定的规律所组成的空间流面就是叶片表面。

但是，从另一方面观察，叶片数无穷多，参数轴对称，就会得出叶片正面和背面参数沿圆周方向都相同，这样就不会产生旋转力矩，转轮发不出功率来，这似乎是一个矛盾的假设。正确的理解应该是在圆周方向，叶片正背面压差是无限小的，但由于叶片数目无限多，两者的乘积就可以是有限值了。当然，一元理论和二元理论是无法计算叶片正面和背面各自的参数的，这也是无限多叶片数假设的缺点。

一元理论的实质是：水流在转轮中的轴面速度只要用一个能表明质点所在过水断面位置的坐标即可确定。如图 9-8 （a）所示中，为确定轴面水流中 A 点的速度，只要决定包含 A 点的过水断面 BC 的位置 l_m 即可。低比转速混流式水轮机转轮轴面流道拐弯的曲率半径较大，而且转轮叶片大部分位于拐弯前的径向流道内，流道的拐弯对 v_m 的影响较小，沿过水断面 v_m 的分布比较均匀，接近于一元理论假设，故一元理论多用于设计低比转速的转轮。

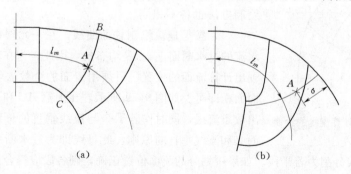

图 9-8　确定转轮内某质点 A 的轴面速度所需的坐标

(a) 一元理论设计时；(b) 二元理论设计时

二元理论设计方法同样假定转轮叶片无穷多，水流运动也是轴对称，但却认为轴面速度沿过水断面不均匀分布。因此，轴面上任一点运动必须由确定该点在轴面上的位置的两个坐标来决定，在图 9-8 （b）中，这两个坐标为过水断面的位置 l_m 和过水断面母线上 A 点距上冠的长度 σ，即 $v_m = f(l_m, \sigma)$。中高比转速混流式水轮机转轮轴面流道拐弯的曲率平均较小，叶片大部分或全部位于流道的拐弯区，水流拐弯对轴面速度的影响较大，即沿过水断面轴面速度自上冠向下环增大，这与二元理论中假定轴面有势流动（垂直于轴面的

涡量 $\omega_u = 0$，ω_z 和 ω_r 不一定等于零）的分布规律比较接近，故二元理论（$\omega_u = 0$）的方法多用于设计中高比转速的混流式转轮。这种方法在理论上比一元理论严格，设计出的转轮实际效果也较好，因而得到比较广泛的应用。

而传统三元理论设计方法是从研究有限叶片数的转轮叶栅出发的，这时水流不是轴对称流动的，不同轴面上的流动各不相同。因此，转轮各点的轴面速度由该点的有一个坐标来决定。三元理论的设计方法在理论上更加接近设计工况附近转轮内部流动状况，但由于不考虑流体黏性，越偏离设计工况，计算精度越差。近年来，随着计算机技术与数值模拟理论的发展，国内外对转轮内部流动开展了三维湍流数值模拟研究，获得了不少成果，极大地提高了转轮设计水平。

2. 轴面曲线的绘制

在一元和二元设计理论中，由于作了叶片数无穷多的假设，得到了水流运动呈轴对称状态。花篮形的回转面就是流面，在流面上的某一根流线就是叶片和流面的截线（交线），将骨线的两侧（或者是单侧）加上厚度就成为实际的叶片了。因此，用一元理论、二元理论设计叶片时，首先要确定流道中的流面。而确定流面可以先找出流面的轴面投影，也就是先计算出轴面运动规律，画出轴面流线。

混流式转轮上冠和下环间可以有无限个流面。而在无限多叶片的假设下，流面是无限个以水轮机轴线为中心的回转面。实际设计的经验表明，一般在转轮流道内取 5～7（包括上冠和下环）作为计算流面，即可准确地设计出叶片形状。相邻流面之间水流质点互相不干扰，且流面之间的流量相等。在确定了计算流面的个数后，流面的绘制实际上就是在转轮轴面流道上按相邻两流面间流量相等的原则绘制出轴面流线。由于不同的设计理论假定的轴面速度 c_m 的分布规律不同，因而计算流面的绘制方法也各不相同。

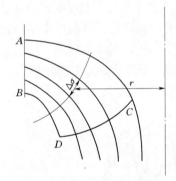

图 9-9　轴面计算流线的绘制

（1）按等速流绘制轴面曲线。在一元理论中，假定轴面水流的过水断面上 v_m 是均布的，因此，为在转轮轴面流道内画出计算流面的位置，只须用流面的个数去等分各个过水断面面积即可。如图 9-9 所示，在上冠 AC 和下环 BD 之间画出数条流线，同时作若干个与流线垂直的母线，根据过水断面必和流线垂直的原则，此母线即为过水断面。每一过水断面母线均被流线分割为若干段。如果所划分的流面位置正确，则各段应符合下列要求

$$\Delta f = 2\pi \Delta \sigma = 常数$$

即
$$r \Delta \sigma = 常数 \tag{9-1}$$

式中　σ——相邻两流线间过水断面母线的长度；

　　　r——线段 $\Delta \sigma$ 的平均直径。

式（9-1）即为一元理论检查计算流线正确性的条件。如果该式得不到满足，就要调整流线间距离并修改形状，一直到该式满足为止。

（2）按轴面有势流绘制轴面流线。前面的二元理论设计转轮的方法中，轴面流动是有势的（$\omega_u = 0$）。这是一种常用的且效果较好的方法。如轴面水流为有势流动，则流网可用

互相垂直的流线 ψ 和等势线 ϕ 表示。为了得到流网，只需在给定的边界条件下解出拉普拉斯方程即可。水流的边界条件是（图 9-10）：A 转轮流道边壁上的法向速度为零；B 流道在转弯前后足够远处，也即取在流道平直段，等势线就变成等速线，在该处轴面流速是均匀分布的。

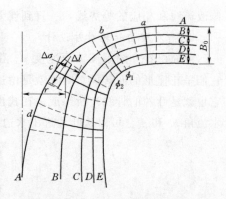

图 9-10 轴面有势流流网

在水轮机转轮水力计算中，轴面有势流动的流网绘制可用计算机程序进行图解分析。轴面流网中任意两相邻流线之间流量相等。检查流线的正确性是按下列原则进行的：

根据轴面流动有势的原则，流线应和等势线正交。根据这一特性，在作出初步计算流线（可以按照一元理论方法画出后，作为第一次近似）后，按等势线垂直于流线的性质，作出若干等势线如图 9-10 所示中 A、B、C、D 等。

由流体力学势流理论可知，势函数在任意方向的偏导数就等于速度在这一方向的分量。因此轴面速度 v_m 为

$$v_m = \frac{\partial \varphi}{\partial l} \tag{9-2}$$

式中　φ——度势函数，$\varphi = f(r, z)$；

　　　l——沿着轴面流线的长度。

将式（9-2）转换为有限值时，则轴面速度 v_m 为

$$v_m = \frac{\Delta \varphi}{\Delta l} \tag{9-3}$$

式中　$\Delta \varphi$——为相邻两等势线的势差，$\Delta \varphi = \varphi_2 - \varphi_1$。

则相邻两流面间的流量为

$$\Delta Q = 2\pi r \Delta \sigma v_m \tag{9-4}$$

显然此处等势线与轴面水流过水断面相重合，因此过水断面母线长 $\Delta \sigma$ 也就是相邻两流线间等势线的长度（图 9-10）。把式（9-3）代入式（9-4）得通过两流线间的流量 ΔQ 为

$$\Delta Q = 2\pi r \Delta \sigma \frac{\Delta \varphi}{\Delta l} = 2\pi \Delta \varphi \left(r \frac{\Delta \sigma}{\Delta l} \right)$$

由于同一组相邻两等势线的势差 $\Delta \varphi$ 为一常数 A，故

$$\Delta Q = 2\pi A \left(r \frac{\Delta \sigma}{\Delta l} \right) \tag{9-5}$$

根据轴面计算流线绘制原则，任意两相邻流线间流量 ΔQ 要相等。因此同一组等势线和流线组成的不同小方格应满足下列条件，即

$$r \frac{\Delta \sigma}{\Delta l} = 常数 \tag{9-6}$$

式（9-6）即为有势流中检查流线绘制正确性的条件，如计算所得不能满足该式，则

修改流线和相应的等势线，一直到误差小于规定值（约 $3\% \sim 4\%$）为止。

3. 一元理论转轮叶片设计

前面已经介绍了按轴面速度 v_m 沿过水断面均匀分布的原则，分划出了若干个流面，它们呈花篮形的回转面。叶片就是由这些回转面上的流线（每个回转面上只有一根流线，它也就是叶片的骨线）所组成。在找出这些流线时，首先必须知道流面上叶片进出口边的水流角 β_1 和 β_2，可以从叶片进出水边的速度三角形中得到：

$$\tan\beta_1 = \frac{v_{1m}}{u_1 - v_{1u}}$$

$$\tan\beta_2 = \frac{v_{2m}}{u_2 - v_{2u}}$$

$$(9-7)$$

式中　v_{1m}、v_{2m}——进出口边计算点的轴面速度；

$\quad\quad u_1$、u_2——进出口边的圆周速度，当计算点半径和转速已知时它们是可以求得的；

$v_{2u} = \dfrac{\Gamma_2}{2\pi r_2}$，当出口环量已知时，该值也可求得；

$v_{1u} = \dfrac{\Gamma_1}{2\pi r_1}$，可根据基本方程式及 Γ_2 值求得。

一般叶片骨线进口角 β_{1e} 比水流进口角 β_1，小一个冲角 α，这是为了改善非设计工况下转轮的水力性能。叶片骨线的出口角可以取其等于水流出口角 β_2。

要将具有空间花篮状曲面上的流线叶片骨线，画在平面的图纸上是不可能的。可以利用保角变换原理来映射线段。一般是将花篮形回转面分为许多正交的方形网格，同时与之对应的采用一个圆柱体，其面上也划分同样数目的方形网格，这个圆柱面可以展开为平面的网格图（图 9-11）。

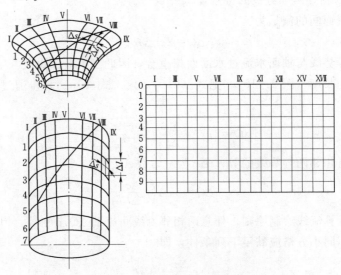

图 9-11　图解保角变换法

图 9-11 中大写罗马数字 I、II、… 所分割的面就是轴面，而阿拉伯数字 1、2、… 则表示沿线长度所作的距离元段。这样，平面网络上任一点可以对应地映射到回转曲面的相应位置上。

由于所分的网格是正方形，沿流线距离元段将等于分割轴面角度 φ 乘以计算点所在的半径 r，这样就可以将所得到回转曲面上的距离元画到轴面上（图 9-12）。

一元理论设计叶片的实质就是在平面展开图上，按进出口角画出各条骨线。图 9-13 是一个具体范例，出口边布置在同一轴面上 b_2、c_2、d_2、e_2 点可从图 9-12 中找出，至于进口边上的 a_1、b_1、c_1、d_1、e_1 各点则已知它们距基准线 0—0 的距离，但其所在轴面却是未知的。设计

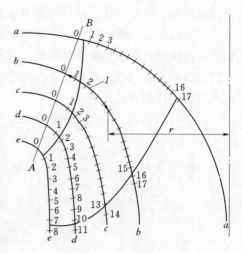

图 9-12　轴面流线距离元

任务就是在保证进出口角 β_{1e} 和 β_{2e} 的前提下，还要保证各骨线是光滑平顺的曲线，这完全靠做图来保证，存在一定的任意性。当绘毕展开平面上各骨线后，就可以根据各点的映射关系，将同在以轴面上的骨线截点画到轴面投影图上（图 9-14）。绘得的各轴面截线应满足相邻两条曲线的间距是有规律的变化，不应有波浪形的弯曲。因为，只有这样才能保证所设计的叶片具有平滑的表面。若所得的轴面截线不满足上述要求，则应修改保角变换平面上的形状。

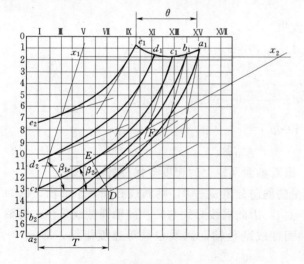

图 9-13　保角变换平面上叶片绘制

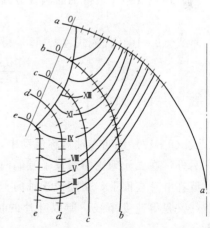

图 9-14　叶片的轴面截线

4. 二元理论转轮叶片设计

与一元理论不同，二元理论认为轴面速度 v_m 沿着过水断面不是均布，轴面水流为二元流动且为有势（$\omega_u = 0$）流动，但水流仍然是对轴对称的。基于这样的前提，根据流体力学理论，叶片对水流的作用可以用漩涡面来代替，即漩涡面所诱导出的流动和叶片在水

中所形成的流场完全一样。叶片可以看成是一个涡面，则涡线必须位于叶片表面上。由于叶片是空间的曲面，所以涡线也是空间的曲线。设漩涡运动的角速度向量为 ω，ω 和涡线相切它在空间的三个坐标轴上的投影 ω_z、ω_u 和 ω_r。

因漩涡向量 ω 和涡线相切，ω 方向和涡线微段 d_s 的方向一致，所以它们的投影应成比例，由此涡线的方程式为

$$\frac{d_z}{\omega_z}=\frac{d_r}{\omega_r}=\frac{rd\varphi}{\omega_u} \tag{9-8}$$

由流体力学知

$$\omega_z=\frac{1}{2r}\left(\frac{\partial v_u r}{\partial r}-\frac{\partial v_r}{\partial \varphi}\right)$$

$$\omega_u=\frac{1}{2}(\frac{\partial v_r}{\partial z}-\frac{\partial v_z}{\partial r})$$

$$\omega_r=\frac{1}{2r}(\frac{\partial v_z}{\partial \varphi}-\frac{\partial v_u r}{\partial r}) \tag{9-9}$$

由于假设了轴对称，故

$$\frac{\partial v_r}{\partial \varphi}=\frac{\partial v_z}{\partial \varphi}=0$$

所以

$$\omega_z=\frac{1}{2r}\frac{\partial v_u r}{\partial \gamma}$$

$$\omega_z=\frac{1}{2}\left(\frac{\partial v_r}{\partial z}-\frac{\partial r_z}{\partial r}\right)$$

$$\omega_r=\frac{1}{2r}\frac{\partial v_u r}{\partial z} \tag{9-10}$$

由方程式（9-8）得轴面涡线方程式为

$$\omega_r dz-\omega_r dr=0 \tag{9-11}$$

将式（9-10）代入式（9-11）得

$$\frac{\partial v_u r}{r\partial z}dz+\frac{\partial v_u r}{v\partial r}dr=0$$

式（9-11）即

$$d(v_u r)=0$$

$$v_u r=常数 \tag{9-12}$$

式（9-12）说明在轴对称流动中，沿着轴面涡线上的速度矩保持为一常数。

另外，在二元理论中假设了漩涡向量的周向分量 $\omega_u=0$，则涡线必须在平面内。因为涡线既在叶片表面上，又须位于轴向平面内，因此涡线必须与叶片的轴面截线重合。而轴面涡线又是等速度矩线，所以叶片的轴面截线既是轴面涡线也是等速度矩线，即 $v_u r=$ 常数。

由上所述，可得一重要的结论：在 $\omega_u=0$ 的二元理论中，沿叶片轴面截线上的速度矩为一常数。因此，叶片上水流质点的速度矩仅是它所在轴截面坐标 φ 的函数

$$v_u r=f(\varphi) \tag{9-13}$$

上述特性明确后，流面上叶型骨线就可以绘制了。

现在来求流面上叶型骨线（也就是相对运动的流线）的方程式。

水流质点 M_1 在流面上运动（图 9-15）。该质点相对运动的速度为 w，经过 d_t 时间后，自 M_1 点运动至 M_2 点，则它在流面上的位移为

$$\overline{M_1M_2}=w\mathrm{d}t$$

$\overline{M_1M_2}$ 在轴面上的投影即质点在轴面流线上的位移 $\mathrm{d}l$ 为

$$\mathrm{d}l=w_m\mathrm{d}t=v_m\mathrm{d}t \qquad (9-14)$$

$\overline{M_1M_2}$ 在圆周方向的投影即质点在圆周方向的位移 $\mathrm{d}L_u$ 为

$$\mathrm{d}L_u=w_u\mathrm{d}t=(u-v_u)\mathrm{d}t=r\mathrm{d}\varphi \qquad (9-15)$$

式中　$\mathrm{d}\varphi$——M_1 和 M_2 点所在轴向平面间的夹角。

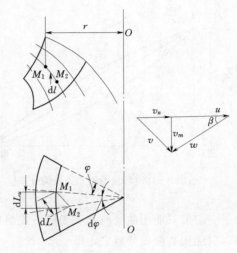

图 9-15　液流质点在转轮中的运动轨迹

由式（9-15）可得　　$$\mathrm{d}t=\frac{r\mathrm{d}\varphi}{u-v_u}$$

将上式代入式（9-14）中，得

$$\mathrm{d}l=\frac{v_mr}{u-v_u}\mathrm{d}\varphi$$

或　　　　　　$$\mathrm{d}\varphi=\frac{u-v_u}{v_mr}\mathrm{d}l$$

在上式右半部乘除 r，使其含有函数 v_ur，又 $u=\omega r$，则可得

$$\mathrm{d}\varphi=\frac{\omega r^2-v_ur}{v_mr^2}\mathrm{d}l \qquad (9-16)$$

式（9-16）建立了质点运动时，在轴面流线上的位移与角位移的关系，称作质点运动微分方程。积分该方程就可得到质点运动的空间轨迹，叶片形状就由它来决定，因而又称作叶片的微分方程。

将式（9-16）沿流线积分，得

$$\varphi=\int_0^l\frac{\omega r^2-v_ur}{v_mr^2}\mathrm{d}l \qquad (9-17)$$

式中　φ——流线上任意点相对于进口点的角位移；

l——积分上限，任意点沿轴面流线到进口点的距离。

式（9-17）可见，要进行积分必须知道 v_ur、ωr^2 和 v_mr^2 沿轴面流线的变化规律。

ωr^2 及 v_mr^2 沿轴面流线 1 的变化规律在计算流面确定后即已给定。因轴面流线任一点的轴面速度 v_m 及角速度 ω 均为已知，因此任一点的 v_mr^2 及 ωr^2 和轴面流线 1 的关系即可得到。叶片进出口速度矩 v_ur 的值必须满足水轮机基本方程式为

$$v_{u1}r_1-v_{u2}r_2=\frac{H\eta_sg}{\omega}$$

根据实践经验，建议在最优工况时，低比转速混流式转轮出口环量 $\Gamma_2=2\pi v_{2u}r_2=0$；对中高比转速混流式转轮，出口环量取得略带正值，一般取 $\Gamma_2=+0.05\Gamma_1$。出口环量确定后即可按基本方程式决定进口环量 Γ_1。

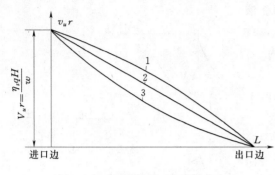

图 9-16　环量沿轴面流线的分布

沿着每一条轴面流线，环量由叶片进口边的 Γ_1 变化至出口边的 Γ_2，在其中间环量的变化规律 $v_u r = f(l)$ 则是人为的给定的，图 9-16 给出了三种不同规律的环量变化曲线。显然，为保证所设计翼型每小段均能将水能转变为机械能，$v_u r = f(l)$ 曲线应是单调下降，不应出现极大值和极小值。

这样，已知 $v_u r$ 随轴面流线长度的变化规律，积分方程（9-17）就可以解决了。一般只能用曲线或列成表格形式给出 $\omega r^2 = f(l)$，$v_m r^2 = f(l)$ 和 $v_u r = f(l)$ 的关系，所以只能用数值积分解之，即

$$\Delta \varphi = \frac{\omega r^2 - v_u r}{v_m r^2} \Delta l \qquad (9-18)$$

将轴面流线分为若干个微段，各段长为 Δl_i，在找出 Δl_i 段中点处的 ωr^2、$v_u r$、$v_m r^2$ 值后，代入式（9-18）即可求出对应的 $\Delta \varphi_i$ 值。

5. 转轮叶片木模图

前面介绍的一元理论和二元理论设计叶片的最终结果都是求得位于叶片进口边之间数条流线在流面上的形状，但要制造出来还应有叶片木模加工图，根据它可以制作木模进行翻砂制造。但是叶片的轴面截线图是不能用来作为木模图的，因为按它制造木模和样板都是很困难的，为了制造方便，一般叶片木模图是以叶片的水平面截线表示。

首先，在叶片轴面截线图上用一组垂直于水轮机轴线的水平面 A、B、C、D…截割叶片的轴面截线图（图 9-17）。通常取水平面 12～13 个。

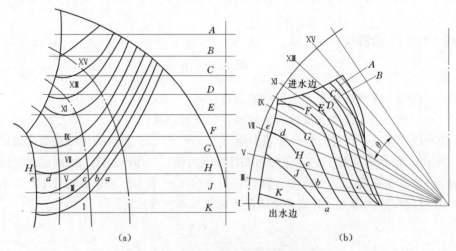

图 9-17　叶片水平截线的绘制

在平面上作出轴向平面 Ⅰ、Ⅱ、Ⅲ、…（两轴向平面之间夹角为 $\Delta \varphi$），它们和轴面截线图上的叶片轴面截线相对应 [图 9-17（b）]，下面以水平面 H 为例，说明叶片木模图

的绘制。图［9-17（a）］上的水平面 H 和叶片的轴面截线Ⅰ、Ⅲ、Ⅴ、Ⅶ上，按各点的半径定出 a、b、c、d 四点，H 面和下环交于 e 点，e 点在轴面Ⅴ～Ⅶ之间，用上述方法在平面图上得到 e 点。这五点的连线即为叶片在 H 水平面的截线，以 H 表示之。用同样方法可得其他各平面的叶片截线，各水平截线的曲线应光滑且有规律的变化。将叶片进出口边，叶片和上冠下环相接的各点由轴面投影图上转绘到平面图上并连接之则得叶片在平面上的投影。为清楚起见，图9-17仍以翼型骨线来绘制木模图。实际叶片有厚度，因此木模图应分别画出叶片的正面和背面的水平截线，如图9-18所示。

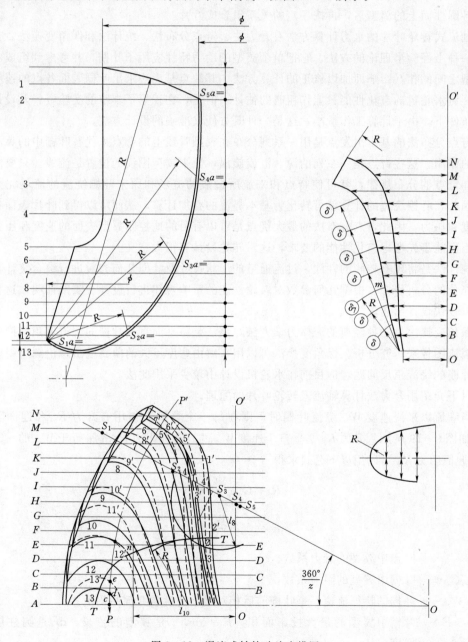

图 9-18　混流式转轮叶片木模图

二、轴流式水轮机转轮设计理论

轴流式转轮的设计过程分为两步，首先通过实践经验选择某些参数和转轮前后速度的分布规律，然后绘出转轮的轴面流道和转轮进出口的速度三角形。再依据圆柱层无关性假设，把转轮叶片的设计简化为 5～6 个平面直列叶栅的绕流来计算。转轮叶片设计是叶栅绕流计算的反问题，在已知每个圆柱截面上叶片进出口水流速度三角形及叶栅应产生的出力的条件下，求出各圆柱截面上翼型的形状、几何尺寸及其在叶栅中的安放位置，由计算得到各圆柱面上的翼型后，再按一定的关系组合成叶片。

轴流式转轮叶片的水力计算方法有升力法、奇点分布法、统计法和保角变换法。升力法是一种半经验半理论的方法，它把单个翼型的动力特性应用于叶栅，并考虑到组成叶栅后翼型之间的相互影响而加以修正的计算方法。其缺点是无法求出叶栅表面各点的速度和压力，对水轮机的空化性能只能作粗略的估计。但是，在积累了丰富的实验资料及设计经验的条件下，由于计算工作量小，这是一种既方便又准确的设计方法。

奇点分布法的基本出发点是用一系列分布在翼型骨线上的奇点来代替叶栅中的翼型对水流的作用，这些奇点是一系列的源、汇或旋涡，原来翼型围线的位置是流线。只要恰当地选择奇点的分布规律，就可使奇点和来流所造成的流场和原来叶栅绕流的流场完全相同。因此，叶栅绕流的计算就可转化为基本势流的叠加计算，从而可以得到叶片表面各点的速度和压力。因此奇点分布法的最大优点是可以有目的地控制翼型表面的速度和压力分布，因而能事先考虑空化性能的要求，这对转轮设计有很大意义。

统计法是将现有转轮的性能，过流通道的形状尺寸及叶栅几何参数进行综合统计，并作出充分的分析研究，根据几何参数对转轮性能的影响规律进行设计。实践证明，这种方法可以较快设计出转轮。

保角变换法是一种经典的流体力学方法，该法是将平面直列叶栅的绕流保角变换为已知的绕流图像来研究分析。保角变换法可以用来解由弯度不大的薄翼或由理论翼型组成的平面叶栅的绕流正反问题，但目前在水轮机设计中较少采用此法。

以下介绍用升力法计算轴流式转轮叶片的原理。

当液流以来流速度 W_m 绕流叶栅时，则在每一个翼型上作用有升力 R_y 和迎面阻力 R_x，如图 9-19 所示。升力 R_y 是垂直于速度 W_m 的，迎面阻力 R_x 是平行于 W_m 的。升力 R_y 和迎面阻力 R_x 可以用以下公式求得

$$R_y = C_{ys}\rho\,\frac{W_m^2}{2}F \tag{9-19}$$

$$R_x = C_{xs}\rho\,\frac{W_m^2}{2}F \tag{9-20}$$

式中　C_{ys}——叶栅中翼型的升力系数；

　　　C_{xs}——叶栅中翼型的阻力系数；

　　　W_m——叶栅的特征流速，是叶栅前后相对运动速度的几何平均值；

　　　F——叶栅中翼型的最大投影面积。$F = l\,dr$，l 是翼型的弦长，dr 是圆柱层的
　　　　　厚度。

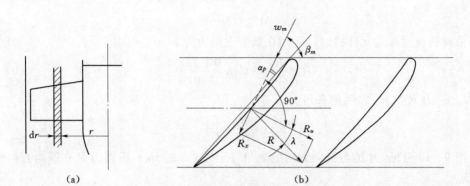

图 9-19 轴流式水轮机转轮叶栅

为了决定 W_m 的值，需要作出转轮叶栅进口处和出口处液流的速度三角形（图 9-20），平分 CD 线得到 E 点，连接 EB 即得到速度 W_m。

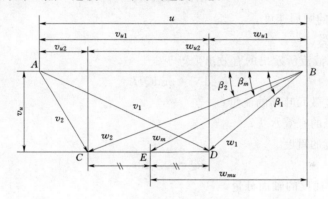

图 9-20 直列叶栅的速度三角形

在流体力学中已知，系数 C_{ys} 和 C_{xs} 与机翼的形状、翼型和冲角 α_p、雷诺数 Re 有关。C_{ys} 和 C_{xs} 可以通过在风洞中进行空气动力学实验求得。一般将系数 C_{ys} 和 C_{xs} 随冲角 α_p 的变化曲线 $C_{ys}=f(\alpha_p)$ 和 $C_{xs}=f(\alpha_p)$ 称为叶栅的动力特性。

若缺可供设计应用的叶栅动力特性的资料，则需假定平面直列叶栅为稀疏叶栅，即叶栅稠密度 $\dfrac{l}{t}$ 较小，其特性接近于单个翼型的绕流，计算时利用单个翼型的资料并进行一定的修正。

因此升力法在很大程度上依赖机翼的试验资料，是一种半经验半理论的方法。但是相对来讲它的计算工作量小，方法简单，适用于叶栅稠密度不大的轴流式转轮叶片的设计。

1. 升力法计算轴流式转轮叶片的基本方程

为了使所设计的转轮能够满足对能量转换的要求，在一定的工作条件下，翼型和叶栅的几何参数，动力特性与液流的运动参数之间必须遵循一定的关系。本节讨论的基本方程，即反映了这种关系。

根据圆柱层无关性假设，可用半径等于 r 和 $r+\mathrm{d}r$ 的两个同心圆柱面在转轮上切下一微元叶栅，并将其展开成平面无限直列叶栅（图 9-19）。该叶栅的微元叶片的面积为

$$\mathrm{d}F = l\mathrm{d}r$$

当液流绕流过该微元叶栅时，作用在翼型上的力为 R

$$R = \frac{R_y}{\cos\lambda} = C_{ys}\rho\,\frac{W_m^2}{2}\frac{l\mathrm{d}r}{\cos\lambda} \qquad (9-21)$$

式中　λ——力 R 与 R_y 之间的夹角。

故

$$\tan\lambda = \frac{R_x}{R_y} = \frac{C_{xs}}{C_{ys}}$$

由图 9-19 可见，力 R 与圆周方向的夹角等于 $(90° - \beta_m + \lambda)$，所以力 R 在圆周方向的分量 R_u 为

$$R_u = R\cos(90° - \beta_m + \lambda) = R\sin(\beta_m - \lambda) = C_{ys}\rho\,\frac{W_m^2}{2}\frac{l\mathrm{d}r}{\cos\lambda}\sin(\beta_m - \lambda) \qquad (9-22)$$

通过微元叶栅的液流每秒钟传给叶栅的能量等于

$$\mathrm{d}N_e = R_u U Z_1$$

式中　U——叶栅的圆周速度；

Z_1——叶片数。

通过微元叶栅液流所发出的有效出力等于

$$\mathrm{d}N_e = \rho g\,\mathrm{d}Q H_e$$

式中　$\mathrm{d}Q$——通过微元叶栅的流量；

H_e——液流的有效水头；

ρg——液流的重度。

$$\mathrm{d}Q = v_m Z_1 t\mathrm{d}r$$

式中　v_m——绝对速度的轴面分量。

根据水轮机基本方程

$$H_e = \frac{U(v_{u1} - v_{u2})}{g} = \frac{U\Delta v_u}{g}$$

由于

$$R_u U Z_1 = \rho g\,\mathrm{d}Q H_e$$

将 R_u、$\mathrm{d}Q$、H_e 值代入上述方程

则

$$C_{ys}\rho\,\frac{W_m^2}{2}\frac{l\mathrm{d}r}{\cos\lambda}\sin(\beta_m - \lambda)Uz_1 = v_m Z_1 t\mathrm{d}r\rho g\,\frac{U\Delta v_u}{g}$$

故

$$C_{ys}\frac{l}{t} = \frac{2v_m\Delta v_u}{W_m^2}\frac{\cos\lambda}{\sin(\beta_m - \lambda)}$$

因为

$$v_m = W_m\sin\beta_m$$

所以

$$C_{ys}\frac{l}{t} = \frac{2\Delta v_u}{W_m}\frac{1}{1 - \dfrac{\tan\lambda}{\tan\beta_m}} \qquad (9-23)$$

式（9-23）称为用升力法设计轴流式转轮叶片栅的基本方程式。它的物理意义在于为了使流过水轮机的液流所付出的有效能量与转轮叶栅所承受的能量相平衡，叶栅与液流参数之间应该满足的关系。

液流的速度决定于设计时给出的水头 H、出力 P 和转速 n，基本方程中的 Δv_u、W_m 和 β_m 已在圆柱截面速度三角形计算中求得，而 $\tan\lambda$ 与 C_{ys} 有关，所以基本方程中只有两

个未知数 C_{ys} 和 $\dfrac{l}{t}$，一般是给定一个求另外一个。

水流方向与翼型弦的夹角 α 称为冲角，在利用单个翼型的动力特性设计轴流式转轮叶片时，可先给出一个冲角 α_p，然后在所选择的动力特性曲线上查出升力系数 C_{ys}，再代入基本方程，求出叶栅稠密度 $\left(\dfrac{l}{t}\right)'$，将它与按比转速 n_s 或空化系数 σ 选择的叶栅稠密度 $\dfrac{l}{t}$ 相比较，若差别大就要重新选取 α。

另外也可以将选出的叶栅稠密度代入基本方程计算出 C_{ys}，然后在翼型动力特性图 9-21 中查出冲角 α。当 α 与预先给定的冲角 α' 相差太大时，也要进行校正计算。

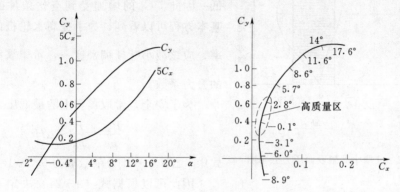

图 9-21　翼型的动力特性

2. 叶栅空化性能的检查和估算

转轮叶栅设计除应满足高效率以外，还应该具有良好的空化性能。

当液流绕流过翼型时，在叶片正面大部分或全部是大于大气压的，在叶片背面大部分低于大气压，因此在叶片正背面存在压力差。通过试验证明，作用在翼型上的升力主要由于翼型背面的压力降低形成的，正面压力变化极小。

升力
$$R_y = C_{ys}\rho\frac{W_m^2}{2}F = \Delta R_{cp}F$$

令
$$\Delta R_{cp}F = \rho g\Delta h_{cp}F$$

式中
$$\Delta h_{cp} = \frac{W_m^2}{2g}C_{ys}$$

翼型上的最大压力差 $\Delta h_{\max}$ 与平均压力差 Δh_{cp} 之比称翼型系数 K。即

$$K = \frac{\Delta h_{\max}}{\Delta h_{cp}}$$

图 9-22 中，叶片背面 A 点压力最低，根据伯努里方程，A 点与对应正面上的压力之差为最大压差 $\Delta h_{\max}$，则有

$$\Delta h_{\max} = \frac{W_{\max}^2}{2g} - \frac{W_m^2}{2g} = K\frac{W_m^2}{2g}C_{ys}$$

由前面章节已知翼型背面最低压力为

$$\frac{P_{\min}}{\rho g} = \frac{P_a}{\rho g} - H_s - \sigma H = \frac{P_a}{\rho g} - H_s - \eta_\omega\frac{V_2^2}{2g} - \frac{W_{\max}^2}{2g} + \frac{W_2^2}{2g}$$

则
$$\frac{P_{\min}}{\rho g}=\frac{P_a}{\rho g}-H_s-\eta_\omega\frac{V_2^2}{2g}+\frac{W_2^2}{2g}-\frac{W_m^2}{2g}(1+KC_{ys}) \tag{9-24}$$

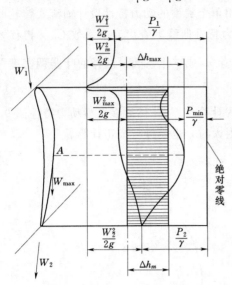

图9-22 叶栅中翼型表面压力分布图

为了使叶栅不发生空化空蚀，必须要求翼型上最低压力$\frac{P_{\min}}{\rho g}$大于当时温度下水流的饱和汽化压力$\frac{P_v}{\rho g}$。

从式（9-24）可以看出，C_{ys}越大则$\frac{P_{\min}}{\rho g}$越低。因此，C_{ys}的增加受到空化条件的限制。从基本方程可以看到，为了提高水轮机的出力和效率，应该减小叶栅稠密度$\frac{l}{t}$，希望翼型具有更大的升力系数C_{ys}。

为了安全，常取翼型上的最低压力为
$$\frac{P_{\min}}{\rho g}=\frac{P_v}{\rho g}+\Delta H \tag{9-25}$$

式中　ΔH——压力余量取为$0.5\sim1.0\text{m}$。

因此可以根据式（9-24）决定不发生空化的升力系数C_{ys}最大允许值。即

令
$$\overline{P}_{\min}^*=1-\left(\frac{W_{\max}}{W_2}\right)^2 \tag{9-26}$$

称$\overline{P}_{\min}^*$为最低压力系数，因为$W_{\max}$大于W_2，所以$\overline{P}_{\min}^*$的数值小于零。

则空化系数的估算公式可写成
$$\sigma=\eta_\omega\frac{V_2^2}{2gH}+|\overline{P}_{\min}^*|\frac{W_2^2}{2gH} \tag{9-27}$$

根据实验结果得到$|\overline{P}_{\min}^*|$与$C_{ys}\left(\frac{t}{l}\right)$的关系曲线（图9-23），实验表明，对不同的叶栅此规律是一条直线，它的方程式为
$$|\overline{P}_{\min}^*|=0.25C_{ys}\left(\frac{t}{l}\right)+0.01(\overline{C}-3)\frac{l}{t} \tag{9-28}$$

$$\overline{C}=\frac{s}{l}100$$

式中　$\overline{C}$——叶栅翼型的相对厚度；

　　　s——翼型厚度。

图9-23 $\overline{P}_{\min}^*$与$C_{ys}\left(\frac{t}{l}\right)$的关系曲线

由于升力法不能计算出沿翼型表面的速度和压力分布，在估算空化系数σ时，$\overline{P}_{\min}^*$可用式（9-28）计算得到。另外，计算得到的C_{ys}值只能在设计时作近似估算用，转轮的空化性能必须通过模型试验来验证。

3. 按升力法设计轴流式转轮叶片的基本步骤

（1）确定转轮的设计工况 Q_{11r} 和 n_{11r}。

（2）绘制转轮的轴面流道图。

（3）确定转轮计算圆柱截面，并进行进出口速度三角形的计算。一般在轮毂与轮缘之间取 5～6 个圆柱截面，各计算截面之间距离相等。

（4）选择翼型，从空气动力翼型的图册中选择翼型的系列，所选翼型应满足效率高，工作稳定和空化性能良好等要求；为了保证叶片表面光滑，各计算截面最好选用同一系列的翼型。

（5）计算叶栅，根据升力法设计转轮的基本方程，计算各选取的圆柱截面上的叶栅稠密度 $\frac{l}{t}$，翼型的相对厚度 $\overline{C}=\frac{s}{l}$，根据空化计算公式（9 - 24）计算出最大允许升力系数 $(C_{ys})_{max}$，并确定翼型升力系数 C_{ys} 和冲角 α_p；然后确定各计算圆柱截面上叶栅翼型的安放角 $\beta_e=\beta_m-\alpha_p$。

（6）对转轮的水力效率和空化系数进行估算。

（7）绘制转轮叶片木模图，由计算得到的各圆柱面上的翼型，必须按一定的关系组合成叶片；为此要画出叶片的木模图。

通常把叶片的设计位置转角定为零度，叶片向关的方向的转角定为负值，向开的方向定为正值。叶片木模图根据 $\varphi=0$ 时的位置画出，图 9 - 24 是轴流式转轮叶片木模图。要

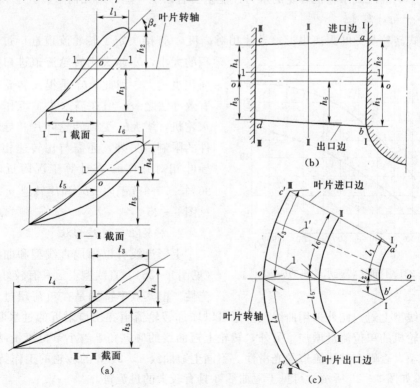

图 9 - 24　轴流式转轮叶片木模图

把各个翼型组合成叶片，首先必须确定旋转轴的位置，选择旋转轴线应从以下几点考虑。

（1）转轴的位置必须使叶片向开和关的方向转动时具有相近的水力矩，因此必须使转轴尽可能放在靠近翼型升力的作用线处。这样对叶片的转动机构和转轮接力器的设计极为有利。

（2）为了制造检查叶片型线方便，转轴的选择应使各圆柱截面上翼型的出口边落在同一个轴截面内（在平面图上，叶片的出口边应位于通过水轮机轴心的直线上）。同时使叶片在设计位置时，出口边尽可能在同一水平面上。

组合后的叶片还要进行表面平滑性检查，避免叶片表面出现波浪形，从而影响转轮的性能。一般采用 8～10 个轴截面和 6～8 个水平面作检查，如果这些截面上的叶片截线不平滑，则必须修改旋转轴的位置或翼型厚度。

第三节　水轮机转轮基本参数的确定

转轮流道的几何形状在很大程度上决定着水轮机的过流能力，也直接影响它的效率与空化性能，因此，在转轮设计中正确选择流道的几何参数有很重要的意义。

一、混流式水轮机转轮基本参数确定

直接影响混流式水轮机转轮的水力性能主要有以下一些外形几何参数。

1. 导叶相对高度 $\bar{b}_0$

混流式转轮与导叶距离很近，导叶相对高度 $\bar{b}_0$ 直接决定了转轮流道进口过水断面面积的大小，$\bar{b}_0$ 越大则转轮流道进口过水断面面积也越大。因此，$\bar{b}_0$ 是提高转轮过流量的有效办法之一。但在高水头下工作的混流式水轮机，增大 $\bar{b}_0$ 受到转轮叶片和导叶强度条件的限制。另外，还需与比转速相适应，使导叶相对开度 $\bar{a}_0$ 在计算工况附近时保持在 30%～70% 范围内。$\bar{b}_0$ 和比转速 n_s 的关系可见图 9-25。

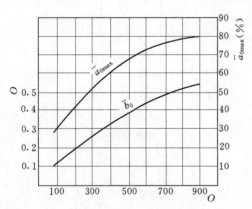

图 9-25　不同比转速水轮机的 $\bar{b}_0$ 和 $a_{0\max}$

2. 转轮上冠流线形状

上冠流线可以做成直线型和曲线型两种（见图 9-26）。直线型上冠具有较好的制造工艺性，但其效率特别是在负荷超过最优工况时低于曲线型上冠。此外采用曲线型上冠可以增加转轮流道在出口附近的过水断面面积，因而使水轮机的单位流量增加。另外，转轮上冠曲线的倾斜角 θ 越小单位流量越大。但 θ 也不能太小，否则会破坏流道的光滑性。不同上冠曲线 1，2，3 的转轮的工作特性曲线 $\eta = f(Q_{11})$ 如图 9-26 所示，可见上冠曲线 3 具有较大的过流量。

3. 下环形状和转轮的出口直径 D_2

下环形状及转轮出口直径 D_2 对转轮出口附近的过水断面面积影响很大，因而它影响

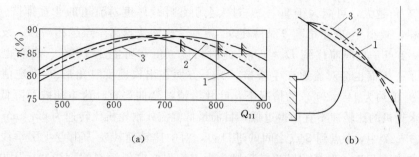

(a)

(b)

图 9-26 混流式转轮上冠曲线形状

1、2、3—不同上冠曲线转轮工作特性曲线

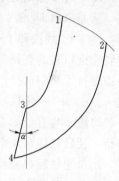

图 9-27 混流式转轮
轴面投影

转轮的过水能力及空化性能。低比转速转轮值 D_2/D_1 小于 1，进口边的高度和导叶高度一样，下环呈曲线形。这样的转轮单位过流量必然很小，强度和刚度均有充分的保证，由于叶片比较长，叶片单位面上的负荷也就比较低，空化系数减小。实践表明，对 $N_s=60\sim120$ 的低比转速转轮，$D_2/D_1=0.6\sim0.7$ 时将具有良好的空化空蚀性能和效率。

高比转速转轮的下环通常采用具有锥角（图 9-27）α 的直线形。锥角越大出水截面积越大。可提高过流能力，但 α 过大会引起脱流，使水力损失增大效率下降。实践表明当锥角 α 由 $3°$ 增加到 $6°$ 时，水轮机最高效率几乎没有变化，但转轮的过流能力 Q_{11} 却可增加 2.5%，出力可增加 2% 左右，当 α 角由 $6°$ 增加到 $13°$ 时虽然 Q_{11} 还继续增加，但最高效率却开始下降。因此，锥角 α 不宜过大，一般不大于 $13°$。另外，如果控制转轮过水能力（一般指最小过水断面）是转轮进口，而不是出口。那么 α 的增加能使空化系数下降，改善空化性能。这是因为 α 加大后增加了转轮出口附近的过水截面积，降低了出口边附近的流速的缘故。

4. 转轮进口边及叶片的轴面投影

转轮进口边及叶片的轴面投影具体地决定了转轮过流通道的工作段，如图 9-27 所示，为此必须确定 1、2、3、4 各点位置及曲线 1~3 和 2~4 的形状。

为了比较，现取转轮直径为 1m，工作在 1m 水头下，按比转速不同的水轮机来讨论，在这种情况下，$D_3=D_1=1m$。由于水头是 1m，在设计工况下导叶开度是一定的，导叶出口流速 v_1 和方向也就是定值。比转速越高圆周速度 u_1 越大，进口速度三角形如图 9-

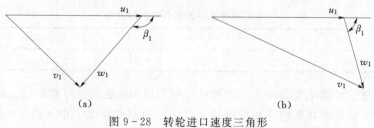

(a)

(b)

图 9-28 转轮进口速度三角形

（a）高比转速；（b）低比转速

28 所示，β_1 角越大，可能大于 90°。β_1 过大会引起叶片厚度对流道的严重排挤。故若将 1 点稍向后移，减小 u_1 值使角度 β 保持在 90° 左右。比转速越高 1 点越往后移。反之对低比转速转轮，1 点一直向前移到 $D_1 = D_3$，此时角度 β 仍有可能小于 90°，当然也不希望太小，太小了一方面也会对流道产生排挤，另一方面在出口速度三角形 β_2 为定值（对所有水轮机的 β_2 值约为 14°～20°）的情况下，叶片沿流线弯曲严重。这也使效率降低。这也说明混流式水轮机的比转速不宜做得过低，目前最低混流式水轮机比转速为 60r/min 左右。

在图 9-27 中，1 点到 3 点之间的进口边，对中比转速转轮为由点 1 引垂线向下，然后用圆弧与点 3 相连。对高比转速转轮则为由点 1 引略向外倾斜的直线然后用圆弧与点 3 相连。

出口边 2 点的位置可由出口三角形中，使 v_2 为法向出口 β_2 保持 14°～20° 来决定 v_2 值，从而求出 D_2 值。4 点的位置，可使叶片上所有流线在轴面投影中长度大致相等的原则，即 3-4 线段和 1-2 线段长度相等而得出。2-4 两点连线即为出口边。实践表明：缩小转轮进口边的直径是提高最优单位转速的重要手段之一。例如，曾对某混流式转轮的进口边进行了切割试验，如以 D_{10} 表示进口边的平均直径，当 $D_{01} = 905$mm 时，最优单位转速 $n_{110} = 88.0$；当 $D_{01} = 800$mm 时，$n_{110} = 78.0$。但为了提高单位转速，设计时过多地减小进口边平均直径，会影响叶片的强度，而过分减小 β_1 角，则会引起叶片对流道的严重排挤，使转轮能量及空化性能变坏，因此两者必须配合适当。

出口边往后移会使叶片加长，表面积增大，因此对转轮空化性能和叶片强度均有利，但会引起过流能力的降低和摩擦损失的增加。出口边往前移，则增大了叶片间开口，使转轮的过流能力增大，但对空化和强度不利。因此在设计时往往参考相近比转速的优秀转轮选择适宜的出水边位置。在建成电站中用切割叶片出水边的办法提高水轮机过水能力，从而提高单机出力常常是有效的。因为切割出水边后就增大了转轮的过水截面面积。但应指出，整个叶片的最低压力区也在靠近出水边的地方。切割叶片厚一方面因叶片面积减少，增加单位面积叶片上的负荷，导致最低的压力值更加低；另一方面把原来的压力最低点切掉后必然会改变叶片上的压力分布，有可能使压力分布趋于不均匀，则又会进一步降低压力值。因此，对于切割叶片出水边的办法必须持慎重态度，应经过充分试验后才能在运行机组上采用。

5. 转轮叶片数 Z_1

转轮叶片数 Z_1 的多少对水力性能和强度有显著的影响，随比转速不同 Z_1 在 9～21 的范围内。表 9-1 给出了叶片数与比转速的关系，这是实践统计资料，可供初步设计时参考。

表 9-1　　　　　　　　　　不同比转速下混流式转轮的叶片数

n_s	60～80	100～150	180～200	200～250	250～300	300～350
Z_1	21～19	19～17	17～15	15～14	14	14～9

在叶片厚度、长度不变条件下，增加叶片数会增加转轮的强度和刚度。因此当水轮机应用水头提高时转轮叶片数也应相应增加。但叶片的厚度在流道中又起排挤空间的作用，叶片数增加减小过水断面，致使转轮的单位流量减少。试验表明，叶片数的改变不仅改

变最优工况时的单位流量 Q_{11}，同时也改变出力限制线的位置，如图 9-29 所示。

叶片数对空化性能的影响没有一定规律。在叶片长度不变的条件下，增加 Z_1 意味着叶片总面积增加，降低叶片正背面压差，改善了空化性能；另一方面由于叶片排挤作用，流道中流速增加，又使得空化性能变坏。因此要看减少叶片表面负荷和排挤作用何者起主要作用而定。

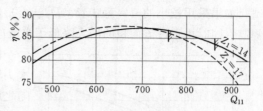

图 9-29 转轮叶片数不同时的 $n=f(Q_{11})$ 曲线

二、轴流式水轮机转轮基本参数确定

1. 导叶相对高度 $\overline{b}_0$

导叶相对高度为 $\overline{b}_0 = \dfrac{b_0}{D_1}$，同样 $\overline{b}_0$ 的大小对轴流式水轮机的过流能力影响也很大。轴流式水轮机 $\overline{b}_0$ 的选择主要根据保证水力损失最小时的导叶相对开度 $\overline{a}_0$ 来选取。

为了有效地转换能量，转轮对进口环量有一定的要求，根据水轮机基本方程进口环量 C_1 等于（令 $C_2=0$）

$$C_1 = \frac{2\pi}{\omega} H \eta_h g \qquad (9-29)$$

转轮进口环量 C_1 由导水机构形成，所以 C_1 又等于

$$C_1 = 2\pi V_{u1} r_1 = 2\pi r_1 \frac{Q}{2\pi r_1 b_0} \cot\alpha_0 = \frac{Q}{b_0} \cot\alpha_0 \qquad (9-30)$$

式中 b_0——导叶高度；

         α_0——导叶出流角。

式（9-29）和式（9-30）应相等，则得到

$$\overline{b}_0 \tan\alpha_0 = \frac{Q_{11} n_{11}}{60 \eta_h g} \qquad (9-31)$$

由式（9-31）说明，当 Q_{11} 和 n_{11} 越大时，比转速 n_s 也越高，要求 $\overline{b}_0$ 和 α_0（$\overline{a}_0$）越大。

另外，试验和分析证明只有当导叶开度在 $\overline{a}_0=30\%\sim70\%$ 范围内时，水力损失最小，如图 9-25 所示。

根据以上分析，$\overline{b}_0$ 可按表 9-2 选用。

表 9-2   轴流式 $\overline{b}_0$ 和 H_{max} 的关系

H_{max}（m）	15	30	40	75
$\overline{b}_0$	0.45	0.4	0.375	0.35

2. 轮毂比

轮毂比为 $\overline{d}_h = \dfrac{d_h}{D}$，$\overline{d}_h$ 是轴流式水轮机转轮设计的一个重要参数，直接决定转轮过流

通道的宽度和面积，影响着水轮机的过流能力。

如果采用较小的 $\overline{d}_h$，意味着 $(D_1^2 - d_h^2)$ 值增加，即转轮的过流面积增大，过流能力提高。同时由于过流面积的增大降低了水流的速度，改善了水轮机的空化性能。

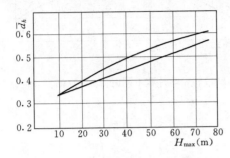

图 9-30　$\overline{d}_h$ 和 H_{max} 的关系曲线

但是，$\overline{d}_h$ 值的大小与水头存在密切关系，当水头增高时，叶片上作用的轴向水推力和力矩亦随之增大，同时也增加了叶片支点的摩擦力矩。此外，水头增大时，叶片数亦将增多。对轴流转桨式水轮机还要求增大叶片调节机构的强度，相应该机构的体积亦要随之增大。因此为了保证叶片和叶片调节机构的布置空间，必须要有足够大的轮毂直径。

当水头增高时，如果轮毂直径过小，还会使轮毂处和轮缘处的叶片安放角相差太大，引起叶片扭曲，造成水力损失增加，水轮机效率下降。

在设计转轮时，应在满足结构和强度要求的前提下尽量选用较小的轮毂比。轮毂直径主要由水头的大小来决定。图 9-30 是根据统计资料绘出的轮毂比 $\overline{d}_h$ 与最大水头的关系曲线，供选择时参考。

3. 叶栅稠密度 $\dfrac{l}{t}$

叶栅稠密度指转轮叶栅翼型的弦长 l 与栅距 t 之比值，它的大小不仅直接影响着水轮机的过流能力和效率，而且是决定空化空蚀性能的重要因素。

在选定轮毂比 $\overline{d}_h$ 的条件下，$\dfrac{l}{t}$ 的大小表征了转轮叶片的总面积。因此，在一定水头条件下，$\dfrac{l}{t}$ 越大，作用在叶片正背面的平均压力差就越小，这对改善水轮机空化性能是很有利的。图 9-31 中曲线表示了转轮叶栅平均稠密度 $\left(\dfrac{l}{t}\right)_{pj}$ 对水轮机空化系数 σ 的影响。从图中可以看出，随着 $\dfrac{l}{t}$ 的增加，σ 开始下降很快，但是在 $\dfrac{l}{t} > 1.1$ 以后曲线下降比较平缓。这是因为随着 $\dfrac{l}{t}$ 的增加，叶片的体积也随着增大，使得转轮流道排挤量也增大，造成流道中水流速度上升，空化条件恶化。另外，随着 $\dfrac{l}{t}$ 的增大会减小叶片间的开口，使单位流量减小。同时由于叶片面积增加还会引起水流与叶片的摩擦损失增加，使水轮机效率下降，如图 9-32 所示。因此只有合理地选择转轮的叶栅稠密度才能保证良好的综合性能。

$$Q_{11} = 1200 \text{L/s}$$

转轮的空化系数由叶片上的最大真空度决定。如果转轮某一圆柱截面上有过小的 $\dfrac{l}{t}$，则这一圆柱截面上的最大真空度将比其他截面上的大得多，这将使整个转轮的空化系数偏

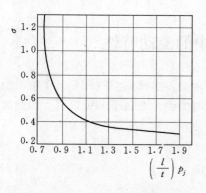

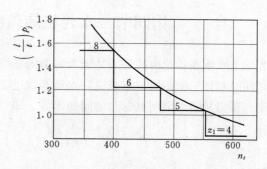

图 9-31 σ 和 $\frac{l}{t}$ 的关系曲线　　　图 9-32 $\left(\frac{l}{t}\right)_{pj}$ 和 n_s 的关系

高。为了使设计合理，应该使转轮区域内各圆柱截面上的最大真空度近似相等，来选择各圆柱截面的 $\frac{l}{t}$ 值。

轮毂处半径最小，而该处叶片受力最大，因此要求轮毂截面上的翼型厚度及弯度均较大，这将使空化性能恶化。所以，一般轮毂截面上的叶栅稠密度 $\left(\frac{l}{t}\right)_b$ 应取得大一些，它与轮缘截面上的叶栅稠密度 $\left(\frac{l}{t}\right)_n$ 的关系大致为

$$\left(\frac{l}{t}\right)_b = (1.2 \sim 1.25)\left(\frac{l}{t}\right)_n \tag{9-32}$$

中间各圆柱截面上的 $\frac{l}{t}$ 则按线性关系选取。

4. 转轮叶片数 Z_1

叶片包角 θ 是叶片进口边最前点的轴截面与叶片出口边最后点的轴截面之间的夹角。包角越大则叶片越长。

当叶栅稠密度 $\frac{l}{t}$ 选定后，叶片数 Z_1 与 $\frac{l}{t}$ 和 θ 的关系可用下式近似表示

$$Z_1 = \frac{360}{\theta}\frac{l}{t} \tag{9-33}$$

由式（9-33）可知，包角 θ 越大，叶片数 Z_1 越少。轴流式转轮叶片数确定的原则是不使叶片太长和包角 θ 太大，否则会使叶片不易转动或者转动后叶片与轮毂及转轮室之间间隙很大，使漏损增加。如果包角 θ 太小，则会使叶片数增加，给结构布置带来困难。

叶片包角通常取 $70° \sim 80°$，不大于 $90°$。

表 9-3 给出了叶片数与叶栅稠密度 $\frac{l}{t}$ 的关系。

表 9-3　　　　　　　　　　叶片数与稠密度的关系

Z_1	3	4	5	6	7	8
$\frac{l}{t}$	0.6～0.75	0.78～1.0	1.0～1.25	1.2～1.50	1.36～1.75	1.56～2.0

在选定转轮流道的基本参数后，就可将它的轴面流道画出来。

第四节　水轮机转轮中的流动特性

实际上水流在转轮内的运动是极为复杂的三维运动，水流的参数随着三个空间坐标而变化，同时对任一空间固定点来说，水流参数还随时间而改变属于非恒定流，因此流场中的速度和压力是三个空间坐标和时间的函数。即

$$\overline{V} = f(r、\theta、z、t) \tag{9-34}$$

$$\overline{P} = f(r、\theta、z、t) \tag{9-35}$$

一、混流式水轮机转轮中的流动特性

由于混流式水轮机转轮中水流运动比较复杂，水流由径向转为轴向，同时还有能量的转换，因此有必要了解一下实验的实测资料，下面是对一个混流式转轮前后流动的测量结果：

空间任一点的速度可以用它的 3 个分量 v_r、v_z 和 v_u 来描述，也可以用轴面速度 $\overline{V}_m = \overline{V}_r + \overline{V}_z$ 和 v_u 两个分量来描述，这样以便观察轴面（也称子午面）上的流动状况。

图 9-33 表示被测水轮机流道的轴面投影和测点的布置。用测流探针量测了转轮前进口断面 A 和转轮后出口断面 B 的流速。测点坐标 S_i 以顶盖和上冠曲线为起点算起，测量的工况点共 9 个，表示为 $T_1 \sim T_9$，它们在特性曲线上的分布状况如图 9-34 所示，其中 $T_1 \sim T_3$ 的开度为 10mm，$T_4 \sim T_6$ 的开度为 16mm，$T_7 \sim T_9$ 的开度为 18mm。这样的量测几乎包括了水轮机的全部工况范围。

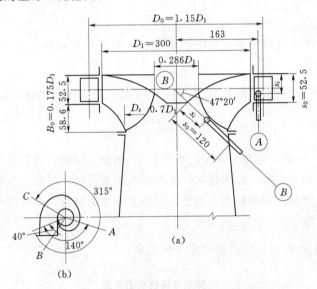

图 9-33　混流式转轮流场量测断面布置

图 9-35 是进口断面在 T_3 和 T_7 工况的速度分布。由图可见，进口各点轴向速度 V_z 都很小，V_m 和 V_r 大致重合，而且 V_m 沿导叶高度基本上是均匀分布的。

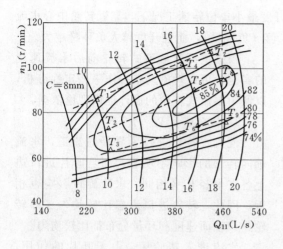

图 9-34 量测工况分布

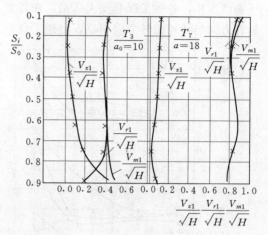

图 9-35 转轮进出口速度分布

图 9-36 是出口断面在 9 个工况下的轴面速度分布。分布特性分 3 组：T_1、T_4 和 T_7 工况靠转轮外缘 V_m 达极大值；T_2、T_5 和 T_8 工况在中间达极大值；T_3、T_6 和 T_9 工况靠上冠处达极大值。

图 9-37 是进口断面各工况的 V_{u1} 分布。因为各点半径 r 相同，曲线反应速度矩 $V_{u1}r_1$ 的分布特点。从该图中可看出，导叶开度越大，转轮进口速度矩越小。在同一开度下，单位转速越低速度矩越大。总的看来，沿导叶高度速度矩的分布大致是均匀的。

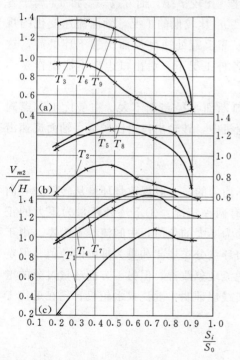

图 9-36 转轮出口轴面速度分布

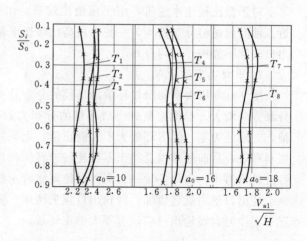

图 9-37 转轮进口周向速度分布

图 9-38 为出口断面各工况速度矩分布。总的趋势都是外缘速度矩大、内缘的小。至

于曲线形状，各种工况有很大区别。在各个开度最小单位转速工况下，靠近转轮中心水流旋转方向与转轮旋转方向相反，出现了负 V_{u2} 值（负环量），而且开度越大负环量越大。

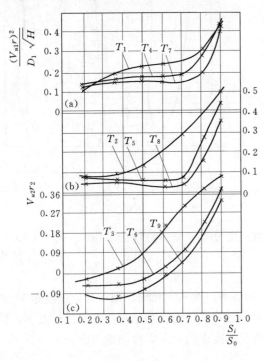

图 9-38 转轮出口速度矩分布

根据上面对混流式转轮前后水流速度的实测，可以对流动状态作一些定性分析，以便为混流式转轮的设计提供理论依据。

1. 轴面速度 V_m 的分布

混流式转轮进口紧靠径向流道，水流轴向转弯的影响不明显，而且叶片进口边上各点半径几乎相同，水流旋转影响也相近。因此，转轮进口流态比较均匀。即转轮进口轴面速度和环量分布都比较均匀。

水流进入转轮后，由于叶片的作用，使水流在转轮出口处轴面速度分布比较复杂。但从总的趋势看，T_1、T_4 和 T_7（小开度）工况，轴面流速在靠近上冠处值较小，越向外延伸轴面速度增加，这是符合水流转弯规则的。T_2、T_5 和 T_8 工况接近于每个不同开度的效率最佳区，轴面流速变化就比较平缓。而 T_3、T_6 和 T_9 属于各开度 n_{11} 比较低的工况，轴面流速变化的规律是靠上冠处速度反而比靠下环处高，这显然是旋转的转轮在起作用。总之，轴面流速在各种工况下，沿出口边都不能视作是不变的。

对于低比转速水轮机，由于流道比较窄，出口断面半径差别不大，在最优工况点附近，轴面流速将分布得均匀一些。而高比转速水轮机中，转轮出口边比较宽，轴面流速沿出口边就不能视作均匀分布了。

2. 出口速度的分布

图 9-38 所表明的出口环量沿半径的分布是不均匀的，一般规律是环量从转轮中心向外缘方向增大。最优工况时出口环量的分布大致有两种情况：①下环处环量为不大的正值，上冠处为零；②下环处为不大的正值，上冠处为不大的负值，中间流线上为零。由于资料有限，目前还难以总结出不同比转速转轮出口环量分布规律和更为准确的数值。但定性分析可看出：出口环量一方面可以使尾水管中脱流现象改善，但另一方面环量过分的增加会使出口绝对流速增加，转轮出口损失增加。实践也证明：混流式水轮机转轮在最优工况下工作时，转轮出口应该有不大的正环量。

二、轴流式水轮机转轮中的流动特性

对轴流式转轮中的水流运动规律，采用圆柱层无关性假设，并通过大量的模型试验和研究得出转轮进出口的水流速度分布规律。

1. 圆柱层无关性假设

在轴流式转轮中，水流实际上也是空间运动。通过实验研究认为水流的转向是在转轮之前完成，因此，可以看成水流是轴向流进又轴向流出轴流式转轮。假定水流在轴流式转轮区域内是沿着与主轴同心的圆柱面上流动，水流绝对速度在半径方向的分量 $V_r=0$，即在各圆柱层之间水流质点没有相互作用，这就是圆柱层无关性假设。

图 9-39 表示直径为 D 的圆柱面展开及其转轮进出口三角形。

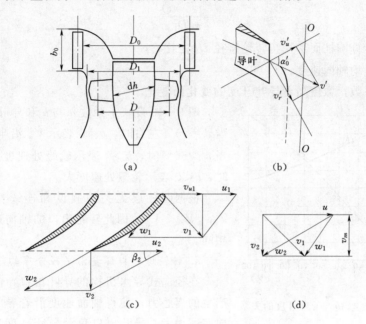

图 9-39　轴流式转轮的进、出口速度三角形

通过一系列模型试验，在最优工况及相近工况下，测得的径向速度 V_r 在转轮进出口都比较小，而且分布比较均匀，V_r 只等于轴向速度 V_z 的 $5\%\sim6\%$。通常为了保证水轮机运行时有足够高的效率，总是在靠近设计工况附近运行，因此假设 $V_r=0$ 有足够的近似性。

根据圆柱层无关性假设，可以将轴流式转轮分解成许多无限薄圆柱层，再分别对每一个圆柱层进行研究。展开这些圆柱层便得到许多互不相关的平面和相对运动为势流绕流的直列叶栅（图 9-39）。这样就将轴流式转轮内复杂的三元流动问题，简化为对平面无限直列叶栅绕流问题的求解。

2. 转轮进出口轴向速度 V_m 沿半径的分布规律

在轴流式水轮机内，水流在导叶与叶轮之间作 $90°$ 的转弯，在转弯产生的离心力作用下，使得靠近底环处轴向速度 V_m 增加，导致转轮进口轴向速度 V_{m1} 沿半径分布不均匀，使轮缘处 V_{m1} 增大，轮毂处 V_{m1} 减小。此外，由于水流速度矩 $V_u r$ 的作用，使得水流绕水轮机轴线作旋转运动，在旋转运动产生的离心力作用下，又使得转轮进口轮缘处的压力升高速度降低。上述两种离心力对 V_m 分布的影响是相反的，大开度时，导叶出口速度矩很小，以轴面转弯的影响为主，轮缘处速度比轮毂处大；小开度时，导叶出口速度矩大，速度矩的影响占主导地位轮缘处速度比轮毂处小；在导叶相对开度 $\overline{a_0}=50\%\sim55\%$ 时，轴向速度 V_m 沿半径分布趋向均匀。根据上述分析和实测资料表明轴向速度分布的规律主要与导叶开度有关，可以用下式表示。

$$V_m=(a+b\overline{r})\overline{V}_m \tag{9-36}$$

$$\overline{r}=\frac{r}{D_1}$$

$$\overline{V}_m=\frac{4Q}{\pi(D_1^2-d_h^2)}$$

式中　$\overline{r}$——计算圆柱面半径与转轮直径 D_1 之比；

$\overline{V}_m$——平均轴向速度；

a、b——系数，数值随着导叶开度的变化而变化。

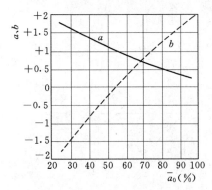

图 9-40　系数 a、b 与导叶开度的关系

图 9-40 反映了系数 a 与 b 和导叶开度的关系。当 $\overline{a_0}=55\%$ 左右时，$b=0$ 表示 V_m 沿半径均匀分布；当 $\overline{a_0}>55\%$ 时，$b>0$ 表示轮缘处速度大；$\overline{a_0}<55\%$ 时，$b<0$ 表示轮毂处速度大。

根据圆柱层无关性假设和连续性方程，则有 $V_{m1}=V_{m2}=V_m$，因此转轮出口的轴向速度分布规律相同。

3. 转轮进出口环量沿半径分布的规律

在径向式导水机构的导叶出口，由于水流转弯产生的离心力，使得轴面速度沿着导叶高度从顶盖向底环增大。导叶出口角沿导叶高度是相等的，在不发生脱流的条件下，导叶的出口角 α_0 沿导叶高度也相等。由于导叶出口圆周分速度 $V_{u0}=V_{m0}\cot\alpha_0$，所以 V_{u0} 的分布规律与轴面流速 V_{m0} 相同。因此，沿导叶高度速度矩 $V_{u0}r_0$ 的分布是不均匀的，靠近底环处 $V_{u0}r_0$ 最大。由于从导叶出口到转轮进口这段流道水流不受任何外力矩作用，水流作等速度矩运动。因此沿转轮进口是不同半径上环量 $2\pi r_1V_{u1}$ 从轮毂向轮缘增加。实验结果证明其分布规律接近于直线，如图 9-41 所示。

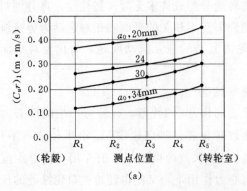 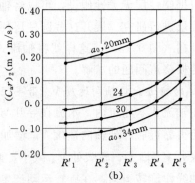

图 9-41　转轮进出口速度矩分布

(a) 进口速度矩分布；(b) 出口速度矩分布

为了避免圆柱层之间引起附加漩涡，要求转轮进出口的环量差对不同圆柱层保持常数。因此转轮进出口环量沿半径的分布规律应相同，转轮进口环量 $C_1 = C_2 + \Delta C$。

设计水轮机时，一般是选择转轮出口环量，在实验资料的基础上，建议采用下列出口环量的分布规律：

（1）轮毂处出口环量 $C_2 = 0$，轮缘处出口环量 $C_2 = m(C_1 - C_2)$，如图 9-42（a）所示。其中 $C_1 - C_2 = \Delta C$，由水轮机基本方程确定，我国机械工程手册建议 m 值可在 $0.3 \sim 0.5$ 范围内选取。

（2）假定轮缘处： $\qquad C_2 = +0.2(C_1 - C_2)$

假定轮毂处： $\qquad C_2 = -0.2(C_1 - C_2)$

中间各截面按直线规律选取，如图 9-42（b）所示。

（3）假定转轮进口环量在轮缘和轮毂处之差为

$$(0.3 \sim 0.35)(C_1 - C_2) = (0.3 \sim 0.35) \times \frac{H g \eta_h}{\omega} 2\pi$$

如图 9-42（c）所示。平均环量 C_{2cp} 按下式计算

$$C_{2cp} = k_2 \frac{Q}{D_2} \qquad (9-37)$$

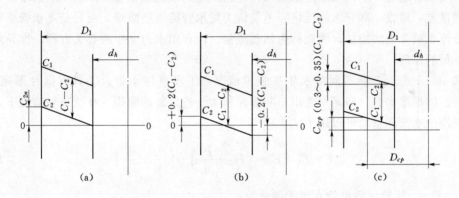

图 9-42 轴流式水轮机转轮出口环量的三种分布规律

系数 k_2 按表 9-4 选取。即

表 9-4 $\qquad\qquad\qquad\qquad\qquad n_s$ 和 k_2 的 取 值 关 系

n_s	<200	200~400	>400
k_2	0	0.3~0.6	0.6~0.7

图 9-42 中 D_{cp} 按以下关系选取

$$\overline{d}_h = 0.4, \quad D_{cp} = 0.74 D_1; \quad \overline{d}_h = 0.5, \quad D_{cp} = 0.78 D_1。$$

有了轴向转速和进口环量的分布规律，则可以绘出不同半径圆柱截面上的进口速度三角形。根据速度三角形就可得到绕平面直列叶栅的速度 W_m，W_m 是叶栅前后相对速度 W_1 和 W_2 的几何平均值，称为几何平均相对速度。即

$$\overline{W}_m = \frac{1}{2}(\overline{W}_1 + \overline{W}_2) \qquad (9-38)$$

第十章

水 轮 机 尾 水 管

第一节 水轮机尾水管的作用及类型

一、尾水管的作用

水流在转轮中完成了能量交换后，将通过尾水管流向下游，这是尾水管的基本作用。但是，尾水管还有一个作用是使水轮机转轮出口处的水流能量有所降低，从而增加转轮前后的能量差，回收一部分水流能量。不能认为尾水管能创造能量，而只是尾水管能够利用一部分原来被舍去的能量，因此称为回收能量。以利用水力学中的有关方程，推导尾水管回收能量的原理。

图 10-1 表示三种不同的水轮机装置情况：①没有尾水管；②具有圆柱形尾水管；③具有扩散形尾水管，即尾水管出口断面面积大于进口断面面积。在这三种情况下，转轮所能利用的水流能量均可以用下式表示

$$\Delta E = E_1 - E_2 = \left(H_d + \frac{P_a}{\rho g} \right) - \left(\frac{P_2}{\rho g} + \frac{v_2^2}{2g} \right) \qquad (10-1)$$

式中　ΔE——转轮前后单位水流的能量差；

$\quad\quad H_d$——转轮进口处的静水头；

$\quad\quad P_a$——大气压力；

$\quad\quad P_2$——转轮出口处压力；

$\quad\quad v_2$——转轮出口处水流速度。

这三种情况下，转轮出口处的水流能量是不同的，从而使得转轮前后能量差也不相同，具体分析如下。

1. 水轮机没有尾水管 ［图 10-1 （a）］

这种情况下，转轮出口处的压力 $\frac{p_2}{\rho g} = \frac{p_a}{\rho g}$，将 $\frac{p_2}{\rho g} = \frac{p_a}{\rho g}$ 代入式（10-1），可以得到转轮所能利用的水流能量为

$$\Delta E' = H_d - \frac{v_2^2}{2g} \qquad (10-2)$$

式（10-2）说明，在没有尾水管的情况下，水轮机转轮只是利用了电站总水头中的

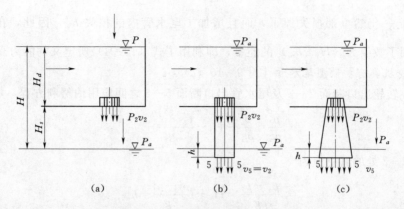

图 10-1 三种水轮机装置示意图

H_d 部分，转轮后至下游水面的高差 H_s 相应水头没有利用，同时损失掉转轮出口水流的全部功能 $\dfrac{v_2^2}{2g}$。

2. 水轮机具有圆柱形尾水管［图 10-1（b）］

为了求得转轮出口处的压力 $\dfrac{p_2}{\rho g}$，列出转轮出口断面 2—2 及尾水管出口断面 5—5 之间的伯努利方程为

$$h + H_s + \frac{p_2}{\rho g} + \frac{v_2^2}{2g} = \left(\frac{p_a}{\rho g} + h\right) + \frac{v_2^2}{2g} + h_w$$

式中 h_w——尾水管内的水头损失。

因此有

$$\frac{p_2}{\rho g} = \frac{p_a}{\rho g} - H_s - h_w \tag{10-3}$$

式（10-3）也可以写成

$$\frac{p_a - p_2}{\rho g} = H_s - h_w \tag{10-4}$$

式中：$\dfrac{p_a - p_2}{\rho g}$ 为静力真空，是在圆柱形尾水管作用下利用了 H_s 水头所形成的。

将式（10-3）代入式（10-1）中，得到水轮机采用圆柱形尾水管以后，转轮利用的水流能量为

$$\Delta E'' = \left(\frac{p_a}{\rho g} + H_d\right) - \left(\frac{p_a}{\rho g} - H_s + h_\omega + \frac{v_2^2}{2g}\right)$$

即

$$\Delta E'' = (H_d + H_s) - \left(\frac{v_2^2}{2g} + h_w\right) \tag{10-5}$$

从式（10-5）可以看出，与没有尾水管时相比较，有尾水管时，多利用了吸出水头

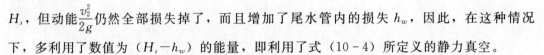

H_s，但动能 $\dfrac{v_2^2}{2g}$ 仍然全部损失掉了，而且增加了尾水管内的损失 h_w，因此，在这种情况下，多利用了数值为（H_s-h_w）的能量，即利用了式（10-4）所定义的静力真空。

3. 水轮机具有扩散型尾水管［图9-10（c）］

仍然在转轮出口断面 2—2 及尾水管出口断面 5—5 之间应用伯努利方程，可得出

$$\frac{p_2}{\rho g}=\frac{p_a}{\rho g}-H_s-\frac{v_2^2-v_5^2}{2g}+h_w \qquad (10-6)$$

断面 2—2 处的真空值为

$$\frac{p_a-p_2}{\rho g}=H_s+\frac{v_2^2-v_5^2}{2g}-h_w \qquad (10-7)$$

比较式（10-7）与式（10-4）可见，此时在转轮后面除形成静力真空外，又增加了数值为 $\dfrac{v_2^2-v_5^2}{2g}$ 的真空，称为动力真空。该真空是因为尾水管的扩散作用，使转轮出口处的流速由 v_2 减小到 v_5 而形成的。

将式（10-6）中的 $\dfrac{p_2}{\rho g}$ 值代入式（10-1）中，则在水轮机具有扩散型尾水管条件下，转轮所利用的水流能量为

$$\Delta E'''=\left(\frac{p_a}{\rho g}+H_d\right)-\left(\frac{p_a}{\rho g}-H_s-\frac{v_2^2-v_5^2}{2g}+h_w+\frac{v_2^2}{2g}\right)$$

即

$$\Delta E'''=(H_d+H_s)-\left(\frac{v_5^2}{2g}+h_w\right) \qquad (10-8)$$

比较式（10-8）与式（10-5）可见，当用扩散形尾水管代替圆柱形尾水管后，转轮出口动能损失由 $\dfrac{v_2^2}{2g}$ 减少到 $\dfrac{v_5^2}{2g}$，又多利用了数值为 $\dfrac{v_2^2-v_5^2}{2g}$ 的能量，此值又称为断面 2—2 处的附加动力真空，显然此时扩散形尾水管中的水头损失也会有所增加。因此，实际上在断面 2—2 处所恢复的动能为 $\dfrac{v_2^2-v_5^2}{2g}-h_w$，比式（10-7）中定义的动力真空值减少了尾水管中的损失 h_w。

为了评估扩散形尾水管恢复动能的效能，假设扩散形尾水管内没有水力损失（$h_w=0$），且出口断面为无穷大，没有动能损失 $\left(\dfrac{v_5^2}{2g}=0\right)$，则此时断面 2—2 处的理想动力真空就等于转轮出口的全部动能 $\dfrac{v_2^2}{2g}$。

实际恢复的动能与理想恢复的功能的比值称为尾水管的恢复系数 η_w，即有

$$\eta_w=\frac{\dfrac{v_2^2}{2g}-\left(h_w+\dfrac{v_5^2}{2g}\right)}{\dfrac{v_2^2}{2g}} \qquad (10-9)$$

式（10-9）表明，尾水管内的水头损失及出口动能越小，则尾水管的恢复系数越高，因此恢复系数表征了尾水管的质量，反映了其转换动能的能力。

应当指出，在前面的分析中，$v_2 = \dfrac{Q}{\dfrac{\pi}{4}D_3^2}$ 是尾水管进口处的法向平均流速，在非最优工况下，$v_2 = v_{m2} + v_{u2}$，与 v_{u2} 相应的动能难于回收而成为一种水力损失，并且当 v_{u2} 达到某一数值时，尾水管中将出现涡带，涡带多数是不稳定的，能够引起机组振动，同时涡带的中心压力很低，可能产生对水轮机危害极大地空腔空蚀。因此，尾水管虽然有回收动能并使 $\dfrac{p_2}{\rho g}$ 下降的作用，但也会带来机组振动和空腔空蚀等问题。

水流流经尾水管总的损失 ξ 为内部摩擦水力损失与出口动能损失之和，即

$$\xi = h_w + \frac{v_5^2}{2g}$$

将式（10-9）代入上式得

$$\xi = \frac{v_2^2}{2g}(1 - \eta_w) \qquad (10-10)$$

另外定义尾水管中能量损失 ξ 与水轮机水头 H 之比为尾水管的相对水力损失 ζ，则

$$\zeta = \frac{\xi}{H} = (1 - \eta_w)\frac{v_2^2}{2gH}$$

由上式可见，尾水管的恢复系数 η_w 不是尾水管的相对损失，它只反映其转换动能的效果，对两台具有不同比转速的水轮机来说，即使有相同的尾水管恢复系数，但由于它们的转轮出口动能 $\dfrac{v_2^2}{2g}$ 所占总水头的比重不同，故实际相对水力损失也不同。

高比转速水轮机的转轮出口动能 $\dfrac{v_2^2}{2g}$ 可高达总水头的 40% 左右，而低比转速水轮机甚至还不到总水头的 1%，以尾水管恢复系数都等于 75% 来估算，则高比转速水轮机尾水管的相对水力损失达 10%，而低比转速水轮机的仅为 0.25% 左右，由此可见，尾水管对高比转速水轮机起着更为重要的作用。

综上所述，水轮机尾水管的作用有：①将转轮出口水流引向下游；②利用了下游水面至转轮出口处的高程差，形成转轮出口处的静力真空（如果转轮安装在下游水位以下，则该作用不存在）；③回收转轮出口处的部分动能，并将其转换为转轮出口处的动力真空。

二、尾水管的基本类型

（1）直锥形尾水管。当尾水管的轴线为直线时，称为直锥形尾水管。这是一种最简单的扩散形尾水管。因为在直锥形尾水管内部水流均匀，阻力小，所以其水力损失很小，恢复系数 η_w 比较高，一般可以达到 83% 以上。对于大型水电站，如采用直锥形尾水管，将会带来巨大的基础开挖工作量，因而非常不经济，有时甚至是不可能的。所以，这种尾水管广泛地使用在中小型水电站中（水轮机转轮直径在 0.5～0.8m 之间）。

（2）弯曲形尾水管。为了减少基础开挖量，大型水电站中的水轮机尾水管采用弯曲形尾水管，弯曲形尾水管的中心线有 90° 或接近 90° 的转弯。目前应用最广泛的如图 10-2 所

示的弯肘形尾水管。

弯肘形尾水管由三部分组成，进口锥管、肘管和出口扩散管。进口锥管是一个竖直安放的圆锥扩散管。肘管大致是一个 $90°$ 的弯管，其进口断面为圆形，出口断面为矩形，以混凝土肘管为例（图 10-3），肘管由圆环面 A、斜圆锥面 B、斜平面 C、水平圆柱面 D、垂直圆柱面 E、水平面 F、垂直面 G 以及底部水平面 H 所组成，显然肘管的形状比较复杂，出口扩散管是一个水平放置的扩散管，扩散管的进出口断面均为矩形，但出口断面的矩形面积大于进口断面的矩形面积。这种尾水管的恢复系数为 $0.6 \sim 0.75$。

 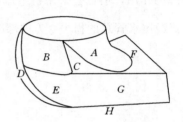

图 10-2 弯肘形尾水管的计算机模拟图　　图 10-3 弯肘形尾水管的肘管

第二节　水轮机尾水管的特性分析

由于尾水管能够回收部分水流能量，能够影响到水轮机的效率（特别是高比转速水轮机），另外尾水管中水流状态对机组运行的稳定性也有很大影响，因此，有必要仔细研究尾水管的结构并了解其中水流运动的基本特点。

一、直锥形尾水管中的水流运动

为讨论问题方便，首先假定转轮出口水流为均匀轴向流动，此时直锥形尾水管中的水流运动与水力学中直锥形扩散管的情况一样，尾水管的扩散角和长度对水流流态有较大影响。

当水流进入直锥形扩散管后，沿水流流动方向的管路中的过水断面逐渐增大，水流流速下降，压力升高，压力增高对水流流动产生阻滞作用；另外，由于水流的黏性，使靠近管壁处的流速小，而管路中间的流速大，这种差异达到一定程度后，在管壁处将出现回流（图 10-4）。

以下分析直锥形尾水管（图 10-5）内的水力损失。仍假设在尾水管中的水流为轴向流动，并沿过水断面各点的流速均匀分布。

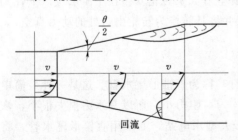

图 10-4　直锥形扩散管中的水流运动情况

尾水管内总的水力损失 h_w 应为沿程摩擦损失 h_1 和扩散损失 h_2 之和。首先分析沿程摩擦损失 h_1。为了计算 h_1，在图 10-5 中取一段长度为 $\mathrm{d}x$ 的微元管段，摩擦损失为 $\mathrm{d}h_1$，

根据水力学理论，其微元摩擦损失为

$$\mathrm{d}h_1 = \lambda \frac{1}{D} \frac{v^2}{2g} \mathrm{d}x$$

全管总摩擦损失为

$$h_1 = \int_0^L \lambda \frac{1}{D} \frac{v^2}{2g} \mathrm{d}x \qquad (10-11)$$

根据前面的假设和图 10-5 的几何关系，可得到

$$v = \frac{Q}{F} = \frac{4Q}{\pi D^2}$$

$$D = D_2 + 2x \tan \frac{\theta}{2}$$

式中　L——直锥形尾水管总长；

$\quad\quad \theta$——直锥形尾水管锥角；

$\quad D_2$——直锥形尾水管进口直径。

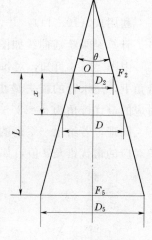

图 10-5　直锥形尾水管

将 v、D 值代入式（10-11），并认为 λ 是常数，积分后，得到

$$h_1 = \frac{\lambda Q^2}{g \pi^2 D_2^4 \tan \dfrac{\theta}{2}} \left[1 - \frac{1}{\left(1 + 2 \dfrac{L}{D_2} \tan \dfrac{\theta}{2}\right)^4} \right] = \frac{\lambda}{8 \tan \dfrac{\theta}{2}} \frac{v_2^2 - v_5^2}{2g} \qquad (10-12)$$

下面分析扩散损失 h_2，根据试验数据，当锥角 $\theta = 0° \sim 40°$ 时，其扩散损失可按下列经验公式计算

$$h_2 = 3.2 \left(\tan \frac{\theta}{2} \right)^{1.25} \frac{(v_2^2 - v_5^2)^2}{2g} \qquad (10-13)$$

于是直锥形尾水管中总的水力损失为

$$h_w = \frac{\lambda}{8 \tan \dfrac{\theta}{2}} \frac{v_2^2 - v_5^2}{2g} + 3.2 \left(\tan \frac{\theta}{2} \right)^{1.25} \frac{(v_2^2 - v_5^2)^2}{2g}$$

将上式代入尾水管恢复系数 η_w 的表达式（10-9），并令

$$\frac{v_5}{v_2} = \left(\frac{D_2}{D_5} \right)^2 = \frac{1}{\left(1 + 2 \dfrac{L}{D_2} \tan \dfrac{\theta}{2}\right)^2} = n$$

得到直锥形尾水管的恢复系数为

$$\eta_w = 1 - \left[\frac{\lambda}{8 \tan \dfrac{\theta}{2}} (1 - n^2) + 3.2 \left(\tan \frac{\theta}{2} \right)^{1.25} (1 - n^2) + n^2 \right] \qquad (10-14)$$

由式（10-14）可见，尾水管的恢复系数与尾水管的绝对尺寸无关，而仅取决于尾水管的几何形状，是 θ 和 n（即 L/D_2）的函数。

根据式（10-10）可知，直锥形尾水管内水力损失与出口动能损失之和为

$$\xi = (1 - \eta_w) \frac{v_2^2}{2g}$$

因此（$1-\eta_w$）即为直锥形尾水管的总阻力系数或总摩阻系数，记作

$$\xi^* = 1 - \eta_w$$

利用式（10-14），并设 $\lambda = 0.015$，$L/D_2 = 3$，可以计算出不同 θ 角下的总摩阻系数 ξ^*。计算结果绘成曲线如图 10-6 所示。

由图 10-6 可知，对每一相对管长 L/D_2 都有对应于相对损失为最小的锥角 θ。在此锥角下，尾水管的损失最小，恢复系数最大，将此锥角称为最优锥角。当 $L/D_2 = 3$ 时，对应的最优锥角为 $\theta = 13° \sim 14°$。

同理，若给出一系列的相对管长 L/D_2 值，可求得各相对管长下的最大恢复系数 η_w 值对应的最优锥角 θ 值，如图 10-7 所示。

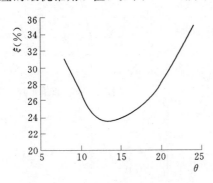

图 10-6 当 $L/D_2 = 3$，直锥形尾 水管中的水力损失与锥角的关系

图 10-7 不同相对管长直锥形尾水管的 最大恢复系数值对应的最优锥角

以上分析的是当水流为轴向流动并沿过水断面为均匀分布时的水力损失情况，实际水轮机在大部分运行工况下，水流并非完全轴向流动，而且有某种程度的旋转，即存在有圆周速度分量 v_u。同时沿过水断面的流速分布也是不均匀的，这样，尾水管中实际的水力损失与按上述假设推出的结果有所不同。

对直锥形尾水管的试验表明，尾水管进口断面的水流旋转程度对尾水管的恢复系数有很大影响。当水流为轴向流动时，尾水管恢复系数并非最大，只有当水流有微小正环量而旋转时，尾水管恢复系数才达到最大，其原因是微小正环量所产生的离心力将阻止和减少水流在边壁的脱流现象，从而提高恢复系数。

尾水管进口动能由水流轴向运动动能和圆周方向动能组成，即 $\dfrac{v_2^2}{2g} = \dfrac{v_{m2}^2}{2g} + \dfrac{v_{u2}^2}{2g}$。旋转形式的动能 $\dfrac{v_{u2}^2}{2g}$ 比轴向流动的动能 $\dfrac{v_{m2}^2}{2g}$ 更难于被尾水管的扩散所回收，因此降低了恢复系数。若正向旋转分量再增加，那么强烈旋转的水流就会在尾水管中形成涡带，产生空腔空蚀和压力脉动，使尾水管甚至整个机组产生振动。当尾水管进口产生反向旋转分量时，不管其值大小如何，均会引起尾水管中的水流撞击，进而增加尾水管中的水力损失。

二、弯曲形尾水管中的水流运动

在弯曲形尾水管中水流由转轮流出后首先进入直锥管，然后进入肘管，并在肘管中改

变流向。水流流经弯曲部分时，流场发生变化，压强沿离开曲率中心的方向增大而流速则相对降低（图 10-8），亦即水流由直锥段，进入肘管段转变时，靠近管外壁压力增大 $P_1 > P$，流速降低，而管内壁则压力减小 $P_1 < P$，流速增大，因此，管内壁水流收缩而管外壁液流扩散，形成涡流滞水区 2，水流从

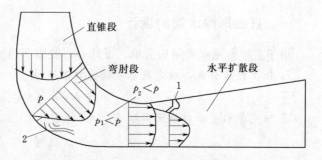

图 10-8 弯肘形尾水管内的流速分布

肘管段流入水平扩散段时，由于离心力的作用逐渐消失使断面压力分布又趋于均匀，原来在弯管段内具有较高压力的水流进入水平扩散段时压力要降低，水流加速而且有收缩趋势，靠近管内壁原来压力较低，流速较高的水流在进入水平扩散段后，压力增高而流速降低，使水流呈扩散趋势形成另一个涡流滞水区 1。除上述滞水区外，大多数运行工况下，在直锥段和轴管段中还存在一种螺旋形运动的水流，这种形态的水流一直到扩散段才会逐渐消失。

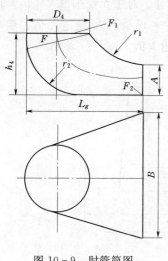

图 10-9 肘管简图

肘管段处于水流转弯位置，其内部水流的不均匀程度加剧，水流紊乱，故其内部水力损失很大，必须特别注意设计肘管的形状和沿轴心线的扩散规律。转弯处的曲率半径 r_1 和 r_2（图 10-9）对肘管水力损失产生重要影响。曲率半径越小则产生的离心力越大，压力梯度也越大，水力损失就越大。此外，肘管的进、出口断面面积 F_1、F_2 以及两断面间沿轴心线的扩散规律对肘管中的水力损失影响也很大。

肘管对弯肘形尾水管的性能影响最大而且形状很复杂，难以用理论详细计算，必须经过模型试验才能确定性能优良的肘管。根据长期实践经验，一般推荐使用定型的肘管。

由于尾水管出口流速的不均匀性，使出口动能损失值大于按平均流速计算所得的值，若实际出口动能损失为 h_5，则 $h_5 = \alpha \dfrac{v_5^2}{2g}$。其中 α 为出口动能损失的校正值，直锥形尾水管的 $\alpha = 1.3 \sim 1.5$，转桨式水轮机为 $\alpha = 1.5 \sim 2.5$，混流式及螺旋桨式水轮机为 $\alpha = 3 \sim 7$。水平扩散段加支墩后使水流均匀，可使 α 值降低 $20\% \sim 30\%$。

第三节　水轮机尾水管的设计

在设计尾水管时，首先要根据机组和水电站的具体条件来确定和选择尾水管。目前，在小型水轮机上多采用圆形断面的直锥型尾水管，而对于大型立式水力发电机组，由于土建投资占水电站总投资的比例很大，为了尽量降低水下开挖量和混凝土浇筑量，往往选用弯肘型尾水管。

一、直锥形尾水管的设计

由于直锥形尾水管结构简单，设计时一般按下列步骤进行。

1. 根据经验公式，确定尾水管的出口流速 v_5

$$v_5 = 0.008H + 1.2$$

2. 确定尾水管出口断面面积 F_5 和直径 D_5

$$F_5 = \frac{Q}{v_5}$$

$$D_5 = \sqrt{\frac{\pi}{4}\frac{Q}{v_5}} = 1.13\sqrt{\frac{Q}{v_5}}$$

3. 确定锥角 θ 和管长 L

根据扩散管中水力损失最小的原则，一般选锥角 $\theta = 12° \sim 16°$，管长 L 可由进口断面面积 $F_2(D_2)$ 和出口断面面积 $F_5(D_5)$ 以及锥角 θ 算出。

4. 决定排水渠道的尺寸

为保证尾水管出口水流畅通，排水渠道必须有足够的尺寸，对于立式小型水轮机，可参考图 10-10 进行设计。先根据当地的具体条件，按 $h/D_5 = 0.6 \sim 1.0$ 确定 h 值，然后再根据图 10-11 中的曲线，由 h/D_5 查出 b/D_5，从而计算出 b 值，取 $c = 0.85b$。

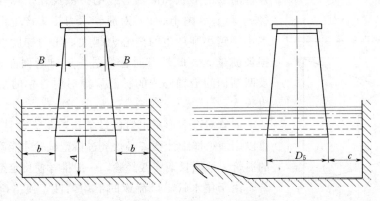

图 10-10　排水渠道断面图

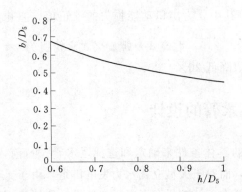

图 10-11　排水渠道尺寸选择曲线

二、弯肘形尾水管的设计

弯肘形尾水管的几何形状比直锥形尾水管复杂，整个尾水管由不同形状的断面组合而成。弯肘形尾水管的设计就是根据水电站机组的具体条件确定尾水管各部分几何参数的尺寸，这些几何参数的选择原则是设计出的尾水管要有较高的综合经济指标。一方面要求尾水管有较高的能量指标，即恢复系数要大，这样会给水电站带来长期的经济效益；同时另一方面又要求土建工程量小，即减小水电站建设的一次性投资。而这两种要求往往是矛盾的，例如为了提高尾水管的恢复系数，应增加尾水管的高度 h，但随着 h 的增加将会带来水电站开挖量及混凝土浇筑量的增加，因此在选择设计弯肘形尾水管时应综合考虑各方面的因素。

弯肘形尾水管的性能主要受以下几个几何参数影响。

1. 尾水管高度 h（或相对高度 h/D_1）

尾水管高度 h 是指水轮机导水机构底环平面至尾水管底板平面之间的距离（图 10-12），高度 h 越大，直锥段的长度可以取大一些，因而降低其出口即肘管段进口及其后部流道的流速，这对降低肘管中的损失较有利，尾水管的高度变化对水轮机的效率特别是在大流量情况下影响很显著。

尾水管的高度对水轮机的运行稳定性影响很大，特别是混流式水轮机因叶片角度不能调整而容易产生偏心涡带及振动。实践及研究表明，采用较大的深度可改善

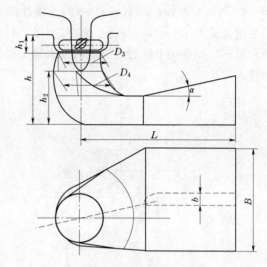

图 10-12　弯肘形尾水管

尾水管偏心涡带所引起的振动，因此常常需要限制尾水管高度的最小值。

但是，尾水管的高度又是影响工程量的最直接的一个因素。水下部分的开挖和施工常常很困难而且牵涉面较广，甚至因地质条件的限制而要求尾水管设计必须小于某一数值，出现施工与运行之间的矛盾。

设计一般类型水电站水轮机尾水管时，可参考以下数据：对转轮进口直径 D_1 小于转轮出口直径 D_2 的混流式水轮机取 $h \geqslant 2.6 D_1$；对转桨式水轮机取 $h \geqslant 2.3 D_1$。在某些情况下必须要求降低尾水管深度时则前者取 $h_{min} \leqslant 2.3 D_1$；对后者取 $h_{min} \leqslant 2.0 D_1$。对转轮直径 $D_1 > D_2$ 的高水头混流式水轮机则可取 $h \geqslant 2.2 D_1$。

最新研究成果表明，在尾水管的各种控制几何参数中，最重要的是高度，它直接影响直锥管的锥角和弯肘管的设计。尾水管各断面的宽度和高度的合理匹配有利于提高其水力性能。在保证尾水管有良好面积变化规律的前提下，可以适当调整包括宽度在内的其他参数，以达到尾水管性能最优的目的。

对直锥管而言，当高度增加后，锥角减小，管内流动条件将有所改善。在同样的位置，水流压力脉动半径将减小，在同样的来流条件下，其压力脉动幅值将变小。相反，当高度较小时，为了保证尾水管内水流动能的回收，锥管锥角必将变大，水流易发生脱流现象，使压力脉动幅值变大，效率下降。

在肘管中，内壁的曲率半径越大，即过渡半径小，则水流越容易分离，涡流就越强烈，只有适当地减小曲率半径，即增大内壁圆弧半径，使其型线变化平缓，才能有效地防止水流脱流，减小水流阻力，提高尾水管的效率。而要想增大肘管内壁圆半径，就必须提高肘管的高度，只有当整个尾水管的高度提高后，才能使肘管的高度得到保障。因此，适当提高尾水管的高度将有利于肘管的设计。

2. 肘管型式

肘管的形状十分复杂，它对整个尾水管的性能影响很大，以前所建的水电站中，一般选用定型的标准混凝土肘管，这种标准混凝土肘管如图 10-13 所示，是前苏联于 20 世纪 50~60 年代的产物，图 10-13 中的各线性尺寸列于表 10-1 中。此外，当尾水管中水流的平均流速大于 6m/s，或是水流中的含沙量比较多的时候，为了防止水流对混凝土的冲刷和破坏，要在尾水管的直锥段铺设金属里衬。当工作水头高于 200m 时，还要采用金属肘管。

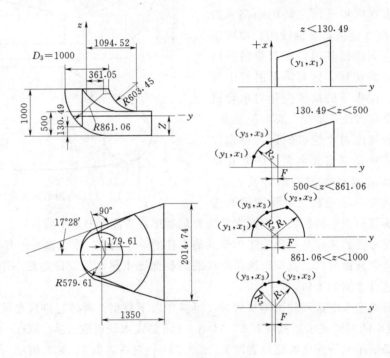

图 10-13 混凝土肘管

标 准 肘 管 尺 寸

z	y_1	x_1	y_2	x_2	y_3	x_3	r_1	r_2	f
50	−71.90	605.20	−732.67	813.12	94.36	552.89	1094.52		
100	41.70	569.45	−496.96	713.07	99.93	545.79	854.01		
150	124.56	542.45	−360.21	612.28	105.50	537.70	761.82	579.61	79.61
200	190.69	512.72	−276.14	639.26	111.07	530.10	696.36	579.61	79.61
250	245.60	479.77	−205.27	612.27	116.65	522.51	645.77	579.61	79.61
300	292.12	444.70	−142.56	588.39	122.22	514.92	605.41	579.61	79.61
350	331.94	408.13	−85.20	566.55	127.79	507.32	572.02	579.61	79.61
400	366.17	370.44	−31.21	545.98	133.30	499.73	546.87	579.61	79.61
450	395.57	331.91	21.35	325.97	138.93	492.15	586.40	579.61	79.61
500	420.63	292.72	75.71	505.26	144.50	484.54	510.90	579.61	79.61

续表

z	y_1	x_1	y_2	x_2	y_3	x_3	r_1	r_2	f
550	441.86	251.18	150.07	476.94	150.07	476.95	500.00	571.65	71.65
600	459.48	209.85						563.63	63.69
650	473.74	168.80						555.73	55.73
700	484.81	128.09						547.77	47.77
750	492.81	87.764						539.86	39.80
800	497.84	47.859						531.84	81.84
850	499.94	7.996						523.88	23.88
900	500.0	0						546.92	15.92
950	500.0	0						507.96	7.96
1000	500.0	0						504.0	0

　　尾水管的肘管、高度、长度及出口宽度对其性能影响很大。对肘管的进口高度和长度的比值，传统的标准尾水管为：$h_2/L_1 \approx 0.77$。而我国近10年来建设或建成的几个具有先进水平的水电站中，该系数取值为二滩电站：$h_2/L_1 \approx 1.306$；大朝山电站：$h_2/L_1 \approx 1.27$；三峡电站：$h_2/L_1 \approx 1.138$。这主要是尾水管的高度普遍比原来高的缘故，传统的标准肘管断面形状不规则，水流流态不理想且水力损失较大。现在普遍采用的肘管断面形状由圆到椭圆、再到圆角矩形断面过渡。其断面形状变化平缓，各断面的面积变化规律合理，因此其水力性能更好一些。

　　3. 尾水管水平长度（或相对长度 L/D_1）

　　水平长度 L 是机组中心到尾水管出口的距离。肘管型式一定时，长度 L 决定了水平扩散段的长度。增加 L 可使尾水管出口动能下降，提高水轮机效率。但太长了将增加沿程水力损失和增大厂房水下部分尺寸。增加 L 的效益不如增加高度 h 显著，通常取 $L = 4.5D_1$。

　　有些水电站因水工建筑的要求，尾水管的出口中心线往往需要偏离机组中心线（图10-14）。此时，肘管水平段的俯视图按以下方法绘制：偏心距 d 由水工建筑物要求决定，肘管的水平长度 L 保持标准值。在以上两条件下，使肘管两侧面夹角的角平分线过机组中心线，即如图10-14所示的两个 θ 角相等。而肘管段的断面形状则保持不变。当水电站厂房位于地下时，为尽量减少厂房和尾水流道的尺寸，通常采用窄高型尾水管。此时厂房的挖深不是主要矛盾，可以用加大深度来弥补因宽度缩小带来的不利影响。

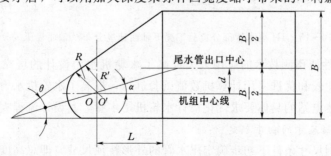

图 10-14　偏离机组中心线的尾水管

4. 尾水管宽度（或相对宽度 B/D_1）

如果将尾水管的宽度增加，则在肘管出口可以在保证截面面积的情况下采用较小的高度，这可以使肘管内壁的型线变化更加平缓，减小水流在肘管内壁的脱流程度，有利于尾水管的设计。相反，如果尾水管的宽度太小，将不利于尾水管的水力设计。

一般情况下，取尾水管宽度 B 为两机组间距减去相邻两尾水管之间的墩墙厚度。对于混流式水轮机，取 $B=(2.7\sim3.3)D_1$，对于轴流转桨式水轮机，取 $B=(2.3\sim2.7)D_1$。如果宽度在 12m 以上时，在扩散段中间需要增设支墩，支墩宽度取 $(0.1\sim0.15)B$。

此外，通过适当地调整尾水管的其他控制参数，可以保证尾水管的宽高比（截面上宽度和高度的比值）在较大的范围内变化而基本上不影响尾水管的水力性能。

三、尾水管的优化设计

传统的尾水管设计方法比较简单，主要依靠设计者的经验，所设计的尾水管性能的好坏全靠试验来验证。

尾水管内部流场比较复杂，在直锥段和弯肘段会产生涡流，在由圆形断面过渡到矩形断面过程中会有旋涡破裂，伴随而生的稳定或不稳定的水流分离以及周期性的压力脉动、紊动、流动等。这些流动需要用新的方法进行分析，在分析的基础上，再进行优化设计。

随着计算流体力学数值求解技术（CFD）和计算机软硬件技术的飞速发展，黏性流动计算技术趋于成熟，这种最新 CFD 技术在水轮机水力设计中的应用使人们能够精确地分析和了解水轮机过流部件的内部水流结构，从而对水轮机的过流部件几何尺寸进行优化，全面提高水轮机的各项性能。图 10-15 中给出应用 CFD 技术对尾水管内进行全三维黏性流动分析的部分结果。

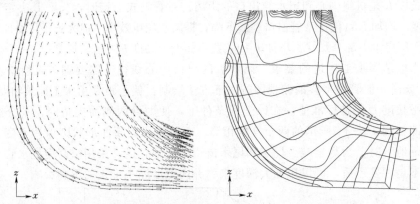

图 10-15　4H 尾水管部分负荷工况下轴面速度分布及轴面等压线分布

CFD 分析和性能预测技术的应用大大提高了水轮机水力设计的可靠性和命中率，水力设计的多方案比较和优选采用计算机数值试验进行，提高了水轮机水力设计的质量，设计者可以针对具体电站的具体要求优化设计水轮机尾水管，其设计流程大致如下。

1. 尾水管外形尺寸的初步确定

在水电站限制尺寸条件下初步确定尾水管的外形特征尺寸，即总高度、总长度、锥管锥角、肘管的进口和出口高度以及长度、扩散管锥角、宽度等。

2. 尾水管单线图的设计

采用 CAD 等软件进行尾水管的二维平面设计，得到初步的单线图。在设计中，可参考现有的和设计参数相近的性能良好的尾水管单线图，这样可以大大缩短设计时间，单线图必须光滑、曲线的曲率变化平缓而有规律性，特别是在锥管和肘管以及肘管与扩散管的交界处。要特别检查尾水管的面积变化规律，其曲线必须光滑。

3. 流动分析和性能预测

尾水管的几何尺寸设计好后，就用 CFD 软件进行流动计算和分析。首先要生成尾水管几何尺寸文件，然后再对计算区域划分网格、定义初始速度场等，最后开始计算，CFD 流动分析的目的就是预测尾水管的能量性能和水力稳定性，从而设计出性能优良的尾水管。根据计算结果，可以检查尾水管水力损失沿流道的分布规律，不同断面不同位置的速度、压力分布情况，进而预测出尾水管中的高压区和低压区，有无回流和旋涡等尾水管中水流的流动情况。根据计算结果，可以对所设计的尾水管的性能做出初步判断，提出修改方案，修改尾水管的设计。然后重新计算分析，直到结果满意为止。

近年来，有的文献介绍用近代优化计算方法，如遗传算法等，编制相应分析软件，完成尾水管的优化设计过程。遗传算法基于进化论，即生物种群通过选择、杂交、变异得以繁衍进化，并适应环境。遗传算法在寻找最优时是在设计空间从多点进行同时随机地

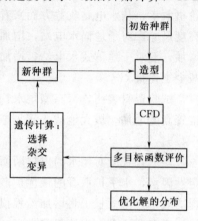

图 10 - 16　基于遗传算法的
尾水管优化设计过程

寻找，可以使设计者从局部最优中进行筛选。此外，遗传算法可以在如尺寸、性能等目标函数存在很大性质差别的情况下进行优化。基于遗传算法的尾水管优化设计过程如图 10 - 16 所示。

四、窄高型尾水管设计

在修建地下式水电站厂房时，曾经一度直接采用普通弯肘型尾水管的设计数据，结果大大增加了土石方开挖量，提高了水电站的造价。如果适当增加尾水管的高度，就可以保证蜗壳与肘管之间的岩基；减小水平扩散段的宽度，便可以保留两个相邻尾水管之间的岩基，避免上部岩基失稳，这种尾水管称为"窄高"型尾水管。窄高型尾水管主要应用于混流式水轮机，尾水管的直锥管采用直锥形扩散管，肘管采用圆形或椭圆形断面；水平扩散管从椭圆形断面过渡到圆角矩形断面，宽度沿 L 保持不变，如图 10 - 17 所示。

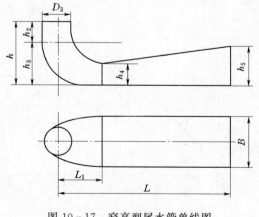

图 10 - 17　窄高型尾水管单线图

五、窄高型尾水管的主要几何参数选择

进口锥管的出流速度大小，对其后肘管及水平扩散管中的水力损失均有影响，而进口管段的高度与肘管的高度共同构成整个尾水管的高度，因此它的最优几何参数必须按照尾水管总损失最小的原则确定。例如，当高度和肘管形状一定时，锥角加大，进口管段内的损失增加。但出口流速减小，又使肘管和水平扩散管中的损失降低。进口锥管的最优锥角必须根据此两项损失总和最小的原则确定。

尾水管高度 h 对尾水管的恢复系数和相对损失影响显著。适当增加高度 h 可以提高水轮机效率，从水电站收益方面来看是有利的。尾水管高度还关系到水电站厂房水下部分的高度尺寸，对于地面水电站，增加尾水管高度会使基础工程量增加，进而使整个电站投资增加，但对于地下式水电站，增加尾水管高度却便于保留住蜗壳与肘管之间的岩基，从而减少工程量。

试验资料表明，窄高型尾水管的水力损失仅为普通尾水管的 1/2 左右。这主要是因为锥管高度增加，极大地减小了肘管中的水力损失，窄高型尾水管高度一般为 $h/D_1 = 3.0$ ~4.5。

尾水管长度对尾水的出口断面面积有直接影响，是尾水管出口动能损失大小的一个决定性因素，水平扩散管的最优扩散度也与其长度有关。增加 L 可使尾水管出口动能下降，提高效率，但太长了将增加沿程损失及厂房水下部分尺寸。对地下式厂房，则应根据地下式厂房布置要求、水轮机调节条件、水力性能等因素适当加长，一般可取 $L/D_1 = 6.0$ ~7.0 或更长。

尾水管宽度的选择在很大程度上取决于厂房布置及厂房形式，为减小厂房及尾水管尺寸，常采用长的窄型尾水管。此时，厂房的挖深一般不是主要矛盾，可通过加大深度来弥补宽度的不足，只要保证对水流流速作适当控制以及一定的过流断面面积，尾水管就对水轮机效率影响不大，对地下式厂房可取 $B/D_1 = 1.5$ ~2.4。

六、窄高型尾水管的肘管设计

1. 肘管断面变化规律的确定

在已选定扩散度的情况下，采用不同的扩散度沿尾水管的分配对尾水管的性能有较大影响，在弯肘形尾水管中，由于肘管形状复杂，影响也最大，因此锥管段及水平扩散段一般都采用均匀扩散，而肘管的断面变化规律则有所不同，一般有两种情况：一种是采用扩散、收缩、扩散的形式，如标准肘管，扩散度分布曲线如图 10-18 所示中的曲线1；另一种是采用连续扩散形式，扩散度曲线比较平缓，如图 10-18 所示中的曲线2。

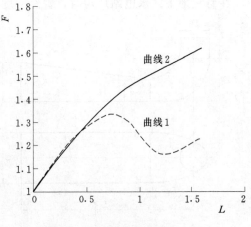

图 10-18　肘管断面变化规律

2. 肘管的设计方法

肘管如图 10-19 所示，其断面形状进口为圆形，其余均为非圆形。肘管的内、外侧分别由不同半径（R_1、R_2 和 R_3、R_4）的两段圆弧光滑连接而成，曲率半径 R_1、R_2 和 R_3、R_4 对肘管的水力损失影响较大，应使水流不因转弯过急而增大水力损失，一般内侧半径不小于 $0.4D$，外侧半径不小于 $1.0D$，否则会增加水力损失。

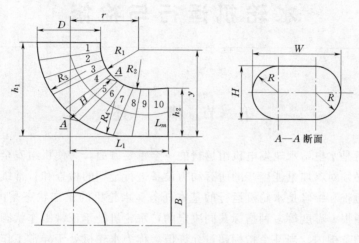

图 10-19　窄高型尾水管肘管单线图

设计尾水管肘管时，应根据所设计电站的具体情况，确定肘管高度 h_1、长度 L_1、宽度 B 及肘管出口高度 h_2，分别以不同半径 R_1、R_2 和 R_3、R_4 的圆弧光滑连接肘管的内、外侧，在分析已投入运行的优良的水轮机尾水管所采用的肘管断面面积沿长度的变化规律的基础上，确定肘管的断面面积变化规律，并将其相对值换算成便于使用的绝对值（以曲线形式表示）。将肘管分成若干断面（如图 10-19 所示中的 1～10 断面），由用绝对值表示的肘管断面面积变化规律曲线查出各断面相应的面积，并计算出其宽度为 $W = F/H - \pi H/4 + H$（其中肘管高度 H 由图 10-19 中直接量出，断面中的半径 R 为 $H/2$），即可确定各断面的几何尺寸。将肘管各断面的宽度值点入肘管平面投影图中，以曲线光滑连接，即可得到肘管平面投影图。

窄高型尾水管结构简单，具有优良的能量和空化性能且稳定性好，适宜于在地下式水电站厂房和要求减小尾水管宽度的地面水电站厂房中广泛采用。此外，对于抽水蓄能水电站，在设计尾水管的时候，还应当适当地考虑可逆式水轮机在水泵工况下运行时，尾水管起着常规泵站吸水管作用的问题。

最后要强调的是，尾水管中的实际水流，沿半径水流轴向速度和切向速度的分布都不均匀，流动状态复杂。因此，不能完全通过计算得出流速分布，还必须进行模型试验，从中得出某些规律，以供分析和设计之用。

第十一章

水轮机运行与检修

第一节 概　述

　　水轮机运行是水电站水轮发电机组运行的一个重要方面，为使机组安全、可靠、稳定地生产电能，必须对参加电能生产的所有动力设备进行定期的检查和日常维护，对水轮机进行的操作、检查和维修是水轮机运行的基本任务。水轮机的工作状态是由功率、效率、振动、噪声、漏损、温度等多种指标共同决定的，水轮机处于正常工作状态时，这些指标应保持在一定的范围内。当某个指标超过允许值，称为水轮机处于异常工作状态，超标严重时会使水轮机丧失工作能力，称为故障。由于水轮机的工作介质是水，若水中含有足够数量的悬浮泥沙，坚硬的泥沙颗粒撞击过流表面，使其疲劳破坏，这个过程叫做水轮机泥沙磨损。实践证明空蚀和泥沙磨损是造成水轮机工作异常的主要原因。关于水轮机空蚀破坏的机理已在前面有所论述，本章主要介绍泥沙对水轮机的破坏作用、水轮机振动以及常见的水轮机运行故障和处理方法。

第二节　水轮机的泥沙磨损与防止

一、泥沙运动的特征

　　泥沙被水流挟持通过水轮机时，其运动必然要受到水轮机空间流道约束。从宏观现象观察，泥沙运动方向大体上与水流方向一致，但是泥沙本身作为刚体，还要受到本身惯性、接触碰撞，以及动量传递等多种因素的影响，从微观角度研究，泥沙运动则是复杂的瞬变运动。

　　如图 11-1 所示，是单颗泥沙瞬间运动的轨迹。在水轮机流道内，取直角坐标 xyz，并取其中任一泥沙颗粒，对其运动状况进行分析。

　　设该颗粒的质量为 Δm，起始位置 A_0，经过时间 t_i 后，运动到另一新位置 A_i。

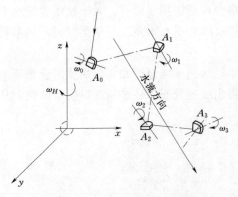

图 11-1　单颗泥沙瞬时运动轨迹

因受紊流脉动和碰撞的影响，泥沙颗粒一方面作跳跃式相对移动；另一方面又因其形状不规则，瞬间合力不通过重心，使其绕通过重心的轴线作旋转运动，即自转。对各个瞬时均可列出：

移动速度
$$\vec{v} = \vec{v_x} + \vec{v_y} + \vec{v_z}$$

转动角速度
$$\vec{\omega} = \vec{\omega_x} + \vec{\omega_y} + \vec{\omega_z} \tag{11-1}$$

式（11-1）表示泥沙本身的运动是刚体运动，该运动与水流质点的运动既有关系，也有根本的区别。

针对水电站具体的运行机组，用基本方程式来分析

$$H\eta_s = \frac{\omega}{g}(v_{u1}r_1 - v_{u2}r_2) = K_1 v_{u1} - K_2 v_{u2} \tag{11-2}$$

当水轮机在汛期多沙水质下运行时，其作用在水轮机转轮叶片上的反击力是由水流微团与泥沙联合产生的。

因固相沙粒质点的运动惯性大，无法像清水微团那样任意剪切变形，因此其对流道的适应性较差，沙粒经过同一蜗壳和导叶时往往不能满足所需要的进口环量 $v_{u1水}$，因 $V_{u1沙}$ $< v_{u1水}$，而且叶片不易使沙粒产生圆周方向的动量变化，出口处的 $v_{u2沙} > v_{u2水}$，使出口处的损失增大。

泥沙因其沙粒比重不同而惯性不同，不仅表现在超前或滞后于水流质点速度，引起沙粒纷纷从流线上脱离，从而把水流分割成不连续的两相流动；而且沙粒间的碰撞摩擦及本身几何形状不规则所产生的转动，会严重干扰水流质点的流动，使流道内原有流速和压力分布发生变化，特别是在高速情况下，每颗沙粒的旋转都会加剧水流脉动，是形成漩涡和消耗压能的根源，导致水轮机输出功率下降，其水力效率也下降，即 $\eta_{s两相流} < \eta_{s清水流}$。故浑水含沙量越多，水轮机效率越低，此时应通过更多的流量才能保证发出同样的功率，所以通常浑水速度值相应地变大，而压力值变小，极易出现局部空蚀。

二、泥沙磨损的类型

泥沙磨损类型，可以分为绕流磨损和脱流磨损。

1. 绕流磨损

所谓绕流磨损是指在比较平顺的绕流过程中，细沙对过流表面冲刷、磨削和撞击所造成的磨损，其特点是整个表面磨损比较均匀。

如图 11-2 所示，绕流磨损通常出现在平顺光滑的过流表面上，即微观表面不平度完全掩盖在边壁流层中，因其运动黏性系数较清水的大，所以层内流速较低，在一定程度上，它起着减缓紊流脉动和抵挡高速泥沙入侵的作用，成为一道良好的屏障，加上表面光洁度高，摩擦系数小，

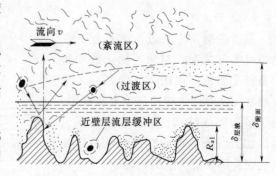

图 11-2 泥沙绕流情况下碰撞示意图

故绕流磨损比较轻微。

所谓平顺绕流与脱流的提法也只是相对的，并不十分确切。严格地讲，绝对平顺的绕流在水轮机中难以找到，由于设计、制造和运行上的多种原因，不可避免地会出现诸如叶片头部圆角、出水边较厚、导叶轴圆柱形绕流、铸焊工艺圆角、翼形误差和偏离最优工况较大等情况，因此始终存在着不同程度的局部脱流。鉴于绕流磨损并不严重，可以不予考虑。

2. 脱流磨损

脱流磨损是由非流线型脱流引起的。当过流表面出现过大的凹凸不平（如鼓包、砂眼等），叶片翼型误差较大或者偏离设计工况过大时，均会出现脱流磨损。

在浑水脱流下，随着大量高速分离旋涡的产生和溃灭，一方面促使水流脉动和泥沙颤动；另一方面，可以导致提前出现浑水汽蚀，此时泡裂产生的瞬间微小射流会带动泥沙形成"含砂射流"，致使砂粒以极大的能量，瞬间朝着金属表面强烈冲击，使局部区域呈现出非同寻常的表面冲击磨耗。由于瞬间微小射流带动泥沙运动的速度大大超过正常流速，增大了冲量和相互摩擦力，加上空蚀所引起的一系列化学反应和电化腐蚀作用，进一步削弱了创伤面上的抗磨能力，这就是多泥沙水电站中，即使沙粒很细（$d \leqslant 0.01mm$），仍然会使磨损量成倍增长的内在原因。另加以说明，泡裂引起瞬间微小射流的冲击力分布是不均匀的，处于射流正中部分磨损最严重，由于冲击波对表面凹坑的"波道现象"，以及周期性的压力脉动造成的冲击磨损和空蚀，会使水轮机的转轮叶片、导叶及尾水管里衬等处，除了出现较大面积的水波纹之外（此为泥沙撞击所出现的晶格塑性挤压和剪切滑移），其间还夹杂着深浅不同的发亮的鱼鳞坑，起伏的鱼鳞坑分界凸点构成了障碍绕流，分离出大量的旋涡，又加速了空蚀和磨损的进展。

综上所述，浑水局部脱流发生的磨损和空蚀，就好比两个形影难分的"双胞胎"，它们联合破坏，彼此激化，互为因果。

实践表明，在磨损与空蚀联合作用下，其材料损耗重量约为单纯清水空蚀的 $6 \sim 10$ 倍。脱流磨损对过流部件的损坏具有严重的威胁，而且对多泥沙水质的水电站，由于这种空蚀与磨损同时存在，其破坏情况远比清水空蚀经历的时间长，因此这种脱流磨损更具有广泛的代表性。

三、磨损的微观过程

1. 表面状况

泥沙磨损发生在过流表面层，弄清该层实际情况，对深入揭示磨损规律是很重要的。如图 11-3 所示，是接触处泥沙弹性碰撞局部放大示意图。第一层为固体结晶；第二、第三层为切削加工后所呈现的冷硬细结晶层和氧化膜；第四层为表面吸附膜。

试验表明，水轮机过流表面件抗

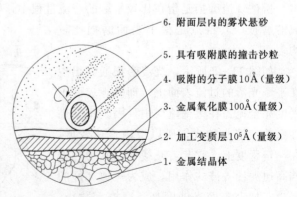

6. 附面层内的雾状悬砂

5. 具有吸附膜的撞击沙粒

4. 吸附的分子膜10Å（量级）

3. 金属氧化膜100Å（量级）

2. 加工变质层10^5Å（量级）

1. 金属结晶体

图 11-3 接触处泥沙弹性碰撞示意图

磨性能在很大程度上取决于氧化膜的特性，与膜内晶胞生长速度、厚度、硬度、紧密牢固性、温度和化学稳定性有关。以常用碳素钢为例，其氧化膜为 $Fe_2O_3 \cdot nH_2O$ 及 Fe_3O_4 的混合结晶，其中 Fe_2O_3 为疏松的多孔隙结构，呈红褐色，孔隙内含有结晶水（nH_2O），因此介质可以穿过它作进一步侵蚀。这种膜硬度低、厚而脆，极易冲落。Fe_3O_4（也可写作 $FeO \cdot Fe_2O_3$）呈蓝黑色，它虽结晶细密，却是硬度低，厚度薄（$\delta < 1.5\mu m$），易磨掉，当金属本身变形较大时，该膜会折皱碎裂。而不锈钢则是一种成分为 Fe_2O_3、Cr_2O_3 及 MoO_3 等所形成的复合氧化膜，由于 Cr 的参与，提高了材质的电位。Cr_2O_3 是一种经过氧化、不存在活泼价的稳定膜，而 MoO_3 又是一种阻挡水中氯离子入侵的耐腐蚀磨层，本身结晶细密，强度及硬度高（HB 达 600），其氧化膜与本体金属性能接近，还具有结合力强等优点。从电化机理上分析，铬是自钝化金属，它能与氧自动构成一种钝化膜，把金属与腐蚀性介质隔离开来，制止了金属离子脱离表面的水化作用，故不锈钢化学稳定性高，是较好的抗磨耐蚀材料。

2. 疲劳磨损和应力磨损

在含沙的高速水流中，连续的撞击会产生一种高频冲击波，金属材料应力集中处会出现微小的疲劳裂纹。每当高冲量的沙粒撞击一次，裂纹就周期性地张开与闭合，并不断地向纵深扩展。金属材料表面上的这种交变应力，形成了金属的疲劳磨损。

此外，实际上水是一种腐蚀性液体，过流表面的部件不仅处于疲劳磨损，而且还处于剪切及弯曲等复合应力状态下，表面金属在磨损、空蚀及腐蚀等共同作用下大量流失。大量事实证明，水轮机过流部件表面在远低于空气中的疲劳极限时，就发生了损坏和破坏现象，这种综合破坏的现象，通常称为应力磨蚀。

泥沙磨损是一种物理破坏过程，并且是一种渐变的破坏过程。水轮机过流部件遭到破坏的原因很多，除事故损坏之外，最主要的就是泥沙磨损、空蚀破坏和化学腐蚀。这三种原因引起的破坏形式有所不同，空蚀破坏的特征是过流部件表面呈海面状，金属好似被一小块一小块地啄成深的小孔洞，形成蜂窝状，在破坏初期，这些小孔洞是不连续的，小洞旁边的金属可以是完好的；化学腐蚀的特征是过流部件表面的金属被一层层地剥落，破坏只在表面进行，破坏层很薄。泥沙磨损对过流部件表面的破坏，其破坏区连成一片，就是在初期也成片状的连续磨痕和斑点。此外，它的破坏深度较化学腐蚀的破坏层要深。但是，有时这三种因素同时存在，特别是空蚀和泥沙磨损两者常常是伴随出现的，仅仅根据表面的破坏特征来区别原因，有时是相当困难的，因而只能分析造成出破坏的主要原因。

影响水轮机泥沙磨损的主要因素有水流的含沙特性（如含沙浓度、水流速度、泥沙粒径、泥沙硬度、颗粒形状等）、过流部件的材质、水轮机的工作条件等。通常流速越高，泥沙磨损越严重。水电站的地理位置和形式不同，水轮机遭受泥沙磨损的破坏程度是不一样的。即使是相同形式的水轮机，安装在水质较清的河流或具有较大库容的水电站，其泥沙磨损程度要比安装在多泥沙河流上时轻微得多。严格来讲，只要水轮机取用含沙水流，水轮机就会遭受到泥沙磨损。但当水电站库容很大或具有足够的沉沙设施时，由于水中含沙量较少，泥沙磨损对水轮机的破坏是很轻微的。有时河流汛期可能会集中通过全年输沙量的 $70\%\sim80\%$，因此汛期是水轮机遭受泥沙磨损最严重的时期。

水轮机遭受泥沙磨损后，造成金属流失，转轮失去原有的平衡，振动加剧，效率下降，机组检修周期缩短，对多泥沙河流的水电站，泥沙磨损往往是决定机组检修周期的唯一因素。

第三节　水轮机的振动与防止

机组振动是水电站运行中的常见异常现象，引起机组振动的因素大体上可分为水力因素、机械因素和电磁因素，其中水力因素主要由水轮机引起，且大多为自激振动现象。本节综述常见的水力振动。

一、振动频率

1. 水轮机水力不平衡或机组旋转部件动不平衡引起的振动

由水轮机水力不平衡或机组旋转部件动不平衡引起的振动，其振动频率可按下式计算

$$f_1 = n_r/60 (\text{Hz}) \tag{11-3}$$

式中　n_r——机组额定转速。

上述公式的适用条件为：反击式水轮机导叶数 $Z_1 = 16 \sim 32$。轴流式水轮机 $n = 60 \sim 300 \text{r/min}$，转轮叶片数 $Z_0 = 4 \sim 8$；混流式水轮机 $n = 60 \sim 750 \text{r/min}$，转轮叶片数 $Z_0 = 14 \sim 17$；水斗式水轮机 $n = 300 \sim 700 \text{r/min}$，喷嘴数 $Z_0 = 1 \sim 6$。

2. 反击式水轮机转轮进口处水流脉动压力引起的振动

在反击式水轮机转轮进口处，由于导叶和转轮叶片的厚度有排挤水流的现象，因而出现水流压力周期性脉动，这种周期性压力脉动频率可按下式计算

$$f_2 = n_r Z_1/60 (\text{Hz}) \tag{11-4}$$

式中　Z_1——导叶个数。

3. 作用在反击式水轮机转轮叶片上的水力交变分量引起的压力脉动

反击式水轮机转轮叶片上作用着交变的水力分量，由此引起的压力脉动频率与式（11-4）类似，可按下式计算

$$f_3 = n_r Z_0/60 (\text{Hz}) \tag{11-5}$$

式中　Z_0——反击式水轮机转轮叶片数。

4. 由于导叶个数和转轮叶片数不匹配引起的压力脉动

这种压力脉动可用下式计算

$$f_4 = n_r Z_0 Z_1/60 (\text{Hz}) \tag{11-6}$$

5. 由卡门涡列引起的振动

当水流经过非流线型障碍物时，在后面尾流中，将分离出一系列旋涡，称为卡门涡列。如图 11-4 所示，这种卡门涡列交替地在绕流体后两侧释放出来，在绕流体后部产生垂直于流线的交变激振力，引起绕流体周期的振动。当交变作用力的频率与叶片出水边固有频率相近时，涡列与叶片振动相互作用而引起共振，有时还伴有啸叫声，在叶片与上冠、叶片与下环之间的过渡处产生裂纹。

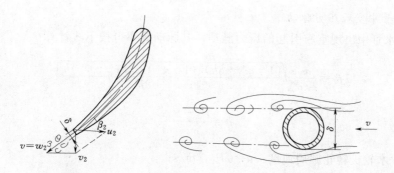

图 11-4　卡门涡列

卡门涡振频率可按下式计算

$$f_5 = (0.18 \sim 0.20)\frac{\omega_2}{\delta_2}(\text{Hz}) \tag{11-7}$$

式中　ω_2——叶片出水边水流相对流速，m/s；

　　　δ_2——叶片出水边厚度，m。

卡门涡振多发生在 50% 以上额定容量时。

6. 尾水管中涡带引起的振动

当混流式及轴流定桨式水轮机过多地偏离设计工况（最优工况）时，水轮机转轮出口处的旋转分速度 v_{u2} 将会在尾水管中形成不稳定的涡带而出现压力脉动，其脉动频率一般可按下式计算

$$f_6 = n_r/60K(\text{Hz}) \tag{11-8}$$

式中　K——系数，根据我国部分水电站上的设计：轴流式水轮机的系数 $K = 3.6 \sim 4.6$；

　　　混流式水轮机的系数 $K = 2 \sim 5$。

这种振动与转轮特性和运行工况密切相关，往往发生在负荷较小的运行工况。根据试验测定：

（1）空转或负荷很小时，死水区几乎充满整个尾水管，压力脉动很小。

（2）机组出力约为 30%～40% 水轮机额定容量时，尾水管涡带产生偏心，并呈螺旋形，螺旋角度较大，压力脉动较大，属于危险区。

（3）机组出力约为 40%～55% 水轮机额定容量时，涡带严重偏心，也呈螺旋形，压力脉动更大，属于严重危险区。

（4）机组出力约为 70%～75% 水轮机额定容量时，涡带是同心的，压力脉动很小。

（5）机组出力约为 75%～85% 水轮机额定容量时，无涡带，无压力脉动，运行平稳。

（6）满负荷到超负荷时，涡带紧挨转轮后收缩，有很小的压力脉动，尤其是在超负荷时。

这类涡带除了可能引起管道和厂房振动之外，还会引起机组出力摆动。

消除这种振动的方法如下：

（1）迅速避开上述低负荷运行工况区。

（2）进行补气或补水。

7. 尾水管中空腔压力脉动

由于尾水管中出现空腔引起的压力脉动，其脉动频率可按下式计算

$$f_7 = \frac{\omega}{4\pi u}\sqrt{\frac{(1-n^*-8h)\left[(1-n^*)^2-8(1+n^*)h\right]}{1-n^*+8h}} \qquad (11-9)$$

$$h = \frac{P_0 - P_v}{\rho u^3}$$

式中　u——水轮机转轮圆周速度：$u=\omega R_1$，m/s；

　　　R_1——水轮机转轮叶片进水边半径，m；

　　　ω——水轮机转轮角速度，rad/s；

　　　P_0——水轮机转轮出口压力，kgf/cm²；

　　　P_v——空腔压力；kgf/cm²；

　　　n^*——相当于额定流量的流量比。

当 $P_0=P_v$ 或 $h=0$ 时最大振动频率

$$f_7 = \frac{\omega(1-n^*)}{4\pi u} \qquad (11-10)$$

8. 高频振动

由于水轮机转轮叶片正面与背面的水流压力不同，使流出叶片的水流压力呈高频脉动。其脉动压力频率可参考下式计算

$$f_8 = \frac{1}{60}n_r Z_0\left(1-\frac{v_{u2}}{u}\right)(\text{Hz}) \qquad (11-11)$$

式中　u——水轮机转轮出口的圆周速度，m/s；

　　　v_{u2}——水轮机转轮出口水流绝对速度的切向分量，m/s；

其余符号意义同前。

9. 水斗式水轮机水斗缺口排流引起的振动

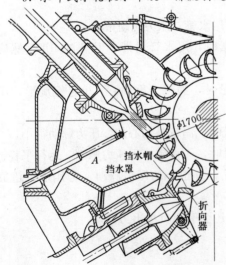

对多喷嘴水斗式水轮机，由于水斗数目选得过少，或者因水斗缺口形状不良时，导致大负荷时随着针阀行程开大，部分射流可能从缺口逸出，射流冲击在下面喷管的挡水帽和折向器上，引起下喷管的强烈振动，如图 11-5 所示。

通常当上述情况出现后，会在挡水帽和折向器的有关部位留下磨蚀的痕迹，据此就可以判断振动源于水斗缺口排流所致。

其振动频率可按下式计算

$$f_9 = n_1 Z_d/60(\text{Hz}) \qquad (11-12)$$

式中　Z_d——水斗式水轮机转轮水斗数目。

消除喷管振动的方法如下：

（1）增加水斗数目 Z_d。

图 11-5　水斗式水轮机出口排流示意图

（2）补焊缺口和改善缺口形状。

（3）适当减小射流直径 d_0。

10. 压力钢管水体自然振荡

压力钢管内水体的自然振荡，其频率可按下式计算

$$f_{10}=cn_k/2L \tag{11-13}$$

式中　n_k——特征压力钢管节数，$n=1$，2，3，…；

　　　c——水锤波传播速度，m/s；

　　　L——压力钢管长度，m。

如该水体自然振荡频率与涡带压力脉动频率合拍时，会产生共振，压力脉动振幅将大于水头的 20%。

11. 冲击式水轮机尾水位抬高引起的振动

当多机组水斗式水轮机作超负荷运行时，尾水渠壅水造成排水回溅到水斗上，扰乱了水斗与射流的正常工作，致使机组效率下降和振动；同时处于转轮附近的空气会被高速射流带走并从尾水渠排走，从而使机壳内出现真空现象。如果机壳上的补气孔太小或被淤塞或冒水，就有可能使尾水抬高而淹没转轮，使机壳内形成有压流动，不仅振动强烈，而且危及机组和厂房的安全。

消除这种振动的方法如下：

（1）扩大尾水渠断面。

（2）增加机壳补气量。

12. 水轮机止漏间隙不均匀或狭缝射流引起的振动

高水头水轮机主轴偏心或止漏装置结构不合理或止漏装置存在几何形状误差，如图 11-6 所示。会引起间隙内压力显著变化和波动，引发机组振动。

在轴流式水轮机中，由于转轮叶片的工作面和背面的压差，于轮叶外缘和转轮室壁之间的狭窄缝隙中，形成一股射流，其速度高、压力低。在转轮旋转过程中，转轮室壁的某一部分当轮叶到达的瞬间处于低压，而在叶片离去后又处于高压，如此循环，形成对转轮室壁相应部位周期性的压力波动而产生振动，导致疲劳破坏。

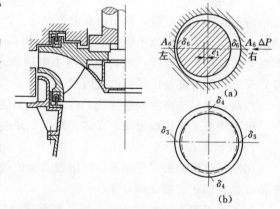

图 11-6　止漏环间隙变化

13. 水轮机转轮叶片空蚀引起的压力脉动

这种叶片空蚀引起的压力脉动频率的可能范围为：100～300Hz。

水轮发电机组因机械原因和电磁原因引起的振动本节不作论述。

二、振动分析及测振

尽管机组振动的原因很多，彼此还可能交织在一起，甚至产生相互加剧的连锁反应，

例如水力振动可以引起发电机空气间隙不均匀，而触发电气振动。但是，在诸多因素之中，必定有主要的和次要的，只要掌握振源的特点和变化规律，就可准确地作出判断，及时找到和排除振源。表 11-1 是水力振动方面的一个分析例子，表中引出其振源、振因、振频以及负荷情况。

表 11-1   水力振动方面的振源、振因、振频以及负荷情况

振 动 原 因	振动频率	主要振源 （振动发生地点）	负 荷 情 况
1. 水轮机转轮空蚀	高频	转轮内部	混流式：部分负荷和超负荷 轴流式：大于额定负荷 定桨式：部分负荷
2. 尾水管涡带	低频	尾水管	部分负荷和超负荷
3. 转轮叶片数与导叶叶片数组合不当	高频	蜗壳与压力钢管	与负荷无关
4. 转轮止漏环迷宫间隙不对称	不定频	转轮室	随负荷增加而增大

表 11-1 中的振动频率分类为：

（1）高频振动：大于 100Hz。

（2）低频振动：0.50～10Hz。

（3）不定频振动：2～20Hz。

高低频振动具有正弦波，其频率与振幅几乎不变，不定频振动无一定周期，经常变化。

对机组振源的分析，通常根据运行经验判断和仪器测振相配合的方式进行。

1. 经验判断

根据长期运行经验，总结出有关振动的一些规律。例如，水力振动是水轮机过流部件内的水力不平衡和水流不稳定而引起的振动，一般其振幅随负荷（即流量）增加而增大。判断方法是：关闭导叶，将机组作同步电动机运行，如振动立即消失，则表明属水力振动；反之，则可能是机械和电气因素。

然后，进一步将主轴连接法兰拆开，让发电机单独作同步电动机运行，如振动立即消失，则表明是来自机械振动；反之，则可能是电气因素。

2. 仪器测振

用测振仪作精密定量测振。测出振动部位的振动波形（振幅及频率），再对照有关频率值，进行精密定量分析计算。

为了便于读者对振动进行分析，现将振动特征、振动原因和消除振动的方法列入表11-2供参考。

许多水电站的运行经验表明，水电发电机组振动，直接影响机组甚至水电站厂房的安全稳定运行，同时影响电厂的经济效益。尤其是机组向高比转速、大容量方向发展，单机容量增大，机组结构尺寸增大。为减少金属用量，机组刚度相对地降低，振动问题将更加突出。为提高水电厂的安全性、经济性和可靠性，必须对机组振动问题加强调查、研究和总结，提出相应的措施，以提高水电设备的设计制造水平和水电厂的安全经济运行水平。

表 11 - 2 振动特征及振动原因

运行工况	振动特征	可能原因	消除方法
1. 空载无励	振动强度随转速增高而增大；在低速时也有振动	(1) 发电机转子或水轮机转轮动不平衡； (2) 轴线不直；中心不对；推力轴承轴瓦调整不当；主轴连接法兰连接不紧； (3) 与发电机同轴的励磁机转子中心未调好； (4) 水斗式水轮机喷嘴射流与水斗的组合关系不当； (5) 转轮叶片数与导叶数组合不当	(1) 动平衡试验，加平衡块，消除不平衡； (2) 调整轴线和中心，调整推力轴瓦； (3) 调整励磁机转子中心； (4) 改善组合关系； (5) 改善组合关系
2. 空载带励	(1) 振动强度随励磁电流增加而增大； (2) 逐渐降低定子端电压，振动强度也随之减小； (3) 在转子回路中自动灭磁，振动突然消失	(1) 转子线圈短路； (2) 定子与转子的气隙有很大不对称或定子变形； (3) 转子中心与主轴中心偏心	(1) 用示波器测出线圈短路位置并进行处理； (2) 停机调整气隙间隙。气隙的最大值或最小值与平均值之差不应超过 10%； (3) 如偏心很大时，需用调整定子与转子中心的方法予以消除
3. 空载或带负荷（高水头混流式水轮机）	机组在任何导叶开度下都有摆度，但与负荷和转速无关。振幅可能在几秒钟或几小时后增大	转动部件与固定部件碰撞，例如止漏环迷宫间隙偏小	(1) 增加止漏环迷宫间隙，使不小于 0.001D（D 为止漏环的直径）； (2) 如相碰撞，应校正主轴轴线
4. 空载或带负荷	主轴摆度或振动与转速无关。当负荷增加后，摆度或振动有所降低	机组主轴轴线不正；推力轴承轴瓦不平整	调整轴线；校正轴瓦
4. 空载或带负荷	振动强度随转速和负荷增加成正比增大	(1) 转轮轮缘上突出部件布置不对称，例如：肋板或平衡块等； (2) 转轮或导叶流道堵塞，如：木块、石块等； (3) 转轮止漏环偏心或不圆或水压脉动； (4) 固定支架松动，如：轴承壳体、机架等	(1) 刮去突出部件或用盖板遮盖，使其平滑过渡； (2) 清除堵塞物； (3) 调整修理止漏环； (4) 加固支承结构
4. 空载或带负荷	在所有工况下主轴摆度都大	瓦隙过大，或主轴折曲，或机架松动	按制造厂规定调整瓦隙，或调正轴线，加固机架
5. 空载	在某一转速范围内，振动强度骤然增大	接近临界转速，或倍于临界转速	在开停机过程中越过此振动区；改变结构的固有振动频率

运行工况	振动特征	可能原因	消除方法
6. 带负荷	振动强度随负荷的增加而增大	(1) 磁场不对称; (2) 推力轴承或导轴承的中心不良; (3) 主轴连接法兰处折曲; (4) 推力头与主轴的配合不紧; (5) 转轮叶片出口边缘开口不均匀; (6) 转轮泄水锥太短; (7) 转轮叶片背部压力脉动; (8) 定桨式水轮机叶片安装角与导叶配合不当	(1) 消除磁场不对称; (2) 调整中心; (3) 校正法兰,消除折曲; (4) 使其紧固在轴上; (5) 修正转轮叶片出口边缘开口; (6) 延长泄水锥长度或将泄水锥过流表面做成弧形; (7) 向该区补气; (8) 调整配合关系
	在某一窄负荷区振动剧烈增大,在尾水管内伴有振动和响声	由于吸出高度变化;或转轮翼形不好;或在转轮叶片上停留有涡流等引起空蚀	避开振动增大的负荷区;向转轮下方补气;改变叶片出水边缘形状
	转桨式水轮机在某一负荷区振动增大	协联关系不适于该水头下运行	改善协联关系
	在大负荷区振动剧烈	尾水管太矮	改变尾水管的结构
	露天压力钢管振动	(1) 压力钢管水体自然振荡频率与水轮机尾水管内涡带脉动频率合拍; (2) 压力钢管刚度不够; (3) 压力钢管的固有振动频率与其他振动频率共振	(1) 向尾水管补气; (2) 增加支座数目,减小支座跨距
	功率摆动	尾水管涡带脉动频率与发电机或电力系统自振频率共振	向尾水管补气,或设阻流栅等改变涡带脉动频率和强度
	振动随负荷增加而增大,并伴有啸叫声	水轮机转轮叶片出水边缘卡门涡流振动频率与叶片固有振动频率共振	修整叶片出口边缘形状,或加支撑改变转轮叶片固有振动
	突然振动剧烈	(1) 导叶破断螺钉或剪断销剪断; (2) 转轮叶片断裂或脱落; (3) 转轮泄水锥脱落	(1) 更换破断螺钉或剪断销; (2) 停机检修; (3) 停机检修
7. 空载过程或加压过程	发电机定子出现嗡叫声	定子合缝不严	压紧合缝,或改为整体定子结构

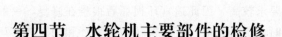

第四节　水轮机主要部件的检修

水轮机中易受泥沙磨损的零部件主要有：水轮机转轮；转轮上下迷宫环；顶盖；导叶和导水机构的底环等。转轮中水流速度较高，因而转轮叶片正反两面均会遭到严重的磨损破坏，导叶上、下端面间隙和转轮上、下迷宫环间隙中，水流速度也较大，因而在形成间隙的两个结合面上均会遭受严重的磨损破坏。轴流式水轮机除转轮叶片外，转轮室也会遭受泥沙磨损。此外，导叶的上、下枢轴与轴套、水轮机密封等也常常由于泥沙的入侵而遭到破坏。

一、转轮修复

对遭受破坏的水轮机转轮，修复的主要手段是采用抗蚀耐磨材料补焊。补焊前应首先对转轮遭受破坏的部位进行测量和评估，选用合适的补焊材料和焊条，研究补焊工艺，重点是控制转轮的不均匀变形，减小内应力，避免产生裂纹。最好将转轮整体预热或提高周围环境温度至 20～30℃，尽量避免在低于 15℃ 的环境温度下施焊。补焊时宜采用小电流短弧施焊，焊条应干燥，避免发生气孔。对小尺寸转轮，有条件时可在补焊后进行回火处理，以消除内应力。补焊后的转轮应对叶片进行修形处理，满足叶片表面光洁度的要求，然后进行转轮静平衡试验，消除不平衡重量。对轴流式水轮机的叶片外缘，补焊完成后应特别注意保证其与转轮室具有原来的设计间隙值。

二、导叶修复

当导叶枢轴损坏不太严重时，可以采用补焊修复，然后在车床上精加工。对含沙量大的中、高水头水电站，导叶损坏往往比较严重，甚至在导叶全关时也不能切断水流。此时若仍然采用补焊修复的方法，一是工作量较大；二是不易保证修复质量，通常可采用直接更换导叶进行处理。

三、水轮机顶盖和底环的修复

通常水轮机顶盖与底环装有抗磨板，由于抗磨板尺寸大而薄，补焊时极易产生扭曲变形，为避免出现这一情况，常采用螺栓加固后在施焊。如抗磨板因磨损严重损坏，修复困难，应更换新的抗磨板。

四、导叶枢轴套的修复

导叶枢轴套磨损一般发生在端面上，可将损坏的端面车掉，重新配制一钢护环补偿被车掉的部分，用螺栓拧紧在轴套端面上，表面磨光打平。导叶轴瓦磨损后应更换新件。

五、水轮机迷宫环的修复

水轮机迷宫环本身很薄，尺寸大，刚度差，少量的补焊将引起难以消除的变形。此

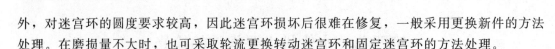

外，对迷宫环的圆度要求较高，因此迷宫环损坏后很难在修复，一般采用更换新件的方法处理。在磨损量不大时，也可采取轮流更换转动迷宫环和固定迷宫环的方法处理。

六、轴流式水轮机转轮室的修复

轴流式水轮机转轮室遭受泥沙磨损或汽蚀破坏后，一般采用补焊的方法修复。

七、其他零部件

对于轻微损坏的水轮机其他零部件，如：蜗壳、座环支柱、尾水管起始段等，只要损坏不严重，可以不处理；对损坏较大需要补焊的地方，由于这些部位对型线并无严格要求，只要将补焊部位磨光打平即可。

总之，水轮机的检修不仅直接影响电站的电能生产，增加运行成本，而且经常性的检修会使机组的性能下降。但检修工作又是电站运行中必不可少的工作，在注意提高检修质量的同时，必须将主要精力集中在寻求减轻水轮机泥沙磨损和空蚀破坏的有效措施上。经过多年的探索和研究，目前已经取得了一些成功的经验，有关抗磨抗蚀等方面的内容有兴趣的读者可参考有关文献和资料。

八、水轮机运行常见故障及处理

（一）机组过速

机组带负荷运行中突然甩负荷时，由于导叶不能瞬时关闭，在导叶关闭的过程中水轮机的转速就可能增高 $20\%\sim40\%$，甚至更高。当机组转速升高至某一定值（其整定值由机组的转动惯量而定，一般整定为 140% 额定转速）以上，则机组出现过速事故。由于转速的升高，机组转动部分离心力急剧增大，引起机组摆度与振动显著增大，甚至造成转动部分与固定部分的碰撞，所以应防止机组过速。

为了防止机组发生过速事故，目前多数电站是设置过速限制器、事故电磁阀或事故油泵，并装设水轮机主阀或快速闸门。这些装置都通过机组事故保护回路自动控制。

1. 机组发生过速时的现象有

（1）机组噪音明显增大。

（2）发电机的负荷表指示为零，电压表指示升高（过电压保护可能动作）。

（3）"水力机械事故"光字牌亮，过速保护动作，出现事故停机现象。

（4）过速限制器动作，水轮机主阀（或快速闸门）全开位置红灯熄灭（即正在关闭过程）。若过速保护采用事故油泵，则事故油泵起动泵油，关闭导水叶。

2. 机组过速时的处理

（1）通过现象判明机组已过速时，应监视过速保护装置能否正常动作，若过速保护拒动或动作不正常，应手动紧急停机，同时关闭水轮机主阀（或快速闸门）。

（2）若在紧急停机过程中，因剪断销剪断或主配压阀卡住等引起机组过速，此时即使转速尚未达到过速保护动作的整定值，都应手动操作过速保护装置，使导水叶及主阀迅速关闭。对于没有设置水轮机主阀的机组，则应尽快关闭机组前的进水口闸门。

（二）机组的轴承事故

1. 巴氏合金轴承的温度升高

一般机组的推力、上导、下导等轴承和水轮机导轴承都采用巴氏合金轴承，故利用稀油进行润滑和冷却。当它们中的任一轴承温度升高至事故温度时，则轴承温度过高事故保护动作，进行紧急停机，以免烧坏轴瓦。

当轴承温度高于整定值时，机旁盘"水力机械事故"光字牌亮，轴承温度过高信号继电器掉牌，事故轴承的膨胀型温度计的黑针与红针重合或超过红针。在此以前，可能已出现过轴承温度升高的故障信号；或者可能出现过冷却水中断及冷却水压力降低、轴承油位降低等信号。

当发生以上现象时，首先应对测量仪表的指示进行校核与分析。例如将膨胀型温度计与电阻型温度计两者的读数进行核对，将轴承温度与轴承油温进行比较鉴别。并察看轴承油面和冷却水。若证明轴承温度并未升高，确属保护误动作，则可复归事故停机回路，启动机组空转，待进一步检查落实无问题后，便可并网发电。当确认轴承温度过高时，就必须查明实际原因，进行正确处理。

有许多因素可以导致巴氏合金轴承温度升高，一般常见的原因及处理办法如下：

（1）润滑油减少：由于轴承油槽密封不良，或排油阀门关闭不严密，造成大量漏油或甩油，润滑油因减少而无法形成良好的油膜，致使轴承温度升高，此时应视具体情况，对密封不良处进行处理，并对轴承补注润滑油。

（2）油变质：轴承内的润滑油因使用时间较长，或油中有水分或其他酸性杂质，使油质劣化，影响润滑性能，这时应更换新油。尤其当轴承内大量进水（例如冷却器漏水等）时，使润滑及冷却的介质改变，直接影响轴承的润滑条件，会很快导致轴承烧毁，这时应立即停机处理渗水或漏水部位，并更换轴承油槽内的油。

（3）冷却水中断或冷却水压降低：冷却水管堵塞、阀门的阀瓣损坏、管道内进入空气等都会影响冷却器的过流量，使冷却器不能正常发挥作用，引起轴承油温升高，这时应立即投入机组备用冷却水，或将管道排气。若是冷却水压过低，应设法加大冷却水量，使轴承温度下降到正常值。

（4）主轴承摆度增大：当主轴摆度增大时，轴与轴瓦间的摩擦力增加，发热量增大，致使润滑条件变坏，不能形成良好的油膜，这时应设法减小机组摆度。例如改变机组有功及无功负荷，使机组在振动较小的负荷区域内运行，或者停机检查各导轴承间隙有无大的变化，检查各导轴瓦的推力螺栓有无松动。

2. 水导轴承的润滑水中断

橡胶瓦水导轴承系用水进行润滑，这类轴承俗称水轴承。当水轴承润滑水中断时，其现象与上述油轴承相似，只是多显示一个"轴承润滑水中断"信号。

（1）润滑水中断的原因与后果：由于水质不洁或有杂物，致使取水滤网或过滤器堵塞，造成水压降低；或自动供水阀门因某种原因误关；当用水泵供水时，由于机械或电气原因造成水泵供水中断。这些都会引起润滑水中断事故。当润滑水中断或水量减少时，会使轴领与轴瓦间润滑、冷却条件变坏，甚至发生干摩擦，导致轴承烧毁，此时水轮机失去了径向支承，造成振动和摆度急剧增大，有时会发生蹲水现象，从而影响机组的正常运行。

（2）处理方法：一般采取以下措施：

1）当润滑水中断或水压降低时，首先应投入备用水源，然后清扫取水滤网及过滤器，或查找润滑水自动供水阀误关闭的原因，处理完成后仍恢复原供水系统的正常供水。

2）若轴承采用水泵供水时，当出现水泵停止供水或其出口水压下降而造成润滑水中断，应首先起动备用水泵供水，然后再查明水泵停止供水或其出口水压下降的原因，并做相应处理。

3）当无法立即恢复供水时，为了不致造成事故扩大，应立即停机。

第十二章

水 轮 机 新 技 术

水力机组运转灵活，速动性高，使它成为电力系统最可靠的负荷备用和事故备用；由于水力机组在偏离设计工况运行时也具有较高的运行效率，它可以经济及灵活地担负起电力系统尖峰负荷的任务；抽水蓄能式水电站可以用来调节电力系统发电与用电的平衡关系，改善供电质量，提高整个电力系统的运行经济性。因此，水力发电在参与电力系统运行时，它占据一种十分独特的地位，特别是随着电力系统容量的扩大，水力发电的这种独特地位就愈加显著。

水轮机是水电站生产电能的水力原动机，是水电站最重要的动力设备之一。水轮机的运行性能好坏，直接影响水电站乃至电力系统运行的技术经济水平。

水轮机运行性能的好坏，除与水轮机和水电站的运行方式和经营管理水平有关外，还与水轮机的设计、制造、安装、检修等多方面的质量和技术水平有关。因此，要提高水轮机的运行质量，实际上并不仅取决于水轮机运行方式的改善，还必须从多方面入手，提高水轮机产品的设计和制造水平，采用新工艺、新结构，从流体动力学方面改善水轮机的能量和空蚀特性；在机组的安装、检修过程中，各零、部件以及水轮机整体的最终状态应充分满足规范的技术要求；此外，对水轮机运行中存在的各类重大技术问题，必须开展广泛的理论和试验研究，寻找切实可行的解决方法。

第一节　水轮机新结构及安装新技术

一、水轮机新结构

1. 底环

对水轮发电机组而言，底环在机组安装中起着精确定位的作用。所以，对它的安装精度要求高。尤其是底环上带有止漏环，其止漏环的圆度、中心直接关系到机组运行的稳定性。

一般情况，大型机组的底环为分瓣组合结构。混流式水轮机底环侧面装有耐磨不锈钢止漏环，上端面装有耐磨高光洁度抗磨环；侧面与转轮下环配合止漏，上端面与活动导叶下端面配合止漏。底环上均布有活动导叶轴承孔，孔底一般用螺栓柱销分别与基础环定位相连。

三峡水电厂底环与基础环不是采用全面接触连接方式，而是采用局部垫块的连接方

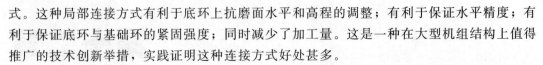

式。这种局部连接方式有利于底环上抗磨面水平和高程的调整；有利于保证水平精度；有利于保证底环与基础环的紧固强度；同时减少了加工量。这是一种在大型机组结构上值得推广的技术创新举措，实践证明这种连接方式好处甚多。

2. 水轮机筒形阀

筒形阀是水轮机进水阀门的一种新的结构型式，适合安装在多泥沙河流的引水式电站。在成本较低的情况下，为机组提供良好的封水性能和充分的安全保护，正常工况时，阀门在导叶开启之前开启，导叶关闭之后关闭，飞逸状态下或调速器失灵时阀门紧急关闭，起事故阀门的作用；机组长期停机关闭筒阀，可保护导水机构免遭泥沙和空蚀。此外，筒型阀不像蝴蝶阀，它不会引起水力损失。

筒形阀具有结构紧凑、重量轻、开挖小等优点。阀门本身并不占据太大的空间，它只使座环、顶盖和底环外径增大了一个阀门厚度尺寸。关闭时，在固定导叶和活动导叶之间，截断水流；开启时，阀门藏在高度作了相应调整的座环和顶盖形成的空腔内，阀门的下缘与周围部件配合一致，形成整个流道。

筒形阀具有一种非常可靠的自己支撑的简单结构，它的受力状态比所有负荷都集中作用于轴颈上的球阀和蝴蝶阀要好得多，所以它的使用可不受水头的限制。采用筒阀不仅会给电站带来经济效益，而且为整个电网的运行提供了很大的方便。筒阀操作灵活，能在全水头作用下为水轮机提供充分的封水性能，电站能在几分钟之内进行开、停机，使得电站运行安全，使用方便。

但因筒形阀安装在水轮机座环与顶盖之间，不能满足水轮机大修断水检修，因而不能全面取代水轮机进水阀。

自1993年国内首台引进技术制造的水轮机筒形阀在漫湾电站投产以来，国内先后已有石泉二期、小浪底、大朝山等多座大中型水电站的水轮机采用了筒形阀。

3. 导叶摩擦装置

导叶摩擦装置是一种新型的水轮机活动导叶过压保护装置，与常规的剪断销保护装置相比，更安全可靠。与近几年进口的液压连杆、弹簧连杆、绕屈连杆相比，同样安全可靠。更具有造价低、安装维护方便等优点。

导水叶摩擦装置的结构如图12-1所示。

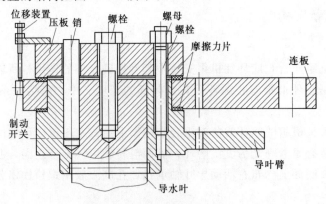

图 12-1　导水叶摩擦装置结构

导水叶摩擦装置由压板、导叶臂、连板、磨擦片、连接销、联接螺栓、导叶臂位移信号装置和导叶限位块等组成。导叶与导叶臂之间采用连接销固定，导叶臂与压板之间采用圆柱销固定。接力器对导叶的操作力矩通过连板与压板、导叶臂之间的磨擦传递，连板与压板、导叶臂之间装有磨擦片，通过调整联接螺栓的预紧力矩来控制作用在磨擦片上的正压力，从而控制导叶磨擦装置传递的操作力矩，该力矩称为导叶磨擦装置的起始滑动力矩。

导叶磨擦装置的一项重要作用是保护导水机构各传动件不因过度受力而损坏。在导水机构运动过程中，如有两相邻的导叶被异物卡阻，作用在这两导叶传动件上的操作力矩将增大，当其值超过起始滑动力矩时，导叶磨擦装置将发生滑移，而导水机构的传动零件可继续随导叶接力器运动，但作用在导水机构中传动零件上的力不再增加，从而保护导水机构中的传动零件不会受到损坏，位移信号装置同时发出报警信号。

为了避免由于某导叶产生位移后引起水力不均匀变化造成相邻导叶的误动作，结构设计上采用了两种起始滑动力矩不同的磨擦装置（导叶弱磨擦装置与导叶强磨擦装置），安装时间隔布置。

由于导叶臂与导叶连板间产生了位移，导叶与导叶连板的相对位置被改变，导叶停留在某一错误位置，但导叶仍然由导叶臂及导叶磨擦装置所控制，不会因失控而触及转轮及相邻导叶，因此机组仍可安全运行。机组停机时，在主进水阀关闭情况下，操作接力器使导叶全开，被卡阻而产生滑移的导叶磨擦装置的导叶臂将最先被装于导叶全开位置的导叶限位块阻挡，从而重复导叶被卡阻的相反过程，导叶与其导叶臂将自动复位。

4. 主轴无接触密封

主轴无接触密封的结构如图 12－2 所示。

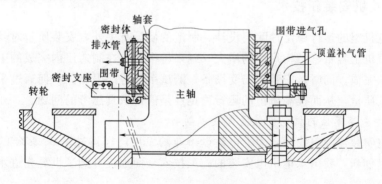

图 12－2　主轴无接触密封结构

主轴无接触密封由轴套、密封体、围带、密封支座及相应的连接件组成。轴套为转动部件，由不锈钢分瓣制成，用不锈钢螺栓把合在水轮机主轴上，随轴一同转动。密封体为分瓣钢结构，用螺栓组合成整体并把合固定在顶盖上。在密封体与密封支架间装有"△"形实心橡胶围带。

密封体与轴套之间的间隙比水导轴瓦与轴之间的间隙要大，因此，在运行中轴套与密封体是不接触的，所以称为不接触密封。但为了防止在运行中可能因轴套与密封体接触造成事故，在密封体相对轴套的表面嵌入一层巴氏合金。

水轮机正常运转时，由于转轮上冠内装设有固定泵叶装置，转轮上冠与顶盖之间的水通过泵叶装置排至电站集水井，因此密封体内是无水的，也就是机组正常运行时不需要通水密封；水轮机启动和停机过程低速转动时，转轮上冠与顶盖之间的水可能到达密封体内，由于密封体是迷宫型，密封在短时期像迷宫环的迷宫工作，位于迷宫环之间的排水管可将水排入集水井，可有效防止水从密封体上部漏出；当机组处于停机状态时，向围带外圈的围带槽内充气，使围带胀出，与轴套接触，以防止因尾水位高于主轴密封，使密封漏水。如果围带封水失败，其漏水量也不会很大，因密封体会向一个迷宫环那样工作，且水会通过排水管排至集水井；当机组调相运行时，将密封水通入密封体的下室，防止调相用的压缩空气通过密封体的间隙泄露，密封水通过排水管排出。

这种主轴密封因转动部件与静止部件不接触，其优点是寿命长、不需要维修，而且正常运行时，不需要冷却和润滑。

5. 转轮与主轴连接

主轴摩擦传递扭矩是近年来应用在大型水轮发电机组上的一项新技术，其优点是联结的各部件互换性强、加工方便、装拆容易。而传统的结构用键、销钉、螺栓传递扭矩，水轮发电机主轴与转轮必须同轴联结。

水轮机主轴摩擦传递扭矩一般采用摩擦键结构，即主轴与转轮靠摩擦传递扭矩，由联轴螺栓施加预紧力，联轴螺栓只受拉力而不受剪切力。为可靠起见，用键作为后备传递扭矩。

转轮与主轴连接采用销套结构与靠摩擦传递扭矩解决互换性要求一样，可以采用主轴、转轮联轴螺栓带销套结构，螺栓受拉而销套受剪。

二、水轮机安装新技术

水轮发电机组的运行稳定性除与设计、制造的质量有关外，安装质量对其影响是至关重要的。随着机组容量、结构尺寸的增大，越来越多原本在制造厂内完成的工作必须转移到安装现场来完成。同时，安装现场受设备、测试手段等的限制。如何通过采用新技术进一步提高安装质量，从而提高机组的运行稳定性是值得认真思考的问题。

1.50 多年来变革性的机电安装重大技术创新

水电机电安装伴随着我国水力发电建设事业的发展已经走过了 50 多年的历程，取得了许多项技术创新，我国水电机电安装的施工技术全面地提升到了世界先进水平，实现了与国际水平接轨的目标。

（1）发电机定子现场整体叠片组装、嵌装全部线圈的现场装配工艺和定子整体吊装技术。从 20 世纪 80 年代以后大中型水轮发电机定子组装，被确定为在现场整体装配。

（2）发电机推力轴承的推力轴瓦以及导轴承的导轴瓦由单一的巴氏合金瓦面材料，增加了弹性金属塑料瓦的新材料、新结构、新技术。弹性金属塑料瓦在推力轴承上的应用从根本上解决了大型推力轴承运行可靠性的问题。

（3）超大型水轮机埋件（如：尾水管的肘管、锥管、基础环、蜗壳、机坑里衬等）在现场下料、卷板制造的生产方式。

（4）大型混流式水轮机的转轮由分瓣结构在现场组装焊接工艺，发展到以散件运输到现场、再整体组焊的加工制造工艺。

（5）水轮发电机定子蒸发冷却的安装工艺和调整试验技术的应用。

（6）发电机圆盘式转子支架结构的应用与组装焊接技术。

（7）压力钢管、高压岔管和蜗壳的 600MPa 和 800MPa 级高强钢的焊接和应力消除技术。

（8）调速器和励磁装置系统智能化机电一体化控制设备的安装调试技术。

（9）高电压等级（330kV、500kV）封闭组合电器设备 GIS 的安装、调试技术；大容量组合式壳式变压器现场组装、安装调试技术。

（10）以新型自动化监测装置和元件为基础的水电站计算机监控系统的安装和调试技术以及可逆式抽水蓄能机组起动试验技术。

2. 蜗壳工地水压试验

蜗壳工地水压试验的目的：

（1）直观而又全面地反映焊接质量。

（2）检验蜗壳和座环设计的合理性。

（3）消除焊接残余应力，提高座环和蜗壳的承载能力和抗应力腐蚀开裂能力。

（4）方便实施蜗壳打压埋置法，有效地削减内水压力引起的蜗壳外包混凝土中的拉应力，降低混凝土开裂的可能性。

蜗壳水压试验的总体布置如图 12-3 所示，升压采用三柱塞高压泵，压力大小由安全阀 8 进行调节。蜗壳水压试验时，首先关闭闸阀 9，利用厂房自来水管经闸阀 10 对蜗壳充水；待蜗壳内部充满水后，再关闭闸阀 10，开启闸阀 9，用水泵升压。

蜗壳水压试验时机坑的密封方式，如图 12-4 所示。座环的上环板和下法兰面处，均安装耐油橡皮盘根，用于止水。

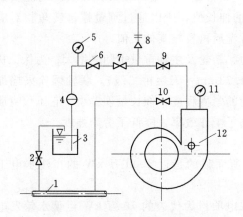

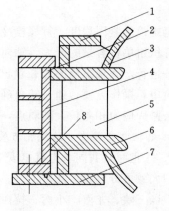

图 12-3　水压试验总体布置图
1—自来水管；2—闸阀；3—水箱；4—水泵；5—压力表；6—截比阀；7—止回阀；8—安全阀；9—闸阀；10—闸阀；11—压力表；12—排气孔

图 12-4　机坑内密封方式
1—座环上法兰；2—橡皮盘根；3—过渡段；4—封水环；5—固定导叶；6—座环环板；7—座环下法兰；8—M56 螺栓

蜗壳工地水压试验的监测项目有：座环变形、蜗壳胀量和座环蜗壳各部主要点的应力值。

座环变形和蜗壳胀量的测量仪表为千分表。蜗壳和座环各部的应力，贴直角三轴型应变花用电测法测定。

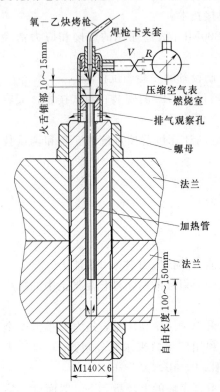

图 12-5 火焰加热装置的
基本结构及工作原理图

已有多个电站进行了蜗壳工地水压试验，并实施了蜗壳打压埋置法，除达到了水压试验的基本目的外，还取得了良好的技术经济效果。其技术经济效果在于，金属蜗壳进行水压试验后，采用保压（一般为最大水头时的压力值）浇混凝土，减少了蜗壳弹性层的铺设和蜗壳内部加固支撑焊接两道工序，既节约了工程投资，又加快了厂房混凝土浇筑进度。

3. 联轴螺栓火焰加热工艺

联轴螺栓火焰加热工艺是利用氧—乙炔火焰加热装置在螺杆内孔对螺栓进行加热。火焰加热装置由燃烧室、焊枪卡口夹套、加热管等部分组成。由于加热时温度可达 $700 \sim 900 \, ^\circ C$，焊枪卡口夹套和燃烧室均用 1Cr18Ni9Ti 不锈钢加工，加热管则用 3Cr19Ni4SiN 不锈钢加工。$0.2 \sim 0.5 \, MPa$ 的压缩空气穿过燃烧室将氧—乙炔火焰带入联轴螺杆内孔深处；热空气再经螺杆内孔和加热管间间隙返回燃烧室下部，经排气、观察孔逸出，实现对螺杆的均匀加热（图 12-5）。

采用联轴螺栓火焰加热工艺紧固螺栓时由于加热前后联轴螺杆的温差较大，无法准确测量螺杆紧固后的伸长值，所以通过测量螺母转角相对应的弦长来确定螺栓的紧固程度，待螺栓冷却到常温后再校核其伸长值。

随着机组单机容量的增大，轴向水推力、转轮及主轴重量也随之增大；为保证机组的安全经济运行，联轴螺栓的伸长量已高达 1.73mm（天生桥二级）。联轴螺栓火焰加热工艺设备简单，操作方便，通过转角确定螺栓的紧固程度，伸长量误差小。它不仅克服了电极加温法紧固应力相差较大的弱点，还提高了工作效率，降低了劳动强度。

4. 水电机电安装技术的发展与展望

进入 21 世纪，我国水电机电安装企业所面临的是近 4000 万 kW 的在建水电工程规模，它们大致可分成以下几类：

（1）以三峡、龙滩、小湾、拉西瓦等水电项目为代表的 70 万 kW 巨型水轮发电机组和相应机电设备的安装。其中包括：水内冷发电机、极限容量条件下的全空气发电机、大容量变压器、超高压（750 kV）电气设备的安装试验、大型水轮机稳定性工况试验、超大型金属结构制作、安装等。

（2）以桐柏、泰安、张河湾、宜兴等抽水蓄能电站为代表的 20 万～30 万 kW 可逆式抽水蓄能机组及启动设备的安装、调试。

（3）以公伯峡、洪家渡、乌江扩机、平班、恶滩等电站为代表的 20 万～30 万 kW 常规水轮发电机组及其 330kV、500kV 高压电气设备的安装。

（4）以洪江、尼那、青居、桐子壕等水利水电工程为代表的一大批 3 万～4.5 万 kW 低水头灯泡贯流式机组的安装。

上述的在建工程的划分，基本上构成了当代我国水电机电设备的安装格局，相应的机电安装技术发展也必将围绕着这些工程的建设和投产而展开，它们将是：

（1）超大型水电机组结构装配中的刚强度及装配应力控制技术；转轮在现场组装、焊接、应力消除和加工技术。

（2）超大型机组埋件现场制作工艺技术的规范与制造方式的推广，埋件制造方式的变革性创新。

（3）内冷电机绕组的安装与试验（包括水力和电气试验）技术，水处理系统与机组联合起动调试技术。

（4）高铁芯全空气电机的叠片工艺和空冷系统冷却通道结构件安装、调整技术和要求的工艺措施。

（5）75 万 kVA 及以上超大容量变压器的运输、安装和试验，其中包括局放试验的要求和试验方法。

（6）750kV 超高压电压等级的出现和相应电气设备的安装试验技术和相应试验设备的应用。

（7）可逆式机组启动试验、调试技术的进一步成熟和在系统内应用范围的进一步扩大，工况转换智能化程度和转换成功率的进一步提高。

（8）水电站与电力系统之间调试、送出试验进一步规范和完善。

（9）水电机组运行工况在线监测系统，其中包括对机组稳定性监测和故障诊断技术的发展，促使在电站计算机监测系统的安装、调试中将这部分相对独立的系统包括进去，并掌握其工作原理和智能软件。

（10）大型灯泡贯流式发电机冷却系统的改进和安装技术，以及提高大型灯泡贯流式机组刚度的技术措施，大型卧式机组轴线调整标准的进一步完善和规范。

第二节　水轮机运行新技术

运行性能良好的水轮机，应具备较高的运行经济性、可靠性、灵活性和稳定性。为此，最重要的是水轮机必须具有较高的运行效率和宽广的高效率运行区域；具有良好的空蚀性能和抗泥沙磨损性能；运行过程中机组的振动和噪音小，为消除不稳定状态所采取的技术措施行之有效；水轮机具有良好的过渡过程品质和改善水轮机过渡过程特性的有效措施；此外，水轮机还应具备一整套经济合理的运营方式和设备检修方式相配合。

一、机组过渡过程

为了避免机组在甩负荷过程中转速上升值和引水系统压力上升值过高，造成破坏事故。又为避免水轮机顶盖下真空值太大产生反水锤和负的轴向水推力太大引起抬机现象，应该采用必要的安全措施，保证水电站的安全。这些工程措施主要包括。

1. 选择合理的导水机构关闭时间 T_s'

导叶的关闭时间指在调速器某一整定的情况下，接力器的关闭行程所需的最小时间 T_s'，如图 12 - 6 所示，这种关闭规律，称为一段直线关闭。通过调节保证计算，确定出合理的 T_s' 值，使水轮机甩负荷时转速上升最大值和引水管道、蜗壳的水压上升最大值不超过设计规范。

2. 采用合理的导叶关闭规律

如图 12 - 7 所示表示的是导叶两段直线关闭规律，这种关闭规律比一段直线关闭规律对改善水轮机甩负荷过渡过程品质更为有利。

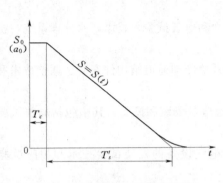 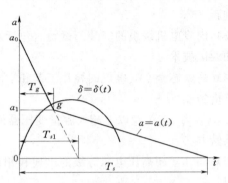

图 12 - 6　导叶接力器关闭行程 　　　图 12 - 7　导水机构两段直线关闭规律

两段关闭规律是在机组甩负荷时，导叶首先以较快的速度等速关闭到 a_1，然后以较慢的速度等速关闭到零。第一段关闭速度较快，使机组转速上升值被降低，第二段关闭速度较慢，使引水系统水击压力上升值被限制住。这种关闭方式还能限制水轮机进入水泵工况的深度，避免负的轴向水推力过大。

3. 补气

在两种情况下可能产生轴流转桨式水轮机转动部分上抬事故，第一种情况是当水轮机进入主式水力制动器或向心式水泵工况，负的轴向水推力大于机组转动部分的重量时；第二种情况是机组甩负荷过程中，由于导叶的快速关闭，使导叶后转轮前的水流压力急剧下降，造成高度真空，从转轮区域流出的水流，在下流水面大气压的作用下又返回转轮区域，引起强烈的反水锤，也可能导致抬机现象。第二种情况只有在水轮机安装高程低于尾水位，调节元件运动不良，真空破坏阀补气无效时才会发生抬机现象。

为了防止抬机事故的发生，通常采用真空破坏阀向转轮区域补入空气的安全措施，实践表明只要补气方式合理与补气量足够，是能有效地防止抬机事故的。

4. 设置调压阀（井）

调压阀又称空放阀，一般装置在水轮机蜗壳进口处，设置调压阀后，当机组甩掉负荷，伴随导叶关闭的同时调压阀自动开启，使管道中一部分流量从调压阀排泄，使引水管道中的流量相对时间的变化率减小，压力上升值降低。由于通过水轮机的流量急剧减小，从而降低了机组转动部分的加速能量，使转速上升值下降。

对于具有长引水管道的水电站，为了解决甩负荷时水击压力上升和转速上升的矛盾，通常采用调压井。但考虑到修建调压井投资大，工期长，受自然条件限制等原因，一般认为在系统中不担任主调频任务，并且单机容量占系统比重较小的水电站可以采用调压阀代替调压井。

5. 脉冲式安全阀——爆破膜网调压方式

利用脉冲式安全阀——爆破膜装置代替调压井效果良好。当机组突然甩负荷导叶快速关闭时，利用升高的水压开启脉冲式安全阀，泄放一定的流量，降低引水系统的压力上升值，确保引水系统安全。另外，在同一条引水管道上，装设若干个金属膜片——爆破膜，作为后备安全措施，当压力值超过整定值而安全阀未动作时，爆破膜在水压作用下爆破，泄放一定的流量，保护引水管路的安全。

二、水轮机空蚀检测与在线监测

根据我国运行的水电站的现场调查证明，通流部件，特别是转轮的空蚀，是当前水轮机运行中最为突出的问题。当然，从水轮机的整个发展历史看，空蚀是水轮机发展的重大障碍之一。

随着水轮机比转速日益增大，转轮区域的流速有所增加，这对于空化空蚀来说，总是不利的。

水轮机空化现象的常用检测方法有：能量法、高速摄影法、闪频观察法和检测空化噪声等方法。制造厂多数采用能量法在模型机上检测空化现象，该方法通过改变空化系数，测量相应的效率、流量和力矩。但该法不能直接确切反映水轮机转轮空化情况。当水轮机流道中产生气泡时，水轮机效率并非立刻下降，具体下降时刻还与流道和工况有关，当效率降低时，空化程度已很严重，而并非空化初生点。

空蚀监测的方法之一是把由空化产生的声音信号作为空蚀的特征信号之一。通过安装在尾水管上的声压传感器，在线采集并监控空化流通过尾水管时产生的噪声信号的声压值，并将其与基准声压进行比较。一旦比较值高于警戒值，系统即发出报警信号并提醒维护人员进行维护。另外，监测系统还同时对压力脉动信号和水轮机效率进行监测，用三者的综合监测结果来判定是否报警。但是，系统监测的信号只是空蚀引起的多种变化中的一部分。也就是说，空蚀发生时这些特征信号会出现明显变化，但这些量发生明显变化时并不一定出现了严重的空蚀。因此他们的监测系统还不能绝对准确的反映水轮机的空蚀状况。

国外 Korto 公司的研究部门认为，评估运行中水轮机空化强度和洞察其状况的唯一方法是测量空化产生的振动声场，声波从水体传至水轮机无水侧，传递了空化水流及由其引起磨蚀的信息。现场测试经验表明，由结构产生的声音和水轮机部件的高频振动，提供了一种空化"指纹"。

用振动声描述空化最简单的方法是在水轮机的适当位置安放振动声响传感器，以测量在适当频带内的噪声强度，计算反映水轮机空化脉冲性能的噪声脉冲频率，或者比较在各种功率设定值下所收集的噪声频谱。首先，选用这些量的平均值作为空化强度估计量，虽然这种方法在广泛使用，但不是最好的。比如在一台 60MW 转桨式水轮机转轮周围安装12 个传感器记录峰值曲线。如仅用一个传感器，可能会得出完全错误的空化描述。在不同的位置可得到水轮机部件空化强度分布形态和估算的振幅。

Korto 公司的研究部门在一系列原型试验和研究基础上开发出的多维水轮机空化评估方法，已在混流式、转桨式和灯泡式水轮机上得到实际运用。该多维方法是一种独特的采集、处理和描述振动声响数据的方法，这些数据可用传感器位置、噪声频率、转轮瞬时角度位置和水轮机负荷大小的函数来表示。该诊断和监测技术很灵敏，可以在空蚀初期探测到破坏，为可靠诊断和优化检修提供了大量数据。

三、厂内经济运行

水电站厂内经济运行（也称为优化运行）是指在安全、可靠、优质地生产电能的基础上，合理地组织、调度电厂的发电设备，以获得最大的经济效益。

水电站电能生产常用的优化准则有：给定电厂负荷，要求电厂耗水量最小；电厂的可耗水量（或来水）一定时，发电量达到最大。上述准则中，前者适用于蓄水式水电站，而后者则适用于径流式水电站。

1. 基于动态规划法的机组间最优负荷分配

动态规划方法是 R. 贝尔曼于 20 世纪 50 年代为研究多阶段决策过程提出的，其中心思想是最优化原理，该原理概括如下："多阶段决策过程的最优策略具有这种性质，即不论其初始阶段、初始状态与初始决策如何，以第一个决策所形成的阶段与状态作为初始条件来考虑，余下的决策对余下的问题而言必须构成最优策略"。原理归结为用一个基本的递推关系式来使过程连续地转移。求这类问题的解，要按倒过来的顺序进行，即从最终状态开始到起始状态为止。

水电站总负荷在机组间的最优分配问题，实质上是一个与时间无关的空间最优化问题，为采用动态规划方法求出厂内机组间负荷的最优分配方案，需人为地给该问题赋予时间特性，虽然机组间负荷的分配，是在同一个时间做出的，但这样假设并不影响问题的最终结果。为此，将水电站中可供选用的机组编上固定的顺序号码，把每台机组作为一个阶段。若各阶段的决策（即机组出力）是最优的，则由这些决策构成的策略称为最优策略（即最优运行方式）。这样，水电站厂内最优运行方式问题就变成了一个多阶段决策过程的最优化问题，可用动态规划方法来求解。

动态规划法能同时解决那些机组承担负荷和负荷怎样分配问题，但该方法计算工作量较大，用于实时控制存在困难，需事先计算出各种结果，储存在计算机中，备实时控制时选择调用。

动态规划法对机组流量特性没有特别要求，甚至当机组在某个出力区（范围）有水力振动，要求负荷分配时避免该机组在振动出力区运行时也能应用（这只需在机组工作条件中加以约束，即不包括振动出力区）。因此，当实际运行中需确定参与运行的机组台数、台号和机组出力有特殊要求时，只能采用动态规划法。

根据动态规划法对电厂一日内逐小时的负荷进行机组间负荷分配后，即可得出水电站的日发电计划和开停机计划。有时得出的水电站发电计划可能出现开停机过于频繁的情况，这对水电站运行是不利的，有时甚至是不允许的，因开停机过程有附加的耗水损失。如就开机而言，从下达开机命令到机组空载等待并网期间，机组耗水但不发电。并网后，机组增加负荷到预定的负荷期间，还要经过低效率区，也要多耗水。此外，开、停机过程中还有其他辅助设备的启动、关停和开关合、跳等操作，会引起设备的耗损。考虑这些因素，调整、修改或重新确定开、停机计划后，仍可用动态规划法来分配机组负荷。

2. 厂内经济运行的自动实施

水电站的日负荷确定之后，在厂内机组间进行负荷分配时，将与动力设备的特性及其运行工况直接相关。这需要很高的实时性，以及对不断变动的电网和电站机组运行工况参数与信号的监测、数据采集与处理、电能质量控制及调整等的有效监控。

计算机实时控制系统是实施厂内经济运行的重要技术手段。它是以电子计算机为中心的，对水电站生产过程进行运行监控和管理的系统，是水电站综合自动化系统的重要组成部分之一。其针对水电站厂内经济运行的功能有：

（1）电站日负荷给定。根据电力系统的调度计划或水库来水、水位情况确定水电站日负荷曲线（计划），并在实际运行中进行全厂出力的实时自动给定。

（2）机组间负荷的最优分配。根据给定的全厂负荷，按最优化准则确定工作机组的台数、机组台号及机组负荷。

（3）机组启停最优化计算。根据电站的日负荷计划或将面临时段的日负荷预测资料，按机组启停最优化准则计算确定新的工作机组组合。

（4）改变机组工况的最优控制规律计算。当确定要改变机组工况时（如增、减负荷，停机，启动等），寻求改变工况的最优控制规律。

（5）请求改变电厂运行方式。当电站总负荷变化后，经过以上计算，若需要改变电厂工作机组的组合和机组运行工况时，则经输出设备进行显示，以指导运行人员进行手动操作或由控制系统自动改变机组运行状态。

（6）负荷偏差的检验和调节。全厂的总功率应等于电力系统的给定值，但有时可能会产生偏差，控制系统应定时或不定时地总和各机组实际发出的功率，然后与给定值比较求得偏差值，并根据这个偏差值进行调节控制。

（7）随机负荷的最优分配和实时调节。

（8）机组段动力特性的实测及实测资料的分析、处理，并存入数据库。有条件时，实时控制系统应能定期地通过测量仪器，实测机组段动力特性，或利用机组运行中的各工况参数进行统计分析，以求得各机组段的实际动力特性，并存入数据库，供确定最优运行方式时使用。

（9）显示、记录。通过屏幕、打印机等输出设备，对计划的最优运行方式、厂内实际运行方式和操作调节指令等进行显示、记录。

第三节　水轮机检修新技术

一、状态检修

状态检修（CBM，Condition Based Maintenance）（也称为预知性维修，PDM－Predictive Diagnostic Maintenance）由美国杜邦公司 I. D. Quinn 在 1970 年首先倡议的，它是根据状态监测和诊断系统提供的设备状态信息，评估设备的状况，在故障发生前进行检修的方式。

设备状态检修是一种先进的检修管理方式，能有效地克服定期检修造成设备过修或欠修的问题；提高设备经济运行及安全运行水平；提高设备可靠性和可用率，增加发电量，提高企业经济效益。状态检修是电力系统检修体制的发展趋势，将逐步取代计划检修体制。

状态检修包含三层内容：

（1）状态监测是状态检修的基础和前提之一，通过状态监测，在不影响设备运行的前提下提取各种状态参数信息。

（2）故障诊断是状态检修的核心，根据状态监测数据诊断（评估）设备状况，识别故障类型和程度。

（3）维修策略的制定是状态检修的目标。

状态检修的技术基础：

（1）设备的历史运行、检修及试验数据。

（2）有效的（准确可靠的）监测数据，即需要有一系列能反映设备状态的参数（包括离线测量的，历史的，在线实时监测的）。

（3）对上述数据的分析、判断及有关依据，即需要有一系列的规定的阀值或明确的判据，以便确定设备是否需要检修。

（4）对设备的故障诊断及其寿命评估。

状态检修专家决策系统由三个系统组成：

（1）设备状态数据获取系统，即在线监测系统及离线数据系统。

（2）数据分析、处理和判断系统，即设备故障诊断系统。

（3）公司（电站）管理层决策系统。

随着计算机技术、传感技术、信号检测及信号处理技术以及专家系统的发展和应用，特别是水电厂已经投运的计算机监控系统，为设备状态监测及故障诊断提供了必要的技术基础和物质保证。水电设备在设计、安装、运行、管理、维修等方面长期积累的经验和不断完善的设备管理制度以及丰富的运行、检修资料，为设备故障诊断专家系统提供了较为明确的分析、判断、决策依据。这些都为开展状态检修工作打下了良好的基础。

二、转轮修复

1. 喷焊修补

对面积较大但深度较浅的损坏，可用合金粉末进行喷焊，其过程是将很细的金属粉末，利用气焊的火焰将其熔化并喷在转轮表面。

将各种金属制成细粉末，再按不锈钢的成分即可配成合金粉末。

喷焊工艺过程：

（1）转轮预热。

（2）用乙炔焰喷焊合金粉末。

（3）打磨表面。

2. 环氧砂浆涂补

以环氧树脂为主制成的非金属材料具有较好的抗空蚀、抗磨损性能，可涂补在转轮已损坏的区域，是中、小型水轮机常用的一种转轮修补方法。

该方法简单、方便，修补时间短，耗资少。但容易成块地脱落，原因是涂补材料与转轮表面黏合不够。

环氧砂浆由环氧树脂、增塑剂、稀释剂、固化剂及适当的填料均匀混合而成。

涂补工艺过程：

（1）清洗表面。用无水酒精或丙酮清洗需涂补的转轮表面，以提高环氧树脂与表面的结合力。

（2）调制涂料。用电炉煮水，在水锅内放一个足够大的玻璃烧杯，将水温控制在700～800℃，依次将环氧树脂、增塑剂、稀释剂、填料和固化剂加入烧杯，并充分搅拌均匀。

（3）涂补。逐层涂抹涂料，涂抹应均匀，一层一层的加厚。有的水电站在涂层与涂层之间夹电工丝带，并使丝带与涂料充分黏合，起到加固作用，这样做可减少涂料的脱落。注意，调好的涂料应立即使用，且涂料一次不能配得太多，应在30min内用完；对表层的涂补应注意叶片的形状和尺寸，因涂料固化后很难打磨修型，叶片形状只能在涂补过程中照样板成型。

（4）固化。涂料会逐渐固化，需24h或更长的时间。

对于涂补量较大的转轮，如果事先将转轮预热到800℃左右，涂补以后再缓慢冷却转轮，同时涂料也缓慢固化，往往可取得更佳的效果。

因丙酮及环氧砂浆的某些成分是带刺激性的或者是有毒的，因此涂补过程中应注意安全。

三、主轴修复

主轴与密封结构相接触的轴颈常年与水、泥沙接触，磨损快而严重，采用包焊不锈钢板的修复方式费工、费时且成本较高。为此可喷镀技术，即在轴颈处镀上一层金属，然后再加工。

喷镀工艺过程：

（1）车削。将主轴夹在车床上，车圆已磨损的轴颈，露出基本金属；

（2）拉毛。如图12-8所示，将电压6～8V、电流200～400A的单相变压器的一端接在车床卡盘上；另一端接在电焊焊把上。电焊把夹一块厚2mm、宽20～30mm的镍条作为电极。在主轴缓慢旋转的同时，使镍条不断地与轴颈接触，镍条就会产生电弧而熔化，在轴颈表面钻结一些细小的镍点。连续操作，直到轴颈表面布满镍点，看不到原有金属为止。镍点使主轴表面凹凸不平，是下一步喷镀的基础，也是喷镀的金属层能否与轴颈结合牢固的关键。

（3）喷镀。如图12-9所示，两根直径1.6mm的50号金属丝在喷镀枪电弧区内接触而熔化，0.7MPa压缩空气的气流将熔化的金属吹成极细小的、雾状的金属颗粒，喷至已拉毛的轴颈表面。旋转主轴及移动喷镀枪，就可在整个轴颈表面均匀、一层一层地镀上金属，直到厚度达到要求，经冷却后再加工成形。

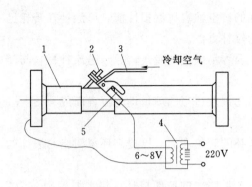

图 12-8 轴颈的拉毛

1—主轴；2—镍条；3—钢管；

4—单相变压器；5—电焊把

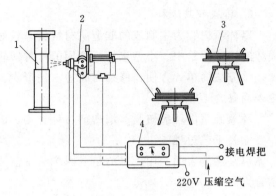

图 12-9 轴颈的喷镀

1—主轴轴颈；2—喷镀枪；

3—盘丝架；4—控制箱

为防止因金属氧化而影响喷镀质量，车削、拉毛和喷镀应一次完成，三道工序间的间隔不超过 30min。

四、水轮机增容改造

1. 水电技术改造回顾

20 世纪 80 年代，国家作为对电力工业的特殊扶植，将电力部门上缴的 30％折旧基金返还给电力主管部门，重点安排技改项目，使水电技术改造和技术进步获得了新的活力。通过技术改造，消除了一些水电站大坝及机电设备方面的重大缺陷和隐患，改善了技术装备的运行条件和技术水平，取得了明显的技术经济效益。

水电技术改造和技术进步的重要成就及经验有：

（1）改造了一批老机组，增加了出力，提高了运行可靠性。水电技术改造围绕机组的增容改造进行，重点是更换气蚀、磨损严重、效率低的水轮机转轮或叶片，更换发电机定子绕组，改进通风系统或更换主变压器等，提高机组出力或效率，取得了显著的经济效益。

刘家峡 2 号机通过更换发电机线棒，更新水轮机转轮和叶片，机组最大出力由225MW 增大到 255MW，增加出力 30MW；拓溪、黄龙滩通过改造单机增加出力 13～15MW；古田、乌江渡、天生桥等 7 座水电站 13 台机组，在更换水轮机或定子绕组或推力瓦后，也提高了设备运行可靠性，取得了安全稳定的效益。机组的增容改造是一项投资少，见效快，一举多得的工作。

通过全国水电 40MW 及以上机组的平均无故障可用小时（MTBF）指标统计：轴流式 1990 年为 5404h/台年，1996 年上升至 7720h/台年，混流式由 1990 年的 3239h/台年提高至 1996 年的 8449h/台年，机组平均无故障可用小时都有成倍提高。

（2）积极采用实用、成熟可靠的技术改造老机组取得实效。引进前苏联制弹性金属塑料推力瓦，先后在龙羊峡、葛洲坝、丹江口、白山等一大批大型水电机组上应用，减少了由于推力瓦温升过高而烧瓦停机事故，减少了运行检修工作量，提高了机组运行可靠性和经济性。

许多水电站的水冷却器采用了新型排沙型节能冷却器，以适应多泥沙河流上的应用，效果较好。

调速和励磁系统也取得了较大的突破：由模拟式改为微机调速和励磁调节器，解决了开停机和负荷调节不稳定、不灵活的问题，运行可靠性有了很大提高。

葛洲坝水电厂以独特的步进电机自行改造了 7 台 125MW 机组调速器，在简化系统结构，避免油质的影响方面取得了成功，运行情况良好。自行研制、开发计算机监控系统、微机调速机、微机励磁装置和系统以及微机继电保护，装备了新建的水电厂，并为老电厂改造提供可靠的设备和装置，对提高中国水电自动化起了极大的作用。

采用了电气制动装置，解决了调峰机组由于启停次数多从而造成制动环开裂事故的问题。

（3）水电综合自动化改造取得了长足进展。基础自动化方面有了新的突破，AGC、AVC 已经在水电站广泛采用，自动化元件的开发研制有了新的突破，为实现基础自动化打下了良好的基础。

梯级电站集中控制方面取得成效，为实现梯级水电站必须实现统一调度，集中管理创造条件。

水电厂无人值班（少人值守）的工作有了新进展，广蓄、长甸、葛洲坝水电厂、湖南沙田水电站等实现了无人值班（少人值守）。

（4）利用现有水工设施，扩机增容取得良好效果。丰满电厂利用原有预留管道安装 2 台 85MW 机组，盐锅峡 1 台 44MW 机组，湖南镇扩建了 1 台 100MW 机组，黄坛口扩建了 2 台 26MW 机组等，提高了电站发电容量，增大了电网的调峰能力。

2. 水电站机电设备改造的重点和目标

水电站机电设备改造要更多地采用先进、成熟和适用的新技术、新设备、新材料，提高设备的技术水平，要进一步挖掘电站设备潜力，提高全厂自动化水平，大力推行"减人增效"进而提高水电站的效率和经济效益，使水电站技术装备水平提高到一个新的水平。

要求 40MW 以上机组平均等效可用系数普遍达到 90％以上，继续改造老机组，从速处理严重威胁正常生产的基建遗留下来的或运行中出现的重大缺陷和质量问题。根据条件和客观需要继续推动水电站扩机增容、提高水电的综合利用效益和电网调峰能力。

水电站机电设备技术改造重点：

（1）改造老设备，提高设备可靠性和经济性。主机的改造仍是水电站机电设备技术改造的重点。老机组由于当时技术条件的限制，尽管投运后进行过多次技术改造，但设备的性能和效率还较低，出力受阻，必须加强对它们的改造力度。

多泥沙河流上的机组运行条件恶劣，设备磨损、空蚀十分严重，通过重点攻关和改造，取得了不少成绩，但还没有从根本上改变状况，改造后的机组抗磨损破坏没有达到预期的效果。对这些机组的改造更新，提高设备的等效可用系数和安全性，仍是改造中的重中之重。

在改造工作中，要求选用先进技术和设备，在确保机组的安全、可靠、稳定运行的前提下，延长检修间隔，缩短检修时间，并设法缩小和避免振动区，提高机组效率、增加电网的调峰能力。

（2）提高水电站自动化水平，加快实施计算机监控，推进水电厂"无人值班"（少人值守），提高水电的经济性。

继续完善和改造水轮机调速器和励磁系统及基础自动化装置及元件、自动化装置改造后，要求达到无故障间隔时间 16000h 以上，自动化元件应能使机组开、停机成功率达到 99.5% 以上。

应用计算机实现机组间经济负荷分配，开展经济运行，对大型水电厂、梯级水电站及大型径流式水电厂，进行水轮机流量及效率实测，使其按最优效率进行组合，以达到全厂或整个梯级实现按最经济的出力运行、提高全厂或全梯级的经济运行。

应用计算机对大型水电厂有重点地实现适时监控，梯级水电站实现自动控制和经济负荷分配，其效益是提高安全经济运行水平，实现全过程动态经济安全监控，缩短事故处理时间，减少运行人员，对已经投产和正在建设的大型电站将要求全部采用计算机监控系统。

（3）大力提倡扩机增容，提高水能利用率增加水电调峰能力。中国水电建设初期，水电站装机规模由于电网的限制，一般偏小，尚有较大潜力可挖。要通过综合技术改造，扩装机组或结合改造增容，以进一步缓解电力系统调峰能力的不足。

在水电比重较小的东北、华北、华东地区，选择条件良好的水电厂增装或改造成抽水蓄能机组或大型水泵，有效地解决电网调峰填谷问题，改善电网的电能质量，提高电网整体效益。

第四节　水轮机设计新技术

一、概述

叶片式流体机械内部流体运动是十分复杂的三维流动，过去的数值计算通常将其简化为二维，甚至一维流动求解。对轴流式转轮，假定流体在半径 r 方向的分速度为零，流体在转轮中沿圆柱面流动，各圆柱层之间没有流体穿过，将这些圆柱层展开，使其转化为平面叶栅绕流问题，再用经典理论流体方程求解。对混流式叶轮，由于流面之间的液体厚度不同，于是假定叶片无穷多（即流动是轴对称），将三维流动简化为二维，并把流体假设为无粘性进行求解。

近年来，计算流体力学 CFD（Computational Fluid Dynamics）得到了迅速的发展，大多处于湍流状态的水力机械内流特性可用连续性方程和 Navier - Stokes 方程来描述，建立全流道三维湍流计算的数学模型，通过连续方程和 Navier - Stokes 方程的联立求解，可得计算域内各处的流动速度和压力信息。这种方法消除了传统设计理论中的许多假设，更加接近工程实际情况，因此越来越多地应用在水力机械性能预测及优化设计上，并取得了不少的成果。对于水轮机及其过水流道的设计开发，亦可首先采用 CFD 技术进行数值模拟，对水轮机过流部件进行内外特性的流动分析并提供叶轮的综合特性曲线预测，在众多方案中遴选出较优方案，然后再进行模型试验的研究，这样就能为最终决策提供更加准确、科学的依据。同时，对 CFD 技术成果与模型试验结果进行相互印证和比较，可以大大提高水力机械研发能力，也使设计水平跨入一个新的层次。

二、基本方程

各种各样的流体流动过程，受自然界中最基本的 3 个物理规律的支配，即质量守恒、动量守恒及能量守恒。在通常的水轮机流场数值模拟中，基本控制方程主要有以下几种。

1. 连续性方程

矢量表示为

$$\frac{\partial \rho}{\partial t} + \nabla \cdot (\rho u) = 0 \tag{12-1}$$

对于不可压缩流体，其流体密度为常数，连续性方程简化为

$$\nabla \cdot u = 0 \tag{12-2}$$

2. 动量守恒方程

$$\frac{\partial u}{\partial t} + (u \cdot \nabla) u = f - \frac{1}{\rho} \nabla p + \nu \nabla^2 u \tag{12-3}$$

式（12-3）是三维非恒定 Navier-Stokes 方程，无论对层流或湍流都是适用的。但是对于湍流，如果直接求解三维非恒定的控制方程，需要采用对计算机的内存与速度要求很高的直接模拟方法，目前还无法应用于较为复杂的工程计算。工程中广为采用的是对非恒定 Navier-Stokes 方程做时间平均的方程，亦称为雷诺方程，即

$$\frac{\partial \overline{u_i}}{\partial t} + \overline{u_j} \frac{\partial \overline{u_i}}{\partial x_j} = \overline{f} - \frac{1}{\rho} \frac{\partial \overline{p}}{\partial x_i} + \frac{\partial}{\partial x_j} \left(v \frac{\partial \overline{u_i}}{\partial x_j} - \overline{u_i' u_j'} \right) \tag{12-4}$$

由于连续性方程与雷诺方程构成的方程组不封闭，目前通过引入湍流模型加以解决。

3. 能量方程

以温度 T 为变量的能量守恒方程为

$$\frac{\partial (\rho T)}{\partial t} + \mathrm{div}(\rho u T) = \mathrm{div}\left(\frac{k}{c_p} \mathrm{grad} T \right) + S_T \tag{12-5}$$

对于水轮机流场的数值模拟，一般认为流体不可压缩，热交换量很小以至于可以忽略，在这种情况下不考虑能量守恒方程。

三、湍流模型

根据采用的微分输运方程个数，湍流模型可分为零方程模型、单方程模型、双方程模型、雷诺应力模型和代数应力模型等。

在各种湍流模型中，双方程模型复杂性适度，同时普遍性尚可，已在相当广的应用范围内得到检验，证明有效。而在各类双方程模型中，$k-\varepsilon$ 模型由于在各类湍流尺度方程中，ε 方程最为简单，得到最广泛的应用。尽管该模型在模拟浮力流和旋转流等各向异性湍流方面还存在问题，但目前已可以通过修正（如壁面函数法、低雷诺数模拟法及带旋流修正）来改善对各向异性湍流的预报。因此，$k-\varepsilon$ 模型在流体机械内部湍流流动的数值模拟上得到了广泛的应用。以下对标准 $k-\varepsilon$ 模型，做一详细介绍。

标准 $k-\varepsilon$ 模型是个半经验公式，主要是基于湍流动能和扩散率。k 方程是个精确方

程，ε 方程是个由经验公式导出的方程，$k-\varepsilon$ 模型假定流场完全是湍流，分子之间的黏性可以忽略，标准 $k-\varepsilon$ 模型因而只对完全是湍流的流场有效。

当流动为不可压，且不考虑用户自定义的源项时，标准的 $k-\varepsilon$ 模型的方程为

湍流动能方程

$$\frac{\partial}{\partial t}(\rho k)+\frac{\partial}{\partial x_j}(\rho u_j k)=\frac{\partial}{\partial x_j}\left[\left(\mu+\frac{\mu_t}{\sigma_k}\right)\frac{\partial k}{\partial x_j}\right]+G_k-\rho\varepsilon \qquad (12-6)$$

湍动能耗散率方程

$$\frac{\partial}{\partial t}(\rho\varepsilon)+\frac{\partial}{\partial x_i}(\rho u_i\varepsilon)=\frac{\partial}{\partial x_j}\left[\left(\mu+\frac{\mu_e}{\sigma_\varepsilon}\right)\frac{\partial\varepsilon}{\partial x_j}\right]+\frac{C_{1\varepsilon}\varepsilon}{k}G_k-C_{2\varepsilon}\rho\frac{\varepsilon^2}{k} \qquad (12-7)$$

式中，湍动黏度 $\mu_T=C_\mu\rho(k^2/\varepsilon)$；应力生成项 $G_k=\mu_T\left(\frac{\partial u_i}{\partial x_j}+\frac{\partial u_j}{\partial x_i}\right)\frac{\partial u_i}{\partial x_j}$；$\sigma_k$、$\sigma_\varepsilon$ 为 k 方程和 ε 方程的湍流 Prandtl 数，计算中常用取 $\sigma_k=1.0$ 及 $\sigma_\varepsilon=1.33$；其他常数，根据计算经验可取为 $C_\mu=0.09$，$C_{\varepsilon 1}=1.44$，$C_{\varepsilon 2}=1.92$，$C_{\varepsilon 3}=1.44\sim 192$。

四、离散方法及压力—速度耦合

由于计算机所能表示的数字和数位均是有限的，而且只能进行离散量的运算，所以用数值方法求解各种各样的流体力学问题，必须首先变为离散的有限数值模型，才能在计算机上求解。将流体力学的连续流动用多个质点、离散涡或有限波系的运动来近似，在数学上就表示为有限差分法、有限元法、有限分析法以及有限容积法等形式。在上述的数值离散方法中，就实施的简易，发展的成熟及应用的广泛等方面综合评价，有限容积法无疑居优。后面就是采用有限容积法将控制方程转换为可以用数值方法解出的代数方程，该方法在每一个控制体内积分控制方程，从而产生基于控制体的每一个变量都守恒的离散方程。

在数值求解过程中，动量方程和连续性方程式是按顺序解出的，在这个顺序格式中，连续性方程是作为压力的方程使用的，但是对于不可压缩流动，由于压力本身没有自己的控制方程，它是通过源项的形式出现在动量方程中，压力与速度的关系隐含在连续性方程中。求解动量方程时，一般先假定初始压力场（或上一次迭代计算所得到的结果），再由离散形式的动量方程求得速度场。压力场是假定的或不精确的，由此得到的速度场一般不满足连续方程，必须对初始压力场进行修正。由 Patankar 和 Spalding 于 1972 年提出的 SIMPLE（Semi-Implicit Method for Pressure—Linked Equations）算法成功地解决了这个问题，它修正的方法是把动量方程的离散形式所规定的压力与速度的关系代入连续方程的离散形式，从而得到压力修正方程，由压力修正方程得出压力修正值，根据修正后的压力场，求得新的速度场，然后检查速度场是否收敛，若不收敛，用修正后的压力值作为给定的压力场，开始下一层次的计算。如此反复，直到获得收敛的解。SIMPLE 算法使用压力和速度之间的相互校正关系来强制质量守恒并获取压力场。

以二维为例，SIMPLE 算法计算步骤如下：

（1）假定一个速度分布，记为 u°，v°，以此计算动量离散方程中的系数及常数项。

（2）假定一个压力场 p^*。

（3）依次求解两个动量方程，得 u^*，v^*。

（4）求解压力修正值方程，得 p'。

（5）根据 p' 改进速度值。

（6）利用改进后的速度场求解那些通过源项物性等与速度场耦合的 ϕ 变量，如果 ϕ 并不影响流场，则应在速度场收敛后再求解。

（7）利用改进后的速度场重新计算动量离散方程的系数，并用改进后的压力场作为下一层次计算的初值，重复上述步骤，直至获得收敛的解。

五、靠近固体壁面区的处理方法

在大多数情况下，水流充满整个水轮机流道，形成被固体边壁所包围及引导的内流运动。而大量的试验表明，对于存在固体壁面的充分发展的湍流流动，沿壁面法线的不同距离上可将流动划分为壁面区（或称内区、近壁区）和核心区（或称外区）。对核心区的流动，通常认为是完全湍流区。而在壁面区，流体运动受壁面流动条件的影响比较明显，壁面区又可分为 3 个子层：黏性底层、过渡层和对数律层。

粘性底层是一个紧贴固体壁面的极薄层，其中黏性力在动量、热量及质量交换中起主导作用，湍流切应力可以忽略，所以流动几乎是层流流动，平行于壁面的速度分量沿壁面法线方向为线性分布。过渡层处于黏性底层的外面，其中黏性力与湍流切应力的作用相当，流动状况比较复杂，很难用一个公式或定律来描述。由于过渡层极小，所以在工程计算中通常不明显划出，归入对数律层。对数律层处于最外层，其中黏性力的影响不明显，湍流切应力占主要地位，流动处于充分发展的湍流状态，流速分布接近对数律。

由于标准 $k-\varepsilon$ 模型是高雷诺数模型，针对充分发展的湍流才有效的，而对近壁区内的流动，雷诺数较低，湍流发展并不充分，湍流的脉动影响不如分子黏性的影响大，这样在这个区域内就不能使用标准 $k-\varepsilon$ 模型计算，必须采用特殊的处理方式。壁面函数法（wall functions）就是一种常用的处理方法，它是基于壁面湍流具有边界层特性的事实，从分析和实验中提出来的一组半经验的公式，其基本思想是：对于湍流核心区的流动使用 $k-\varepsilon$ 模型求解，而在壁面区不进行求解，直接使用半经验公式将壁面上的物理量与湍流核心区内的求解变量联系起来。这样，不需要对壁面区内的流动进行求解，就可直接得到与壁面相邻控制体积的节点变量值。

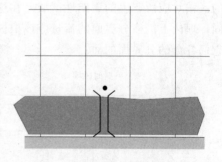

图 12-10　壁面函数法网格示意图

划分网格时，不需要在壁面区加密，只需要把第一个内节点布置在对数律成立的区域内，即配置到湍流充分发展的区域，如图 12-10 所示。图中阴影部分是壁面函数公式有效的区域，在阴影以外的网格区域则是使用高 Re 数模型进行求解的区域。壁面函数公式就好像一个桥梁，将壁面值同相邻控制体积的节点变量值联系起来。壁面函数法针对各输运方程，分别给出联系壁面值与内节点值的公式。

六、动静区域问题的处理

由于转子或者叶轮周期性的掠过求解域，相对惯性参考系来讲，流动是不稳定的。不过在不考虑静止部件的情况下，取与旋转部件一起运动的一个计算域，相对这个旋转参考系（非惯性系）来讲，流动就是稳定的了，这样就简化了问题的分析。

在水轮机全流道的数值模拟中，不仅要考虑旋转部件，同时还要考虑静止部件，就不能用上述办法将问题简化。有关文献提供了以下三种解决的办法：①多参考系模型；②混合平面模型；③滑动网格模型。

多重参考系模型是三者中概念最为简明，即对静止部件，采用常见的静止参考坐标系统；而对旋转或移动部件，则建立旋转或移动参考坐标系。对于水轮机来说，对于转轮体区域，采用旋转参考坐标系统，而对于其他过流部件区域内的流动则是采用静止参考坐标系统。

混合平面法中，每个流域都看成是稳态的，在指定的迭代间隔里，混合平面界面的流动数据是定子出口和转子入口边界数据周向平均值。采用面积—质量平均，通过做径向和轴向位置的周向平均，描述流体特性的信息就被定义了，用这些信息（径向坐标的函数，或者是轴向坐标的函数）来更新混合平面界面的边界条件。

滑动网格技术用到两个或更多的单元区域，如果在每个区域独立划分网格，则必须在开始计算前合并网格，每个单元区域至少有一个边界的分界面，该分界面区域和另一单元区域相邻，相邻的单元区域的分界面互相联系形成"网格分界面"。网格分界面应该定位在转轮和导叶之间的流体区域，而不宜在转轮或导叶边缘的任何部分。在计算过程中，单元区域在离散步骤中沿着网格分界面相互之间滑动（旋转或平移）。

为了计算界面流动，在每一新的时间步长确定分界面区域的交界处，作为结果的交界面产生了内部区域（在两边都有流体单元的区域）和一个或多个周期区域。如果不是周期性的问题，那么交界面产生一个内部区域和两个壁面区域（假如两个分界面区域完全交界则没有壁面区域），如图 12-11 所示。重叠的分界面区域对应所产生的内部区域；不重叠的区域对应所产生的周期性区域。在这些交界面区域的面的数目随着分界面相对移动而不同，理论上网格分界面的流量应该根据两分界面的重叠处所产生的面来计算，而不是根据它们各自的分界面的面。

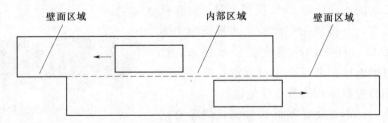

图 12-11 非周期性分界面区域示意图

在图 12-12 的例子里，分界面区域由 A—B 面和 B—C 面以及 D—E 面和 E—F 面组成，交叉处产生 a—d 面、d—b 面和 b—e 面等。在两个单元区域重叠处产生 d—b 面、b—e 面和 e—c 面而组成内部区域，剩余的 a—d 和 c—f 面成对形成周期性区域。例如，计算分界面流入Ⅳ单元的流量时，用 d—b 面和 b—e 面代替 D—E 面，并从Ⅰ单元和Ⅲ单元各自传递信息到Ⅳ单元。

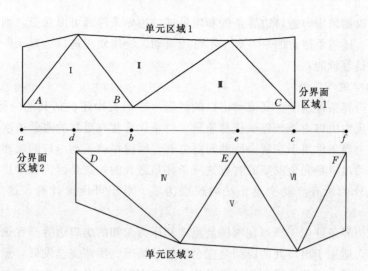

图 12-12 二维分界面网格示意图

多参考系模型和混合平面模型均假设流动是稳定的，转子与定子或叶轮与轮盖的作用效果是近似的平均。这两种模型可用于转轮和导叶之间的只有微弱的相互作用，或只需要求系统的近似解的场合。相反，滑动网格假定流动是不稳定的，因此可以真实的模拟转轮和导叶之间的动静耦合作用。但是值得注意的是，滑动网格模型使用非稳态的数值求解，计算上的要求就比前两种模型要苛刻的多。

七、边界条件定义

所谓边界条件，是指在求解域的边界上所求解的变量或其一阶导数随地点及时间的变化规律，只有给定了合理的边界条件的问题，才可能计算出流场的解。对于以不可压缩流体为介质的水轮机来说，边界条件的类型有：流动（速度、压力）进口边界、流动（速度、压力）出口边界、壁面边界和周期性边界等。

1. 流动进口边界条件

速度进口边界条件用于定义流动速度以及流动进口的流动属性相关标量。这一边界条件适用于不可压流，如果用于可压流它会导致非物理结果，这是因为它允许驻点条件浮动。务必小心不要让速度进口靠近固体障碍物，因为这会导致流动进口驻点参数具有很强的非一致性。

压力进口边界条件用来定义流动进口边界的总压和其他标量。流动进入压力进口边界时，在不可压流动中，进口总压，静压和速度之间关系为：$p_0 = p_s + \dfrac{1}{2}\rho v^2$。通过在出口分配的速度大小和流动方向可以计算出速度的各个分量。

质量进口边界条件用来规定进口的质量流量，设置进口边界上的质量总流量后，允许总压随着内部求解进程而变化。该边界条件与压力进口边界条件正好相反，在压力进口边界条件中，质量流量变化，总压固定。

以上进口边界条件均可使用的时候，则要根据定义的方便情况及对收敛快慢的预测经验，来选择合适的进口边界条件。比如，一些计算经验表明进口总压的调整可能会降低解

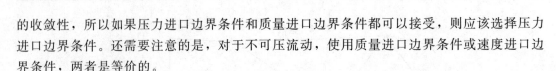

的收敛性，所以如果压力进口边界条件和质量进口边界条件都可以接受，则应该选择压力进口边界条件。还需要注意的是，对于不可压流动，使用质量进口边界条件或速度进口边界条件，两者是等价的。

2. 流动出口边界条件

压力出口边界条件用于定义流动出口的静压（在回流中还包括其他的标量），当出现回流时，使用压力出口边界条件来代替质量出口条件常常有更好的收敛速度。

质量出口边界条件用于在解决流动问题之前，所模拟的流动出口的流速和压力还未知的情况，当流动出口是完全发展的时候这一条件是适合的，这是因为质量出口边界条件假定出了压力之外的所有流动变量正法向梯度为零。对于可压流计算，这一条件是不适合的。

自由出流边界条件用于模拟在求解前流速和压力未知的出口边界。在该边界上，无需定义任何内容，适用于出口处的流动是完全发展的情况。所谓完全发展，意味着出流面上的流动情况由区域内部外推得到，且对上流流动没有影响。自由出流边界条件不能用于可压流动，也不能与压力进口边界条件一起使用，但压力进口边界条件可与压力出口边界条件一起使用。

3. 壁面边界条件

壁面边界条件用于限制流体和固体区域。在黏性流动中，壁面处默认为无滑移边界条件，即在壁面处流体速度 v 等于壁面速度 v_{wall}，当固体壁面静止时，$v = v_{wall} = 0$。至于是否要考虑壁面粗糙度的影响，则需根据具体计算的要求而定。

4. 周期性边界条件

周期性边界条件也叫循环边界条件，常常是针对对称问题提出的，例如在轴流式水轮机或水泵中，叶轮的流动可划分为与叶片数相等数目的局部流道，在局部流道的起始边界（$k = 1$）和终止边界（$k = NK$）上，就是周期性边界，在这两个边界上的流动完全相同，则

$$\phi_1 = \phi_{NK} \tag{12-8}$$

若受计算机性能所限，对水轮机进行单流道计算时，需采用周期性边界条件。如果进行全流道计算，则不需要用到周期性边界条件。

八、网格划分

网格是 CFD 模型的几何表达形式，也是模拟与分析的载体，网格质量对 CFD 计算精度、计算效率以及收敛性有重要影响，因此，有必要对网格生成方式给以足够的关注。

1. 网格类型

网格（grid）分为结构化网格和非结构化网格（unstructured grid）两大类。结构化网格中节点排列有序，邻点间的关系明确。而非结构化网格，节点的位置无法用一个固定的法则予以有序的命名，生成过程比较复杂，但具有极好的适应性，尤其对边界形状复杂的流场计算问题特别有效。非结构化网格需要专门的程序或软件来生成。

2. 网格单元的分类

单元（cell）是构成网格的基本元素。在结构化网格中，常用的 2D 网格单元是四边

形单元，3D 网格单元是六面体单元。而在非结构网格中，常用的 2D 网格单元还有三角形单元，3D 网格单元还有四面体单元和五面体单元，其中五面体还可分为棱锥形（或称楔形）和金字塔形单元等。下面分别给出常用的 2D 和 3D 网格单元（图 12-13 和图 12-14）。

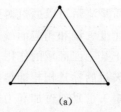
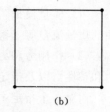

(a)   (b)

图 12-13   2D 网格单元

（a）三角形；（b）四边形

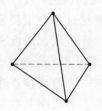
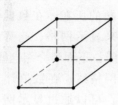
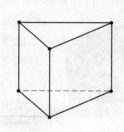
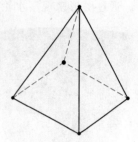

图 12-14   3D 网格单元

3. 生成网格的过程

无论是结构网格还是非结构网格，都需要按下列过程生成网格：

（1）建立几何模型。几何模型是网格和边界的载体，对于二维问题，几何模型是二维面；对于三维问题，几何模型是三维实体。

（2）划分网格。在所生成的几何模型是应用特定的网格类型，网格单元和网格密度对面或体进行划分，获得网格，该步骤是生成网格的关键环节。

（3）指定边界区域。为模型的每个区域指定名称和类型，为后续给定模型的物理属性、边界条件和初始条件做好准备。

单元的形状（包括单元的歪斜和比率）对数值解的精度有着明显的影响。单元的歪斜可以定义为该单元和具有同等体积的等边单元外形之间的差别，单元的歪斜太大会降低解的精度和稳定性，如四边形网格最好的单元就是顶角为 90°，三角形网格最好的单元就是顶角为 60°。而比率是表征单元拉伸的度量，根据计算经验，一般说来应该尽量避免比率大于 5∶1。

九、数据后处理

在完成水轮机的数值计算工作后，为了更方便地去分析、研究水轮机的内外特性，需要对结果数据进行处理及可视化，也称为数据后处理。目前一些 CFD 软件具有这个功能，也有一些专门的数据处理软件如 Tecplot 等来完成这个工作。数据后处理工作主要包括两方面内容：一是计算生成一些特征参数总量或分量的数值信息；二是绘制形象直观的各类图形。下面分别做一介绍。

1. 数值信息报告

在进行水轮机性能分析时，常用到以下参数数值信息：

（1）质量流量。边界的质量流量可以通过对边界区各个面的质量流量求和得到，各个面的质量流量等于密度乘以速度矢量和相应面的投影面积的标量积。

（2）作用力和力矩。对于某一面区域的作用力的计算是通过将该区域每一个面上的压力和粘性力以及指定方向的矢量的标量积相加得到。

而对一个指定中心的力矩矢量是通过加和力矩矢量方向上每一个面的作用力矢量来计算——例如，将每一个面上在力矩中心处的作用力加和。

2. 图形报告

通过图形来观察水轮机数值计算结果，能够迅速直观地反馈水轮机流动特性，便于分析判断问题的所在。在数据可视化过程，主要需生成图形来显示网格、趋势线、等值线、速度矢量场和迹线。下面将介绍这些图形及相关用途。

（1）网格线。在数值计算的一开始或检查求解结果时，可以通过显示网格线，来观察某些特定表面上的网格划分情况是否按预定的设想进行，如图 12-15 所示。

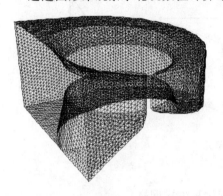

图 12-15 混凝土蜗壳壁面网格剖分图

（2）趋势线。在水轮机非定常计算过程中，可以通过趋势线来反映有关参数如流量、压力脉动等参数随时间变化规律，如图 12-16 所示。

（3）等值线。在水轮机数值模拟中，比较关注流场压力的分布情况，需要绘制压力的等值线图，如图 12-17 所示。

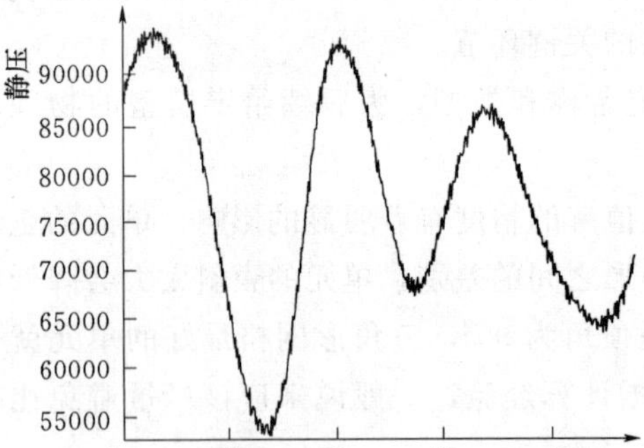

图 12-16 水轮机流场某点的压力脉动变化曲线 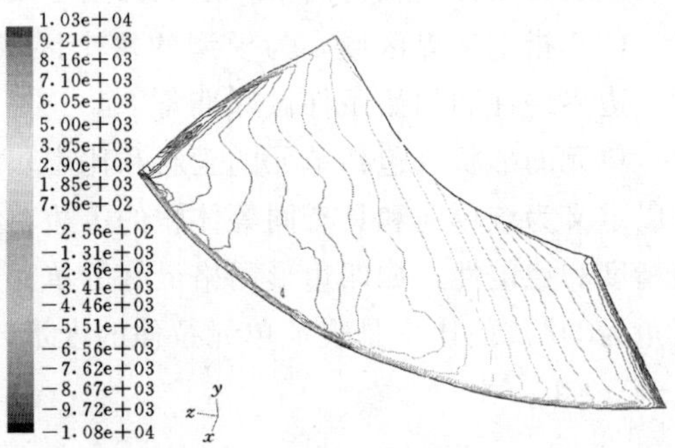　图 12-17 轴流式水轮机转轮叶片压力面等值线图

另外，也可以用连续色彩显示的等值线（如图 12-18 与图 12-19 所示），而不是仅仅使用线条来代表指定的值。

（4）速度矢量图。在求解对象或选中的表面上绘制速度向量，一般情况下速度矢量被绘制在每个单元的中心（或在每个选中表面的中心），用长度及颜色表示其数值大小，线段起始点位置及箭头方向代表其方向。速度矢量图能够很直观显示流体运动趋势，可用于对流道内部分或表面流动状态的分析判断，见图 12-20，图 12-21。

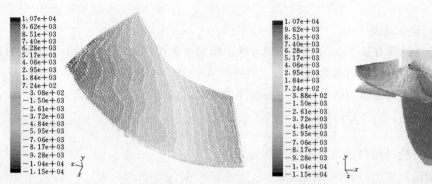

图 12-18　轴流式水轮机转轮叶片压力面等值线图　　图 12-19　轴流式水轮机转轮等值线图

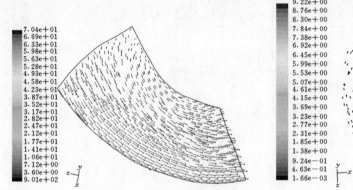

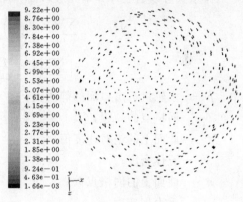

图 12-20　转轮叶片压力面相对速度矢量图　　图 12-21　尾水管直锥段水平截面流速矢量图

（5）迹线。通过绘制迹线，能够实现跟踪考虑流体质点的运动轨迹，见图 12-22。

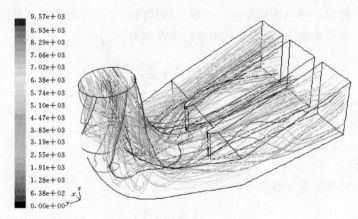

图 12-22　尾水管流动迹线图

十、水轮机性能预估

在完成水轮机数值计算之后，通过数据后处理，可以进行水轮机一些主要性能的预估。

1. 能量性能预估模型

(1) 利用环量计算有效水头的能量预测方法。模拟水轮机的流场后，计算水轮机的有效水头和工作水头，可以求出水力效率。

水轮机的有效水头可以用转轮进出口面的环量计算得

$$H_e = \left[\sum_{i=1}^{n} \left(\frac{V_u U}{\rho g} \right)_i / N \right]_{\text{inlet}} - \left[\sum_{i=1}^{n} \left(\frac{V_u U}{\rho g} \right)_i / N \right]_{\text{outlet}} \tag{12-9}$$

式中　V_u——指转轮进出口面绝对速度的周向分量；

U——指转轮进出口面的圆周速度；

n——指转轮进出口面上的网格节点数。

工作水头可以通过计算蜗壳进口面和尾水管出口面的能量差得

$$H_r = \left[\sum_{i=1}^{n} \left(Z + \frac{p}{\rho g} \right)_i / N + \sum_{i=1}^{n} \left(\frac{V^2}{2\rho g} \right)_i / N \right]_{\text{inlet}}$$
$$- \left[\sum_{i=1}^{n} \left(Z + \frac{p}{\rho g} \right)_i / N + \sum_{i=1}^{n} \left(\frac{V^2}{2\rho g} \right)_i / N \right]_{\text{outlet}} \tag{12-10}$$

式中　p——水轮机进出口面的静压值；

Z——网格点的高程；

V——此面上的绝对速度值；

ρ——流体密度；

n——此面上的网格点数；

g——重力加速度。

水轮机水力效率计算公式为

$$\eta_{th} = H_e / H_r \tag{12-11}$$

(2) 利用转轮扭矩预测能量性能。对整个叶轮内叶片压力面和吸力面按下式计算可求得压力、黏性力对转轴的力矩 M_k。其中 τ 为不含压力 p 的应力张量。即

$$M_k = -\sum_{i=1}^{N} p \Delta A_i \{ (r \times n)\, e_z \} + \sum_{i=1}^{N} \Delta A_i \{ [r \times (\tau n)]\, e_z \} \tag{12-12}$$

式中　e_z——转轴方向的单位向量；

ΔA_i——压力面或吸力面上第 i 单元的面积；

n——ΔA_i 上的单位向量；

r——向径。

水轮机的扬程按质量加权的平均计算

$$H = \frac{\int p \rho \, |u \mathrm{d} A|}{\rho g \int \rho \, |u \mathrm{d} A|} \tag{12-13}$$

水轮机的水力效率

$$\eta_h = \frac{M_k \omega}{\rho g Q H} \tag{12-14}$$

2. 空化性能预估模型

水流通过转轮时，转轮叶栅的翼型剖面上压强是在变化的，在速度最高处，其压强最低，若记压强最低点为 K 点，则当 K 点压强等于或小于空化压强时，在叶片表面会产生空化。

叶轮上 K 点的真空度为

$$\frac{p_{VA}}{\rho g} = \frac{p_a}{\rho g} - \frac{p_K}{\rho g} = H_{SK} + h_{VA} \tag{12-15}$$

其中，H_{SK} 为静态真空，h_{VA} 为动力真空。

水轮机空化特性通常用空化系数 σ 的大小来评价。σ 是水轮机的一个动态参数，是一个无因次量，在物理意义上它表示了水轮机工作轮中的相对动力真空值。即

$$\sigma = \frac{h_{VA}}{H_r} \tag{12-16}$$

其中，h_{VA} 为水轮机叶片上压强最低处的动力真空值，H_r 为工作水头。

根据能量方程可以得

$$h_{VA} = \frac{p_s - p_K}{\rho g} + \frac{V_s^2}{2g} + H_s - H_K \tag{12-17}$$

可以推导得

$$\sigma = \frac{h_{VA}}{H_r} = \left(\frac{p_s - p_K}{\rho g} + \frac{V_s^2}{2g} + H_s - H_K \right) / H_r \tag{12-18}$$

其中：p_s 为尾水管出口处压强，V_s 为尾水管出口处的速度，H_s 为尾水管高程，p_K 为 K 的压强，H_K 为 K 点的高程，H_r 为工作水头。

十一、CFD 技术在水轮机优化设计中的应用

水轮机过流部件的设计计算有两类：一是已知过流部件形式及来流状况，求解部件中的流场特性，特别是确定过流表面的速度和压力分布，以提供辩明能量、空化和力特性的依据；二是给出过流部件前后的流动状况，要求设计出合理的部件过流形状。前者称为正问题；后者称为反问题。针对 CFD 技术的特点，进行正问题的求解相对比较方便，其基本思路如下：首先初步设计过流部件的几何形状，对部件进行实体造型，然后应用 CFD 技术进行数值计算，以流动分析结果为依据进行过流部件几何形状的优化设计，直到其各项性能指标满足要求。设计时，还可以同时进行多方案设计，相互比较，选择性能最优的设计方案，既缩短了设计时间，又保证了水轮机组的性能，从而达到了水轮机部件外形尺寸的优化。

特别典型的例子是 GE 公司将转轮的刚度和强度等机械优化与水力优化设计过程一起进行，形成转轮设计的真正意义上的全过程优化，研制出了新一代高性能的转轮。因其叶片的进水边与出水边的水平投影成 "X"，因此被称为 X 型叶片，已被 GE 公司申请了专利，受到保护。

X 型叶片的主要结构特点为：叶片进口具有 "负倾角"，同时靠近上冠处翼形为负曲率；为适应能量转换和出口条件的要求，叶片出水边不在轴面上，而是一空间曲线。X 型叶片的以上特点，使其表现出良好的水力性能，主要体现在以下几方面。

（1）叶片间流道内的流动趋于顺畅，消除了传统叶片正面常见的"横流"现象，有利于提高水轮机非最优效率工况的运行效率。

（2）转轮内的流动更加均匀，负荷分布趋于均匀，减轻了叶片近下环处的负荷集中，有利于提高转轮的过流量和改善转轮的空化性能。

（3）由于叶片出水边半径较小，这种减小了的出口在部分负荷时似乎产生了稳定作用，使水流的压力脉动更为平缓。

（4）由于叶片上的受力更加均匀以及叶片上冠的特殊形状，使得这种叶片的受力趋于合理，减少了叶片根部的应力集中。使转轮具有较好的受力特性。

图 12-23（a）为传统混流式转轮，（b）为改进后 X 型叶片叶轮，其效率高，空化性能好。

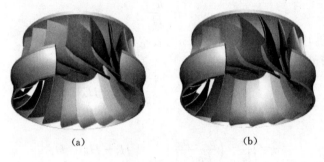

（a）　　　　　　（b）

图 12-23　混流式转轮
（a）为传统的混流式转轮；（b）为改进后的 X 型叶片叶轮

附 表

附表 1   中小型混流式水轮机模型转轮主要参数表

序号	转轮型号	推荐使用水头 H(m)	模型转轮直径 D_1(cm)	流道尺寸				最优工况					限制工况			
				$\bar{b}_0$	Z_1	$\bar{D}_0$	Z_0	n'_{10} (r/min)	Q'_{10} (m³/s)	η_0 (%)	n_{s0} (m·kW)	σ_0	Q'_1 (m³/s)	η (%)	n_s (m·kW)	σ
1	HL240	20~45	46	0.365	14	1.15	24	72	1.10	91.0	225	0.2	1.24	90.4	240	0.2
2	HL260/A244	35~60	35	0.315	13	1.16	24	80	1.08	91.7	249	0.12	1.275	86.5	263	0.15
3	HL260/D74	50~80	35	0.28	14	1.16	24	79	1.08	92.7	247	0.123	1.247	89.4	261	0.143
4	HL240/D41	70~105	35	0.25	14	1.16	24	77	0.95	92.0	225	0.09	1.123	87.6	239	0.106
5	HL220/A153	90~125	46	0.225	14	1.16	24	71	0.955	91.5	208	0.07~0.075	1.08	89.0	218	0.08
6	HL180/A194	110~150	35	0.2	14	1.18	20	70	0.65	92.6	170	0.06	0.745	90.5	180	0.078
7	HL180/D06A	110~150	40	0.225	17	1.16	24	69	0.69	91.5	172	0.048	0.83	87.9	185	0.053
8	HL160/D46	135~200	40	0.16	17	1.25	20	67.5	0.548	91.6	150	0.039	0.639	89.4	160	0.045
9	HL110	180~220	54	0.118	17	1.17	20	61.5	0.313	90.4	102		0.38	86.8	110	0.055
10	HL120	180~250	38	0.12	15	1.20	18	62.5	0.32	90.4	105	0.05	0.38	88.4	113	0.063
11	HL90/D54	230~400	40	0.12	17	1.20	20	62	0.203	91.7	84	0.035	0.266	87.6	94	0.033

序号	转轮型号	推荐使用水头 H(m)	单位飞逸转速 n_{1R} (r/min)	水推力系数 K	蜗壳		导叶型线	尾水管		肘管型号	模型试验水头(m)	
					包角	流速系数 α		高度 h	长度 L		能量	空蚀
1	HL240	20~45	159	0.34~0.41	345°	0.78Q_1	正曲率	2.54D_1	3.26D_1	15号	4	
2	HL260/A244	35~60	158.7	0.34~0.41	345°	0.78Q_1	正曲率	2.6D_1	4.5D_1	4号	3	20~25
3	HL260/D74	50~80	150.4	0.36	345°	0.753Q_1	正曲率	2.6D_1	4.5D_1	4号	3	7~9
4	HL240/D41	70~105	146.7	0.33	345°	0.803Q_1	正曲率	2.6D_1	4.5D_1	4号	3	7~9
5	HL220/A153	90~125	136.6	0.28~0.34	345°	0.8Q_1	正曲率	2.6D_1	4.5D_1	4号	3	8
6	HL180/A194	110~150	127.8	0.2~0.26	345°	1.0Q_1	正曲率	2.6D_1	4.5D_1	自行设计	5	30
7	HL180/D06A	110~150	128.6	0.26	345°	0.77	正曲率	2.6D_1	4.5D_1	4号	3	10
8	HL160/D46	135~200	122.3	0.24	345°	1.33Q_1	正曲率	2.6D_1	4.5D_1	4号	3	7~10
9	HL110	180~220	93	0.08	明槽			1.12D_1		直锥4°	0.305	
10	HL120	180~250	100.4	0.1~0.13	345°	1.84Q_1	正曲率	1.99D_1	3.36D_1	美SMS	4	15
11	HL90/D54	230~400	98.6	0.1	345°	2.1Q_1	正曲率	2.2D_1	3.5D_1	弯肘形	5	10~15

附表 2

轴流式水轮机转轮参数表

序号	转轮型号		推荐使用水头 $H(\text{m})$	模型转轮直径 $D_1(\text{cm})$	流道尺寸 $\bar{b}_0$	Z_1	$\bar{d}_B$	$\bar{D}_0$	Z_0	最优工况 $n_{10}'(\text{r/min})$	$Q_{10}'(\text{m}^3/\text{s})$	$\eta(\%)$	$n_{s0}(\text{m}\cdot\text{kW})$	σ_0	限制工况 $Q_1'(\text{m}^3/\text{s})$	$\eta(\%)$	$n_s(\text{m}\cdot\text{kW})$	σ
1	ZD760	$\varphi=+5°$	3~8	25	0.45	4	0.35柱	1.175	16	165	1.67	86.5	621	0.99				
		$\varphi=+10°$								148	1.79	84.6	570	0.99				
		$\varphi=+15°$								140	1.96	83	550	1.15				
2	ZZ600		3~8	19.5	0.488	4	0.29/0.33	1.255	20	142	1.03	85.5	417	0.32	2.0	77	552	0.7
3	ZZ560a		6~15	46	0.4	4	0.33/0.38	1.16	32	140	1.06	89	426	0.45	2.0	84.2	569	0.83
4	ZZ560		12~22	46	0.4	4	0.35/0.4	1.16	32	140	1.08	88.3	428	0.35	1.9	84.0	554	0.71
5	ZZ500		18~30	46	0.4	5	0.4/0.44	1.16	32	128	0.98	89.5	375	0.295	1.65	86.7	479	0.585
6	ZZ450/D32a		26~40	35	0.375	6	0.45/0.5	1.16	24	120	0.92	90.5	343	0.3	1.5	87.3	430	0.54

序号	转轮型号		限制工况 $Q_1'(\text{m}^3/\text{s})$	$\eta(\%)$	$n_s(\text{m}\cdot\text{kW})$	σ	单位飞逸转速 $n_{1R}'(\text{r/min})$	水推力系数 K	蜗壳 流速系数 α	包角 φ	导叶形线	尾水管 肘管型号	高度 h	长度 L	模型试验水头(m) 能量	汽蚀
1	ZD760	$\varphi=+5°$					362	0.85	$0.348Q_1$	210°	对称型	4号	$3D_1$	$4.5D_1$	3.5	
		$\varphi=+10°$														
		$\varphi=+15°$														
2	ZZ600		2.0	77	552	0.7	352	0.85					$2.338D_1$	$3.3D_1$	1.5	
3	ZZ560a		2.0	84.2	569	0.83	370	0.85	$0.393Q_1$	180°	对称型	自行设计	$2.6D_1$	$4.75D_1$	3	8
4	ZZ560		1.9	84.0	554	0.71	370	0.85	$0.416Q_1$	180°	对称型	自行设计	$2.4D_1$	$4.5D_1$	3	6
5	ZZ500		1.65	86.7	479	0.585	352	0.87	$0.416Q_1$	180°	对称型	自行设计	$2.42D_1$	$4.5D_1$	3	8
6	ZZ450/D32a		1.5	87.3	430	0.54	307	0.90	$0.57Q_1$	225°	对称型	4号	$2.71D_1$	$4.42D_1$	2	8

附表 3　　　　　　　　可供选用的大中型混流式转轮参数

适用水头范围 H(m)	转轮型号		导叶相对高度 $\overline{b_0}$	最优单位转速 n_{110} (r/min)	推荐使用最大单位流量 Q_{11}(L/S)	模型空化系数 σ_M	备　注
	使用型号	曾用型号					
45~65	HL002	A-36	0.250	70.0	882		用于 YXW 电站
~70	HLA112		0.315	77.0	1250	0.140	用于 NLL 电站
80~120	HL001	A-12	0.200	68.5	890	0.086	用于 LJX 电站
~150	HLD06a		0.224	70.0	840	0.055	用于 LYX 电站
250~320	HL006	A-34	0.100	61.5	242	0.035	用于 LSH 电站
250~400	HL133	HL683	0.100	61.0	228	0.035	
240~450	HL128	F-8	0.075	60.0	188	0.045	

附表 4　　　　　　　　水斗式水轮机转轮参数

适用水头范围 H (m)	转轮型号		水斗数 Z_1	最优单位转速 n_{110} (r/min)	推荐使用最大单位流量 Q_{11} (L/S)	转轮直径与射流直径比 D_1/d_0	备　注
	规定型号	曾用型号					
100~260	CJ22	Y_1	20	40	45	8.66	适当加厚根部，可用至 400m 水头
400~600	CJ-20	P_2	20~22	39	30	11.30	

附表 5　　　　　　　　可供选用的水斗式水轮机转轮参数

序　号	No.	1	2	3	4	5
型号	$A***-D_1$	P_2-40	Y_1-40	$K461-40$	$A237-40$	$A475-40$
推荐使用水头	H_{max}	800	400	600	600	1000
单喷嘴	n_{110}	40.8	38.5		41	41.7
	Q_{110}	15.75	16		15.95	19.56
	$\eta\%$	86	86.7		89.8	90.5
双喷嘴	n_{110}	40.9	39.9		40.55	40.4
	Q_{110}	31.8	31.8		31.4	37.66
	$\eta\%$	86.3	87.15		90	90.6
4 喷嘴	n_{110}	41.4	39.2	39.5	40.3	40.8
	Q_{110}	65	65.6	69	65.7	81.45
	$\eta\%$	87.6	88.1	88.6	91.05	91.5
射流直径	d_0	35	35	35	35	35
水斗数	Z_1	20	20	20	20	20
喷针角度	α^0	45	45		45	55
喷嘴角度	β^0	62	62		62	85
备　注				前苏联实验结果		

附表6　　　　　　　　　　斜流式水轮机参数

型　号	水　轮　机　工　况					水　泵　工　况				
	使用水头(m)	设计水头(m)	设计流量(m³/s)	转速(r/min)	出力(kW)	使用扬程(m)	设计扬程(m)	设计流量(m³/s)	转速(r/min)	轴功率(kW)
XL003 – LJ – 160	27.5~77	58	16.5	428.6	8330					
XLN195 – LJ – 250	28~64	46	28	250	13000	31~59	52	23.6	250/270	15000

附表7　　　　　　　　　　贯流式转轮参数表

推荐使用水头(m)	转轮型号	D_{1M}(mm)	试验水头(m)	$\overline{d}_B$	Z_1	最优工况			限制工况				备注
						n_{11}(r/min)	Q_{11}(m³/s)	η_M(%)	n_{11}(r/min)	Q_{11}(m³/s)	η_M(%)	σ_M	
≤12	GZ003	250		0.4	4	130	1.60	90.5	174.3	2.72	82.2	1.8	
≤18	GZF02	350		0.425	4	153	1.58	91.9	180	2.90	88.3	2.06	
≤18	GZSK111B	350	0~20	0.428	4	150	1.60	92.3	180	2.76	88.0	1.66	灯泡贯流式
≤18	GZTF07	300	3~6	0.4	4	155	1.75	91.9	184	2.89	88.3	2.04	
≤12	GZTF08	300	3~6	0.4	3	181	1.92	91.2	210	3.4	85.4	2.7	
≤25	GZTF09	300	4		5	145	1.65	92.6	160	2.3	90.8	1.22	
≤18	GZA391a	350			4								
≤6	GZ004	250	1.5	0.35	4	170	1.65	86					轴伸贯流式
≤12	GZ006	250			4	160	1.2	90.4	180	2.5	81	1.29	
≤7	GZ008	250			3	180	1.6	89	200	3.0	82.5		
≤18	GZ007	250			5	135	1.39	91.4	160	2.4	87.5		

附　　图

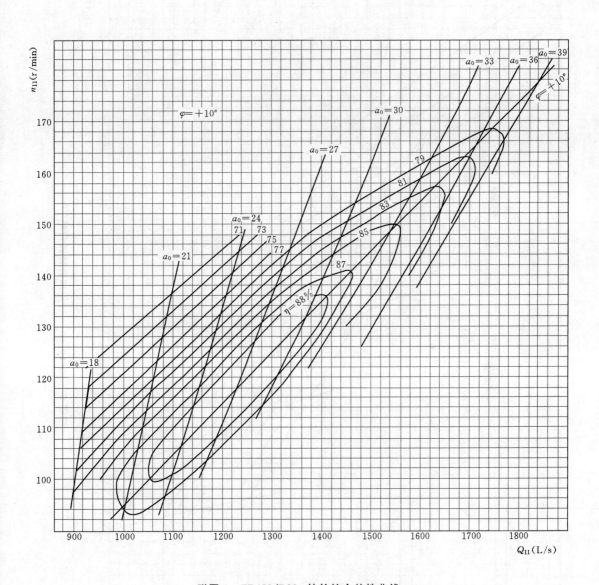

附图 1　ZD450/D32$_R$ 转轮综合特性曲线

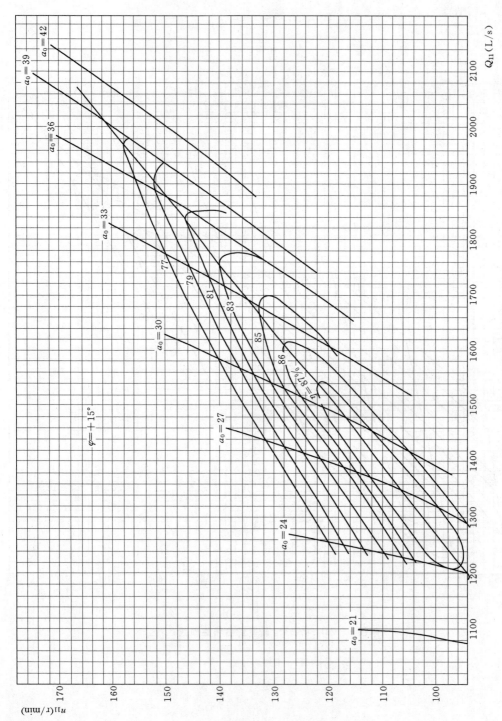

附图 2　ZD450/D32$_R$ 转轮综合特性曲线

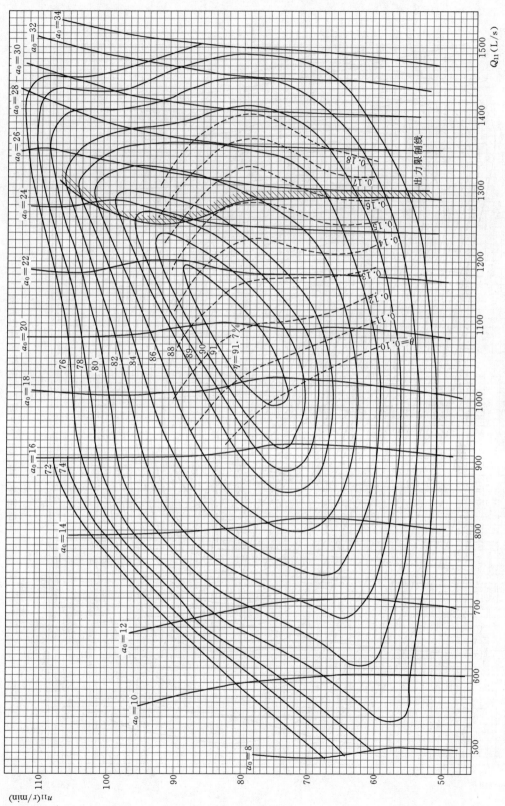

附图 3　HL260/A244 模型转轮综合特性曲线

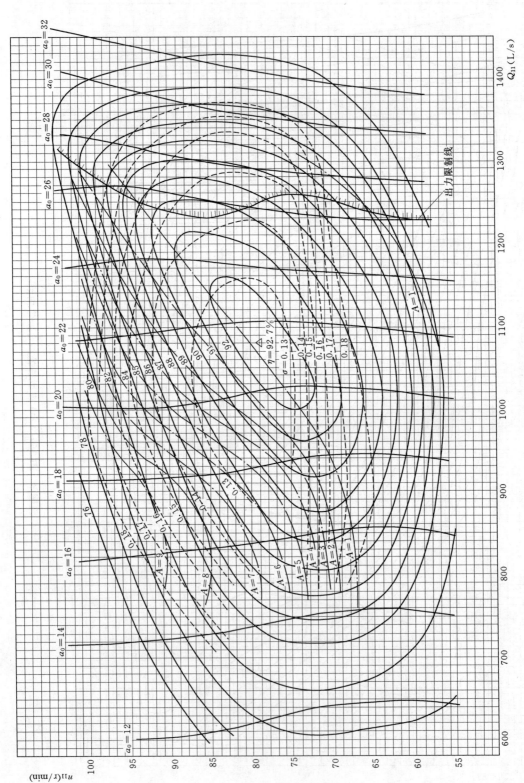

附图 4　HL260/D74 模型转轮综合特性曲线

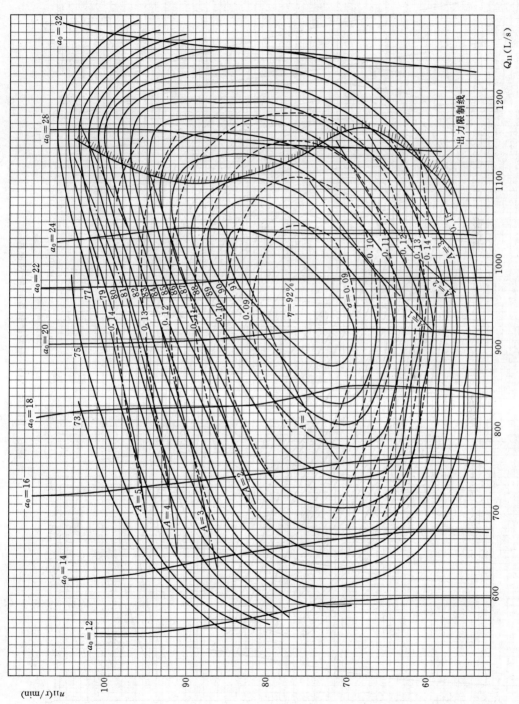

附图 5　HL240/D41 模型转轮综合特性曲线

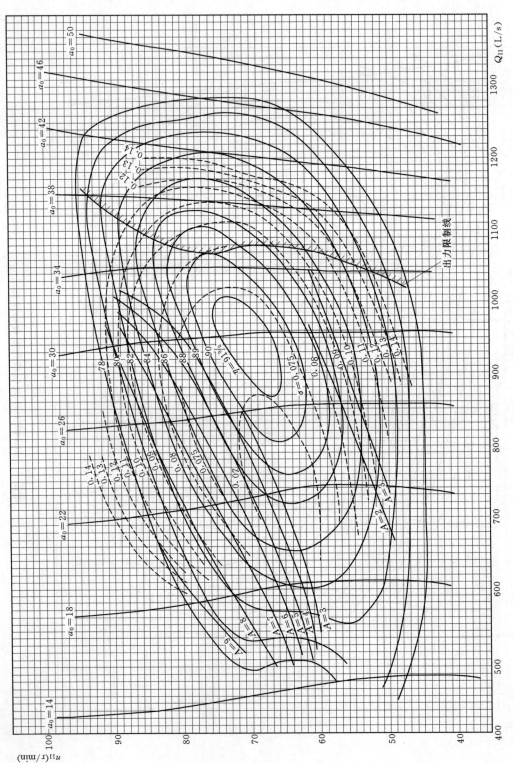

附图 6　HL220/A153 模型转轮综合特性曲线

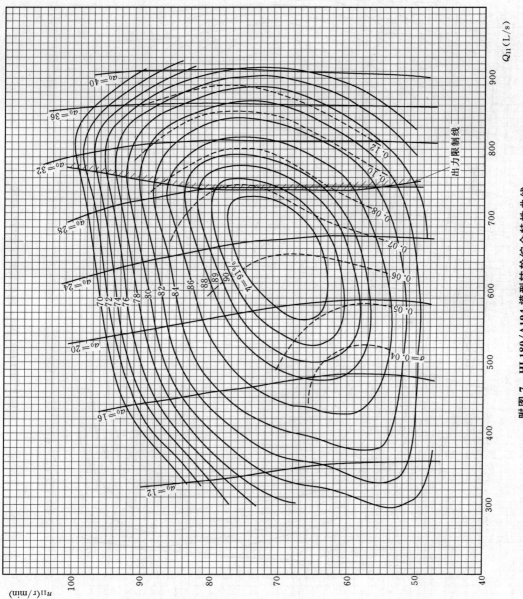

附图 7　HL180/A194 模型转轮综合特性曲线

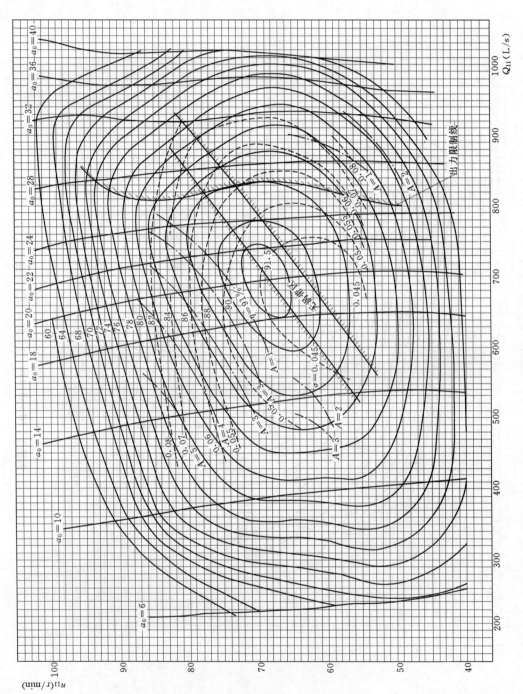

附图 8　HL180/D06A 模型转轮综合特性曲线

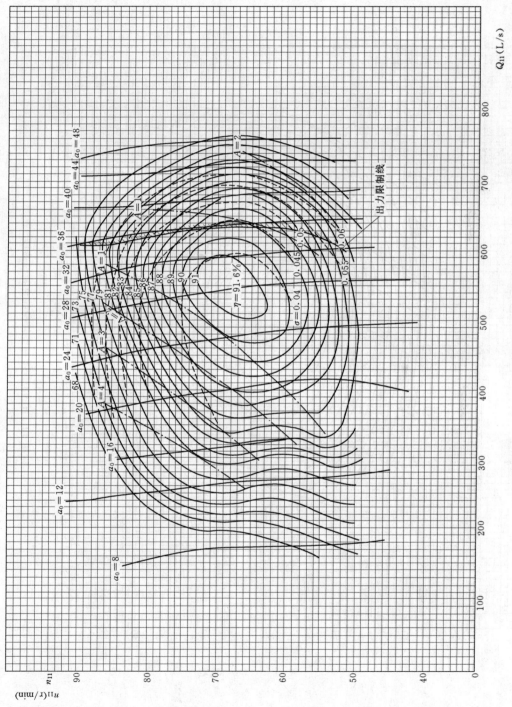

附图 9　HL160/D46 模型转轮综合特性曲线

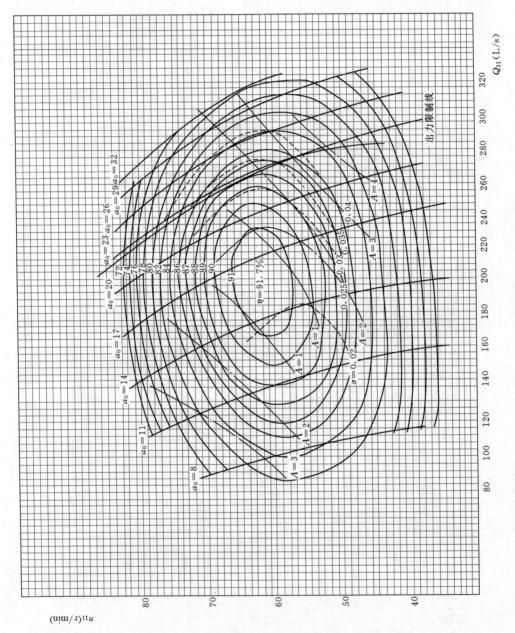

附图 10　HL90/D54 模型转轮综合特性曲线

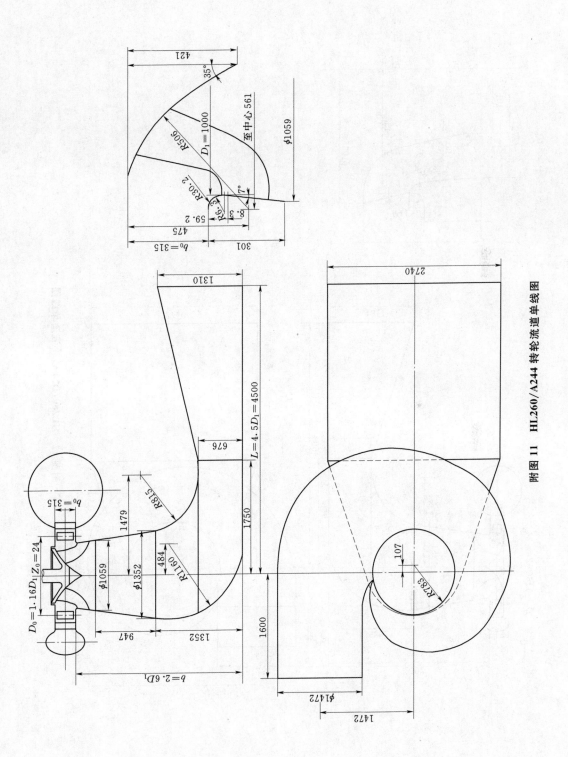

附图 11　HL260/A244 转轮流道单线图

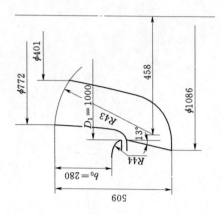

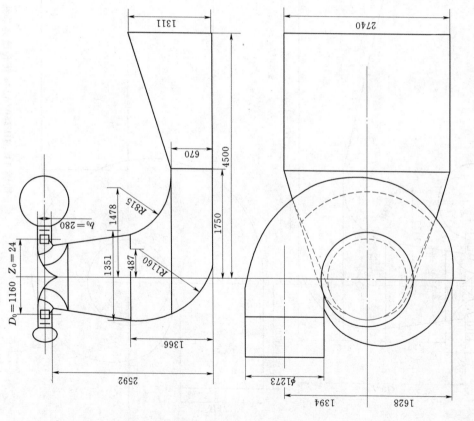

附图 12　HL260/D74 转轮流道单线图

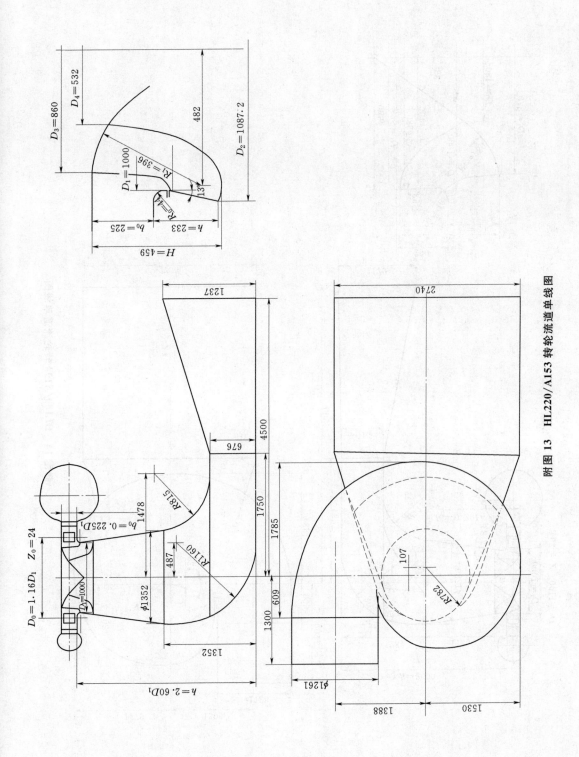

附图 13　HL220/A153 转轮流道单线图

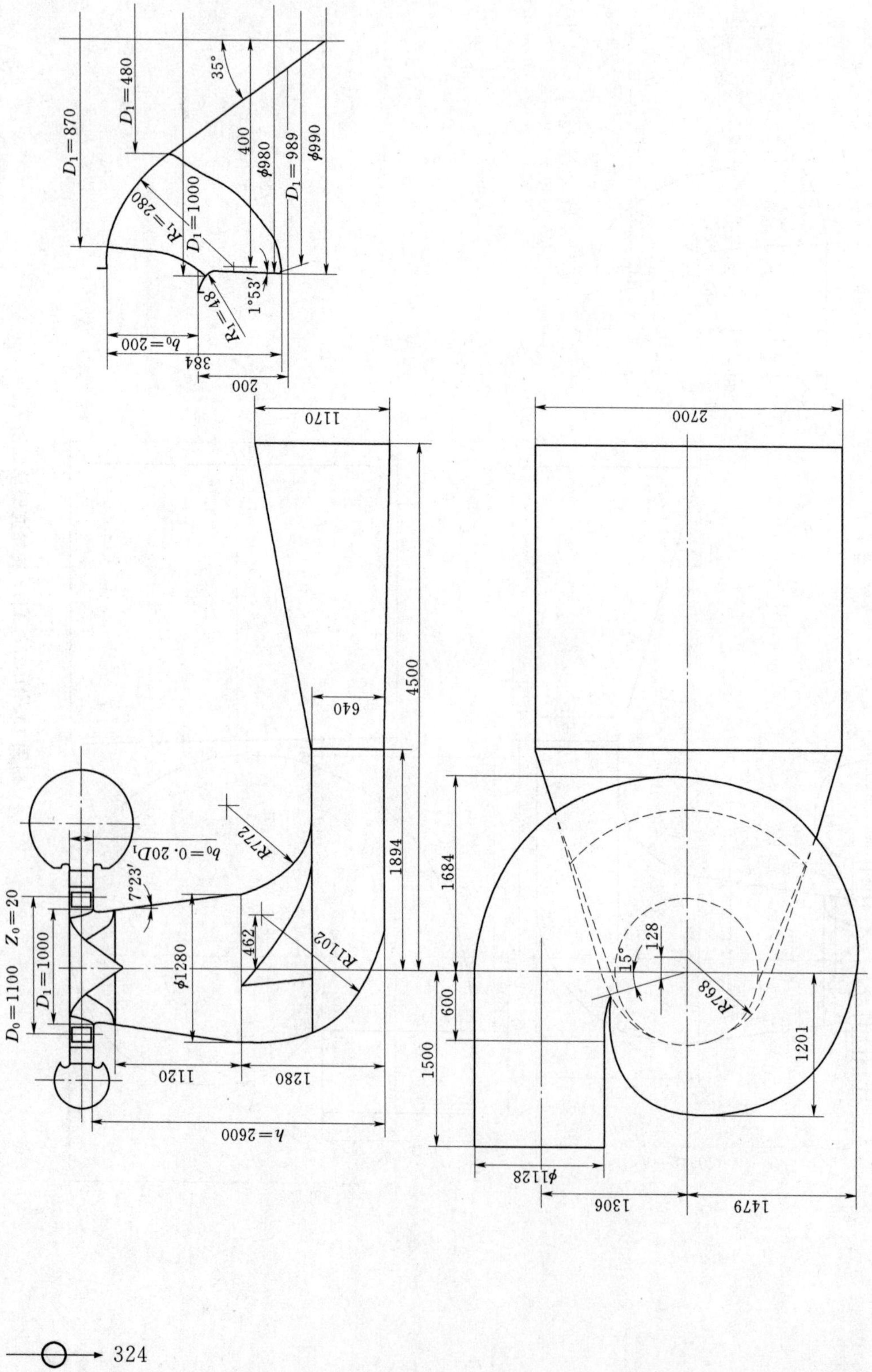

附图 14　HL180/A194 转轮流道单线图

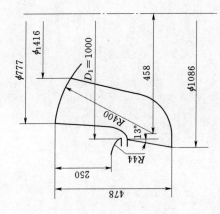

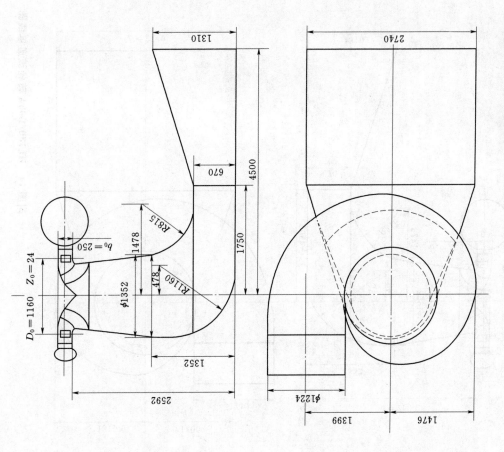

附图 15　HL240/D41 转轮流道单线图

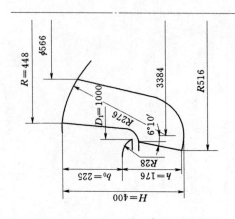

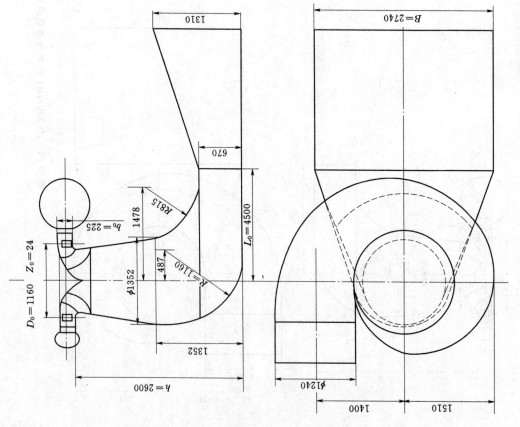

附图 16　HL180/D06A 转轮流道单线图

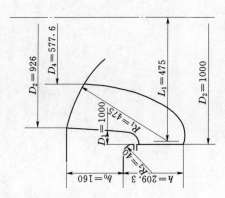

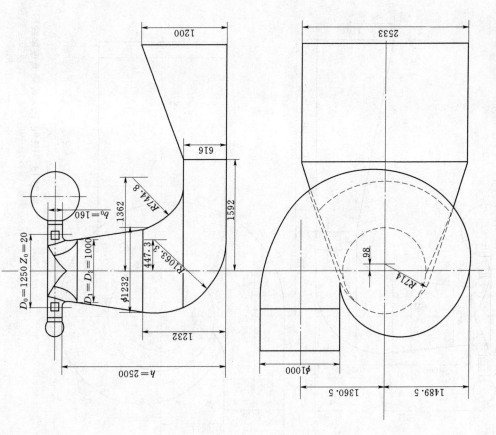

附图 17　HL160/D46 转轮流道单线图

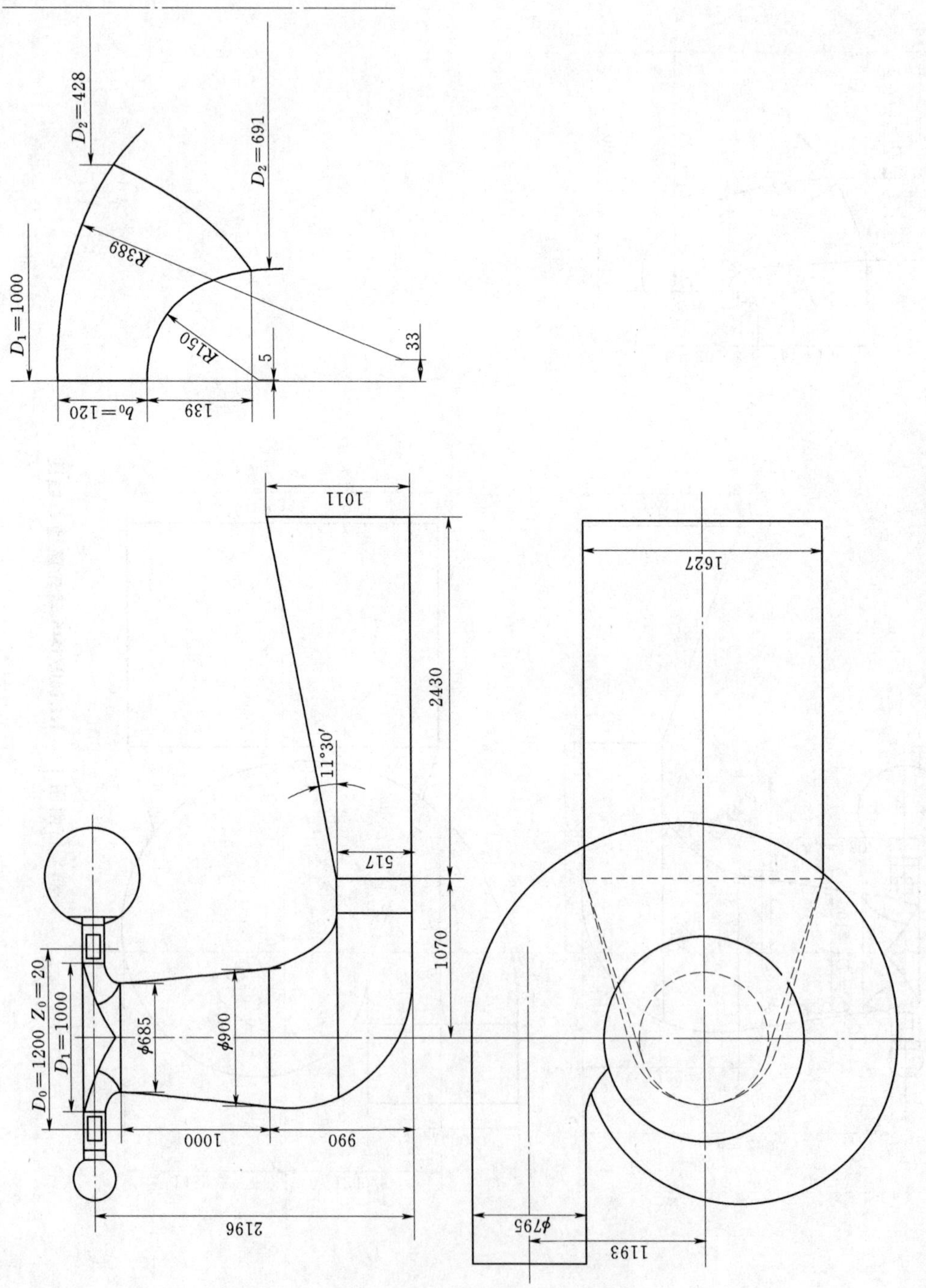

附图 18　HL90/D54 转轮流道单线图

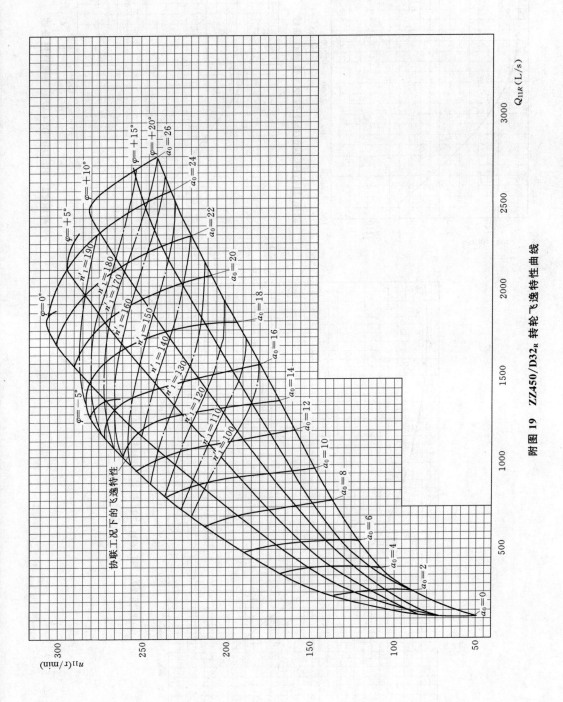

附图 19 ZZ450/D32$_R$ 转轮飞逸特性曲线

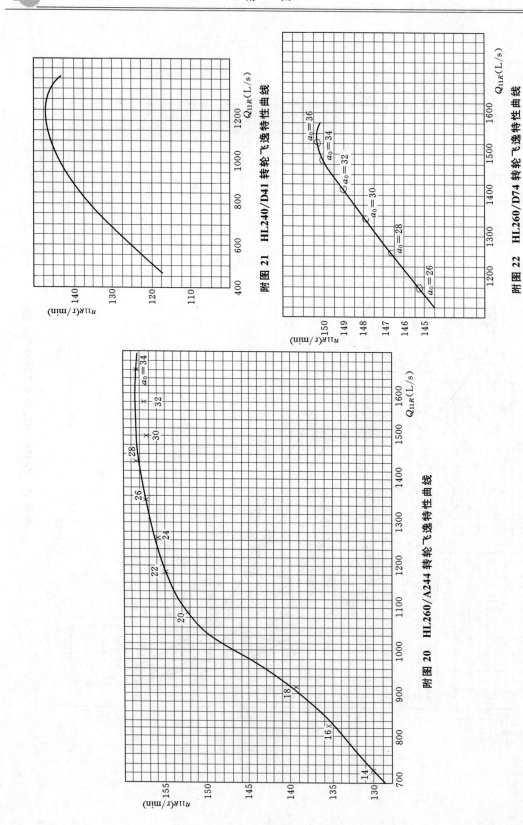

附图 21　HL240/D41 转轮飞逸特性曲线

附图 22　HL260/D74 转轮飞逸特性曲线

附图 20　HL260/A244 转轮飞逸特性曲线

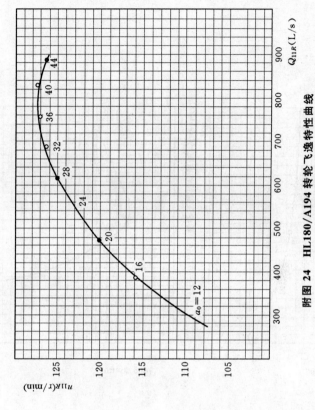

附图 24　HL180/A194 转轮飞逸特性曲线

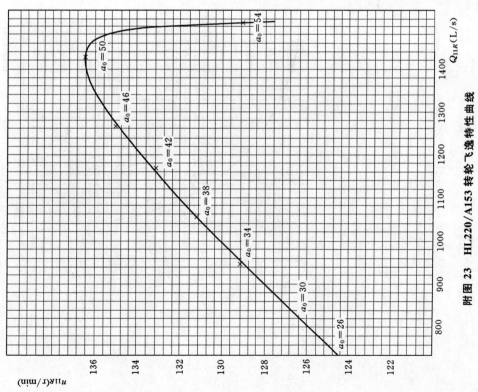

附图 23　HL220/A153 转轮飞逸特性曲线

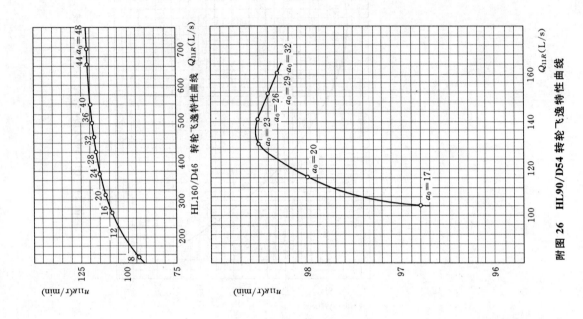

附图 26　HL90/D54 转轮飞逸特性曲线

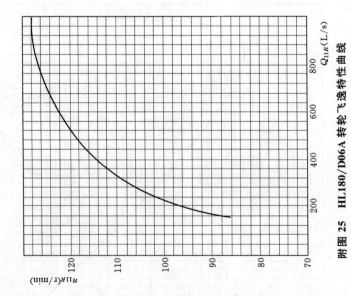

附图 25　HL180/D06A 转轮飞逸特性曲线

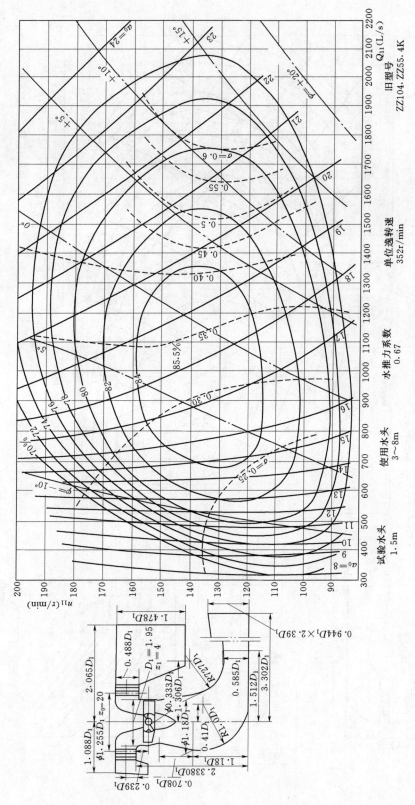

附图 27　ZZ600－19.5 转轮综合特性曲线

旧型号　ZZ104、ZZ55、4K

单位逃逸转速　352r/min

水推力系数　0.67

使用水头　3～8m

试验水头　1.5m

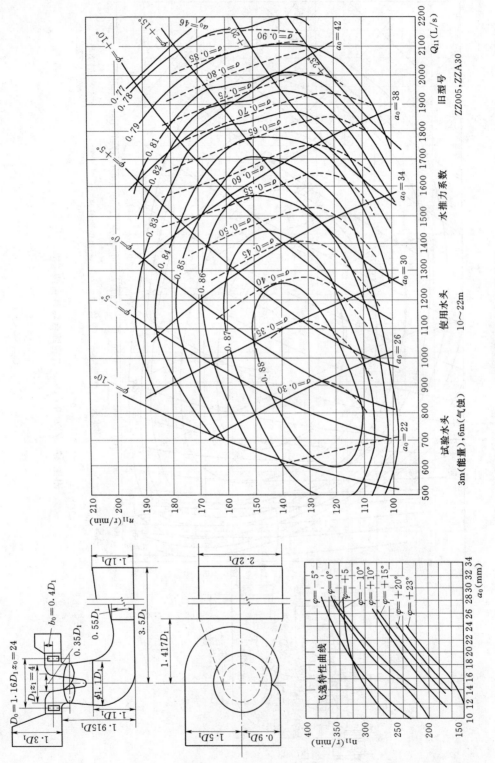

附图 28 ZZ560-46 转轮综合特性曲线

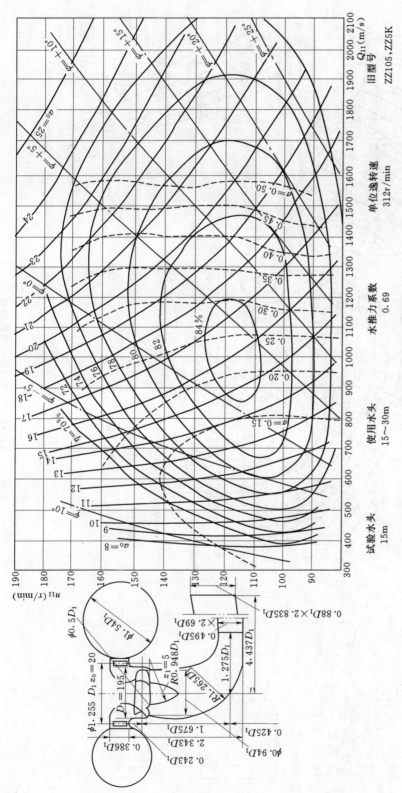

附图 29　ZZ460 - 19.5 转轮综合特性曲线

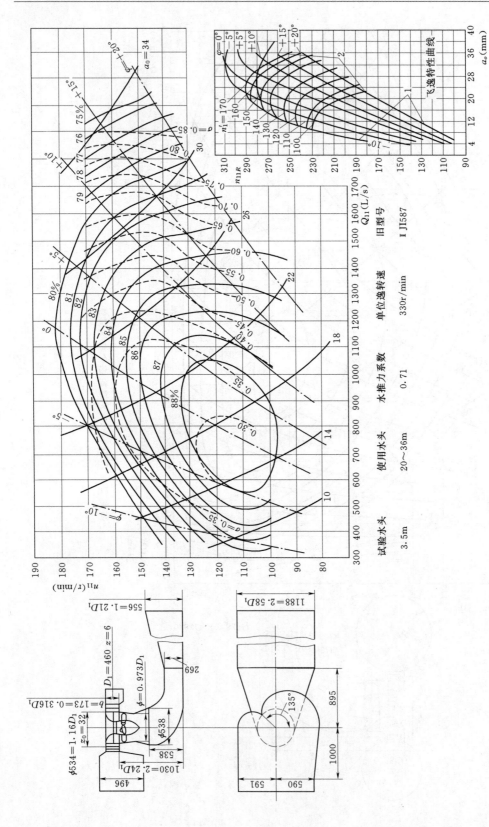

附图 30　ZZ440－46 转轮综合特性曲线

试验水头	使用水头	水推力系数	单位逸转速	旧型号
3.5m	20~36m	0.71	330r/min	I JI587

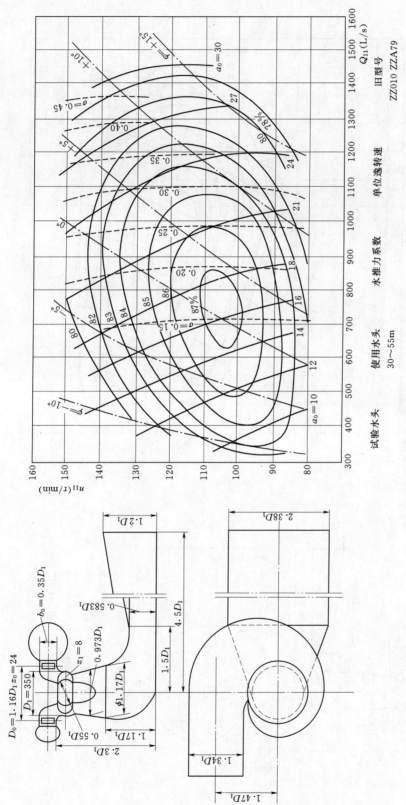

附图图 31　ZZ360 - 35 转轮综合特性曲线

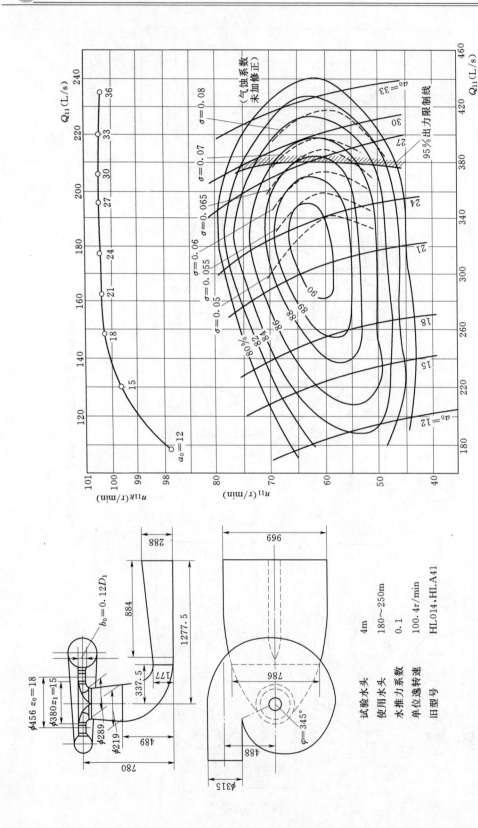

附图 32　HL120 – 38 转轮综合特性曲线

试验水头	4m
使用水头	180~250m
水推力系数	0.1
单位逃逸转速	100.4r/min
旧型号	HL014,HL.A41

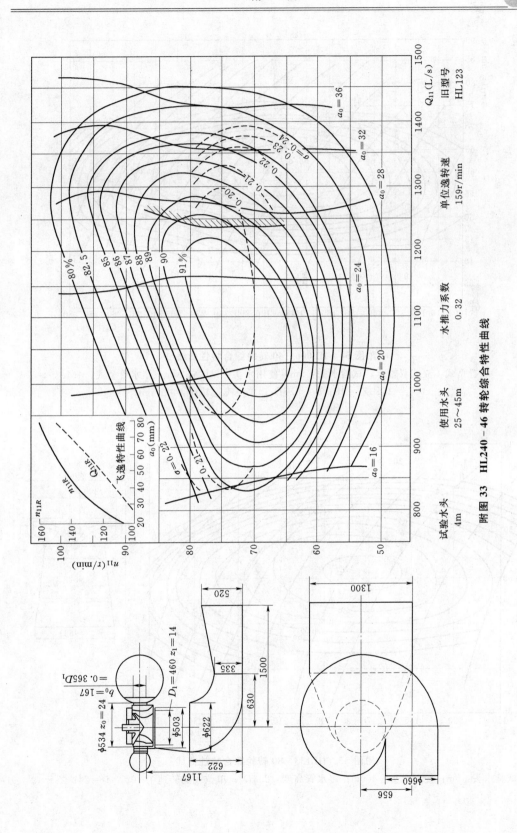

附图 33　HL240－46 转轮综合特性曲线

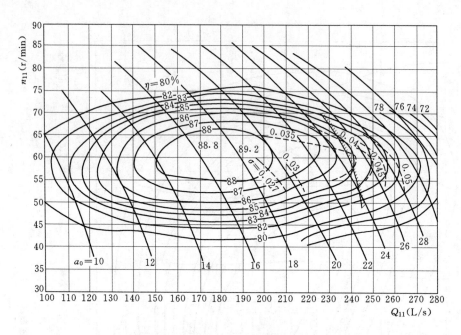

附图34 HL006－40 转轮综合特性曲线

装置型式：立式双轴承；试验水头：5m；使用水头：250～320m；尾水管型式：4M；

$Z_1 = 17$；$Z_0 = 18$；$b_0 = 0.1D_1$；单位飞逸转速：97r/min

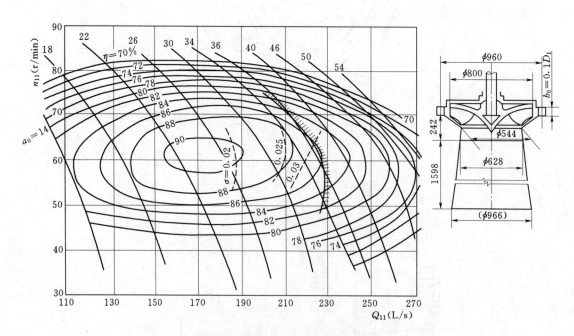

附图35 HL133－80 转轮综合特性曲线

试验水头：5m；使用水头：400m；尾水管高度：2.3D_1；单位飞逸转速为102；$Z_0 = 24$；$Z_1 = 19$

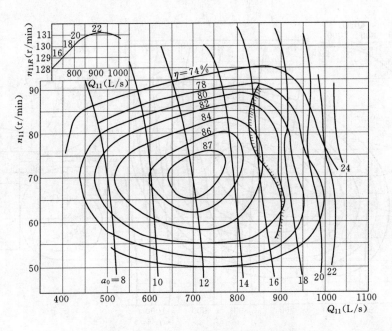

附图 36　HL002 - 25 转轮综合特性曲线

结构型式：立式；蜗壳型式：W4；尾水管型式：4H；尾水管长度：$5.5D_1$；尾水管高度；

$2.6D_1$；$Z_1 = 15$；试验水头：3m；使用水头：45～60m

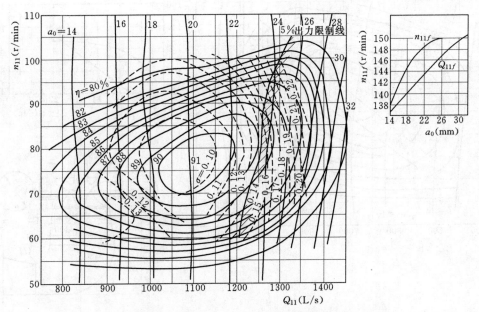

附图 37　HLA112 - 35 转轮综合特性曲线

装置方式：立式双轴承；导叶型式：正曲率；$b_0 = 0.315D_1$；$Z_1 = 14$；蜗壳型式：W - 14（包角345°）；

尾水管高度：$2.6D_1$；肘管型号：4H；测验水头：3m（能量），8m（汽蚀）；使用水头：70m

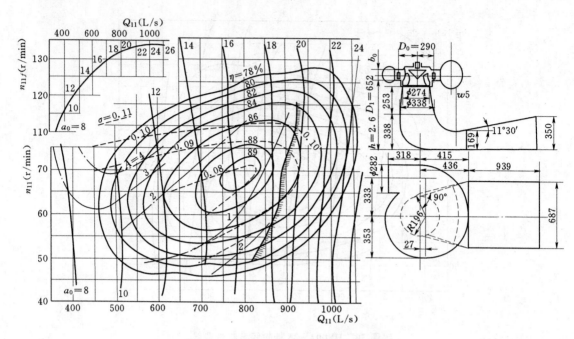

附图38　HL001-25转轮综合特性曲线

试验水头：3m；使用水头：80～120m；单位飞逸转速为133r/min；水推力系数：0.204；$Z_0 = 24$

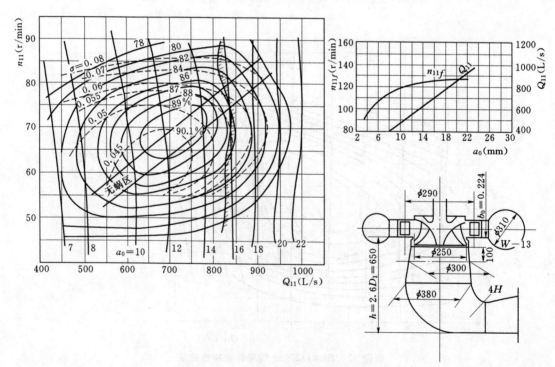

附图39　HLD06a-25转轮综合特性曲线

试验水头：3m（能量），10m（汽蚀）；使用水头：105m；单位飞
逸转速：128r/min；限制单位流量（选用值）；780L/s；$Z_0 = 24$

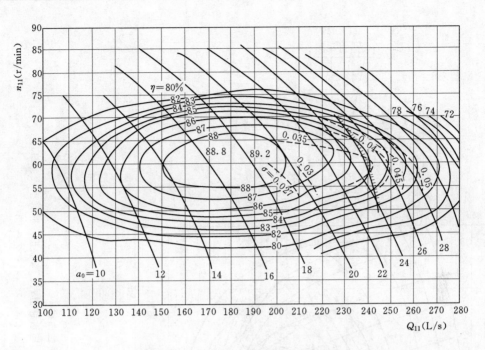

附图 40　HL006‑40 转轮综合特性曲线

装置型式：立式双轴承；试验水头：5m；使用水头：250～320m；尾水管型式：4M；
$Z_1 = 17$；$Z_0 = 18$；$b_0 = 0.1D_1$；单位飞逸转速：97r/min

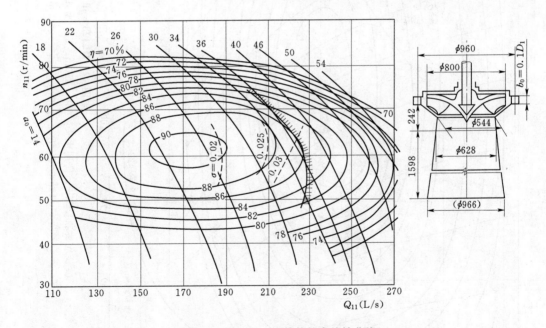

附图 41　HL133‑80 转轮综合特性曲线

试验水头：5m；使用水头：400m；尾水管高度：$2.3D_1$；单位飞逸转速为 102；$Z_0 = 24$；$Z_1 = 19$

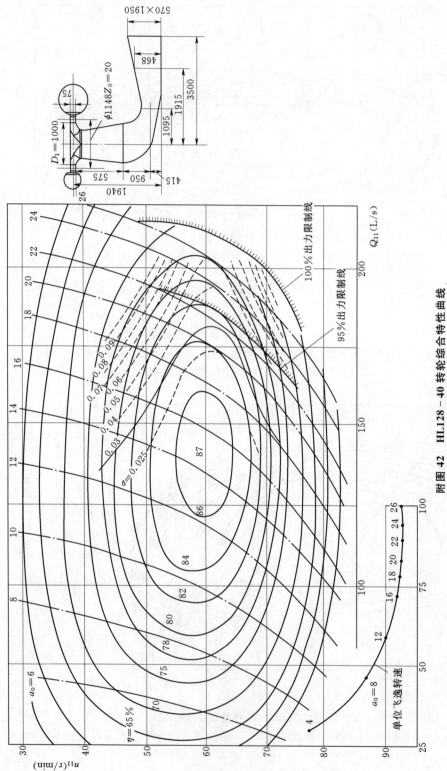

附图 42　HL128-40 转轮综合特性曲线

试验水头：1.55m；使用水头：240~450m；蜗壳型式：弯曲形；尾水管型式：Z11；

导叶型式：D_5；水推力系数：0.02，单位飞逸转速为 105；$Z_1 = 15$；$Z_0 = 20$

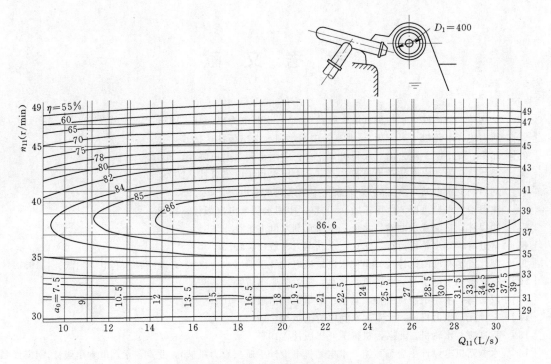

附图 43　CJ20－40 转轮综合特性曲线

试验水头：55m；使用水头≈600m；单位飞逸转速为 80r/min；$Z=22$

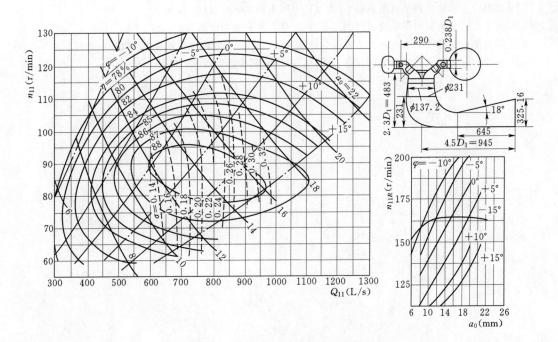

附图 44　XL003－21 转轮综合特性曲线

试验水头：4m；使用水头：80m；转轮体：球形；轮毂比：0.17；蜗壳型式：W5；

导叶数 $Z_0=24$；叶片数 $Z_1=10$

参 考 文 献

［1］　季盛林，刘国柱．水轮机（第二版），北京：水利电力出版社，1985.
［2］　刘大恺．水轮机（第三版），北京：中国水利水电出版社，1997.
［3］　郑源、鞠小明、程云山．水轮机，北京：中国水利水电出版社，2007.
［4］　郑源、张强．水电站动力设备，北京：中国水利水电出版社，2003.
［5］　刘启钊．水电站（第三版），北京：中国水利水电出版社，1998.
［6］　沈祖诒．水轮机调节（第三版），北京：中国水利水电出版社，1998.
［7］　沙锡林．贯流式水电站，北京：中国水利水电出版社，1999.
［8］　常近时等．水轮机运行，北京：水利电力出版社，1983.
［9］　湖北省水利勘测设计院．小型水电站机电设计手册（水力机械），北京：水利电力出版社，1985.
［10］　东北水利水电学校．水轮机，北京：电力工业出版社，1980.
［11］　段昌国．水轮机沙粒磨损，北京：清华大学出版社，1981.
［12］　金钟元．水力机械，北京：水利电力出版社，1992.
［13］　程良骏．水轮机，北京：机械工业出版社，1981.
［14］　水电站机电设计手册编写组，水电站机电设计手册（水力机械），北京：水利电力出版社，1982.
［15］　于波，肖惠民．水轮机运行原理，北京：中国电力出版社，2008.
［16］　高水头试验台简介，哈尔滨大电机研究所，2005.
［17］　沈祖诒．水轮机调节（第三版），北京：中国水利水电出版社，1998.
［18］　范华秀．水力机组辅助设备（第二版），北京：水利电力出版社，1987. 6.
［19］　陈德新，赵林明．水电站动力设备的计算机辅助设计，北京：水利电力出版社，1991.
［20］　梁建和，等，水轮机及辅助设备，北京：中国水利水电出版社，2005.